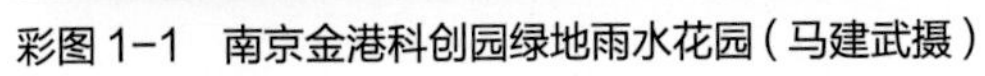

彩图 1-1　南京金港科创园绿地雨水花园（马建武摄）

彩图 1-2　南京金港科创园绿地雨水花园（马建武摄）

彩图 1-3　南京金港科创园绿地雨水花园（马建武摄）

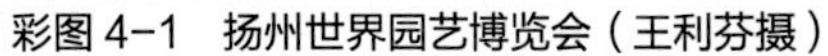

彩图 4-1　扬州世界园艺博览会（王利芬摄）

彩图 4-3　扬州世界园艺博览会（陶欣摄）

彩图 4-2　扬州世界园艺博览会（王利芬摄）

彩图 4-4　扬州世界园艺博览会（陶欣摄）

彩图 4-5　扬州世界园艺博览会（陶欣摄）

彩图 4-6　昆明世博园道路绿化 1（马建武摄）

彩图 4-7　昆明世博园道路绿化 2（马建武摄）

彩图 4-8　昆明世博园水边植物配置（马建武摄）

彩图 4-9　欧洲某城市街头雕塑（马建武摄）

彩图 4-10　昆明金殿（马建武摄）

彩图 4-11　荷兰风车村（马建武摄）

彩图 5-1　贵阳金阳大道（魏开云摄）

彩图 5-2　苏州文景路（王利芬摄）

彩图 5-3　苏州松涛街（王利芬摄）

彩图 5-4　云南景洪市景洪路（魏开云摄）

彩图 5-5　昆明武成路道路绿化（张守珍摄）

彩图 5-6　昆明金碧路（张守珍摄）

彩图 5-7　欧洲蜜月小镇道路绿化（马建武摄）

彩图 5-8　上海世纪大道（魏开云摄）

彩图 5-9　上海世纪大道（梁永祺摄）

彩图 5-10　世纪大道　街头装饰绿地（梁永祺摄）

彩图 5-11　昆明文化步行街（马建武摄）

彩图 5-12　欧洲某城市街头小品与绿化（马建武摄）

彩图 5-13　成都春熙路商业步行街（魏开云摄）

彩图 5-14　昆明步行街（马建武摄）

彩图 5-15　昆明街头小游园——茶花公园（马建武摄）

彩图 5-16　云南开远滨河绿地（马建武摄）

彩图 5-17　北京元大都遗址公园湿地技术（魏开云摄）

彩图 5-18　台湾生态浮岛（陈江峰摄）

彩图 6-1　意大利圣马可广场（马建武摄）

彩图 6-2　贵阳新区城市广场绿化（马建武摄）

彩图 6-3　贵阳新区城市广场入口小品（马建武摄）

彩图 7-1　苏州大学钟楼（马建武摄）

彩图 7-2　苏州大学红楼（马建武摄）

彩图 7-3　西南林学院生活区小游园（魏开云摄）

彩图 8-1　昆明某居住区水景（马建武摄）

彩图 8-2　昆明某居住区水景（马建武摄）

住房和城乡建设部“十四五”规划教材
高等学校园林与风景园林专业推荐教材

LANDSCAPE AND GREENLAND PLANNING

园林绿地规划（第二版）

马建武　编著

中国建筑工业出版社

图书在版编目（CIP）数据

园林绿地规划 = LANDSCAPE AND GREENLAND PLANNING / 马建武编著 . —2 版 . —北京：中国建筑工业出版社，2021.8（2023.12 重印）

住房和城乡建设部“十四五”规划教材 高等学校园林与风景园林专业推荐教材 . LANDSCAPE

ISBN 978-7-112-26194-9

Ⅰ . ①园… Ⅱ . ①马… Ⅲ . ①园林－绿化规划－高等学校－教材 Ⅳ . ① TU986.3

中国版本图书馆 CIP 数据核字（2021）第 101970 号

为了更好地支持相应课程的教学，我们向采用本书作为教材的教师提供课件，有需要者可与出版社联系。

建工书院：http：//edu.cabplink.com

邮箱：jckj@cabp.com.cn 电话：（010）58337285

责任编辑：陈 桦
文字编辑：柏铭泽
责任设计：董建平
责任校对：姜小莲

住房和城乡建设部“十四五”规划教材
高等学校园林与风景园林专业推荐教材
LANDSCAPE AND GREENLAND PLANNING
园林绿地规划
（第二版）
马建武 编著
*
中国建筑工业出版社出版、发行（北京海淀三里河路9号）
各地新华书店、建筑书店经销
北京雅盈中佳图文设计公司制版
北京中科印刷有限公司印刷
*
开本：889毫米×1194毫米 印张：18½ 插页：6 字数：451千字
2021年9月第二版 2023年12月第二次印刷
定价：**59.00**元（赠教师课件）
ISBN 978-7-112-26194-9
（37765）

《园林绿地规划》（第二版）教材编委会

主　编　马建武（苏州大学）

副主编　徐坚（云南大学）

　　　　　魏开云（西南林学院）

编　委　马建武（苏州大学）

　　　　　马洪涛（南京叠趣园林工程有限公司）

　　　　　王晓春（扬州大学）

　　　　　刘文野（南京农业大学）

　　　　　姜鹏（云南大学）

　　　　　徐坚（云南大学）

　　　　　魏开云（西南林学院）

　　　　　王利芬（苏州大学）

　　　　　付晓渝（苏州大学）

　　　　　陶欣（扬州大学）

　　　　　王晓黎（重庆尚源建筑景观设计有限公司）

　　　　　谢爱华（苏州园林设计院有限公司）

　　　　　田锐（苏州金螳螂园林绿化景观有限公司）

　　　　　朱晓芳（苏州园林生态建设集团有限公司）

统　稿　马建武（苏州大学）

摄　影　马建武（苏州大学）

　　　　　魏开云（西南林学院）

　　　　　王利芬（苏州大学）

　　　　　陶欣（扬州大学）

《园林绿地规划》（第一版）教材编委会

（按姓氏笔画排序）

主　　编　马建武（西南林学院）

副 主 编　王永利（昆明市园林规划设计院）

徐坚（云南大学）

潘丽芹（扬州大学）

魏开云（西南林学院）

编　　委　马建武（西南林学院）

马洪涛（昆明新景观园林工程有限公司）

王永利（昆明市园林规划设计院）

王晓春（扬州大学）

王晓黎（西南林学院）

田姗姗（西南林学院）

刘文野（南京农业大学）

吴丹（西南林学院）

杨旭（西南林学院）

张守珍（西南林学院）

张英（昆明市园林科学研究所）

姜鹏（云南大学）

姜耀维（云南省城乡规划设计研究院）

徐坚（云南大学）

耿满（西南林学院）

潘丽芹（扬州大学）

魏开云（西南林学院）

统　　稿　马建武（西南林学院）

摄　　影　马建武（西南林学院）

魏开云（西南林学院）

再版前言

习近平总书记在党的十九大报告中指出："建设生态文明是中华民族永续发展的千年大计。必须树立和践行绿水青山就是金山银山的理念，坚持节约资源和保护环境的基本国策，像对待生命一样对待生态环境，统筹山水林田湖草系统治理，实行最严格的生态环境保护制度，形成绿色发展方式和生活方式，坚定走生产发展、生活富裕、生态良好的文明发展道路，建设美丽中国，为人民创造良好生产生活环境，为全球生态安全作出贡献。"在这个背景下，城市园林绿地的作用越来越受到重视。由中国建筑工业出版社出版的《园林绿地规划》教材自 2007 年第一次出版以来，深受好评，曾多次印刷。本次修订，删减了部分章节，同时按照最新规范和时代发展需要增加了部分章节的内容并补充了最新的设计实践案例。

本次修订由苏州大学马建武教授主编，其中第 1 章和第 2 章由苏州大学王利芬副教授修订，第 3、4、5、7 章由苏州大学马建武教授修订，第 6 章由苏州大学付晓渝老师修订，第 8 章由重庆尚源建筑景观设计有限公司王晓黎主任修订，第 9 章由扬州大学陶欣老师修订，第 10、11 章由苏州大学马建武教授、苏州园林设计院有限公司谢爱华副院长、苏州园科生态建设集团有限公司朱晓芳主任、苏州金螳螂园林绿化景观有限公司田锐高级工程师等修订 。苏州大学 2019 级风景园林硕士研究生梁文慧、徐紫璇等同学也参加了修订和校稿。

本书在修改过程中得到许多部门和同行的帮助。借此机会谨向有关专家学者、单位表示衷心感谢！

苏州大学建筑学院 马建武教授

博导 风景园林学科带头人

2020 年 11 月 26 日

第一版前言

城市绿地是城市环境支持系统的一个重要组成部分，也是城市系统内唯一执行“吐污纳新”负反馈机制的子系统，城市绿地布局的合理与否，绿地质量的高与低，直接影响着城市的生态环境和景观风貌。

园林绿地规划是风景园林学科中重要的组成部分，本书主要介绍城市绿地系统规划、绿地规划设计理论和城市各类绿地规划设计方法等内容。本书在总结现有相关教材和参考书的基础上，结合作者二十年的教学和实践经验，根据时代发展的需要增补了一些新的理论和实例，力图提供一本有一定理论深度和时代气息的教科书。

本书作者来自于各高校、园林规划院、园林研究所等教学科研和实践的第一线。全书由马建武教授负责统稿和编审。各章节编撰和分工如下：

第 1 章　园林绿地规划的任务 ………………………………… 张英　耿满

第 2 章　城市绿地系统规划的程序 … 马建武（其中 2.4 一节由张英编写）

第 3 章　绿地规划中的园林艺术 ……………………… 马建武　田姗姗

第 4 章　绿地系统中景观元素的设计 …………………………… 马建武

第 5 章　道路绿地规划设计 …………………………… 魏开云　张守珍

第 6 章　现代城市广场规划设计 …………………………… 徐坚　姜鹏

第 7 章　单位附属绿地规划设计 ………………………… 魏开云　吴丹

第 8 章　居住区园林绿地规划设计 …………………… 马建武　王晓黎

第 9 章　综合性公园规划设计 ………………………… 潘丽芹　王晓春

第 10 章　风景名胜区与森林公园规划设计…………… 王永利　姜耀维

第 11 章　城市新农村绿地规划……………………………… 马建武　刘文野

第 12 章　城市绿地规划设计实践……………………………… 马建武　杨旭

与其他教材相比，本书具有以下特点：

1. 补充了一些新的理论和方法。如在第 2 章城市绿地系统规划的程序中将环境科学的相关知识引入教材，提出利用环境影响评价技术的方法布局城市防护林，使防护林的总体布局更科学有效。

2. 理论分析结合实践。在阐述造园理论和景观设计的内容时，不仅分析古典园林中的经典之作，也补充介绍一些现代优秀的园林作品，图文并茂，尽量避免简单说教。

3. 与时俱进，增加了城市新农村绿地规划的内容。尽管有关新农村建设的内容是一个新的课题，可借鉴的资料有限，本章的论述也不够深入，但为了适应时代需要，本书在结合现有研究成果的基础上，对该内容进行了一定介绍和探讨。

4. 民族景观元素和民族村寨的介绍也是本书的一个亮点。结合作者科研课题的成果，在本书中介绍了大量富有特色的民族景观元素，为城市绿地景观规划与设计提供了新的素材。

5. 书末附有作者近些年的一些规划设计方案，期望通过实例的介绍，加深对本书所介绍的理论的理解。

本书在编写过程中得到许多部门和同行的帮助。借此机会谨向有关专家学者、单位表示衷心感谢。

目　录

第1章　园林绿地规划的任务

园林绿地是城市基础设施的重要组成部分，它与工农业生产、人民生活、城市的建筑、道路系统、地上地下管线布局都有密切关系，为了更好地发挥园林绿地的综合功能，必须在城市中按照一定的要求规划安排各类型的园林绿地，只有形成各类功能完善、群落稳定的园林绿地，才能起到保护生态环境、发展旅游、完善投资环境、改善人民生活条件的作用。

城市园林绿地规划是园林专业的一门专业课。它的主要任务是通过各个教学环节，运用各种教学手段和方法，使学生掌握城市规划、城市园林绿地系统规划、城市各种类型园林绿地规划的基本概念、基本原理和基本方法，培养和提高学生分析、解决问题的能力和规划设计的技能，为日后从事规划设计工作、科学研究打下坚实的基础。

1.1　城市的发展与环境保护

回顾20世纪以来，经济和城市迅速发展而环境污染尚未取得有效的治理，环境问题是当前全球面临的一个严峻的挑战。我国属于发展中国家，我国的城市发展就能源与环境保护而言，压力越来越大，如果按现在经济发展速度和城市发展状况，也将成为世界最大温室气体排放国之一，城市化发展带来的能源及环境保护等重大问题已经引起政府、国民的高度重视。

1.1.1　城市的概念

城市的形成有赖于一定的经济与社会基础。城市萌芽于生产力相对发达的区域，物质产品的丰富导致了交易的需要，而交易行为倾向于在安全、便利和固定的地点进行，这便是城市的雏形。随着生产力的进一步发展，手工业、商业、工业、服务业等非农产业不断在城市中集聚，城市成为区域的生产中心、流通中心和统治中心，城市的辐射力不断加强，影响面不断扩大，吸引着区域内的人口、资金、信息、技术等生产要素不断向城市集中，使城市的规模逐渐膨胀，这便是城市形成与成长的“极化效应”。

因此城市是指一定规模及密度的非农业人口聚集地方和一定层级或地域的经济、政治、社会和文化中心。

1.1.2　城市的产生、发展及现代城市发展趋势

城市从产生、发展经过了较长的时间，期间各国的城市在经历了不同的发展阶段后，与人类一起进入了21世纪，同时也形成了现代城市的发展趋势。

1.1.2.1　城市的产生、发展

城市是社会生产力发展到一定阶段的产物，城市的产生与社会分工有着密切的联系。公元前3000年左右，在原始社会向奴隶社会过渡时期，产生了人类历史上第二次分工，即手工业与农业的分工。从事手

工业生产的人们脱离了土地的束缚，寻求一些位置适中、交通方便、利于交换的地点集中定居，以其手工产品与农产品进行交换，从而在地域上出现了一种以产品交换为目的的新型居民点。

世界各地的城市由于其产生的历史时代不同，区位地点各异，因而具有不同的起因。我国古代的“城”与“市”是两个不同的概念。“城”是指四周筑有围墙，用以防卫的军事据点；“市”则指交易市场，是商业和手工业的中心。随着社会的发展，“城”的人口渐多，也出现了商品生产和交换，“市”便在“城”或“城”郊出现，“城”与“市”逐渐结合为一个统一的聚合体——城市。

在西方，城市作为一个明确的新事物，开始出现于旧石器至新石器时代的社区中，原始城市是圣祠、泉水、村落、集市、堡垒等基本因素的复合体，这些复合体几乎都是由密闭的城墙严格封围着。王权制度的出现使分散的村落经济向组织化的城市经济进化，四周以城墙圈围的城堡便在村庄中出现。城墙的最初用途或许是军事上的防御，或许是宗教上的标明范围。但不管怎样，出现这样的城堡是以农业生产力的发展，农业产品的剩余为前提的。

纵观世界各地城市的历史起源，可以得出这样的结论：城市的产生和发展必须具备两个前提条件：一是农业生产力发展，农产品有了剩余；二是农业劳动力剩余。也就是说，当农业生产力创造的农产品，除了第一产业从业者及其实用性所需的份额以外还有剩余时，城市的兴起才有可能；仅有农产品的剩余尚不足以导致城市的产生，还必须有剩余的劳动力从农业中分离出来，从事第二、三产业的劳动。因此，早期的城市大多起源于农业发达的地区，如两河流域、尼罗河下游、印度河流域以及黄河流域等。这一过程，可简单地表示为：

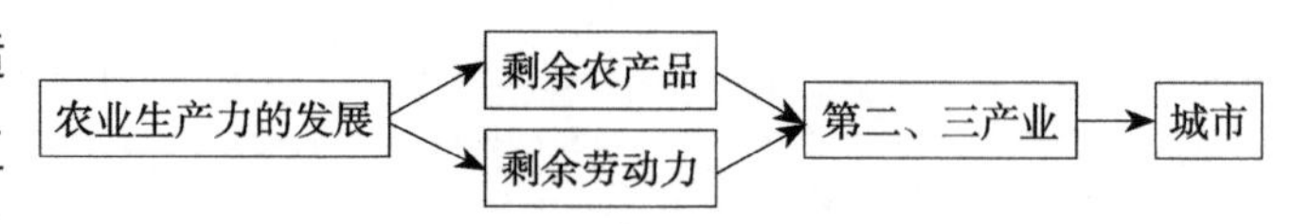

现代城市，无论其职能、成分或形态，都已大大复杂化、多样化，城市拥有更丰富的内涵，因而城市的定义也多种多样。但不论是哪种类型的城市，都存在一个基本的共同点，即城市是具有一定规模，以非农业人口为主的居民点，是人口和社会活动的空间集中地。

城市自产生至今已经历了 5 000 多年漫长历程。根据城市在发展过程中所表现出来的形态、功能及其在社会经济发展中的作用，通常将城市的发展阶段划分为古代、近代及现代 3 个时期。

1）古代城市发展

自城市产生至 18 世纪中叶的工业革命前，自给自足的自然经济占着统治地位，农业和手工业是国民经济的主体，商品经济极不发达，城市在社会经济生活中的功能和作用很小。古代城市发展经历的时间最长，城市人口增长缓慢，直到 1800 年，世界城市人口占总人口的比重仅为 3% 左右。这一时期城市的发展主要有以下特点：

（1）城市的功能主要是军事据点、政治和宗教中心，经济功能极其薄弱，主要是手工业和商业中心，对周围地区影响不大，还不具备地区经济中心的作用。

（2）城市地域结构较为简单，尚无明显的功能分区。一般以教堂或市政机构占据中心位置，城市道路以此为中心呈放射状，连接周围市场。

（3）城市形态上最明显的特征就是四周设有坚固的城墙或城壕，由于受城墙的限制，城市地域规模和人口规模都不大。

（4）城市地区分布具有很大的局限性，主要分布在农业灌溉条件良好的河流两岸，或是交通运输便利的沿海地区。

2）近代城市发展

18 世纪中叶西欧发生了工业革命，极大地促进了社会生产力发展，也使城市进入了一个崭新的阶段。工业化是城市发展的根本动力，工业革命结束了手工业的生产方式，代之以大机器生产，从而推动了生产专业化和地域分工，加速了商品经济的发展。工业生产在地域上集中，有利于生产协作；商品生产与交换带动了金融、信托事业的兴起；与此相适应，工商业集中的城市，科学技术、文化教育、交通、通信等基础设施以及各种服务行业，也都得到相应的发展。这一过程引起了大量农村人口向城市地区集聚，城市规模扩大，城市数量增加，城市人口的比例迅速上升。

从 18 世纪中叶到 20 世纪中叶，城市的发展远远超过以往几千年。工业革命使近代城市发生了质的变化。与古代城市相比，近代城市发展具有以下一些特点：

（1）城市发展加速，城市规模越来越大。自 1975 年以来，全球人口以大约每 12 年增加 10 亿的速度增长；至 2019 年，全世界人口数量达到 75 亿，其中城市人口占总人口的比重为 56%。

（2）城市功能趋于多样化。除了工业、商业等经济功能日益增强外，金融、信息、科技、文化及交通等功能也得到了加强，城市成为整个国民经济和地区经济中心，对国家和地区经济产生很大影响。

（3）城市地域结构日趋复杂化，出现了较为明显的功能分区。如工业区、商业区、居民区以及仓库码头区等。同时，城市的基础设施明显得到改善，生活质量明显提高。

（4）城市地区分布差异显著。城市分布逐步摆脱了农业生产的影响，在一些资源分布地区出现了工矿城市；铁路运输促进了内陆地区的城市发展，改变了古代城市分布十分局限的空间格局。但由于世界各地工业化进程存在差异，城市分布的地区差异也十分显著，发展中国家和地区的城市发展缓慢，城市数量少、规模小，少数规模较大的城市主要分布于沿海地区。

3）现代城市发展

20 世纪中叶以来，西欧大多数经济发达国家已经进入了工业化的后期，许多发展中国家也相继进入工业化发展阶段，世界上的城市进入了现代化的发展阶段。第二次世界大战以后，世界范围内的政治、经济和技术领域都发生了深刻的变化。一些长期受帝国主义控制的殖民地和半殖民地国家纷纷摆脱了殖民统治，相继独立，使发展中国家的政治地位不断提高，民族经济蓬勃发展。社会主义国家经过短期的经济恢复后，开始了大规模的工业化建设。西欧许多发达国家为医治战争的创伤，掀起了整修和重建城市的浪潮，使城市开发向深度和广度进一步发展。科学技术开始发生革命，以微电子技术为主导的新技术革命，促进了全球范围的经济结构、产业结构和就业结构的变化。整个社会经济的发展达到了新水平，社会产品空前丰富。这一切，都大大加快了世界城市的发展进程，使城市的发展进入了一个新的历史阶段。

1.1.2.2　现代城市发展趋势

1）城市交通一体化

在现代世界城市发展中，交通一体化是最鲜明最主要的趋势。交通布局的全面立体化和大规模智能化管理系统的有机结合将使现代城市交通成为一体化服务系统。从城市发展近百年的历史来看，城市发展的成功经验之一是大力发展公共交通。一些国际经济中心城市，目前非常注重发展高效、低污染的城市立体交通网络，地铁和轻轨铁路已成为城市公共交通的主体。因此，现代城市交通往往会利用海、陆、空发展地面和地上的多种交通工具，形成一体化的立体交通网络，采用各种各样的方式（如统一时间表、一票制、驻车换乘等时间和空间上的联合）给每一位市民提供完善的交通运输服务。为了达到多种交通方式之间的高效联合，美国早在 20 世纪 90 年代初就颁布了“冰茶法案”，旨在整合和提升系统运营的整体效益。

2）城市环境园林化

当今世界中有许多园林般的美丽国家和城市，给人们留下了深刻印象。比如德、法两国在城市规划建设中就有严格保护植被、保护生态环境的规定。德国柏林市中心仍保留着长达 6km 的森林绿化带，成为该市的一大特色景观；斯图加特市因在市区保留丘陵葡萄种植园而引以自豪。具有“大洋洲的花园”之称的澳大利亚首都堪培拉虽然所在地面积不大，却有一半的土地为保护地和国家公园。这些园林般的城市不仅美丽如画，给人们居住生活营造了和谐的氛围，也给城市经济社会的可持续发展奠定了基础。

20 世纪 90 年代以来，可持续发展成为国际社会经济发展的价值导向。以人类与自然协调为宗旨的城市园林化体现了可持续发展、生态建设、环境保护的多种要求，使城市成为社会—经济—自然复合生态系统和居民满意、经济高效、生态良性循环的人类居住区。

3）城市中心的集聚化和立体化

“城市的本质是能够产生集聚效益。”城市中心是集聚效益最突出的地方。在古代，多数城市的中心是皇宫、衙门等权力机构。欧洲中世纪教会是权力的象征，城市中心有大教堂，城墙和城堡是古代城市的标志，是权力的反映。城市中心土地资源有限，地价高昂。为了充分发掘城市中心土地的集聚效益，在功能结构和形态景观上都不断进行调整。在功能结构上，增加商务活动的分量，逐渐形成中央商务区。欧洲城市在改造旧中心的基础上形成商务区，大多数城市把铁路总站引入市中心以加强商务区的集聚力。因此，不少欧洲城市的火车站、教堂和商务中心近在咫尺。

在城市景观上，现代化的标志之一是楼层升高，地下空间和地面空间多层开发，又称城市的立体化、三维化。不少大城市兴建地下街、地下商店、地下停车库。地下铁道、立交桥等多层次交通是解决大城市交通堵塞的捷径。东京、大阪和蒙特利尔等城市兴建地下街后，明显减轻了地面的人流压力，改善了城市中心地区的生态环境。改革开放以来，我国城市中心的功能变化，特别是景观变化，非常显著。商务功能逐步替代行政和居住功能。第三产业用地逐步取代第二产业用地。

4）空间结构的郊区化与逆中心化

郊区化是大城市的人口和功能向郊区扩散的过程。在郊区化过程中，城市郊区形成人口的集结点和卫星城，卫星城有新建的，也有在原居民点基础上拓展的。一般郊区化过程中首先在郊区形成卧城，大城市居民迁到郊区落户，到城市中心地段上班。然后，商业、文化、工业等功能陆续向郊区扩散，在郊区形成若干个生产和生活集结点。家庭成员从业的多样性，郊区与母城经济上的广泛联系，决定母城与卫星城间客流与货流密度很大，需要有便捷的交通联络。

在郊区化后，发达国家的大城市出现逆中心化，又称逆城市化。它是指在城市发展演变过程中，由于城市中心地带生存空间日益狭小、交通日益拥挤以及地价日益上涨等原因，中心城区居民迁出城市中心，不断向城市边缘及郊区、乡村地带迁移的趋势。“逆城市化”是“城市化”发展到一定阶段派生出来的新潮流，对“城市化”而言是吐故纳新，对村镇来说，则是巨大的发展能量。利用“逆城市化”趋势发展小城镇和乡村，在此基础上发展起来的小城镇和乡村成为中心城市自我优化、减轻空间压力的广阔平台，促使中心城市的空间结构更加合理，产业优势更加突出，聚集效应和带动效应更加强大。由此形成中心城市与中小城镇、乡村彼此之间产业呼应、优势互补、良性循环的空间布局。

5）城市管理法治化

在探讨现代世界城市发展趋势时，专家们多次强调了城市管理要注重法治化。《上海综合经济》杂志社总编辑王炜举了法国的例子，他说法国早在 100 多年前就已经在城市规划中实行法治化管理，当时规定巴黎的城市建筑不得高于埃菲尔铁塔，并为城市建设定下了中轴线。

6）城市产业服务化与专业化

第二次世界大战后，发达国家进入后工业化阶段，发达国家的城市进入现代城市阶段。现代世界城市的产业结构正变得越来越软化，现代城市在功能上的特点是服务业发达。服务业的比重不断上升，许多城市的服务产值占其国内生产总值的 70% 以上，有的超过 80%，美国城市在 2018 年已接近 70%，荷兰城市在 2019 年平均达到 69.75%，上海 2019 年服务业产值到 70% 以上。

从 1960 年到 2018 年服务业在东京经济中的比重由 54.8% 上升到 69.31%，2018 年纽约的第三产业占 GDP 总量的 80.6%。美国在 1870 年至 1970 年的 100 年间，城市化水平的提高主要得益于第三产业的增长，贡献份额为 80%。以网络作为快速传递媒介的现代金融、咨询、贸易、信息、文化、旅游等知识服务业成为重要的产业基础，知识服务业的比重日益上升。后工业化阶段服务业在城市经济结构中的比重上升是不可逆转的趋势。第三产业成为城市化的主要动力。

1.1.3　城市发展中面临的环境问题

城市是工业化和经济社会发展的产物，人类社会进步的标志。然而城市又是环境问题最突出最集中的地方。当今世界上的城市，普遍地出现了包括环境污染在内的“城市综合症”。我国的环境问题也首先在城市突出地表现出来。城市环境污染问题正在成为制约城市发展的一个重要障碍，许多城市的环境污染已相当严重。如何有效地控制城市环境污染，改善城市环境质量，使城市社会经济得以持续、稳定和协调发展，已成为一个迫在眉睫的问题。

1.1.3.1　世界城市发展中面临的环境问题

当今，世界上千万人口的城市已不鲜见，名列前茅的特大城市，人口已超过 3 700 万。东京、德里、圣保罗、上海、开罗的人口在 2 000 万以上。城市化的进程，标志着人类社会的进步和现代文明。然而，在城市化进程中，特别是城市向现代化迈进的历程中，都普遍地遇到了“城市环境综合症”的问题，诸如人口膨胀、交通拥挤、住房紧张、能源短缺、供水不足、环境恶化、污染严重等。这不仅给城市建设带来巨大压力，成为严重的社会问题，反过来，也成为城市经济发展的制约因素。

从环境科学讲，城市是人类同自然环境相互作用最为强烈的地方，城市环境是人类利用、改造自然环境的产物。城市环境受自然因素与社会因素的双重作用，有着自身的发展规律。或者说，城市是一个复杂的受多种因素制约、具有多功能的有机综合载体，只有实现城市经济、社会、环境的协调发展，才能发挥其政治、经济、文化等的中心作用，并得以健康和持续发展。否则，必然会因其发展失衡而产生这样那样的问题，这就是所谓的城市环境问题。

1.1.3.2　我国城市发展中面临的环境问题

城市化进程的加快，也给我国的环境保护带来了挑战。伴随着我国城市规模的扩大和数量的增加，一些城市陷入了交通堵塞、住房短缺、环境污染、水资源缺乏等困境，这些“城市病”虽不是我国所独有，但在我国的一些城市发展过程中却表现得尤为明显。

1）空气污染

我国除少数沿海城市外，大部分城市的空气质量不能令人满意。2019 年，全国 337 个地级及以上城市中，157 个城市环境空气质量达标，占全部城市数的 46.6%；180 个城市环境空气污染超标，占

53.4%。337 个城市平均优良天数比例为 82.0%，其中，16 个城市优良天数比例为 100%、199 个城市优良天数比例在 80%~100% 之间、106 个城市优良天数比例在 50%~80% 之间、16 个城市优良天数比例低于 50%；平均超标天数比例为 18.0%，以 PM2.5、O_3、PM10、NO_2 和 CO 为首要污染物的超标天数分别占总超标天数的 45.0%、41.7%、12.8%、0.7% 和不足 0.1%，未出现以 SO_2 为首要污染物的超标天数。337 个城市累计发生严重污染 452 天；重度污染 1 666 天。以 PM2.5、PM10 和 O_3 为首要污染物的天数分别占重度及以上污染天数的 78.8%、19.8% 和 2.0%，未出现 SO_2、NO_2 和 CO 为首要污染物的重度及以上污染。

我国城市的空气污染在空间分布上呈现较强的区域特征，城市及其周边地区的污染强度明显高于农村，其中以特大型和大型城市表现最为突出。同等规模城市的空气质量又因工业结构、经济发展水平、城市基础设施完善程度以及所处地区气候特征不同而存在较大差异。总体来说，北方城市重于南方城市，大城市重于小城市，中西部城市重于东部城市，部分沿海城市的空气质量保持了较好的水平。

我国目前的空气污染属于典型的煤烟型污染，空气污染物主要以 TSP、二氧化硫为主，氮氧化物因近几年城市机动车数量的大幅度增加，在一些大中城市，特别是特大型城市中的污染分担率迅速攀升，在个别城市的一定时期已经上升为首要污染物。

2）水污染

我国城市河段的水质污染普遍严重，据全国 2 222 个监测站 2016 年的统计，在 138 个城市河段中，超过Ⅴ类水质的占到 38%，已成为中国水环境污染中的重灾区。城市河流的污染程度表现为北方重于南方，工业较发达的城镇附近的水域污染明显加重，污染型缺水的城市数目不断上升。城市河段的污染以有机污染为主，氨氮、挥发酚、石油的污染也十分严重。

随着我国加强对工业污染的控制，工业废水的排放量和污染负荷呈逐年下降的趋势，但与此同时，生活污水的排放量和污染负荷却呈上升之势，已和工业废水污染平分秋色，在有些大型和特大型城市中，生活污水已成为主要污染水体。而我国目前的城市生活污水处理率和处理水平还不高，全国仅为 31.9%，因而导致城市河段的污染程度加重。近年来，城市周边地区的农业水源污染越发突出，农药、化肥的大量使用，导致氮、磷大量流入湖泊和土壤，使得湖泊富营养化程度日益加重。

3）生活垃圾污染

近年来，我国城市生活垃圾数量有了大幅度增长，根据《2018 年全国大、中城市固体废物污染环境防治年报》，2017 年，202 个大、中城市生活垃圾产生量 20 194.4 万吨，处置量 20 084.3 万吨，处置率达 99.5%。总的来说，我国城市化水平的大幅提高，城市基础设施建设规模有了较大提升，城市环境水平得到进一步改善，但由于各地重视程度不同，部分城市的生活垃圾分类处理水平较低，垃圾处理设施的修建没有跟上步伐，使得垃圾清运和处理量跟不上垃圾产生的速度，形成恶性循环，地下水源受到污染，环境污染日益严重。

我国城市垃圾无害化处理设施严重滞后于城市发展，几百座城市处于垃圾围城的尴尬境地。就目前的垃圾处理方式而言，填埋占 80%，堆肥占 19%，焚烧仅占 1%。但由于城市垃圾实际处理率较低，真正达到无害化处理要求的还不到 10%。随意堆放的垃圾，对城市周边地区的土壤和地下水已构成严重的威胁。

4）热岛效应

城市热岛效应指城市气温高于郊区的现象，其强度以城市平均气温与郊区平均气温之差来表示。由于城市规模不断扩大和发展，建筑物高度集中，下垫面性质被改变，城市中混凝土、石块、预制块、沥青路面、建筑物屋顶及墙壁等，其导热性比松土或湿土高出数倍，并且热容量很高，大量接受太阳辐射，并积蓄能量，吸收和反射、辐射的热量大量被积聚、截留在不太流通的城市街道空间，导致产生城市热岛效应。因此在白天，城市下垫层表面温度远远高于气温，其中沥青路面和屋顶温度可高出气温 8~17℃，此时下垫层的热量主要以湍流形式传导，推动周围大气上升流动，形成"涌泉风"，并使城区气温升高；在夜间城市下垫面层主要通过长波辐射，使近地面大气层温度上升。由于城区下垫层保水性差，水分蒸发散耗的热量少（地面每蒸发 1g 水，下垫层失去 2.5kJ 的潜热），所以城区潜热大，温度也高（图 1-1）。

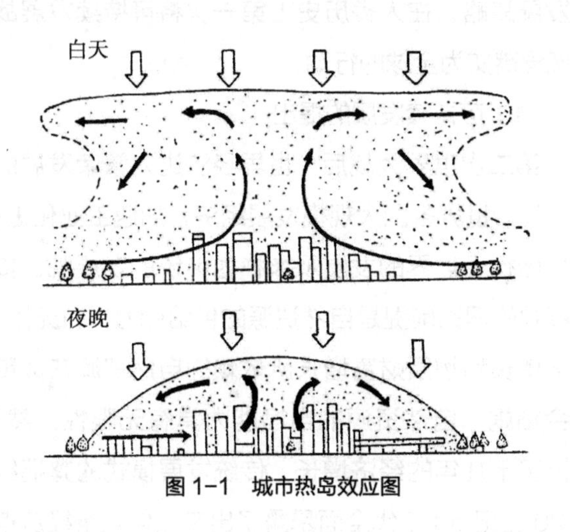

图 1-1　城市热岛效应图

另外，城市人口稠密，衣、食、住、行、汽车尾气、工业化生产等过程中消耗了大量的石油、煤、电等能源，产生直接加热大气的人为热，同时也对周围环境释放大量热量。空气污染、粉尘增加、CO_2 浓度增加，引起温室效应，也是城市热岛产生的原因之一。

城市内拥有大量锅炉、加热器等耗能装置以及各种机动车辆。这些机器和人类生活活动都消耗大量能量，大部分以热能形式传给城市大气空间。据统计，香港每年散耗能量占输入能量的 39%，特别是寒冷地区的冬季，每年都要燃烧大量矿石燃料（在我国北方主要是燃煤供暖），对城市大气环境质量和局部气候的影响更大。这时人为热源甚至可达到与来自太阳辐射的热量相等或是更大的程度。有人估计冬季莫斯科的人为散热大于同期太阳辐射热的 3 倍。

另一方面，有利于减少热岛强度的因素在城市中又被削弱。首先，在城市中缺乏高大的树木以及灌木和草地，特别是高大的乔木。植物能有效地阻挡、吸收太阳辐射，净化空气、减轻热岛强度。其次，建筑物阻碍空气流通，使得风速减小。最后，城市中水体缺乏，蒸发量少，植被缺乏，蒸腾量也少，增加了热岛强度。一般大城市年平均气温比郊区高 0.5~1℃。冬季平均最低气温约高 1~2℃，城市中心区气温通常比郊区高 2~3℃，最大可相差 5℃。对上海市城市热岛的变化特征进行分析表明：上海市城市热岛全年出现概率为 87.8%，月平均热岛强度值大于 0.8℃。

城区密集的建筑群、纵横的道路桥梁，构成较为粗糙的城市下垫层，因而对风的阻力增大，风速减低，热量不易散失。在风速小于 6m/s 时，可能产生明显的热岛效应；风速大于 11m/s 时，下垫层阻力不起什么作用，此时热岛效应不太明显。

5）气候恶劣

城市大气环境质量的好坏与居民的身体健康和生产能力的发挥有极为重要的作用。而其自身的气候特点却造成城市大气污染的特殊性和复杂性。城市中除了大气环流、地理经纬度、大的地形地貌等自然条件基本不变外，城市气候在气温、湿度、云雾状况、降水量、风速等方面都发生了变化。城市的气候现象对于城市大气污染物质的扩散规律及污染物质间的复合作用都有一定影响。

6）空气质量下降

城市大气污染使得城区空气质量下降，烟尘、SO_2、NO_X、CO 含量增加，这些物质都是红外辐射的良好吸收者，致使城市大气吸收较多的红外辐射而升温。

7）城市风的影响

城市风的形成是除城市所在区域的气压、气温及地形地貌分布状况对城市大气流动起的很大作用外，城市下垫面的形状、性质对大气流动产生的影响（图 1-2、图 1-3）。空气经过城市比经过开阔的农村更容易产生湍流，所以一般城市内风速比郊区风速低。城市内高大形体建筑物及街道都能在局部范围内产生涡流。

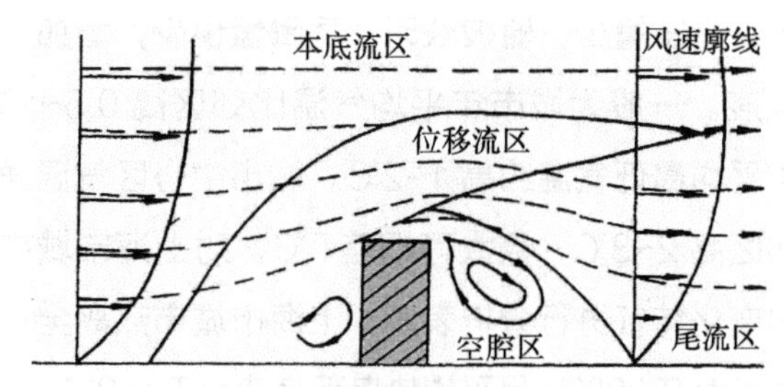

图 1-2 高大建筑对地面风向的影响图

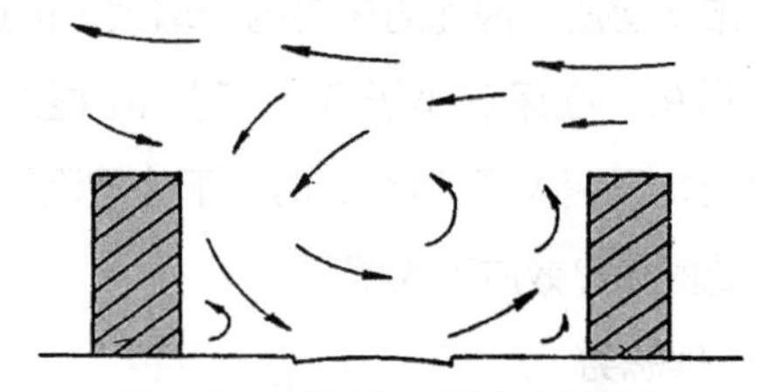

图 1-3 街道对地面风向的影响图

1.1.4 可持续发展理论与城市的环境保护

城市化进程是产生城市环境问题的进程，也是人类与城市环境污染作斗争的进程。汽车、工厂等排放的废气，将大气污染到足以增加城市人群肺癌发病率的程度。城市的快速发展也带给人类莫大的烦恼，包括水资源的危机、垃圾的困扰等。发达国家城市化进程比较早，在解决城市环境污染方面不乏成功的例子。比如英国古老的伦敦城曾发生过震惊世界的伦敦烟雾事件，穿流于这座城市的泰晤士河也曾发黑发臭、鱼虾绝迹。后来，通过制定严格的大气和水质保护法，大力加强环境保护工作，并采用先进的环保技术，使伦敦重又空气清新、水质良好、鱼儿洄游。

对广大发展中国家来说，西方国家“先污染，后治理”的老路是不足取的，因此，如何走一条经济与环境协调发展的新路，已成为各国积极探讨的问题。

1.1.4.1 城市可持续发展理论

1）可持续发展理论的产生

可持续发展是 20 世纪 80 年代随着人们对全球环境与发展问题的广泛讨论而提出的一个全新概念，是人们对传统发展模式进行长期深刻反思的结晶。1992 年在里约热内卢召开的联合国环境和发展大会（UNCED）把可持续发展作为人类迈向 21 世纪的共同发展战略，在人类历史上第一次将可持续发展战略由概念落实为全球的行动。

（1）可持续发展的提出

第二次世界大战后，世界经济进入繁荣发展的黄金时代。世界各国大规模发展经济，加速工业化进程，这种盛行于世界的发展观被称为传统的发展观。传统发展观的理论前提是自然资源的供给能力具有无限性，经济增长和物质财富增长所依赖的自然资源在数量上不会枯竭；自然资源的自净能力具有无限性。然而，经过了十几年的经济增长，传统发展模式的弊端终于在 20 世纪 60 年代全面暴露了出来。伴随着经济指标快速增长的是森林的减毁、河流与大气的污染、农田的沙漠化以及城市生活质量的全面退化等问题，人类创造美好文明的同时造成了日趋严重的资源、环境、生态、人口等问题，对人类自身的生存与发展构成了严重的威胁。这就直接导致了传统发展观的破产。人们急需找到一种以人与自然关系的和谐、全社会整体持续发展为内容的新的发展观，这就是可持续发展观。废弃物排放所需要的自然环境在容量上也不会降低。可持续发展作为一种新发展观悄然兴起并日益引起国际社会的关注。特别是进入20世纪90年代以来，可持续发展以其崭新的价值观和光明的发展前景，被正式列入国际社会议程。1992年的世界环境与发展会议，1994年的世界人口与发展会议，1995年的哥本哈根世界首脑会议，都将其作为重要议题，并提出了可持续发展战略构想。

（2）可持续发展理论的产生

可持续性观念源远流长。然而现代可持续发展理论源于人们对越演越烈的环境问题的热切关注和对人类未来的希冀。世界人口的爆炸式增长、自然资源的日渐短缺和生态环境的不断恶化，是现代可持续发展理论产生的背景。

面对发展带来的诸多全球性问题，人们作出了不同的反应。最具代表性的是“悲观学派”和与之对立的“乐观学派”。前者主张停止地球人口数量的增长，限制工业生产，大幅度减少地球资源消费量，以维持地球上的平衡。后者认为依靠科学技术，人们一定能够通过新材料、新能源的发现以及利用水平的提高，解决人类利用开发的自然资源问题，因此，自然资源实质上是无穷尽的。而对于人口问题，他们认为将在一定时期出现“增长”停滞甚至减少。

从20世纪60年代到80年代，人们开始认真反思传统经济发展模式必然产生的矛盾，积极寻求新的发展思路和模式，即在提高经济效益的同时，又能保护资源，改善环境。于是，可持续发展以一种全新的发展战略和模式应运而生。

1987年Barbier等人发表了一系列有关经济、环境可持续发展的文章，引起了国际社会的注意。同年，格罗·哈莱姆·布伦特兰夫人（Ms Gro Harlem Brundtland）在世界环境与发展委员会的《我们共同的未来》中正式提出了可持续发展的概念，标志着可持续发展理论的产生。此时的研究重点是人类社会在经济增长的同时如何适应并满足生态环境的承载能力，以及人口、环境、生态和资源与经济的协调发展方面。其后，这一理论不断地充实完善，形成了自己的研究内容和研究途径。

2）可持续发展理论提出的意义

可持续发展首先是从环境保护的角度来倡导保持人类社会进步与发展的。它号召人们在增加生产的同时，必须注意生态环境的保护与改善。明确提出要变革人类沿袭已久的生产方式和生活方式，并调整现行的国际关系。这种调整与变革要按照可持续性的要求进行设计和运行。可持续发展理论的意义包含两大方面的内容：一是对传统方式的反思和否定；二是对规范的可持续发展模式的理性设计。就理性设计而言，可持续发展具体表现在：工业应当是高产低耗，能源应当被清洁利用，粮食需要保障长期供给，人口与资源应当保持相对平衡等许多方面。

“可持续发展”一词一经提出即在世界范围内逐步得到认同并成为大众媒介使用频率最高的词汇之一，这反映了人类对自己以前走过的发展道路的怀疑和摒弃，也反映了人类对今后选择的发展道路和发展目标的憧憬和向往（尽管尚有若干模糊）。人们逐步认识到过去的发展道路是不持续的，或至少是持续不够的，因而是不可取的。唯一可供选择的道路是走可持续发展之路。人类的这一反思是深刻的，反思所得出的结论具有划时代的意义。这正是可持续发展的思想得以在全世界不同经济水平和不同文化背景的国家取得共识和普遍认同的根本原因。可持续发展是发展中国家和发达国家都可以争取实现的目标，广大发展中国家积极投身到可持续发展的实践中，这也正是可持续发展理论风靡全球的重要原因。可以说，可持续发展的道路，是实现城市社会、经济与环境协调发展的必由之路。

1.1.4.2 城市的环境保护

人类是环境的产物，人类要依赖自然环境才能生存和发展；人类又是环境的改造者，通过社会性生产活动来利用和改造环境，使其更适合人类的生存和发展。《中华人民共和国环境保护法》中把环境定义为“影响人类生存和发展的各种天然和经过人工改造的自然因素的总体，包括大气、水、海洋、土地、矿藏、森林、草原、野生生物、自然遗迹、人文遗迹、自然保护区、风景名胜、城市和乡村等”。

由于人类活动或自然原因使环境条件发生不利于人类的变化，以致影响人类的生产和生活，给人类带来灾害，这就是环境问题。自然因素如洪水、干旱、风暴、地震、海啸等，自开天辟地以来就存在。对这类环境问题，人类可以采取措施减少它的消极影响和破坏力，但却难以阻止它。我们这里所讲的环境问题是指人类活动给自然环境造成的破坏和环境污染这两大类。

环境破坏是指由于不合理开发利用资源或进行大型工程建设，使自然环境和资源遭到破坏而引起的一系列环境问题，如植被破坏引起的水土流失、过度放牧引起的草原退化、大面积开垦草原引起的土壤沙漠化、乱采滥捕使珍稀物种灭绝等，其后果往往需要很长时间才能恢复，有的甚至不可逆转。环境污染主要是指工农业生产和城市生活把大量污染物排入自然环境，使环境质量下降，以致危害人体健康，损害生物资源，影响工农业生产。具体地说，环境污染是指有害的物质，主要是工业的“三废”（废气、废水、废渣）对大气、水体、土壤和生物的污染。环境污染包括大气污染、水体污染、土壤污染、生物污染等由物质引起的污染和噪声污染、热污染、放射性污染或电磁辐射污染等由物理性因素引起的污染。

工业化和城市化的飞速发展给人类环境带来了越来越大的冲击。环境保护的重点也是针对各工业行业和城市。我国正处于社会主义初级阶段，工业企业多数都是粗放型经营，能耗、物耗高，经济效益低，城市化速度快，但城市环境基础设施建设严重滞后。随着我国经济的进一步高速发展和城市现代化水平的提高，工业企业实行清洁生产，在获得更大经济利益的同时获得更大的环境效益和社会效益，不断加强城市环境保护，改善人类居住条件将成为必然趋势。

城市是一个规模庞大、关系复杂的动态生态系统，由社会、经济、自然子系统复合而成，具有开放性、依赖性、脆弱性等特点，极易受到环境条件变动的干扰。在城市生态系统中，既有自然的组成要素，又有高度人工化的组成要素，而园林绿地系统则是其中唯一具有自净功能的组成成分，在改善环境质量、维护城市生态平衡、美化景观等方面起着十分重要的作用。近一二十年来，随着世界范围内城市化进程不断加快，使环境问题日益加剧，人们已越来越认识到走生态园林道路、以绿地系统改善城市环境质量的重要性，许多国家已将其作为城市现代化水平和文明程度的一个衡量标准。

1992 年在里约热内卢召开的联合国环境与发展会议，明确提出了人类社会发展应该是可持续的发展。由于人类的经济活动导致生态环境的日益恶化、自然资源日益枯竭、许多可再生资源严重失调的今天，坚持可持续发展战略的提出，是人类对自身发展历程的清醒回顾和深刻反思所探索到的一条真理，它已成为当代人类社会谋求发展必须切实遵循的基础战略。新加坡在这方面堪称典范。人们很难想象，这个举世公认的“花园城市国家”昔日刚刚摆脱殖民统治时，也曾是一个居住条件极差、市区拥塞不堪、环境污染严重的地方。20 世纪 60 年代初，新加坡制定了“总体规划，合理布局，统筹兼顾，节约能源”的环境经济政策，遵循可持续发展的原则，在城市规划中把环境保护放在突出位置，将工业区和居民区严格分开，利于污染物的集中处理。今天，新加坡拥有系统而高效的环保基础设施，污水和垃圾都得到了 100% 的处理，人们几乎完全感觉不到环境污染。

城市是人类社会活动的重要区域，城市的环境建设是实现可持续发展进程的一个重要组成部分。随着地球上城市化的趋势不断加速，大量人工环境的建成以及由此带来环境污染等系列的负面影响，已给人类带来了生存危机，制约着社会经济的发展，也对城市本身的生存与发展提出严峻的挑战。

人类与环境的关系极为密切，它们之间既是统一的，又是对立的。人体通过新陈代谢和周围环境进行物质交换，在长期的进化过程中，使得人体的物质组成与环境的物质组成具有很高的统一性。如人体内各种化学元素的平均含量与地壳中同种元素含量，基本上保持相应的变化。也就是说，某些元素在地壳中含量较高，在人体内同样也高；反之，人体内某些元素含量较少，地壳中同样也少。但随着劳动工具的改进，特别是火的发明和利用，人类开始对环境产生重大影响，如砍伐森林、矿产采掘与冶炼等，常常会导致人类与环境关系的对立，结果会使人类受到大自然无情的惩罚（如水土流失、山洪暴发等）。因此，在决定兴办一项改造自然环境的工程前，进行环境对健康影响的评价是必不可少的。

综上所述，城市园林绿化作为一个建设行业的合理定位，应该是实现城市可持续发展的一项重要的基础建设，是城市环境建设中不可缺少的重要组成部分，在促进城市可持续发展战略的实施中将发挥重要作用。在现代城市建设中，城市园林绿化的必要性和重要性需要得到进一步的合理认定，以形成各级领导和社会公众的共识。

1.2　园林绿地规划的目的与任务

1.2.1　园林绿地的功能和效益

人类正面临着环境、人口、资源三大难题，尤其是环境问题，已引起国际社会的普遍关注。现在，越来越多的国家，把环保作为保障经济的大事来抓。城市里的绿色主体是园林绿地系统，这些有生命的绿色植物在城市中具有不可替代和估量的效益。

1.2.1.1　园林绿地的概念

园林是指在一定地域内运用工程和艺术手段，通过改造地形、种植树木花草、营造建筑与小品、布置园路、设置水景等途径创造而成的自然环境和游憩境域。城市绿化是人们运用栽培植物改善城市生态环境的手段，它包括城市绿地的建设以及对原有植被的维护工作，而不包括以经营生产为目的的果园、花圃、苗圃等。园林的含义与内容随着社会的发展不断变化，其类型也是随社会生活的需要不断丰富，由最早的宫苑、庭园发展为城市公园、绿地；由一个个公园构成了由各种绿地组成的城市园林绿地系统；由城市园林绿地又延伸到郊外风景名胜区、自然保护区，形成风景园林；由城市、省（州、都道府县）与国家的各级风景园林绿地形成多层次、多类型的园林绿地系统。

城市用地构成中有一个重要组成部分即“绿地”，其对改善城市生态环境的重要性是不可替代的，已受到人们的广泛重视。所谓“绿地”，《辞海》释义为“配合环境创造自然条件，适合种植乔木、灌木和草本植物而形成一定范围的绿化地面或区域”；或指“凡是生长植物的土地，不论是自然植被的或人工栽培的，包括农林牧生产用地及园林用地，均可称为绿地”。行业标准《园林基本术语标准》CJJ/T 91—2017 规定：城市绿地是“以植被为主要存在形态，用于改善城市生态、保护环境，为居民提供游憩场地和美化城市的一种城市用地。”在该标准的条文说明中有进一步的说明：“广义的城市绿地，指城市规划区范围内的各种绿地”。

在该标准中还规定了风景林地（即具有一定景观价值，对城市整体风貌和环境起改善作用，但尚没有完善的游览、休息、娱乐等设施的林地）和其他绿地

（即对城市生态环境质量、居民休闲生活、城市景观和生物多样性保护有直接影响的绿地，包括风景名胜区、水源保护区、郊野公园、森林公园、自然保护区、风景林地、城市绿化隔离带、野生动植物园、湿地、垃圾填埋场恢复绿地等）。

随着城市人口日益增长，人口老龄化；城市污染增加，生态环境仍被破坏；人们的生态意识逐日加强，渴望回归大自然的需求等，园林绿地的内容被不断延伸和拓宽，渗透到城市的各个方面，扩大到城市以外，大地园林化已是环境建设的一个趋势。

1.2.1.2 园林绿地的效益

园林绿地的功能随着科学的发展而逐步被扩展。最早，人们把园林绿地作为娱乐、游憩的场所，当今人们发现和认识到园林绿地具有保护环境，提高环境质量的生态功能；放出氧气、净化空气、杀菌、调节空气温度和湿度的空气质量优化功能；具有有益于身心健康的心理功能；还具有防噪减噪、防风通风、水土保持和防灾抗灾的物理功能以及使用功能等。

园林绿地的效益是多方面的，概括起来讲，主要体现在调节小气候、改善环境质量和美化景观方面。城市里的绿色主体是园林绿地，这些有生命的绿色植物在城市中具有不可替代和估量的效益。

1）改善环境质量

（1）吸收二氧化碳，放出氧气，维持碳氧平衡

空气是人类赖以生存的不可缺少的物质，从城市的小范围来说，由于密集的城市建筑和众多的城市人口，形成了城市中许多气流交换减少和辐射热的相对封闭的生存空间。目前许多市区空气中的二氧化碳含量已超过自然界大气中二氧化碳正常含量 300mg/kg 的指标，尤以在风速减小、天气炎热的条件下，在人口密集的居住区、商业区和大量耗氧燃烧的工业区出现的频率更多。

要调节和改善大气中的碳氧平衡，首先要在发展工业生产的同时，积极治理大气污染，研究并将二氧化碳转化利用；其次是要保护好现有森林植被，大力提倡植树造林绿化，使空气中的二氧化碳通过植物的光合作用转化为营养物质。园林植被的这种功能，也是在城市环境这种特定的条件下，其他手段所不能替代的。

有关资料表明，每公顷绿地每天能吸收 900kg CO_2，生产 600kg O_2，每公顷阔叶林在生长季节每天可吸收 1 000kg CO_2，生产 750kg O_2，可供 1 000 人呼吸所需；生长良好的草坪，每公顷每小时可吸收 $CO_2$15kg，而每人每小时呼出的 CO_2 约为 38g，所以在白天如有 25m^2 的草坪或 10m^2 的树林就基本可以把一个人呼出的 CO_2 吸收。可见，一般城市中每人至少应有 25m^2 的草坪或 10m^2 的树林，才能调节空气中 CO_2 和 O_2 的比例平衡，使空气保持清新。如考虑到城市中工业生产对 CO_2 和 O_2 比例平衡的影响，则绿地的指标应大于以上要求。以北京市建成区为例，可以看出园林植物在净化环境方面的作用（表 1-1）。

北京市建成区植被日吸收 CO_2 和释放 O_2 量　　表 1-1

树种	株树	绿量（m^2）	吸引 CO_2（t/d）	释放 O_2（t/d）
落叶乔木	1	165.7	2.91	1.99
常绿乔木	1	12.6	1.84	1.34
灌木类	1	8.8	0.12	0.087
草坪	—	7.0	0.107	0.078
花竹类	1	1.9	0.027 2	0.019 6

（2）吸收有毒有害气体

园林植物在其生命活动的过程中，对许多有毒气体有一定的吸收功能，在净化环境中起到积极作用。

当城市的工业生产和民用生活中燃烧煤炭产生的 SO_2，以及工业生产和汽车尾气等产生的空气污染物质达到一定浓度时，就会使环境受到严重污

染。如空气中的 SO_2 浓度高达 100mg/kg 时，就会使人感到不适，当浓度达到 400mg/kg 时就会使人致死。

污染空气和危害人体健康的有毒有害气体种类很多，主要有 SO_2、NO_X、Cl_2、HF、NH_3、Hg、Pb 等。在一定浓度下，有许多种类的植物对它们具有吸收和净化能力。有研究表明：当 SO_2 通过树林时，浓度有明显降低，每公顷柳杉林每年吸收 720kg SO_2。臭椿、夹竹桃、罗汉松、银杏、女贞、广玉兰、龙柏等都有较强的吸收能力。

植被的面积不同，植被组成和结构不同，碳氧平衡效益功能差异较大。如果进入植物体（叶子组织）中的有毒物质浓度过高，超过植物体本身的自净能力范围，也会对植物产生危害，大气中 SO_2 浓度达到 0.3ppm 时，植物就出现伤害症状。氯气及氯化氢毒性较大，空气中的最高允许浓度为 0.03ppm。以氟化物为主的复合污染所造成的危害比前两种有害气体严重得多。氟化物主要是氟化氢，这种剧毒类大气污染物的毒性比 SO_2 大 30~300 倍。

某些对有毒性气体特别敏感的植物称为指示植物或监测植物。利用紫花苜蓿、菠菜、胡萝卜、地衣可以监测 SO_2；郁金香、杏、葡萄、大蒜可以监测氟化氢；早熟禾、矮牵牛、烟草、美洲五针松可以监测光化学烟雾；棉花可以监测乙烯；向日葵可以监测氨；烟草、牡丹、番茄可以监测臭氧；落叶松、油松可以监测 CL 和 HF。

（3）吸滞粉尘

树木对粉尘有明显的阻挡、过滤和吸附作用。由于树木有强大的树冠，叶片被毛和分泌黏性的油脂使得树木具有滞尘作用。空气中的烟尘和工厂中排放出来的粉尘，是污染环境的主要有害物质。而从全国来说，大气粉尘是相当严重的，特别是在空旷地。

森林或园林植被，由于具有大量的枝叶，其表面常凹凸不平，形成庞大的吸附面，能够阻截和吸附大量的尘埃，起到了降低风速、对飘尘的阻挡、过滤和吸收作用，而这些枝叶经过雨水的冲洗后，又恢复其吸附作用。因此，通过乔木、灌木和草本组成的复层绿化结构，会起到更好的滞尘作用（表 1-2）。研究表明，吸滞粉尘能力强的城市绿化树种在中国北部地区有：刺槐、沙枣、国槐、家榆、核桃、侧柏、圆柏、梧桐等；在中部地区有：家榆、朴树、梧桐、泡桐、女贞、荷花玉兰、臭椿、龙柏、圆柏、橄榄树、刺槐、桑树、夹竹桃、丝棉木；在南部地区有桑树、黄槐、小叶榕、夹竹桃等。如果进入植物体（叶子组织）中的有毒物质浓度过大，超过植物体本身的自净范围，也会对植物产生危害。

空旷地与绿地的粉尘量比较　　表 1-2

污染源方向与距离	绿化情况	粉尘量（mg/m^2）	绿化地减尘率（%）
东面 360m（非主风方向）	空旷地	1.5	53.3
	悬铃木林下	0.7	1
西南（30~35m）（主风方向）	空旷地	2.7	37.1
	刺楸林	1.4	60
东南 250m（非主风方向）	空旷地	0.5	60
	悬铃木林带背后	0.2	60

（4）杀菌作用

由于绿地上空粉尘少，从而减少了粘附其上的细菌；另外，还由于许多植物本身能分泌一种杀菌素，而具有杀菌能力。据法国测定，在百货商店每立方米空气中含菌量高达 400 万个，林荫道为 58 万个，公园内为 1 000 个，而林区只有 55 个，林区与百货商店的空气含菌量差 7 万倍。

园林植被具有对细菌抑制和杀灭的作用。有很多植物能由芽、叶和花分泌出具有挥发性的植物杀菌素，能杀死细菌、真菌与原生动物，为城市空气消毒，减少空气中的细菌数量，净化城市空气（表 1-3）。

南京市不同地点空气中的含菌量（个/m^3） 表 1-3

样地编号	用地类型	地点	细菌平均数	清洁度
1	绿地	省林科疏林地（距市中心约 100km）	1	清洁
2	绿地	宝华山林地（距市中心约 50km）	2	清洁
3	绿地—水体—开敞地	安基山水库（距市中心约 40km）	6	清洁
4	农田绿地—水体	七乡河—九乡河间	16.5	清洁
5	水体—开敞地段	玄武湖北岸湖滨地带	6.5	清洁
6	水体—开敞地段	长江南岸白云石矿开采地	77	界线
7	居住小区—开敞地段（住宅楼—开敞地）	新建的莫愁公寓	15	清洁
8	居住区—开敞地段	三元巷	281.5	轻度污染
9	居住区—绿地	九华山山麓居住区	6.5	清洁
10	第三产业集中地段	新街口	96.5	界线
11	第三产业集中地段	三山街	432	严重污染
12	工场作业区—绿地	梅山钢铁厂	14.5	清洁
13	堆放垃圾的开敞地段	高桥门公路旁	35.5	较清洁

（5）减弱噪声

噪声是一种环境污染，它对人体产生伤害，但茂密的树木能有效地减弱噪声，起到良好的隔声或消声作用，从而减轻噪声对人们的干扰和避免听力的损害。植物，特别是林带对防治噪声有一定的作用。据测定，40m 宽的林带可以减低噪声 10~15dB，30m 宽的林带可以减低噪声 6~8dB，4.4m 宽的绿篱可减低噪声 6dB。树木能减低噪声，是因为声能投射到枝叶上被反射到各个方向，造成树叶微振而使声能消耗从而使噪声减弱。在植物对声波的反射和吸收作用方面，单株或稀疏的植物对声波的反射和吸收很小，但当形成郁闭的树木或绿篱时，则犹如一道隔声板，可以有效反射声波。当然反射系数仍然比较小，有相当部分噪声能量还是会透射到另一侧。同时，绿化带有一定的噪声吸收能力，对降低噪声有一定的效果。

据测定，同样面积的乔、灌、草复层种植结构的森林，其植物绿量约为单一草坪的 3 倍，因而其生态效益也明显优于单一草坪。因此，为了提高土地的有效利用率并达到最佳的生态效益，最大限度地改善人居环境，乔、灌、草的合理配置和有机结合的绿化方式是最优选择模式。郁闭度 0.6~0.7，高 9~10m，宽 30m 的林带可减少噪声 7dB；高大稠密的宽林带可降低噪声 5~8dB，乔木、灌木、草地相结合的绿地，平均可降低噪声 5dB，高者可降低噪声 8~12dB。在热带、亚热带地区，常绿而树叶密集、树皮粗糙、叶形较小且表面较为粗糙的树种，是隔声效果较好的植物；多层复合结构的绿化实体比少层复合结构或单优结构的绿化实体的声衰减效果好；在重噪声周围配置绿化实体时，应提倡梅花点形种树，不适宜井字形种树，如建防护林的话，防护林不能离声源太远，并且林带尽可能地宽。

2）调节和改善小气候

植物叶面的蒸腾作用能调节气温、调节湿度、吸收太阳辐射热，对改善城市小气候具有积极的作用。由于绿色植物具有强大的蒸腾作用，不断向空气中输送水蒸气，故可提高空气湿度。据观测，绿地的相对湿度比非绿化区高 10%~20%，行道树也能提高其附近区域的相对湿度 10%~20%。研究资料表明，当夏季城市气温为 27.5℃时，草坪表面温度为 20~24.5℃，比裸露地面低 6~7℃，比沥青路面低 8~20.5℃；而在冬季，铺有草坪的足球场表面温度则比裸露的球场表面温度高 4℃左右（表 1-4）。

北京市五种类型绿地平均每公顷日蒸腾吸热、蒸腾水量　　**表 1-4**

绿地类型	绿量（km^2）	蒸腾水量（t/d）	蒸腾吸热（kJ/d）
公共绿地	120.707	214.420	526
专用绿地	90.387	159.252	391
居住区绿地	89.775	120.402	295
道路绿地	84.669	151.060	371
片林	23.797	43.912	108

3）美化景观、丰富建筑群体轮廓线

通过园林绿化来美化环境，是改善城市环境的一个重要手段，它可创造一个有新鲜的空气、明媚的阳光、清澈的水体和舒适而安静的生活和工作环境。城市园林是美化市容，增加城市建筑艺术效果，丰富城市景观的有效措施；使建筑“锦上添花”，把城市和大自然紧密联系。

4）美化市容，充分烘托城市环境的文化氛围

城市园林绿化根据不同城市的自然生态环境，把大量具有自然气息的花草树木引进城市，按照园林手法加以组合栽植，同时将民俗风情、传统文化、宗教、历史文物等融合在园林绿化中，营造出各种不同风格的城市园林绿化景观，从而使城市色彩更丰富、外观更美丽；并且通过不同园林绿化景观的展现，充分体现出城市的历史文脉和精神风貌，使城市更富文化品位。美好的市容风貌不仅可以给人美的享受，令人心旷神怡，而且可以陶冶情操，并获得知识的启迪。美好的市容风貌还有利于吸引人才和资金，有利于经济、文化和科技事业的发展。因此，成功的城市园林绿化在美化市容的同时还应充分体现出城市特有的人文底蕴，这是城市园林绿化重要而独特的功能。

5）生态管理、雨水资源化利用

习近平总书记在 2013 年《中央城镇化工作会议》的讲话中强调：“在提升城市排水系统时要优先考虑把有限的雨水留下来，优先考虑更多利用自然力量排水，建设自然存积、自然渗透、自然净化的‘海绵城市’。”利用自然做功，以土地进行雨水净化和储存是基本的方法。城市绿地是城市宝贵的透水土地，我国许多城市其绿地率超过了 30%，利用城市绿地进行雨水管理是最经济低碳、最有效可行的途径。城市绿地是天然的雨水管理设施，利用其进行雨水管理可以维护城市生态系统健康稳定以及改善城市生态环境，是园林景观艺术与生态保护功能与公众娱乐的有效结合。

将雨水管理与城市绿地相结合，可以减少排放到市政管网的雨水总量，减轻雨水管网的排水压力。基于雨水管理的绿地设计，可以将地表径流控制在开发前的水平，减少地表径流污染，并且延迟径流峰值，降低洪峰发生危险。绿地除自身对雨水的储存吸收、下渗利用外，还可以接收、过滤、净化、储存来自周边区域的雨水资源，一方面雨水直接渗透回补地下水，另一方面可作为水体的补充水源，减缓干旱，还可用于园林绿地自身的植被灌溉以及建筑中水回用等（图 1-4）。

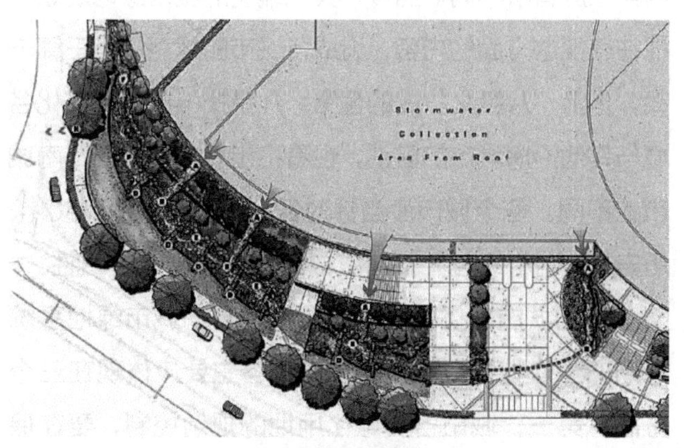

图 1-4　美国波特兰雨水花园
资料来源：《屋顶》

1.2.2 园林绿地规划研究的对象

园林绿地规划是城市规划的重要组成部分，它与工农业生产、人民生活、城市的建筑、道路系统、地上地下管线布局都有密切关系，为了更好地发挥园林绿地的综合功能，必须在城市中按照一定的要求规划安排各类型的园林绿地，只有形成园林绿地系统，才能收到保护生态环境、发展旅游、完善投资环境、改善人民生活条件的实效。

城市绿地规划研究的对象：以城市和绿地为研究对象，研究绿地在城市中的作用，如何通过城市绿地的合理布局最大限度地全面发挥园林及绿化的综合效益，通过绿地中的园林艺术设计创造城市景观风貌等。

（1）研究城市绿地建设及其发展方向：近期规划，远期规划，发展方向将取得的效果。

（2）如何最大限度地全面发挥园林及绿化的综合效益。其中生态效益包括环境质量、小气候条件；社会效益包括社会活动、美化环境（城市地位、陶冶情操）；经济效益包括直接效益、间接效益。

1.2.3 园林绿地规划的目的和任务

1.2.3.1 园林绿地规划的目的

由于每个城市的地理位置和自然环境不同，历史发展历程也各不相同，因此，每个城市的绿地规划的任务、内容也应有所不同。当今，我们编制的城市绿地规划却往往忽视这方面的内容，造成各城市的规划内容千篇一律，走上“八股文”式的套路，几乎找不出历史文化名城与其他沿海城市的区别，也看不出北方城市与江南城市的不同。各个城市应当针对各地不同的景观、文化、历史条件制定绿地系统结构，规划中要体现出地域性。

作为城市总体规划阶段专项规划的城市绿地系统规划的工作特性或者说实质性内容主要应体现在三个方面：第一，城市各类绿化用地的规划控制，要在保证用地数量的同时，形成合理的绿地布局；第二，城市主要的绿地体系的规划，如公园绿地、防护绿地、减灾避灾绿地等体系的建立；第三，城市绿化特色的拟定，要结合城市自然条件和城市性质，针对不同用地的特点推荐不同的植物品种、配植方式，以形成富有本地特色的城市绿化景观。

1.2.3.2 城市园林绿地规划的主要任务

城市园林绿地规划的主要任务是：

（1）根据城市发展的要求和具体条件，制定城市各类绿地的用地指标，并确定各项主要绿地的用地范围，合理安排整个城市的园林绿地系统，作为指导城市各项绿地建设和管理的依据。

（2）从生态园林城市的建设要求出发，充分利用自然条件，塑造城市景观特色。分别创造以沿河为主的自然水体景观区及由环城林组成的生态绿色景观区，形成以城区外部绿色林带景观为背景，水体景观为依托，以城区景观轴线为网络骨架，突出城区的重点地段景观风貌，以城区公共绿地系统和城市广场为中心的景观结构。

（3）着眼于城区内外绿地景观的衔接和协调，重视对城区出入口、工业区及城区内重点地段和重要节点处的形象设计。

（4）突出“系统”的观念，强调绿地景观的整体性，突出城市整体环境观念，保护城区自然环境，以生态系统、环境质量的提高为目标指导绿地系统规划。

（5）规划公共绿地活动功能应从人的需要出发，满足居民游憩休闲等多项活动需求，着重建设沿河地带的绿地系统。

（6）突出因地制宜、经济节约原则，以较小的投资获得较好的效益。

思考与练习

1. 简述园林绿地的概念。
2. 简述园林绿地的作用。
3. 简述园林绿地与城市可持续发展的关系。
4. 园林绿地规划的目的和任务有哪些？
5. 简述绿地系统在城市雨水管理中的作用。

第2章　城市绿地系统规划的程序

2.1　城市绿地的分类及用地选择

2.1.1　城市绿地的类型

城市绿地是指以植被为主要存在形态，用于改善城市生态、保护环境，为居民提供游憩场地和美化城市的一种城市用地。

城市绿地分类的研究在我国已经开展了近半个世纪，1992年由国务院颁发了《城市绿化条例》，依据这一条例，过去我国常将绿地分为公共绿地、居住区绿地、单位附属绿地、生产绿地、防护绿地、风景林地、道路交通绿地等七类。这一分类方法延续使用近十年，这期间出台的相关规范和标准也常使用上述分类方法和术语。但在长期的实践中，发现不同行业部门对上述绿地分类的认识不尽相同，概念模糊，加之一些绿地的性质难于界定，造成绿地统计数据混乱，影响着绿地系统规划的严谨性和科学性。因此，2017年由中华人民共和国住房和城乡建设部重新修订颁布了新的《城市绿地分类标准》CJJ/T 85—2017，自2018年6月1日起实施。该标准的绿地分类与《城市用地分类与规划建设用地标准》GB 50137—2011相对应，包括城市建设用地内的绿地与广场用地和城市建设用地外的区域绿地两部分。按绿地的主要功能进行分为大类、中类、小类三个层次，绿地类别采用英文字母和阿拉伯数字组合表示。将城市建设用地内的绿地分为公园绿地（G1）、防护绿地（G2）、广场用地（G3）和附属绿地（XG）四个大类；将城市建设用地外的区域绿地分为区域绿地（EG）。各大类绿地下分别有不同层次的绿地类型（表2-1、表2-2）。

城市建设用地内的绿地分类表　　**表2-1**

类别代码			类别名称	内容	备注
大类	中类	小类			
G1			公园绿地	向公众开放，以游憩为主要功能，兼具生态、景观、文教和应急避险等功能，有一定游憩和服务设施的绿地	
	G11		综合公园	内容丰富，适合开展各类户外活动，具有完善的游憩和配套管理服务设施的绿地	规模宜大于 $10hm^2$
	G12		社区公园	用地独立，具有基本的游憩和服务设施，主要为一定社区范围内居民就近开展日常休闲活动服务的绿地	规模宜大于 $1hm^2$
	G13		专类公园	具有特定内容或形式，有相应的游憩和服务设施的绿地	

续表

类别代码			类别名称	内容	备注
大类	中类	小类			
G1	G13	G131	动物园	在人工饲养条件下，移地保护野生动物，进行动物饲养、繁殖等科学研究，并供科普、观赏、游憩等活动，具有良好设施和解说标识系统的绿地	
		G132	植物园	进行植物科学研究、引种驯化、植物保护，并供观赏、游憩及科普等活动，具有良好设施和解说标识系统的绿地	
		G133	历史名园	体现一定历史时期代表性的造园艺术，需要特别保护的园林	
		G134	遗址公园	以重要遗址及其背景环境为主形成的，在遗址保护和展示等方面具有示范意义，并具有文化、游憩等功能的绿地	
		G135	游乐公园	单独设置，具有大型游乐设施，生态环境较好的绿地	绿化占地比例应大于或等于65%
		G139	其他专类公园	除以上各种专类公园外，具有特定主题内容的绿地。主要包括儿童公园、体育健身公园、滨水公园、纪念性公园、雕塑公园以及位于城市建设用地内的风景名胜公园、城市湿地公园和森林公园等	绿化占地比例宜大于或等于65%
	G14		游园	除以上各种公园绿地外，用地独立，规模较小或形状多样，方便居民就近进入，具有一定游憩功能的绿地	带状游园的宽度宜大于12m；绿化占地比例应大于或等于65%
G2			防护绿地	用地独立，具有卫生、隔离、安全、生态防护功能，游人不宜进入的绿地。主要包括卫生隔离防护绿地、道路及铁路防护绿地、高压走廊防护绿地、公用设施防护绿地等	
G3			广场用地	以游憩、纪念、集会和避险等功能为主的城市公共活动场地	绿化占地比例宜大于或等于35%；绿化占地比例大于或等于65%的广场用地计入公园绿地
XG			附属绿地	附属于各类城市建设用地（除“绿地与广场用地”）的绿化用地。包括居住用地、公共管理与公共服务设施用地、商业服务业设施用地、工业用地、物流仓储用地、道路与交通设施用地、公用设施用地等用地中的绿地	不再重复参与城市建设用地平衡
	RG		居住用地附属绿地	居住用地内的配建绿地	
	AG		公共管理与公共服务设施用地附属绿地	公共管理与公共服务设施用地内的绿地	
	BG		商业服务业设施用地附属绿地	商业服务业设施用地内的绿地	
	MG		工业用地附属绿地	工业用地内的绿地	
	WG		物流仓储用地附属绿地	物流仓储用地内的绿地	

续表

类别代码			类别名称	内容	备注
大类	中类	小类			
XG	SG		道路与交通设施用地附属绿地	道路与交通设施用地内的绿地	
	UG		公用设施用地附属绿地	公用设施用地内的绿地	

城市建设用地外的绿地分类 表2-2

类别代码			类别名称	内容	备注
大类	中类	小类			
EG			区域绿地	位于城市建设用地之外，具有城乡生态环境及自然资源和文化资源保护、游憩健身、安全防护隔离、物种保护、园林苗木生产等功能的绿地	不参与建设用地汇总，不包括耕地
	EG1		风景游憩绿地	自然环境良好，向公众开放，以休闲游憩、旅游观光、娱乐健身、科学考察等为主要功能，具备游憩和服务设施的绿地	
		EG11	风景名胜区	经相关主管部门批准设立，具有观赏、文化或者科学价值，自然景观、人文景观比较集中，环境优美，可供人们游览或者进行科学、文化活动的区域	
		EG12	森林公园	具有一定规模，且自然风景优美的森林地域，可供人们进行游憩或科学、文化、教育活动的绿地	
		EG13	湿地公园	以良好的湿地生态环境和多样化的湿地景观资源为基础，具有生态保护、科普教育、湿地研究、生态休闲等多种功能，具备游憩和服务设施的绿地	
		EG14	郊野公园	位于城区边缘，有一定规模、以郊野自然景观为主，具有亲近自然、游憩休闲、科普教育等功能，具备必要服务设施的绿地	
		EG19	其他风景游憩绿地	除上述外的风景游憩绿地，主要包括野生动植物园、遗址公园、地质公园等	
	EG2		生态保育绿地	为保障城乡生态安全，改善景观质量而进行保护、恢复和资源培育的绿色空间。主要包括自然保护区、水源保护区、湿地保护区、公益林、水体防护林、生态修复地、生物物种栖息地等各类以生态保育功能为主的绿地	
	EG3		区域设施防护绿地	区域交通设施、区域公用设施等周边具有安全、防护、卫生、隔离作用的绿地。主要包括各级公路、铁路、输变电设施、环卫设施等周边的防护隔离绿化用地	区域设施指城市建设用地外的设施
	EG4		生产绿地	为城乡绿化美化生产、培育、引种试验各类苗木、花草、种子的苗圃、花圃、草圃等圃地	

2.1.2 各类绿地的用地选择

2.1.2.1 公园绿地（G1）

指向公众开放，以游憩为主要功能，兼具生态、景观、文教和应急避险等功能，有一定游憩和服务设施的绿地。一般选址在：

（1）卫生条件和绿化条件比较好的地方。公园绿地是在城市中分布最广，与广大群众接触最多，利用率最高的绿地类型。绿地要求有风景优美的自然环境，并满足广大群众休息、娱乐的各种需要。因此选择用地要符合卫生条件，空气畅通，不致滞留潮湿阴冷的空气。常言说“十年树木”，绿化条件好的地段，往往有良好的植被和粗壮的树木，利用这些地段营建公园绿地，不仅节约投资，而且容易形成优美的自然景观。

（2）不宜于工程建设及农业生产的复杂破碎的地形、起伏变化较大的坡地，利用这些地段建园，应充分利用地形，避免大动土方，这样既可节约城市用地，减少建园投资，又可丰富园景。

（3）具有水面及河湖沿岸景色优美的地段。我们常说：“有山则灵，有水则活”。宋朝郭熙在《林泉高致》中写道：“水，活物也，其形欲深静，欲柔滑，欲汪洋，欲回环，欲肥腻，欲喷薄”。写出了水的千姿百态，园林中只要有水，就会显示出活泼的生气，利用水面及河湖沿岸景色优美地段，不但可增加绿地的景色，还可开展水上活动，并有利于地面排水。

（4）旧有园林的地方、名胜古迹、革命遗址等地段。这些地段往往遗留有一些园林建筑、名胜古迹、革命遗址、历史传说等，承载着一个地方的历史。将公园绿地选址在这些地段，既能显示城市的特色，保存民族文化遗产，又能增加公园的历史文化内涵，达到寓教于乐的目的。

（5）街头小块绿地，以“见缝插绿”的方式开辟多种小型公园，方便居民就近休息赏景。

公园绿地中的动物园、植物园和风景名胜公园，由于其用地具有一定特殊性，在选址时还应当相应作进一步的考虑。

动物园的用地选择应远离有烟尘及有害工业企业、城市的喧闹区。要有可能为不同种类（山野、森林、草原、水族等）、不同地域（热带、寒带、温带）的展览动物创造适合的生存条件，并尽可能按其生态习性及生活要求来布置笼舍。

动物园的园址应与居民密集地区有一定距离，以免病疫相互传染，更应与屠宰场、动物毛皮加工厂、垃圾处理场、污水处理厂等，保持必要的防护距离，必要时，需设防护林带。同时，园址应选择在城市上风方向，有水源、电源及方便的城市交通联系。如附设在综合公园中，应在下风、下游地带，一般应在独立地段以便采取安全隔离措施。

植物园是一所完备的科学实验研究机构。其中包括有植物展览馆、实验室和栽培植物的苗圃、温室等。除了以上这些供科学研究和科学普及场所外，植物园的园址中通过各类型植物的展览，给群众以生产知识及辩证唯物主义观点的知识，因此植物园必须具备各种不同自然风景景观、各种完善的服务设施，以供群众参观学习、休息游览的需要，同时又是城市园林绿化的示范基地（如新引进种类的示范区、园林植物种植设计类型示范区等等），以促进城市园林事业的发展。植物园的规划设计要按照“园林的外貌、科学的内容”来进行，是一种比较特殊的公园绿地。

植物园的用地选择必须远离居住区，要尽可能设在远郊，但要有较方便的交通条件，以便于群众到达。园址选择必须避免在城市有污染的下风下游地区，以免妨碍植物的正常生长，要有适宜的土壤水文条件。应尽量避免建在原垃圾堆场、土壤贫瘠或地下水位过高、缺乏水源等的地方。

正规的植物园址，必须具备相当广阔的园地，特别要注意有不同的地形和不同种类的土壤，以满足生态习性不同的植物生长的需要。其次，园址除考虑有充足水源以供造景及灌溉之用外，还应考虑在雨水过多时，也能畅通地排除过多的水。园址范围内还应有足够的平地，以供开辟苗圃和试验地之用。

风景名胜公园主要选址于郊区，可以是历史上遗留下的风景名胜、历史文物、自然保护地；也可以考虑选址在原有森林及大片树丛的地段，地形起伏具有山丘河湖的地段，水库、溶洞等自然风景优美的地段。

风景名胜公园的出入口应与城市有方便的交通联系，同时城市中心到达主要出入口的行车时间不应超过 1.5~2h。

2.1.2.2 防护绿地（G2）

城市中用地独立，具有卫生、隔离、安全、生态防护功能，游人不宜进入的绿地。主要包括卫生隔离防护绿地、道路及铁路防护绿地、高压走廊防护绿地、公用设施防护绿地等。

防护林应根据防护的目的来布局。防护林绿地占用城市用地面积较大，防护林绿地具有使土地利用或气象条件发生变化，影响大气扩散模式的作用，因而科学地设置防护林意义十分重大。

1）防风林选城市外围上风向与主导风向位置垂直的地方，以利阻挡风沙对城市的侵袭。

防风林带的宽度并不是越宽越好，幅度过宽时，从下风林带边缘越过树林上方刮来的风下降，有加速的倾向，因此随着与树林下风一侧的距离增加，不久又恢复原来的风速。所以林带的幅度，栽植的行列大约在 7 行，宽 30m 左右为宜。

2）农田防护林选择在农田附近，利于防风的地带营造林网，形成长方形的网格（长边与常年风向垂直）。

3）水土保持林带选河岸、山腰、坡地等地带种植树林，固土、护坡、涵蓄水源、减少地面径流，防止水土流失。

4）卫生防护林带应根据污染物的迁移规律来布局。

城市大气污染主要来源于工业污染、家庭炉灶排气和汽车排气。按污染物排放的方式可分为高架源、面源和线源污染 3 类。高架源是指污染物通过高烟囱排放，一般情况下，这是排放量比较大的污染源；面源是指低矮的烟囱集合起来而构成的一个区域性的污染源；线源指污染源在一定街道上造成的污染。以防治大气污染为目的的防护林的布局，应根据城市的风向、风速、温度、湿度、污染源的位置等计算污染物的分布，科学地布局防护林带。

防护林的布局可根据城市空气质量图，分析城市大气污染物迁移规律，在污染物浓度超标的地区布置防护林，这样才能最有效地防御大气污染，经济地利用土地。对于工业城市防护林布局，可借鉴环境预测的方法，建立大气污染的数学模式，预测未来城市污染物分布情况。生态环境部制定的《环境影响评价技术导则　大气环境》HJ 2.2—2018，不仅适用于建设项目的新建、扩建工程的大气环境影响评价、城市或区域性的大气环境影响评价，也可作为城市防护林营造的依据。具体步骤为：①调查城市污染源的位置及城市主要污染物的种类。②根据污染的气象条件和各污染源的基本情况，选择扩散条件较差的典型气象日，采用《环境影响评价技术导则　大气环境》HJ 2.2—2018 中推荐的方法，求出小于 24h 取样时间的浓度，并将其修订为 1h 的平均浓度后，利用方程 $c_{\mathrm{d}}=\frac{1}{n}\sum_{i=1}^{n}c_i$，求出地面日均浓度。其中 c_i 为一天中的 i 小时的小时浓度（$\mathrm{mg/m^3}$），n 为一天中计算的次数，n 取 18。小于 24h 取样时间的浓度计算方程。③将城市划分为若干等面积的网格（网格边长一般为 1km × 1km 或 500m × 500m），分别计算各时间各网格交点的地面污染物小时浓度，然后求平均，绘制出主要污染物的日均浓度等值线分布图、城市年长期平均浓度分布图。④根据污染物浓度分布曲线，结合城市山林、滨河绿带、道路绿化等布局防护林，充分发挥防护林的综合功能。

2.1.2.3 广场用地（G3）

城市建设用地中以游憩、纪念、集会和避险等功能为主的城市公共活动场地。广场用地中绿化占地比例宜大于或等于 35%；绿化占地比例大于或等于 65% 的广场用地计入公园绿地。

2.1.2.4 附属绿地（XG）

附属于各类城市建设用地（除“绿地与广场用地”）的绿化用地。包括居住用地、公共管理与公共服务设施用地、商业服务业设施用地、工业用地、物流仓储用地、道路与交通设施用地、公用设施用地等用地中的绿地。

2.1.2.5 区域绿地（EG）

区域绿地是指位于城市建设用地之外，具有城乡生态环境及自然资源和文化资源保护、游憩健身、安全防护隔离、物种保护、园林苗木生产等功能的绿地。包括风景游憩绿地、生态保育绿地、区域设施防护绿地和生产绿地 4 中类，其中风景游憩绿地分为风景名胜区、森林公园、湿地公园、郊野公园、其他风景游憩公园 5 小类。

2.1.3 绿地指标计算

根据城市绿地分类标准，绿地统计指标主要有人均公园绿地面积、人均绿地面积、绿地率等。绿地的主要统计指标应按下列公式计算。

$$Ag1m=Ag1/Np \qquad (2\text{-}1)$$

式中 $Ag1m$——人均公园绿地面积（m^2/ 人）；

$Ag1$——公园绿地面积（m^2）；

Np——城市人口数量（人）。

$$Agm=(Ag1+Ag2+Ag3'+Axg)/Np \qquad (2\text{-}2)$$

式中 Agm——人均绿地面积（m^2/ 人）；

$Ag1$——公园绿地面积（m^2）；

$Ag2$——防护绿地面积（m^2）；

$Ag3'$——广场用地中的绿地面积（m^2）；

Axg——附属绿地面积（m^2）；

Np——城市人口数量（人）。

$$\lambda g=[(Ag1+Ag2+Ag3'+Axg)/Ac]\times 100\% \qquad (2\text{-}3)$$

式中 λg——绿地率（%）；

$Ag1$——公园绿地面积（m^2）；

$Ag2$——防护绿地面积（m^2）；

$Ag3'$——广场用地中的绿地面积（m^2）；

Axg——附属绿地面积（m^2）；

Ac——城市的用地面积（m^2）。

计算城市现状绿地和规划绿地的指标时，应分别采用相应的城市人口数据和城市用地数据；规划年限、城市建设用地面积、规划人口应与城市总体规划一致，统一进行汇总计算。绿地应以绿化用地的平面投影面积为准，每块绿地只应计算一次。绿地计算的所用图纸比例、计算单位和统计数字精确度均应与城市规划相应阶段的要求一致。

除上述指标外，城市绿化覆盖率也是一个绿地建设的考核指标。城市绿化覆盖率是指城市中各类绿地的绿色植物覆盖总面积占城市总用地面积的百分比。

$$\text{城市绿化覆盖率}=\frac{\text{城市内全部绿化种植垂直投影面积}}{\text{城市总用地面积}}\times 100\% \qquad (2\text{-}4)$$

绿化覆盖率是衡量一个城市绿化现状和生态环境效益的重要指标，它随着时间的推移、树冠的大小而变化。乔木下的灌木投影面积、草坪面积不得计入在内，以免重复。

上述指标从宏观上评价了城市绿化的基本状况和水平，但是却未能全面地评价绿化的环境效益。植物的生态环境效益不仅取决于绿化的面积，而且取决于绿化的结构和植被的类型，因此“绿量”作为一种新的评价指标，得到越来越多人的认可和研究。

所谓“绿量”，简单的理解就是植物的生物量。关于绿量的涵义，有人认为绿量是“单位面积内植物叶面积的数量。”也就是说，绿量的大小取决于园林植物总叶面积的大小。也有人从“三维绿色生物量”的角度给出定义，认为绿量是指所有生长中植物茎叶所占据的空间体积。

对绿量含义理解的不同，其计算方法也有所不同。有学者采用的是叶面积的总量的计算方法。根据不同植物个体的叶面积与胸径、冠高或冠幅的相关关系，建立计算不同植株个体绿量的回归模型。根据绿地或一个地区园林植物的组成结构、植株大小应用回归模型，计算出一块绿地或一个地区的绿量总和（单位为 m^2）。也有利用遥感技术，采用“以平面量模拟立体量”的方法，即对于某一特定的树种而言，利用冠径与冠高之间具有的某种统计相关关系，通过回归分析建立相关方程，根据航空图片上量得的冠径求取冠高，最后求得树冠总体的体积，即绿量（单位为 m^3）。

2.1.4　城市绿地定额指标

城市绿地定额指标反映一个城市的绿化数量和质量、一个时期的城市经济发展和城市居民的生活福利保健水平，也是评价城市环境质量的标准和城市居民的精神文明标志之一。为了更好地鼓励各城市根据各自的情况开展富有特色的城市建设，国家开展了园林城市、生态城市、最适宜居住的城市等的评选，并分别颁布了《国家园林城市标准》（表 2–3）、《国家生态园林城市标准》（表 2–4）以及《中国人居环境奖评奖标准》（表 2–5）等，在这些标准中分别对各类绿地的定额作出了规定。美丽中国建设评估指标体系及实施方案中指出美丽中国建设评估指标体系包括空气清新、水体洁净、土壤安全、生态良好、人居整洁 5 类指标；其中生态良好包括森林覆盖率、湿地保护率、水土保持率、自然保护地面积占陆域国土面积比例、重点生物物种种数保护率 5 个指标；人居整洁指标中设计到城市公园绿地 500m 服务半径覆盖率。

《国家园林城市标准》的绿地建设指标　　表 2–3

序号	指标		标准值
1	建成区绿化覆盖率		≥ 36%
2	建成区绿地率		≥ 31%
3	人均公园绿地面积	人均建设用地小于 105m² 的城市	≥ 8.00m²/ 人
		人均建设用地大于等于 105m² 的城市	≥ 9.00m²/ 人
4	城市公园绿地服务半径覆盖率		≥ 80%； 5 000m²（含）以上公园绿地按照 500m 服务半径考核，2 000（含）~ 5 000m² 的公园绿地按照 300m 服务半径考核；历史文化街区采用 1 000m²（含）以上的公园绿地按照 300m 服务半径考核
5	万人拥有综合公园指数		≥ 0.06
6	城市建成区绿化覆盖面积中乔、灌木所占比率		≥ 60%
7	城市各城区绿地率最低值		≥ 25%
8	城市各城区人均公园绿地面积最低值		≥ 5.00m²/ 人
9	城市新建、改建居住区绿地达标率		≥ 95%
10	园林式居住区（单位）、达标率（%）或年提升率		达标率≥ 50% 或年提升率≥ 10%
11	城市道路绿化普及率		≥ 95%

续表

序号	指标	标准值
12	城市道路绿地达标率	≥ 80%
13	城市防护绿地实施率	≥ 80%
14	植物园建设	地级市至少有一个面积 $40hm^2$ 以上的植物园，并且符合相关制度与标准规范要求；地级以下城市至少在城市综合公园中建有树木（花卉）专类园

《国家生态园林城市标准》的绿地建设指标　　表 2-4

<table>
<tr><th>序号</th><th colspan="2">指标</th><th>标准值</th></tr>
<tr><td>1</td><td colspan="2">建成区绿化覆盖率</td><td>≥ 40%</td></tr>
<tr><td>2</td><td colspan="2">建成区绿地率</td><td>≥ 35%</td></tr>
<tr><td rowspan="2">3</td><td rowspan="2">人均公园绿地面积</td><td>人均建设用地小于 105m² 的城市</td><td>≥ 10.0m²/ 人</td></tr>
<tr><td>人均建设用地大于等于 105m² 的城市</td><td>≥ 12.0m²/ 人</td></tr>
<tr><td>4</td><td colspan="2">公园绿地服务半径覆盖率</td><td>≥ 90%;
5 000m²（含）以上公园绿地按照 500m 服务半径考核，2 000（含）~ 5 000m² 的公园绿地按照 300m 服务半径考核；历史文化街区采用 1 000m²（含）以上的公园绿地按照 300m 服务半径考核</td></tr>
<tr><td>5</td><td colspan="2">建成区绿化覆盖面积中乔、灌木所占比率</td><td>≥ 70%</td></tr>
<tr><td>6</td><td colspan="2">城市各城区绿地率最低值</td><td>≥ 28%</td></tr>
<tr><td>7</td><td colspan="2">城市各城区人均公园绿地面积最低值</td><td>≥ 5.50m²/ 人</td></tr>
<tr><td>8</td><td colspan="2">园林式居住区（单位）、达标率或年提升率</td><td>达标率≥ 60% 或年提升率≥ 10%</td></tr>
<tr><td>9</td><td colspan="2">城市道路绿地达标率</td><td>≥ 85%</td></tr>
<tr><td>10</td><td colspan="2">城市防护绿地实施率</td><td>≥ 90%</td></tr>
</table>

《中国人居环境奖评奖标准》中有关绿化的定量指标　　表 2-5

序号	指标	标准值
1	建成区绿化覆盖率	≥ 40%
2	建成区绿地率	≥ 35%
3	人均公园绿地面积	≥ $12m^2$
4	公园绿地服务半径覆盖率	≥ 90%
5	林荫路推广率	≥ 70%

2.1.4.1 城市防护林绿地定额指标

根据《城市绿地规划标准》GB/T 51346—2019 中对防护绿地的规划要求，城区内水厂用地和加压泵站周围应设置防护绿地，宽度不应小于现行国家标准《城市给水工程规划规范》GB 50282—2016 规定的绿化带宽度；水厂厂区周围应设置宽度不小于 10m 的绿化隔离带，泵站周围应设置宽度不小于 10m 的绿化隔离带，并宜与城市绿化用地相结合。城区内污水处理厂周围设置防护绿地。城区内生活垃圾转运站、垃圾转运码头、粪便处理厂、生活垃圾焚烧厂、生活圾堆肥处理设施、餐厨垃圾集中处理设施、粪便处理设施周围应设置防护绿地。其中，垃圾转运码头、粪便码头周围设置的防护绿地的宽度部应小于现行国家标准《城市环境卫生设施规划标准》GB/T 50337—2018 规定的绿化隔离带宽度，即垃圾转运码头周边应设置宽度不少于 5m 的绿化隔离带，粪便码头周边应设置宽度不少于 10m 的绿化隔离带。城区内 35kV ~ 1000kV 高压架空电力线路走廊应设置防护绿地，宽度应符合现行国家标准《城市电力规划规范》GB/T 50293—2014 高压架空电力线路规划走廊宽度的规定。城市内河、海、湖及铁路防护绿地规划宽度不应小于 30m；产生有害气体及污染工厂的防护绿地规划宽度不应小于 50m（《城市绿线划定技术规范》GB/T 51163—2016）。

2.2　城市绿地布局的形式

2.2.1　城市规划中的相关理论

2.2.1.1　田园城市理论

埃比尼泽 · 霍华德的《明日的田园城市》最早出版于 1898 年，包含了很多关于城市发展的理念。霍华德认为城市人口规模应控制在 32 000 人，占地 400hm^2，外围有 2 000hm^2 农业生产用地作为永久性绿地。城市由一系列同心圆组成，6 条各 36m 宽的大道从圆心放射出去，把城市分为 6 个相等的部分。

城市用地的构成是以 2.2hm^2 的花园为中心，围绕花园四周布置大型公共建筑，如市政厅、音乐厅、剧院、图书馆、画廊和医院。其外围环绕一周的是占地 58hm^2 的公园，公园外侧是向公园开放的玻璃拱廊——水晶宫，作为商业、展览用房。住宅区位于城市的中间地带，130m 宽的环状大道从其间通过，其中宽阔的绿化地带布置 6 块 1.6hm^2 的学校用地，其他作为儿童游戏和教堂用地，城市外环布置工厂、仓库、市场、煤场、木材场等工业用地，城市外围为环绕城市的铁路支线和 2 000hm^2 永久农业用地——农田、菜园、牧场和森林。当城市人口超过规定数量时，便可在它的不远处另建一个相同的城市。城市之间保留着永久性的绿带（图 2-1、图 2-2）。

田园城市理论的特点主要有：①疏散过分拥挤的城市人口，使居民返回乡村。②建设一种把城市生活的优点同乡村的美好环境结合起来的田园城市，若干个田园城市围绕一个中心城市形成一个城市组群——社会城市。③改革土地制度，使地价的增值归开发者集体所有。

霍华德理论的许多内容是适用于可持续城市形态的研究和探索的。例如，他将城镇的发展控制在一定

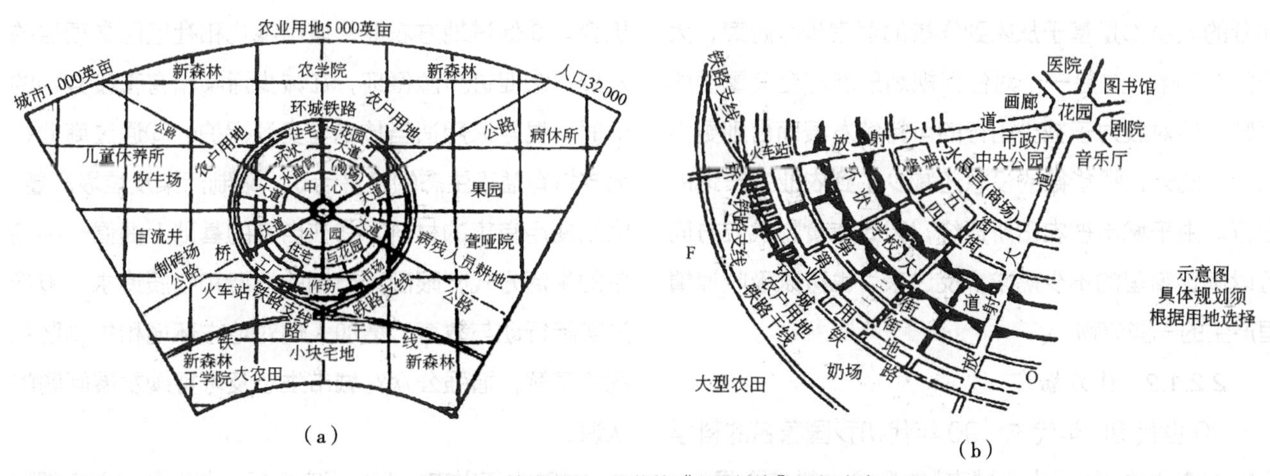

图 2-1　埃比尼泽 · 霍华德“田园城市”图解方案
（a）“田园城市”及周围用地；（b）“田园城市”结构示意图
资料来源：《园林规划设计》

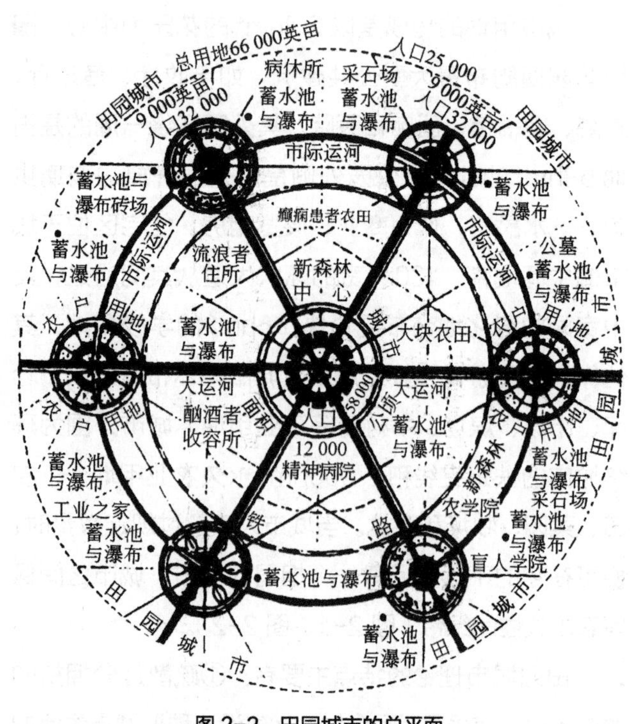

图 2-2 田园城市的总平面
资料来源：《城市规划概论》

规模内来推行步行交通的观点，对减少不可再生资源的使用至关重要。霍华德关于“田园城市”的蓝图在某些方面减少了交通的需求。学校都位于居住区的中心。而每个区的构成都足以保证其成为小镇一个完整的组成部分，即涵盖了相应的人口结构。这是建立自给自足的独立邻里或郊区的萌芽。而在尺度上，每一部分的大小都是基于从家到学校的适宜步行距离，大约为 500m。这是一个对任何规划形态都至关重要的原则，但对致力于减少出行的可持续发展而言则更为重要。此外，霍华德的设想还减少了到农业生产地的出行。由于城市被农田所环绕，因此在食物供应方面可以满足镇里的不少需求，反过来，也可以吸收掉镇里产生的一些废物。

2.2.1.2 山水城市

20 世代 80 年代末、90 年代初我国著名的科学家钱学森先生提出“山水城市”的概念。其核心是“人离开自然又要返回自然”，用中国山水诗、中国园林建筑和中国山水画融合创立具有中国特色的“山水城市”。这一概念一直指导着我国园林城市的建设。

2.2.1.3 生态城市思想

“生态城市”是 1980 年后才迅速发展起来的一个“概念”，在城市规划实践领域，生态城市思想主要是在三个层面上展开的：首先，在城市—区域层次上，生态城市强调对区域、流域甚至是全国系统的影响，考虑区域、国家甚至全球生态系统的极限问题；其次，在城市内部层次上，提出应按照生态原则建立合理的城市结构，扩大自然生态容量，形成城市开敞空间；最后，在生态城市的最基本实现层次上，建立具有长期发展和自我调节能力的城市社区。

许多学者经过多年的探索、实践，提出了许多关于生态城市设计的具体原则，最具代表性的是加拿大学者 M. 罗斯兰（M.Roseland）提出的“生态城市 10 原则”：①修正土地使用方式，创造紧凑、多样、绿色、安全、愉悦和混合功能的城市社区。②改革交通方式，使其有利于步行、自行车、轨道交通以及其他除汽车以外的交通方式。③恢复被破坏的城市环境，特别是城市水系。④创造适当的，可承受得起的，方便的以及在种族和经济方面混合的住宅区。⑤提倡社会的公正性，为妇女、少数民族和残疾人创造更好的机会。⑥促进地方农业、城市绿化和社区园林项目的发展。⑦促进资源循环，在减少污染和有害废弃物的同时，倡导采用适当技术与资源保护。⑧通过商业行为支持有益于生态的经济活动，限制污染及垃圾产量，限制使用有害的材料。⑨在自愿的基础上提倡一种简单的生活方式，限制无节制的消费和物质追求。⑩通过实际行动与教育，增加人们对地方环境和生物区状况的了解，增强公众对城市生态及可持续发展问题的认识。

1990 年以来，西方国家包括一些发展中国家都积极进行了生态城市规划、建设的实践。

2.2.1.4 “斑块—廊道—基质”理论

随着生态思想的普及，在运用传统城市绿地系统规划方法对城市绿化进行规划和建设的基础上，景观生态学中“斑块—廊道—基质”理论常常被运用于绿地空间分布状况研究中。

按照景观生态学的理论，景观是一个由不同生态系统组成的异质性陆地区域，其组成单元称为景观单元，按照各种要素在景观中的地位和形状，景观要素分成三种类型：斑块、廊道与基质。

斑块是外貌上与周围地区（本底）有所不同的非线性地表区域，其形状、大小、类型、异质性及其边界特征变化较大。斑块的大小、数量、形状、格局有特定的生态学意义。单位面积上斑块数目关系到景观的完整性和破碎化。景观的破碎化对物种灭绝有重要影响。斑块面积的大小不仅影响物种的分布和生产力水平，而且影响能量和养分的分布。斑块面积越大，能支持的物种数量越大，物种的多样性和生产力水平也随面积的增加而增加。园林绿地系统中的斑块一般指各级公园、各企事业单位、居住区等。

廊道：景观中的廊道是两边均与本底有显著区别的狭带状地，有着双重性质：一方面将景观不同部分隔开，对被隔开的景观是一个障碍物；另一方面又将景观中不同部分连接起来，是一个通道。城市中绿色廊道一般有三种形式：第一种是绿带廊道，如上海市外环线规划了宽 500m 的防护绿带；第二种是绿色道路廊道；第三种是绿色河流廊道。在我国目前大部分城市环境质量较差的状况下，城市廊道的设计应在兼顾游憩观光基本功能的同时，将生态环保放在首位。

基质：在景观要素中基质是占面积最大、连接度最强、对景观控制作用也最强的景观要素。作为背景，它控制影响着生境斑块之间的物质、能量交换，强化和缓冲生境斑块的“岛屿化”效应；同时控制整个景观的连接度，从而影响斑块之间物种的迁移。

2.2.2 城市园林绿地布局的形式

城市园林绿地的形式根据不同的具体条件，常有块状、环状、楔形、混合式、片状等几种。

2.2.2.1 块状绿地

在城市规划总图上，公园、花园、广场绿地呈块形、方形、不等边多角形均匀分布。这种形式最方便居民使用，但因分散独立，不成一体，不能起到综合改善城市小气候的效能。

2.2.2.2 环状绿地

围绕全市形成内外数个绿色环带，使公园、花园、林荫道等统一在环带中，全市在绿色环带包围之中。但在城市平面上，环与环之间联系不够，显得孤立，市民使用不便。

2.2.2.3 楔形绿地

通过林荫道、广场绿地、公园绿地的联系，使城市郊区到市区内形成放射状的绿地。虽然把市区和郊区联系起来，绿地伸入城市中心，但它把城市分割成放射状，不利于横向联系。

2.2.2.4 混合式绿地

将前几种绿地系统配合，使全市绿地呈网状布置，与居住区接触面最大，方便居民散步、休息和进行各种文娱体育活动。还可通过带状绿地与市郊相连，促进城市通风和输送新鲜空气。

2.2.2.5 片状绿地

将市内各地区绿地相对加以集中，形成片状，适于大城市。

①依各种工业企业性质、规模、生产协作关系和运输要求为系统，形成工业区绿地。②依生产与生活相结合，组成一个相对完整地区的绿地。③结合各市的河川水系、谷地、山地等自然地形条件或构筑物的

现状，将城市分为若干区，各区外围以农田、绿地相绕。这样的绿地布局灵活，可起到分割城区的作用，具有混合式优点。

每个城市具有各自特点和具体条件，不可能有适应一切条件的布局形式。所以规划时应结合各市的具体情况，认真探讨各自的最合理的布局形式（图 2-3、图 2-4）。

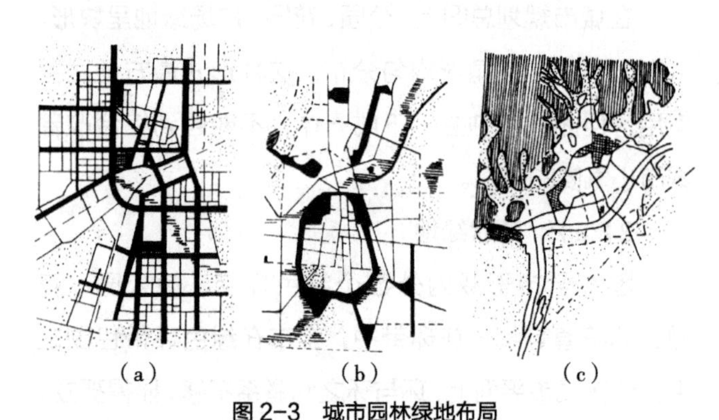

图 2-3　城市园林绿地布局
（a）郑州市园林绿地系统规划（带状）；（b）合肥市园林绿地系统规划（环状、楔形）；（c）某市园林绿地系统规划（片状）
资料来源：《园林规划设计》

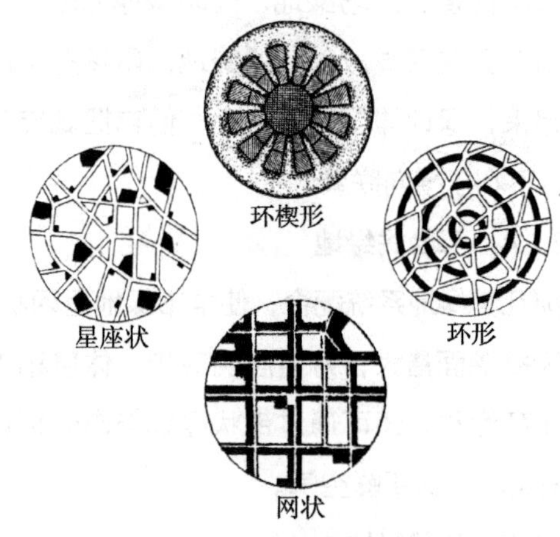

图 2-4　系统布局基本形式图
资料来源：《城市绿地规划设计》

2.3　城市绿地系统规划的方法与步骤

城市绿地系统是由城市中各种类型和规模的绿化用地组成的整体。城市绿地系统规划是对各种城市绿地进行定性、定位、定量的统筹安排，形成具有合理结构的绿色空间系统，以实现绿地所具有的生态保护、游憩休闲和社会文化等功能的活动。

绿地是与其他城市建设用地并列的一种用地类型，城市绿地系统作为一个贯穿整个城市的一种空间体系，在总体规划时强调注重通过各类绿地的合理布局，充分发挥城市绿地系统的生态环境效益、社会经济效益和景观文化功能。

2.3.1　原则

2.3.1.1　科学性与艺术性结合，综合考虑，全面安排

绿地规划的对象——城市，土地资源极度紧张，对土地的合理利用是非常必要的。一块绿地对于环境所起的效果是多方面的，为使绿地成为防止环境污染的强有力手段，使绿地成为人们亲近自然、陶冶情操的空间，必须结合城市总体规划，科学地、艺术地规划各类绿地，使其发挥最大综合效益，并具有便于实施的特点。

2.3.1.2　因地制宜，创造特色

规划应结合当地自然条件、人文风情、城市布局等，因地制宜、统筹规划，创造不同的城市风貌。例如，北方城市的绿地规划以防风沙为主要目的，绿化就要根据防护功能进行建设；南方城市则以通风、降温为主要目的，绿化要具有透、阔、秀的特色；工业城市应当以防护林的规划设计为特色，旅游城市应以名胜古迹、传统文化及相应的公园绿地规划为主要特色。

2.3.1.3　均衡分布，比例合理

各类绿地应该相互连接，形成绿网，根据各类绿地的功能，合理布局，努力创造园林在城中，城在园林中的景观，充分发挥绿地改善环境和防灾的效果。尤其是公园绿地，应结合城市的自然条件和历史文脉，充分利用山丘、河流、城市破碎地段、道路两侧等的用地，均衡地规划布局公园绿地，满足全市居民休息娱乐的需求（表 2-6）。

一般公园绿地分布的距离　　表 2-6

绿地类别	离居住区的距离（km）	步行时间（min）
全市性综合公园	2~3	30~50
区级公园	1~1.5	15~25
儿童公园	0.7~1.0	10~15
小游园	0.4~0.5	6~8

2.3.1.4　既要有远景规划，也要有近期安排

根据城市的经济能力、施工条件、项目的轻重缓急，定出长远目标，作出近期安排，使规划能逐步实施。如一些老城市，人口集中稠密、绿地少，可在拆除建筑物的基地中，酌情划出部分用地，作为城市绿地；也可将城郊某些生产用地，逐步转化成为城市公园绿地，一般城市应先普及绿化，扩大绿色覆盖面，再逐步提高绿化质量与艺术水平，使城市逐步向园林城市、生态园林城市方向发展。

2.3.2　城市绿地系统规划的程序及各阶段的任务

城市绿地系统规划可分为理论准备、资料调查、资料分析评价、规划方案制定、图纸及文件编制等几个阶段。

2.3.2.1　理论准备——提出城市未来生活环境图景的初步设想

城市绿地系统规划涉及的内容比较繁杂，而一旦规划方案获得通过，它将影响着未来城市的生活环境。因此在着手一个城市的绿地规划时，必须充分做好前期的理论准备工作。

理论准备阶段应了解近期世界环境会议精神、国内外城市绿化发展的趋势和事例；熟悉国家相关政策法规、城市的性质、城市发展的战略规划、城市自然风貌、城市历史文脉等。在此基础上，思考人与生物圈的问题、城市与生态的关系、公众参与、社会需求等问题，设想这个城市生活环境的未来图景。这个设想，与其说是绿地规划的设想，不如说是和城市生活环境有关的一切手段的共同设想。也就是说，理论准备阶段应思考如何营造一个城市的安全、健康、工作效率、舒适愉快等的环境的问题。

2.3.2.2　资料调查——城市生活环境的未来图景实现的基础

在决定实现城市未来生活环境图景设想的办法和绿地应负担的任务时，有必要对生活环境的要素和绿地之间的相互影响进行调查。虽然构成生活环境的因素是多种多样的，涉及许多方面，调查的内容往往十分繁杂，由于未来绿地系统的规划将建立在对城市的充分了解的基础上，详细的城市资料的收集和分析，将影响着规划的制定，因此，尽管调查工作十分繁琐，却应当认真地进行此项工作。

调查的内容：

1）地形图。采用图纸比例 1/10 000 或 1/20 000，与城市总体规划图比例应一致。

2）自然资料调查。

（1）气象资料。温度（逐月平均气温、极端最高和极端最低气温）；湿度（最冷月平均湿度、最热月平均湿度、雨季或旱季月平均湿度）；降水量（逐月平均降水量和年平均降水量）；积雪和冻土层厚度；风（夏、冬季平均风速，全年风玫瑰图）。

（2）土壤资料。土壤类型及其分布、理化性质、地下水位深度。

（3）植物资料。现有园林植物的乔木、灌木、草本花卉、水生植物等种类及生长情况；附近城市现有植物种类及生长情况；附近山区天然植物中重要植物种类及生长情况。

3）社会条件及人文资料调查。调查国土规划、地方区域规划、城市规划，明确城市概况、城市人口、面积、土地利用、城市设施、城市开发事业、法规等。调查名胜古迹位置、性质及可利用程度；调查社会现有娱

乐设施和城市景观、地区防灾避难场所。

4）城市环境质量调查。市区各种污染源的位置、污染范围、各种污染物的分布浓度及天然公害、灾害程度。

5）城市现有绿地技术经济资料。现有公共绿地位置、范围、面积、性质、绿地设施情况及可利用程度；现有各类绿地用地比例、绿地面积、绿地率、人均绿地面积；现有河、湖水面，水系位置、面积，水质卫生情况，河流宽、深，水的流向、流量，可利用程度；适于绿化、不宜修建用地的面积；郊区荒山、荒地植树造林情况；当地苗圃面积，现有苗木种类、大小规格、数量及生长情况。

2.3.2.3 资料的分析评价——对城市生活环境的未来图景设想的修正

园林绿地系统规划的调查结果完成后，再进行如下分析评价。

1）城市构图分析评价。比较人口规模、构成、土地利用现状等调查结果，提出人口、产业、城市动向与发展、建成区和城市规模等设想，绘出城市绿化设想图、居住区设想图等。

2）环境保护分析评价。分析名胜古迹、传统建造物、历史风土人情；分析评价动、植物等自然特性，绘出环境保护评价图。

3）文化娱乐分析评价。分析比较各居住区的人口数和人口密度，已有娱乐设施的位置、利用形态，以及市民的要求、娱乐需要预测、必须的娱乐设施和不同设施需要量的测定，绘出娱乐评价图。

4）灾害分析评价。预测各种灾害、公害发生状况（火、水、地震、噪声）及土地利用等，研究火灾、水灾、石崩及噪声、振动等公害可能发生的地区，做出防灾绿地配置的对策，绘出公害、灾害发生预想地区的分析图、防灾评价图。

5）景观分析评价。在景观调查基础上，提出各种景观类型，得出城市景观分析评价的结论。

6）调查结果的综合分析评价。将自然条件调查（气象、地形、地质、植物）、社会条件调查（人口、土地利用、城市设施等）的结果分析立案，以绿地的环境保护、娱乐、防灾、景观构成的观点绘出综合评价图。

7）城市形态和绿地构图的分析。比较自然条件和社会条件等的现状调查，并分析、评价其结果，利用城市形态、周围环境等城市的立地性，明确城市的性质，合理规划出都市的形态，确定其绿地构图形式（放射状、楔状、环状、放射环状、网状、格子状等），绘出绿地模式图。

根据上述分析评价，明确现有城市绿化的现状、存在的优势及不足等，进一步明确城市未来生活图景，对城市生活环境的未来图景设想提出修正方案。

2.3.2.4 规划方案的制定——城市生活环境未来图景的实施方案

在对收集的资料进行分析评价的基础上，围绕前期理论准备阶段思考的问题，根据城市的安全、健康、工作效率、舒适愉快等的需要，确定实现城市生活环境未来图景的规划目标与指标。将公园绿地、生产绿地、防护绿地、附属绿地、其他绿地进行合理布局。

规划目标应根据城市的性质、城市发展规划等综合考虑。

在确定绿地指标时，必须综合考虑环境的水平、达到环境水平的绿地性能的科学数据和实现的可能性，根据三者的均衡状况来确定。

规划方案的确定，应从环境保护、娱乐、防灾、景观构成等几方面分析，要注意将城市的河流、海滨、城郊农田、林地等连成一个整体，形成生物廊道，保障各种动植物和微生物的迁移和传播以及生物多样性的保护，同时要注意保护和利用不同的生境，为不同动植物和微生物栖息创造条件。

规划方案完成后，应对方案实施后预期的效果进行定性评价和定量的评价，不进行这样的工作，就无法了解绿地是否有效地起作用，也无法回答这样的指责：是否就没有更恰当的方法，或者就没有规模虽小但效果相同的手段？

2.3.2.5　文件和图纸编制

在完成上述工作后，应当按照国家《城市绿地系统规划编制纲要》要求，规范地编制相关文件和图纸。《城市绿地系统规划》成果应包括：规划文本、规划说明书、规划图则和规划基础资料 4 个部分。其中，依法批准的规划文本与规划图则具有同等法律效力。

图 2-5 至图 2-9 为几个城市绿地系统规划图。

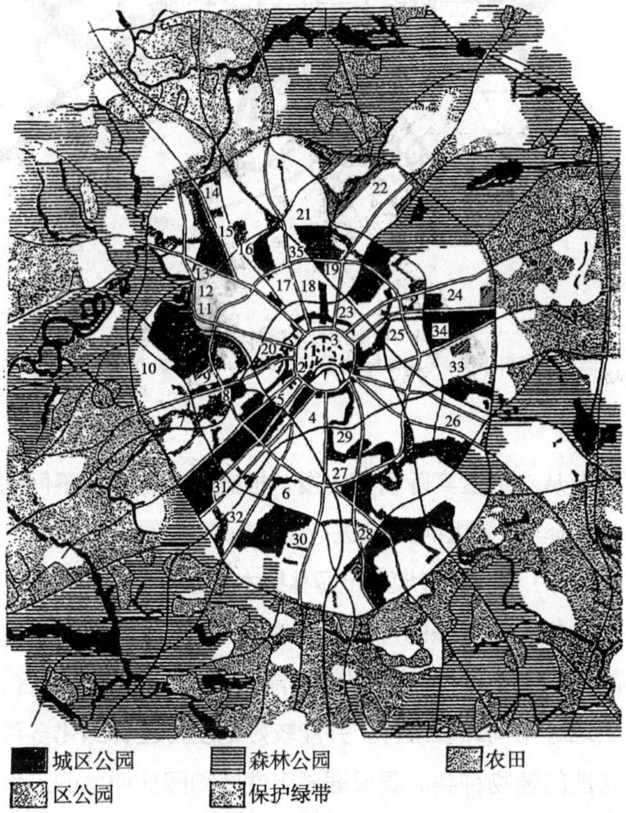

城区公园　森林公园　农田
区公园　保护绿带

图 2-5　莫斯科绿地系统与公园分布图

1—阿列克桑德罗大斯基花园，2　莫斯科贮水池旁小游园；3—花园林荫环道；4—M. 高尔基文化休息公园；5—卢日尼克的 B.И. 列宁体育公园；6—列宁山；7—谢图恩河沿岸公园；8—帕克隆山胜利公园；9—菲利—昆采夫公园；10—克雷拉茨基；11—银松林；12—斯特罗吉斯克的水上公园；13—帕克罗夫斯科—斯特列什涅沃公园；14—希姆金水库旁公园；15—友谊公园；16—季米里亚捷夫农学院；17—狄纳摩体育公园；18—北部楔形绿地彩色花园林荫道—玛丽娜丛林；19—原苏联国民经济成就展览公园；20—克拉斯诺普列斯涅文化休息公园；21—原苏联科学院总植物园；22—雅乌兹河沿岸公园；23—索科尔尼克文化休息公园；24—体育学院的体育公园；25—列法尔托夫公园；26—库兹明克公园；27—科洛缅斯基公园；28—察里津公园；29—纳干京体育公园；30—乌兹基新动物园；31—世界博览会用地（方案尚未实施）；32—沃龙措夫公园；33—库斯科沃庄园；34—伊兹迈伊洛夫文化休息公园；35—捷尔任斯基文化休息公园

资料来源：《城市绿地规划设计》

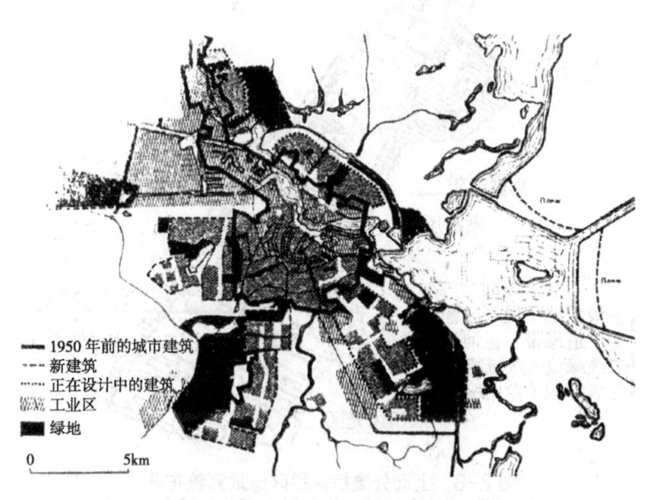

图 2-6　阿姆斯特丹公园绿地系统图

资料来源：《城市绿地规划设计》

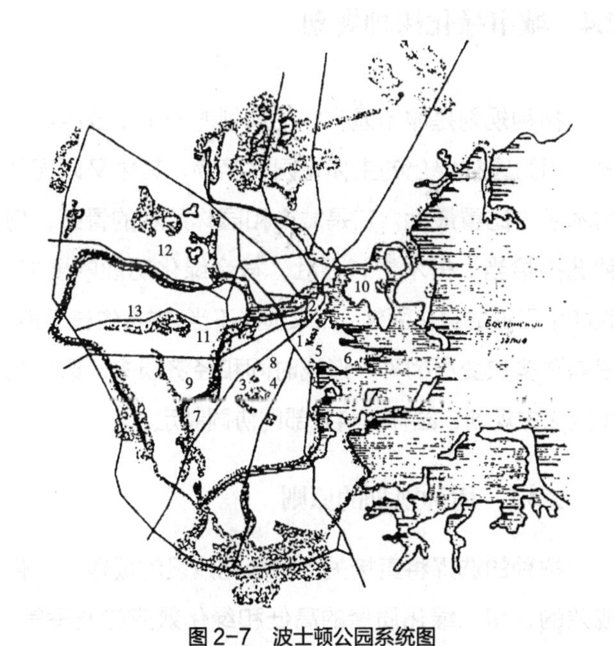

图 2-7　波士顿公园系统图

1—帕布拉克—加尔坚花园；2—林科利恩小游园；3—富兰克林公园；4—动物园；5—哥伦布公园；6—马林公园；7—加尔瓦尔茨基大学植物园；8—华盛顿公园；9—布鲁克林公园；10—纪念公园；11—列韦尔特公园；12—牙买加公园；13—阿诺德树木园

资料来源：《城市绿地规划设计》

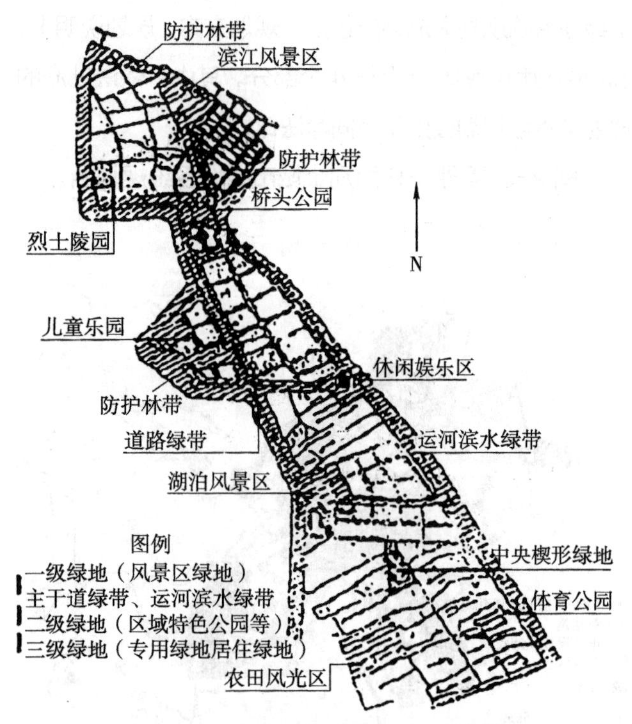

图 2-8 上海外高桥保税区绿地系统布局
资料来源：《城市绿地系统布局多元化与城市特色》

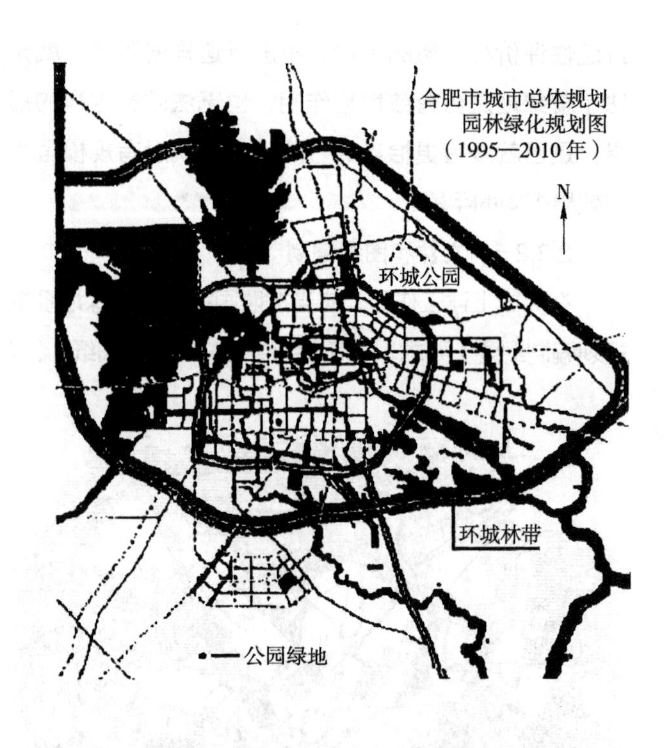

图 2-9 合肥市城市园林绿化规划图
资料来源：《城市绿地系统布局多元化与城市特色》

2.4 城市绿化树种规划

树种规划是城市园林绿地规划的一个重要组成部分，因为园林绿化的主体是园林植物，其中又以园林树木所占比重最大，它是城市和园林景观的骨架。树种选择恰当，树木生长健壮，符合绿化功能的要求，就能早日形成绿化面貌。如果选择不当，树木生长不良，就需要多次变更树种，造成时间和经济损失。树种规划应该由规划、园林、科研部门协同制定。

2.4.1 树种规划的原则

树种的选择将直接关系到绿化建设的成败、绿化成效的快慢、绿化质量的高低和绿化效应的发挥等。我国土地辽阔，幅员广大，南方和北方，沿海和内陆，高山和平原气候条件各不相同，各地区土壤条件更为复杂。而树木种类繁多，生态特性各异，因此树种选择要从本地区实际情况出发，根据树种特性和不同的生态环境，因地制宜地进行树种规划。

1）最大限度地满足园林树木的综合功能的原则

根据各城镇的性质、环境条件，在植物资源调查的基础上，按比例选择一批能适应当地城镇、郊区、山地等不同环境条件，并能较好地发挥园林绿化多种功能的植物种类。要根据城市性质和园林树木的三大功能（改善环境的生态功能、美化功能及结合生产功能）进行植物种类选择及规划。

2）树种多样性的原则

树种选择及其多样性对提高城市艺术水平和环境质量显得尤为重要，但是多年来，我们忽视了这一问题，致使我国的城市树木种类贫乏单调。现代城市绿化树种应当多样化，提倡“绿化、美化、香化、彩化”，从而使城市生态内容丰富、环境优美，创造出生机盎然的城市空间。城市绿地植物群落的培育，不仅要充分考虑自然植物群落的共生互补，而且还应考虑城市野生动物生存、栖息的需要，提高生物多样性。

3）适地适树的原则

对现在生长良好的树种应给予保留。大部分城市土地已不再是自然地貌，自然土壤，立地环境已经发生了重大改变，因此对于已经适应，并且表现良好的树种不要轻易更换。

4）观赏价值与经济价值相结合的原则

园林绿化树木所具有的观赏性是园林绿化树种的选择标准，同时在城市中占据较大空间和数量的园林树木，具有经济价值也是十分必要的，能给树木的生产和应用带来附加的经济收益。

5）因地制宜建设节约型园林的原则

近年来，由于观念上和认识上的偏差，使得园林绿化建设中存在着注重视觉形象而忽略环境效益的现象。在追新求异、急功近利的建设思想指导下，各种奇花异木漂洋过海，大树移栽之风屡禁不止。不仅如此，一些违背自然规律的园林绿化手法，如反季节栽种和逆境栽植也屡见使用。因此，提倡建设节约型园林绿化是十分必要的。节约型园林在选择树木上，应以便于养护管理作为衡量的标准，要求在园林绿化的养护管理和日常运营中，减少人力、物力、财力的投入。

2.4.2　树种调查与筛选

2.4.2.1　树种调查的内容

1）植物种类的调查

植物种类调查是规划的前提和基础。有深入广泛的调查为依据，才能确保规划的可操作性。

2）城市自然条件调查

一个地域的自然条件，是限制物种类型与数量的决定因素。城市自然条件调查，即指影响城镇植物生长的各种生态因子的调查，如气候、土壤、植被、污染等。尤其是一些导致植物死亡的灾难性因子，如上海的台风、北京的春旱等。

3）城市绿化情况调查

这项调查主要包括郊野自然植被的调查、市内各类绿地现有植物生长状况及比例的调查、古树名木的调查等。

（1）郊野自然植被的调查：主要为了开发乡土植物并予以利用。

（2）城镇各类绿地现有树种及比例的调查：在植物配置中，乔木与灌木、落叶与常绿、快长与慢长树种的比例，以及草本花卉和地被植物的应用是极为重要的，不同的比例可以反映出不同的园林外貌。

（3）古树名木调查：古树是当地最合适的树种，可以成为树种规划中的基调树种或骨干树种。古树调查还有以下价值：对古树立地条件的分析，可指导用何种措施改善立地条件。名木指当地或国家保护的珍稀树种或从外地引入的名贵树种，也有指国内外一些国家领导人或名人手植的树木。如黄山迎客松，景山公园崇祯皇帝上吊的槐树，山东曲阜孔子手植的桧柏，苏州清、奇、古、怪四棵桧柏，杭州的斑皮抽水树、铜钱树、夏腊梅等。

4）城市历史文化背景调查和城市民俗风情调查

通过对城市历史文化和民俗风情的查阅，从历史上了解各地的气候条件、树种选择及植物景观记录和描述中对植物的应用。如：昆明素称春城，但《昆明县志》记载元代“至正二十七年（1367 年）春二月，雪深七尺，人畜多死”。全面形容昆明的气候特征应是：“四季如春、夏日如炎、稍荫即秋、一雨成冬”，一天中有时会感到四季的变化。1975 年冬至 1976 年春，全国性冻害也波及昆明，最低温度达到 -4.9℃，尤其是迅速地降温，四天内气温下降 22.6℃，使大批植物受害，原产澳大利亚的蓝桉、银桦大量受冻，损失惨重。因此在做树种规划时也应考虑到历史上及近年的灾难性气候。在历史古籍中往往记载了很多植物景观，可借鉴作为目前树种规划的参考。

5）城市园林绿化树种资源的调查

此项调查包括：确定园林绿化树种的种类和数量，城市园林绿化树种生长状况及生态适应性，病虫害以及抗逆性（抗风性、抗污染性）等。

2.4.2.2 园林绿化植物调查的方法

园林植物的调查是绿化工作中的一个重要内容。通过调查，我们能全面了解园林植物的基本情况，并可根据这些内容，有目的、有步骤、有计划地进行植物的引种工作。在调查前，我们根据城市绿化对植物的要求和特点，以及区域自然植被和地形地貌的分布状况，同时按照园林绿化植物的分布特点确定调查内容、调查标准、调查线路和调查点。通过实地调查可获取详细而真实的第一手材料。然后通过对资料进行统计分析，总结出园林绿化植物调查报告、园林绿化植物名录，从而全面掌握了园林绿化地植物的分布规律、植物种类、植物群落类型、植物生长环境及现状、植物用途及景观效果，为下一步的筛选工作打下坚实基础。

2.4.2.3 树种的筛选

尽管目前各个城市应用的园林植物都很多，要对被引种植物进行引种可行性分析，但分析不能代替适生性研究。必须通过科学方法，进行适生性试验—筛选试验，才能得出科学合理的结论。

1）绿化树种筛选的重要意义和目的

作为城市园林绿化植物的种类，要确认某种植物是否适合应用在城市绿地内，是否具有良好的美化、绿化作用，是否与其他植物具有共生性，是否保持植物优良的性状，是否保持原有的经济价值等，都需要经过植物的适生性研究，才能对每一种植物给以科学的评价。

2）绿化树种筛选的标准

（1）树种生物学特性和生态习性表现优良：符合植物地理分布的规律性，尽可能选择那些适应性强、抗性强、有地方特色的乡土树种作为城市的主干树种；选择树形美观，符合绿化功能要求，栽培管理容易，不妨碍环境卫生，又有经济价值的树种；注意速生树与慢长树相结合，常绿树与落叶树的搭配。

（2）树种适应性强和抗逆性强：适应城市生态环境，对土壤、气候等不利因素适应性强，寿命较长，病虫害少；主要指抗污染、抗机械损伤、抗风害、抗寒性、抗病虫害等。

（3）生物多样性的原则：生物多样性是人类社会赖以生存和发展的基础。生物多样性就是地球上所有的生物——植物、动物和微生物综合体。它包括遗传多样性（Genetic Diversity）、物种多样性（Species Diversity）和生态系统多样性（Ecosystem Diversity）3 个组成部分或称之为 3 个层次。生态系统是生物与其所生存环境构成的综合体。所有物种都是各种生态系统的组成部分。每一物种都在维持着其所在的生态系统，同时又依赖着这一生态系统以延续其生存。

（4）树种具有高生态效益和高观赏性，树冠整齐，冠大荫浓，姿态优美，秋色丰富，观赏效果好，观赏期长，观赏部位多，有新奇性。

（5）树种具备低成本和低栽培管理技术。

3）园林绿化植物筛选的方法

根据城市的自然环境条件和绿化树种的生物学特性，筛选绿化树种采用的是适生性研究的方法，该方法的试验主要分 2 个阶段：初选试验、区域性试验。

（1）初选试验

初选试验也叫淘汰阶段，即在一个立地条件下，对比所有绿化植物的表现，淘汰表现极差的种类，为下一阶段的试验奠定基础。

试验方法：

①根据引种材料的种类和数量，在具有保护设施

的过渡试验地内采取不同的栽植方法。

②淘汰在过渡试验地中表现差、明显不适应特定环境条件的植物种类。

③对经过渡试验地初步选择的树种进行无保护试种。

④根据不同树种的试验周期，均以整个周期的平均性状表现为主要的判断依据。

⑤在初选试验中，如果发现某种引种植物有不良生态后果的迹象，应立即处理，防治其扩散蔓延。

（2）区域性试验

区域性试验也叫测验阶段，是被试验植物的表现阶段和适应阶段。以初选试验表现良好的植物种类为主，扩大试种，进一步了解各树种的遗传变异及其与城市环境条件的交互作用，比较、分析这个新树种在城市中某个特定的环境条件下的生长及适应性。通过研究这些树种的栽培技术，筛选出符合应用标准的种类。

试验方法：

①选择试验地点时，充分考虑各种湿地植物的生态要求，并能代表城市的气候、土壤、地形等条件，不同立地环境设置 3 个以上试验点。

②试验设计以随机选区分组设计为主。

③选择目前在城市特点环境中生长良好的植物为主要对照植物。

④试验观察期根据不同树种的生命周期而定。

2.4.3　树种的选择

园林树种的选择与应用，直接关系到园林绿化系统景观审美价值的高低和综合功能的发挥。充分考虑树种的生态位特征，合理规划树种间的选配，避免种间直接竞争，形成结构合理、功能健全、种群稳定的复层群体结构，以利种间功能补充，既可充分利用环境资源，又能形成优美的景观。

各个城市在进行城市园林绿化树种选择时要注意以下 3 个方面的问题。首先，要根据当地的气候环境条件选择适于栽培的树种，特别是在经济和技术条件比较薄弱的发展新区，尤显重要。以我国大部分温带地区为例，新近推荐使用的优良落叶树种，乔木类有无球悬铃木、马褂木、香槐、垂枝榆、金丝垂柳等，灌木类有花叶锦带、水麻、园艺八仙、海滨木槿、红花大叶醉鱼草等。耐寒常绿树种，乔木类有天竺桂、山杜英、深山含笑、乐昌含笑、阿丁枫、日香桂、沉水樟、猴樟等，灌木类有浓香茉莉、金边卵叶女贞、火焰南天竹、茂树、紫金木、孔雀柏等。其次，要根据当地的土壤环境条件选择适于生产栽培的树种，例如，杜鹃、茶花、红花木等喜酸性土树种，适于 pH 值 5.5 至 6.5 含铁铝成分较多的土质。而黄杨、棕榈、合欢、紫薇、银杏、槐树等喜碱性土树种，适于 pH 值 7.5 至 8.5 含钙质较多的土质。最后，要根据树种对太阳光照的需求强度，合理安排生产栽培用地及绿化使用场所。如生长在我国南部低纬度、多雨地区的热带、亚热带树种，对光照强度的要求就低于原产北部高纬度地区的落叶树种。原生于森林边缘或空旷地带的树种，绝大多数为喜光性树种，如落叶树种中的桃、梅、李、杏、杨树、刺槐等；具针状叶的喜光常绿树种，有马尾松、雪松、五针松、花柏、侧柏、龙柏等。常绿阔叶树种中的海枣、白玉兰、银杏、榆树等也属喜光性树种。常绿阔叶树种中的南天竺、黄杨、山茶、珊瑚树等，及多数具扁平、鳞状叶的针叶树种，如香榧、云杉、红豆杉、罗汉松、罗汉柏等，大多为耐阴树种，其枝叶一般较茂密，生长速度较慢。

2.4.3.1　园林树种选择的原则

（1）以乡土树种为主，实行适地适树和引入外来树种相结合。

由于城市所处地域决定了园林树木品种只能是适应于该气候条件下的树木品种。为了扩大种源，积极引入一些适应本地气候条件的外来树木品种，是增加树木品种的重要途径。因此在树木品种的选择中，在以乡土树种为主的前提下，大量引入外地树木品种，才能更好地筛选出优良的园林树木品种。

（2）以主要树种为主，主要树种和一般树种相结合。

在长期的应用实践中，经过人工筛选，出现了一批适应性强、优良性状明显、抗逆性好的主要树种，这些树种是本地区园林绿化的骨干和基础，是经过长期选择的宝贵财富。在生产中，除了大量应用这些树种外，还要经过选择应用一般树种，只有这样的结合，才能丰富品种，稳定树木结构，增强城市的地域特色和园林特色。

（3）以抗逆性强的树种为主，树木的功能性和观赏性相结合。

抗逆性强是指抗病虫害、耐瘠薄、适应性强的树种，选用这种树木作为城市的主体树种，无疑会增强城市的绿化效益。

（4）以落叶乔木为主，实行落叶乔木与常绿乔木相结合，乔木和灌木相结合。

城市绿化的主体应该是落叶乔木，只有这样才能起到防护功能、美化城市和形成特色的作用。

（5）以速生树种为主，实行速生树种和长寿树种相结合。

城市所处的地域不同，植物生长期也不同，选择速生树种会在短期内形成绿化效果，尤其是街道绿化。长寿树种树龄长，但生长缓慢，短期内不能形成绿化效果。所以，在不同的园林绿地中，因地制宜地选择不同类型的树种是必要的。

总之，园林树种选择是一项长期的、艰巨的任务。随着园林事业的发展，园林树种选择就必然不间断地进行下去，在选择中保留好的树种，淘汰差的树种。只有遵循这样一条取优去劣的生物发展规律，才能使优良树种保持优势，并使园林事业出现质的飞跃。也只有确保生物的多样性和可持续发展不断地进行下去，人们才能用优良的园林树木创造出多彩的景观环境，为人类自己创建出更加舒适宜人的生活空间。

2.4.3.2 园林绿化树种的分类

依据主要栽培用途，园林树种通常可分为行道树、庭荫树、园景树、绿篱树、湿地树和盆栽树 6 大类。

1）行道树

行道树的选择应用，在完善道路服务体系、提高道路服务质量方面，有着积极、主动的环境生态作用。行道树的主要栽培场所为人行道绿带、分车线绿带、市民广场游径、滨河林荫道及城乡公路两侧等。其栽植土壤立地条件差，受烟尘及有害气体污染重，受行人碰撞损坏大，受地下管路或架空线路障碍多，受建筑物庇荫、水泥路面辐射强。理想的行道树种选择标准：从养护管理要求出发，应该是耐瘠抗逆、防污耐损、虫少病轻、强健长寿、易于整形、疏于管理；从景观效果要求出发，应该是春华秋色、冬姿夏荫、干挺枝秀、花艳果美、冠整形优、景观持久。

目前使用较多的一级行道树种有：二球悬铃木、榆树、七叶树、三角枫、喜树、银杏、鹅掌楸、樟树、广玉兰、乐昌含笑。二级行道树种有：女贞、毛白杨、垂柳、刺槐、池杉、水杉。

2）庭荫树

庭荫树在园林绿化中的作用，是为人们提供一个荫凉、清新的室外休憩场所。庭荫树种的选择标准：因其功能目的所在，主要为枝繁叶茂、绿荫如盖的落叶树种，其中又以阔叶树种的应用为佳，如能兼备观叶、赏花或品果效能，则更为理想。部分枝疏叶朗、树影婆娑的常绿树种，也可作庭荫树应用。

庭荫效果优良的常用乔木类树种有：梧桐、泡桐、榉树、香椿、枫杨、合欢、柿树、枇杷、紫楠、榧树、竹柏、圆柏等。

3）园景树

园景树是园林树种选择与应用中种类最为繁多、形态最为丰富、景观作用最为显著的骨干树种。树种类型，既有观形、赏叶型，又有观花、赏果型。树体选择，既有参天伴云的高大乔木，也有高不盈尺的矮小灌木。常绿、落叶相宜，孤植、丛植可意；不受时空影响，不拘地形限制。在园景树的选择应用中，树种特征仍然是不变的原则。松柏类树种，青翠常绿、雄伟庄穆、孤植清秀、列植划一。常绿阔叶树种，雍容华贵、绿荫如盖、独立丰满、群落浩瀚。现就若干主要园景树种的特性选择和应用，分类简述如下：

（1）观形赏叶树种：雪松、金钱松、日本金松、巨杉、南洋衫、白皮松、水松、丝棉木、重阳木、枫香、黄栌、青榨槭、红叶李、南天竹。

（2）观花赏果树种：玉兰、珙桐、黄山栾树、梅花、樱花、桃、紫薇、紫丁香、桂花、山茶花、腊梅、绣球荚迷、枸骨、火棘、夹竹桃。

（3）竹类："日出有清萌，月照有清影，风来有清声，雨来有清韵，露凝有清光，雪停有情趣。"自古以来一直受到国人的青睐。其虚怀若谷、淡泊宁静、刚劲挺拔、洁身自好的品格，更备受世人推崇，与松、梅一起被誉为"岁寒三友"，和梅、兰、菊一道被赞称为"花中四君子"。

（4）棕榈科植物：在丰富多彩的园林树种中，棕榈科植物以其独特的风格、鲜明的个性、突出的体征，成为营造园林绿化景观的热门树种。常见选择的种类有假槟榔、大王椰子、三角椰子、国王椰子、蒲葵、油棕、黄棕榈、海枣、董棕、短穗鱼尾葵、丝葵、青棕等。

4）绿篱树

绿篱在园林绿化中的应用占有相当比重，就数量而言远远超过其他树种的份额。无论是在中国式古典园林设计中，还是在现代派园景规划中，绿篱的应用种类和形式，都极能反映绿地建设的质量和水平。特别是现代高速公路的快速延伸，花园住宅小区的迅猛开发，以及大量河滨公园、市民广场的落成，都极注重绿篱的应用。

绿篱树种的选择应具备的基本性状要求为：萌芽率强、性耐修剪，枝叶稠密、基部不空，生长迅速、适应性强，病虫害少、易于管理，抗烟尘污染、对人畜无害。

常用绿篱树种有：侧柏、北美崖柏、日本花柏、日本扁柏、海桐、珊瑚树、冬青、月桂、卫矛、大叶黄杨、石楠、雀舌黄杨、小叶女贞、小蜡、小檗、狭叶十大功劳、栀子花、云锦杜鹃、满山红、刺梨、野蔷薇、丰花月季、麻叶绣线菊、日本绣线菊、云实。

5）盆栽树

盆栽树在园林绿化中的作用主要是一种调剂和补充，特别是在因受环境条件制约而难以实施园林树木栽植的条件下，盆栽树可以发挥积极、有效的作用，营造一方绿洲。盆栽树的选择，依其主要应用范围，可分为室外、室内 2 大类型。室外盆栽树多为大型的常绿类树种，如五针松、南洋杉、花柏、鹅掌柴、苏铁、橡皮树、棕竹等。室内盆栽树多以耐阴的南方观叶树种为主，如小叶椿、花叶椿、鱼尾葵、散尾葵、袖珍椰子、变叶木、花叶木薯等。

著名的盆栽树有：苏铁、南山茶、罗浮、佛手、澳洲鸭脚木、斑叶橡皮树、花叶垂榕、帝王葵、鱼尾葵、散尾葵、棕竹、袖珍椰子、斑叶辟荔、变叶木、金边胡颓子、花叶木薯、孔雀木。

盆景树是盆栽树微型应用的一朵奇葩。常见优良盆景树种有：华山松、日本五针松、刺柏、罗汉松、微型紫杉、榔榆、瓜子黄杨、鸡爪槭、六月雪、海棠花、石榴。

6）湿地树

对现存自然湿地进行保护以及对被破坏的自然湿

地的恢复和对人工湿地的建设，是当今一项非常重要的研究工作，其中通过湿地植物来恢复和建立自然结构湿地是湿地保护和恢复的重要生物技术之一。

湿地树种分为旱生树种、两栖树种、湿生树种、水生树种。常见的湿地树种有木贼、华扁穗草、芦苇、海菜花、池杉、水松、水杉、黄连木、滇合欢、大花野茉莉、凤尾蕨、水柏枝、马桑、清香木、水葫芦、芦苇、狸藻、莎草、荷花、西南鸢尾等。

2.5 实例分析

2.5.1 苏州市城市绿地系统规划（见第11章11.2.1苏州市城市绿地系统规划）

2.5.1.1 城市基本情况

苏州市位于北纬30°46′~32°02′，东经120°11′~121°16′，地处长江三角洲东南部。西南濒临太湖，北依长江，东接上海，西连无锡，南邻嘉兴、湖州，沪宁铁路东西横越，京杭大运河南北纵贯。苏州地处长江三角洲的太湖平原，境内土壤的发育，受温暖湿润的气候条件和河港交错、湖荡棋布的地理环境等影响，地貌属流水地貌型。全市地势低平，平原占总面积的55%，水网密布。因境内地势平坦，西高东低，水流一般由西向东和由北向东南流动为主。依据《苏州市城市总体规划（2007—2020）》城市发展的总目标为构建以名城保护为基础、以和谐苏州为主题的“青山清水，新天堂”，实现“文化名城、高新基地、宜居城市、江南水乡”。

2.5.1.2 绿地系统规划存在的优势和不足

1）发展优势与动力

（1）优越的地理位置；

（2）深厚的人文底蕴；

（3）丰富的景观资源；

（4）优良的环境质量；

（5）政府决策机构的重视。

2）存在的问题和制约因素

（1）绿化总量不足，绿地率及绿化覆盖率仍偏低，有待于进一步提高。

（2）不断提高城市绿化的总体水平，城市绿地在塑造城市景观风貌中的作用有待加强。

（3）公园绿地分布仍不均，特色不显著，特别是综合公园，精品较少。

（4）绿地建设与城市建设结合不够紧密，如生态环境保护、道路和房地产建设、风景旅游资源保护与利用、独特的地域文化等。城市绿地系统对提高城市综合服务功能的作用尚未充分体现。

（5）在绿地建设上贯彻以植物造景为主、以乔木为主体、乔灌藤草相结合的原则不够，草坪、大色块造景面积偏大，苏州特色不强烈，乔木量和绿量不足，绿视率低，养护工作量大，可持续发展性差。

2.5.1.3 当时规划依据

规划依据主要有:《中华人民共和国城乡规划法》（2008年）、《城市绿化条例》（中华人民共和国国务院令第100号，1992年发布，2011年、2017年修订）、《城市古树名木保护管理办法》（建城［2000］192号）、《城市绿线管理办法》（建设部112号令）、《加强城市生物多样性保护工作的通知》（建城［2002］249号）、《城市用地分类与规划建设用地标准》GB 50137—2011、《城市绿地分类标准》CJJ/T 85—2017、《城市绿地系统规划编制纲要（试行）》（建城［2002］240号）、《城市道路绿化规划与设计规范》CJJ 75—97、《关于印发创建“生态园林城市”实施意见的通知》（建城［2004］98号）、《省政府办公厅关于贯彻实施苏锡常都市圈绿化系统规划的通知》（苏政办发［2003］17号）、《苏州市城市总体规划（2011—2020）》、《苏州市城市绿地系统规划（1996—2010）》、《苏州历史文化名城保护规划（1996—2010）》、《江苏省城市规划管理技术规定（2004 年版）》、《江苏省城市绿化管理条例（2003 年版）》、《苏州市城市绿化条例（2004 年版）》和《省政府办公厅关于进一步加强城市绿化工作的通知》（苏政办发〔2001〕117 号）等。

2.5.1.4　规划的指导思想与原则

1）规划思想

（1）以生态学原理为指导，坚持可持续发展战略，以保持良好的城市生态环境为前提，注重城市自然景观的保护和城市大环境绿化。

（2）弘扬和加强苏州水城独具特色的绿化风貌，充分利用自然水网，加强其两侧绿地的建设，形成全城的绿色廊道系统，点、线、面相结合，构筑健全的绿色生态网络。

（3）以人为本，坚持城市与自然共存的原则，努力提高有利于人的活动及身心健康的城市人居环境质量。

（4）应从改善和维护苏州市整个生态环境的自我良性循环、更新及满足人们休息、游览、审美的角度出发，因地制宜、科学分级、合理布局各种类型的城市绿地。

（5）充分利用苏州优越的自然和人文景观资源。以中心城区绿化为重点，以仿原生态廊道建设为纽带，将城郊绿色空间与城区绿色空间连成生态绿网，覆盖全市，实现“青山清水新天堂”的城市发展目标。

（6）古城区绿地布局应与旧城改造规划紧密配合，采用点状和环状绿地相结合的形式，改善旧城区中的居住环境条件。

（7）城市绿化的植物材料要以乡土树种为主，并积极引进适合本地区的园林植物，大力提倡植物造景，丰富植物景观。

2）规划原则

（1）城市绿地系统规划应在城市总体规划的指导下，在现有绿地系统的基础上，从实际出发，综合考虑，妥善布局，合理确定城市绿地指标，进行各类城市绿地规划布局。

（2）完整性原则

城市绿地系统规划要重点突出，结构合理，充分考虑与城市外围生态绿地的联系，贯彻系统的完整性原则。

（3）生态设计原则

体现生物物种、遗传、生态系统和景观多样性，以植物造景为主，充分发挥城市绿地在维护城市生态平衡方面的巨大作用。

（4）多目标兼顾原则

城市绿地系统规划既要坚持生态优先性的原则，也要体现地方文化，注重其区域特色，维护历史文脉的延续性。

（5）根据城市总体规划实施步骤，规划应遵循远近期相结合、宏观控制与微观建设相结合的原则。远期加强宏观控制，近期注重可操作性，以宏观控制为前提，严格依据规划分期实施，逐步完善。

（6）城市绿地系统规划应贯彻落实“全面保护古城风貌”的原则，突出其水城特色，大力发展滨河绿地。

3）规划目标

充分利用优越的人文自然条件，在现有绿地系统的基础上，加快各类绿地的建设，特别是公园绿地的建设，使之形成科学合理的绿地系统，达到国家生态园林城市的要求。在近期目标所形成的良好基础上，不断提高发展，大力加强绿色廊道的建设，点、线、面相结合，形成既有江南水乡传统特色，又有现代气息的生态城市，实现“青山清水新天堂”的城市发展目标。

4）规划指标

结合《国家生态园林城市标准》（建城〔2010〕125 号）和江苏省《省政府办公厅关于进一步加强城市园林绿化工作的通知》（苏政发〔2001〕17 号）

文中有关指标，到2020年达到人均公园绿地面积13.87m^2，绿地率为40.50%，绿化覆盖率为46.00%。规划指标达到《国家园林城市标准》（建城〔2005〕43号）和《国家生态城市标准（暂行）》（建城〔2004〕98号）以及《中国人居环境奖评奖标准》等的基本指标要求。

2.5.1.5 市域绿地系统规划

苏州市域指包括苏州市区及张家港、常熟、太仓、昆山、吴江等五市在内的行政区范围，市域面积8 488km^2。坚持生态优先的原则，保护生物多样性，维护和强化其固有山水格局模式，从区域生态平衡及环境保护的角度出发，进行市域绿地系统布局，建立以绿化为主体的生态廊道，将市域内各类绿地有机地联系起来，形成完善健全的区域生态网络，提高其综合生态功能。

市域绿地系统规划结构布局。根据苏州市域发展总体目标、城镇空间布局结构以及市域生态保护规划、市域景观资源保护规划，并结合苏锡常都市圈绿化系统规划布局的要求，苏州市市域绿地系统以“四纵五横一环、一区三带多点”为基本结构，构筑多层次、多功能、立体化、网络式的生态绿地系统结构体系。

加强江南水网体系的绿化，加强河道滩地、堤防和河岸的水土保持工作，河道两侧规划不少于10m宽的绿化林带；在重点水网区域形成生态保护协调区，线面结合，相互串联形成网络状水系绿化空间体系。加强城市结合部的绿化以及小城镇、乡村的生态绿化建设。

2.5.1.6 城市绿地系统规划结构、布局与分区

根据苏州市城市总体规划布局，充分利用自然河湖水系、自然山体及丰厚的人文景观，开辟各类城市绿地，形成“二带三环五楔、六廊十轴十二园”的结构体系，构成环形带状加楔形绿地的点、线、面相结合的“城中园、园中城”的城市绿地系统，创造良好的城市生态环境，实现“青山清水新天堂”的城市发展目标。

2.5.1.7 城市绿地分类规划

以现有公园绿地为基础，结合自然地貌、名胜古迹，按照合理的服务半径，加强综合公园、社区公园的建设，积极开辟带状公园、街旁绿地，建成科学合理、各具特色的公园绿地体系。

综合性公园选址在城市人文、自然景观聚集地、城市主要出入口、公共设施附近。保证市民步行到达公园时间不超过20min，服务半径在1 500~2 000m左右，面积10hm^{2}以上。区域性公园的近期建设，主要结合空置地用途置换、街坊拆迁改造、工厂搬迁等方式进行。远期到2020年，主要结合十二园的建设，根据各级综合公园服务半径的要求，均匀布置各类特色的综合公园，构成全市合理完整的城市综合公园体系。社区公园人均面积按2m^2/人计。对历史名园进行修复，到2020年，共修复10处，分别为可园、慕园、泰伯庙、五峰园二期、万佛寺、柴园、朴园、瑞云峰、塔影园、南半园等。带状公园的滨河绿地主要包括环古城护城河、京杭大运河以及结合各主要水系所形成的十大绿轴，局部地段可拓宽形成点状绿化空间，其余滨河地段的绿地均按防护绿地的要求建设。其中环古城带状公园已基本形成。近期可重点建设京杭大运河、十字洋河、元和塘、娄江、胥江等滨河绿地。远期则可逐步形成完整的滨河绿地生态廊道网络系统。街旁绿地选择位置适中，可充分利用零散街头空地及滨河、洼地等处，进行建设；与小区道路联系顺畅，服务半径300~500m，面积0.05~0.3hm^2，绿化占地比例应不小于65%。

生产绿地近期2010年应达到644hm^2，远期2020年应达到760hm^2。考虑到各片区的性质，生产绿地的布置主要集中在相城片西北部及阳山—灵岩山东麓区域地块。防护绿地主要由公路、铁路防护林

带及水系防护林带、卫生防护林带、城市高压走廊防护林带等组成。过境公路两侧应建立宽度不小于 50m 的防护林带，规划区内主要涉及苏虞张公路、312 国道、227 省道。高速公路、铁路两侧应建立宽度不小于 100m 的防护林带。规划区内主要涉及苏嘉杭高速公路、沪宁高速公路、沪宁铁路等。道路防护林带乔木覆盖率要达到 70%。根据苏州市水网密布的特点，结合城市道路网的布局，在古城区主干河岸两侧均应种植宽度不小于 5m 的防护林带；古城区外围的一些主干河岸两侧也应结合实际情况形成宽度不小于 20m 的防护林带。水系河道防护林带乔木覆盖率要达到 80%。工业区范围内的单位一律后退道路红线，其间绿带宽度不小于 60m。污染较重的工业企业，应后退规划红线建宽度不小于 30m 的防护林带。工业区与居住区之间应种植宽度不小于 30m 的绿化隔离带。其余老工业区在改造中也应建立一定宽度的防护林带。对有污染的企事业单位应加强内部环境整治，增加绿化基础设施，减少对外界的影响。防护林带的绿化要求均应采用乔灌地被相结合的方式，乔木覆盖率应在 70% 以上。220kV 的高压线走廊其防护林带宽度不小于 50m；110kV 的高压线走廊其防护林带宽度不小于 30m；防护林带应以低矮灌木及地被、草坪为主。

城市街道绿化按道路长度普及率、达标率分别在 95% 和 80% 以上。道路绿地率应符合下列规定：园林景观路绿地率不得小于 40%；红线宽度大于 50m 的道路绿地率不得小于 30%；红线宽度在 40~50m 的道路绿地率不得小于 25%；红线宽度小于 40m 的道路绿地率不得小于 20%。单位附属绿地中新城区的各单位，绿地面积不低于总用地面积的 37%；其中：工业企业、交通枢纽、仓储、商业中心等绿地不低于 30%；产生有害气体及污染工厂的绿地率不低于 35%，并根据国家标准设立不少于 50m 的防护林带；学校、医院、休疗养院所、机关团体、公共文化设施、部队、宾馆等单位的绿地率不低于 40%；老城区各单位结合扩建、改建，其绿地面积不少于总用地面积的 30%；对建筑密度大，宜绿地少的单位，要尽可能采用高层绿化、屋顶绿化、墙面垂直绿化、廊架攀缘植物绿化、盆栽等形式，以提高单位绿化覆盖率；绿化达标单位数量应达到 70%，绿化先进单位数量达到 20%，园林式单位，绿地率提高 10%。新建居住区绿地率应不低于 35%，老城区改造不低于 30%，其中社区公园绿地不少于 1.5~2.0m^2/ 人；全市园林居住区数量占 60% 以上。

其他绿地是对城市生态环境质量、居民休闲生活、城市景观和生物多样性保护有直接影响的绿地。这类绿地包括四角山水、绕城高速公路生态绿化景观圈、太湖山水生态保护区等。

2.5.1.8　树种规划

树种规划的技术经济指标：裸子植物与被子植物的物种比例 1：20；数量比例 1：（12~15）。城郊及山地绿化，参考本物候带植物自然分布特征，常绿树种与落叶树种的物种比例 1：（5~8）；数量比例 1：（3~5）；城区内由于城市绿地的观赏功能要求较高，常绿树种与落叶树种的物种比例 1：（3~5）；数量比例 1：（1~2）。乔木与灌木的比例应按各类绿地而异，如道路绿地，其比例应为（2~2.5）：1；居住区及学校等地方，乔木与灌木的比例应为 1：（5~9）。木本植物与草本植物的比例为（7.5~8）：（2~2.5）。速生、中生与慢生树种比例为 4.5：3.5：2。乡土树种与外来树种比例为（8~8.5）：（1.5~2）。苏州市绿化的基调树种为：香樟、广玉兰、银杏、榉树、垂柳等。苏州市绿化的骨干树种为：桂花、白玉兰、垂丝海棠、棕榈、枫香、水杉、杂交鹅掌楸、黄山栾树、含笑、夹竹桃、国外松、石楠、杜鹃、白皮松、鸡爪槭、朴、梧桐、红叶李、枇杷、竹类等。一般树种包括裸子植物、被子植物等 73 科 438 个品种；草本、地被等 66 科 241 个品种。

2.5.1.9 预期各指标（表 2–7）

预期各指标 表 2–7

预期各指标		
规划建设区绿地率（%）		40.5
规划建设区绿化覆盖率（%）		46.0
人均公园绿地面积（m^2）		13.87
园林景观路绿地率（%）		≥ 40.0
居住区绿地率（%）	新建居住区	≥ 35.0
	老城区改造	≥ 30.0
园林式居住区比例（%）		60.0

2.5.2 几个城市绿化树种实例分析

2.5.2.1 济宁市城市园林绿化树种选择和规划

1）济宁市原有树种情况

济宁市原有树种较为单纯，绝大部分为乡土树种，如：槐、榆、柳、臭椿、苦楝、合欢、泡桐、白蜡、刺柏、侧柏、蜀桧、雪松，少数私人庭院或私人花园中（包括寺庙和教堂）有部分花灌木，如：大叶黄杨、木槿、石榴、紫荆，并有少量的圆柏、银杏。

2）树种具体规划、选择和依据

根据该市的土壤，气候自然条件，和原有树木生长发育情况，特选用落叶阔叶树法桐、槐、杨、垂柳、大叶白蜡，常绿针叶树雪松、圆柏、女贞。

济宁城区的主要马路行道树以法桐为主，其他次干道和街坊道路树种要多样化，如可采用国槐、合欢、银杏、苦楝、大叶白蜡、垂柳、大叶女贞、雪松等。为体现老城区的面貌，老市区扩宽的马路行道树和居民区庭院树，主要选用槐树，如古槐路；为了能够实现四季常青，还必须选用一定比例的常绿树。济宁市中心区土壤为黄河泛滥冲积土，多偏碱，这就决定了树种的局限性，原有乡土树种常见有侧柏和桧柏属的圆柏、桧柏、刺柏。对气候适应力甚强，并耐干旱、耐寒，能耐微酸、微碱性土壤，在微碱性肥沃湿润的土壤中生长良好，可作为庭院树。

3）济宁市树种选择的基本情况

根据绿地系统规划和实际情况，目前济宁市确定的主要树种有：

（1）基调树种为 4 种：法桐、国槐、雪松、女贞。

（2）骨干树种 10 种：合欢、臭椿、苦楝、刺槐、龙柏、银杏、白蜡、千头椿、蜀桧、杨树。

（3）一般树种（乔木类）：五角枫、栾树、榉树、榆、构树、皂荚、香椿、大叶白蜡、黄连木、梧桐、杜仲、桂香柳、椴树、千头柏。

（4）花灌木类（包括开花小乔木）：樱花、碧桃、迎春、紫荆、紫薇、木槿、榆叶梅、贴梗海棠、丁香、珍珠梅、西府海棠、梅花、月季、槭树类、大叶黄杨、瓜子黄杨、雀舌黄杨、金叶女贞、红叶小果。

（5）垂直绿化树种：扶芳藤、葡萄、凌霄、紫荆、金银花、木香、爬墙虎、蔷薇。

（6）各类树木所占的比例：落叶树占 65%，常绿树占 35%；乔木占 70%，花灌木占 30%。

2.5.2.2 邯郸市园林绿化树种选择

1）邯郸现有树种种质资源情况

本地的乡土树种只有杨、柳、榆、槐、椿、泡桐等。近几十年来，随着城市的发展，相继从外地引进了雪松、马褂木、银杏、桧柏、女贞、丁香、大叶黄杨、锦熟黄杨、紫薇等一大批新树种，这些树种在邯郸经过几十年的风雨，对本地的环境已较适应，为我们进行树种选择提供了宝贵的种质资源。

2）邯郸市树种选择的初步思路

（1）行道树、市区内主干道仍以悬铃木、国槐、栾树为主。它们具有冠大荫浓、耐修剪、抗性较强、树形美观等多种优点，但有虫害、飞毛对环境不利，且根系较浅易遭风害。

（2）市内小街巷，树种宜多样化。东部小街巷可选国槐、栾树、金丝柳等，西部烟尘污染较重，可选用臭椿、合欢、刺槐、白蜡等树种。

（3）庭院绿化及小游园。绿地绿化应丰富多彩，具有不同的风格，乔、灌、花、草的配置要突出体现各季节的观赏效果。主要绿化材料有：①乔木：国槐、垂柳、合欢、毛白杨、栾树、雪松、白皮松、银杏、元宝枫、桧柏、悬铃木、水杉等。②小乔木及花灌木：白玉兰、海棠、紫玉兰、紫薇、木槿、榆叶梅、连翘、月季、猬实、锦带花、贴梗海棠、红叶李、紫藤、金银花、凌霄、丁香、紫荆、石楠、金叶女贞、红叶小檗等。

2.5.2.3 西安植物规划

西安为陕西省会，文化古都。根据城市性质、规划原则，调查选优提出的基调树种为：槐树、银杏、桧柏、悬铃木。

各类型绿地的骨干树种：

（1）街道广场：槐树、悬铃木、桧柏、银杏、毛白杨、垂柳、元宝枫、毛叶山桐子、皂荚、洋白蜡、白皮松、女贞、合欢、苦楝。

（2）公园：牡丹、碧桃、玉兰、垂丝海棠、贴梗海棠、石榴、紫荆、木绣球、腊梅、竹类、鸡爪槭、雪松、垂柳、银杏、槐树等。

（3）机关学校：桧柏、雪松、樱花、龙柏、毛叶山桐子、槐树、月季、地锦、绣线菊等。

（4）水边湿地：水杉、池杉、垂柳、旱柳、芦花竹、苦楝、枫杨、三角枫、丝棉木、紫穗槐、红瑞木等。

（5）工矿区：构树、朴树、臭椿、榆树、悬铃木、合欢、银杏、桧柏、木槿、夹竹桃、珊瑚树、棕榈树等。

（6）居住区：香椿、垂柳、柿树、核桃、梨树、无花果、石榴、月季、竹类等。

（7）山区风景林：油松、华山松、栓皮栎、侧柏、黄连木、黄栌、山杏、竹类等。

（8）地被：扶芳藤、常春藤、金银花、阔叶箬竹、铺地柏等。

2.5.2.4 哈尔滨植物规划

哈尔滨是冬季严寒，时间长达半年，春季多风干燥，夏季短促湿热，秋季降温急剧变化快。植被属温带针阔叶混交林，根据哈尔滨市的实际气候情况，基调树种应定为：榆树、樟子松、丁香、复叶槭。骨干树种为：

（1）街道广场：榆树、复叶槭、樟子松、丁香、玫瑰等。

（2）公园：红皮云杉、黑皮油松、丁香、金银木、黄刺梅、东北山梅花、红瑞木等。

（3）工矿区：榆树、柳类、小叶杨、丁香、金银木等。

（4）居民区：椴类、丁香、榆叶梅、连翘、玫瑰、杏等。

（5）风景名胜区：落叶松类、桦木类、槭树类、花楸、樟子松、云杉、冷杉、黄檗、水曲柳、红瑞木、椴类等。

（6）专用绿地：红皮云杉、黑皮油松、杜松、山里红、山皂荚、锦带花等。

（7）攀援绿化：南蛇藤、五味子、猕猴桃类等。

思考与练习

一、基本名词和术语

城市绿地系统规划、城市绿化、城市生态系统、本地植物指数、绿化覆盖率、人均公园绿地、绿地率、公园绿地、生产绿地、防护绿地、其他绿地、附属绿地、绿量。

二、思考题

1. 简述城市绿地系统规划的步骤。

2. 简述树种规划的方法。

3. 简述《国家园林城市标准》的绿地建设指标要求。

4. 简述《国家生态园林城市标准》的绿地建设指标要求。

5. 简述《中国人居环境奖评奖标准》中有关绿化的定量指标要求。

6. 简述城市各类绿地用地选择要点。

第3章　绿地规划中的园林艺术

3.1　园林美学概述

园林美，是大自然造化的典型概括，是自然美的再现。园林艺术具有融表现、再现于一体的特性。园林美具有多元性，表现在构成园林的多元素和各元素的不同组合形式之中。重视意境的创造、诗情画意的写入，是中国古典园林美的最大特点；追求简洁、豪放、井然有序的形式美是西方古典园林的特色。

3.1.1　园林美的特征

根据一般美学原理，现实生活中美的形态主要有2类：自然美和社会美。园林艺术主要的反映对象是自然美，以自然美作为主要的表现主题。以自然形态的物质材料，如山石、土、水、花草树木等作为主要的艺术手段，来反映现实世界的自然风景美。

在美学上，常将艺术分成偏重于表现或偏重于再现两种。前者如音乐、舞蹈、建筑、工艺装饰等较适合表现艺术家的主观情感；后者如雕塑、戏剧、电影等，是以再现现实世界客观事物美为主的。园林艺术是介于这两者之间的艺术。既有对自然风景美的浓缩、再现，也有造园家对自然山水的某种情感表现。无论是对自然风景的再现还是情感的表现，园林都是园林师经过“巧密于精思”的“移天缩地”，源于自然，又高于自然的艺术创作，是园林师对生活、自然的审美意识（感情、趣味、理想等）和优美的园林形式的有机统一，是自然美、艺术美和社会美的高度融合。

园林是一种特殊的艺术形式，属于五维空间的艺术范畴。园林风景以静态的方式呈现于一定的空间之内，但并不是实体一块的艺术形象，而是通过众多风景形象的组合，构成一个个连续的风景空间。游赏者（审美的主体）置身于这些“有象外之象，景外之景”“寓情于景，情景交融”的空间中，常产生跨越时空的联想。中国古典园林美主要是艺术意境美，在有限的园林空间里，浓缩自然，再现自然。这种拓展艺术时空的造园手法强化了园林美的艺术性。西方古典园林美追求对称、均衡、秩序的人工和谐。无论东西方园林，其园林美不是各种造园素材单体美的简单拼凑，而是各种材料、各种类型的美相互融合，从而构成一种完整的美的形态。所以有人说，园林的五维空间有长、宽、高、时间空间和联想空间（意境）。

3.1.2　园林的审美内容

园林美是形式美与内容美的高度统一，园林的审美内容包括自然美、人工美、意境美几个方面。

自然美，自然景物是园林审美的主要内容。自然界中的风花雪月、云光雾海、峰峦谷壑、河湖瀑泉、松竹梅兰、银屏叠翠都是园林的审美内容。

人工美，自然景物是园林的主要审美内容。但园林并非简单的模拟自然，而是遵循一定的艺术法则进行的“虽由人作，宛自天开”的创作活动。园林中山石水体、亭台楼榭、道路广场、音响灯光等，与自然景物交相辉映，构成步移景异、变化多端的园林景致。

意境美，“意境”一词，原是中国古代文学评论的术语。《辞海》对意境的解释是：“文艺作品中所描绘的生活图景和表现的思想感情融合一致而形成的一种艺术境界。能使读者通过现象和联想，如身入其境，在思想感情上受到感染。”园林中的意境就是通过意向的深化而构成心境应合，神形兼备的艺术境界，也就是主客观情景交融的艺术境界。园林的魅力往往在于对园林的欣赏，就像品味文学艺术作品。丰富的景物变幻，美妙的楹联匾额，诗情画意的写入，有形的景观与无形的景观相互交融，使游赏者触景生情，产生联想，达到物我同一的美的意境。

自然美、人工美、意境美是园林的基本审美内容。随着交通方式的改变，人们的审美视野得到扩大；环保意识的提高，使人们的审美意识发生巨大改变，园林艺术已从狭隘的人工园林艺术扩展到追求大环境的自然化和美化的环境艺术。园林艺术承担着使人类生存环境更加自然化和美化的重要职责，“人和自然美”的审美关系成为现代美学重要的课题。近些年，俞孔坚先生更是提出大地景观规划的观点：“现代的园林学应是‘把人类生活空间内的岩石圈、生物圈和智慧圈都作为整体人类生态系统的有机组成部分来考虑，研究各景观元素之间的结构和功能关系，以便通过人的设计和管理，使整个人类生态系统（景观）的时空结构和能流、物流及信息流都达到最佳状态’”。这一观点更是将园林审美对象扩大到大地综合体，将人类文化圈与自然生物圈纳入了园林研究范畴。

3.1.3 东西方不同的园林审美观和园林形式

园林有着自己悠久的历史，中国、西亚和古希腊是世界园林系统的 3 大发源地。由于社会环境的影响，东西方的文化传统呈现出不同的形态。

中国园林是东方园林的代表，崇尚自然、讲究意境，园林中没有强烈的轴线，没有按人的意念修建成的几何形植被花草；弯曲的河水、丛生的树木，呈现出的是一种自然的、随机的、富有山林野趣的美（图 3-1、图 3-2）。

西亚系指中东地中海沿岸地区（包括埃及、伊拉克、叙利亚及伊朗等）。西亚地区干旱少雨，需要以人工的方法来引水种树，局部改善居住环境，从保留到现在的埃及古墓壁画上，可见当时的花园已具有规则的平面布局（图 3-3）。西亚园林中的波斯（伊朗）园林，是按照伊斯兰教天堂乐园的模式来构建的，平面呈“田”字形，用纵横的十字形水渠将花园分成 4 区，在交点上设中心水池。4 条水渠分别称之为水河、乳河、酒河、蜜河。出于对水的珍爱，西亚园林特别重视表现水景的美，形成一系列园林水景的处理方法（园林学上称为水法），这种水法传入欧洲，更演进到鬼斧神工的地步，成为中世纪后期西亚园林和文艺复兴时期意大利花园的特色风景（图 3-4）。

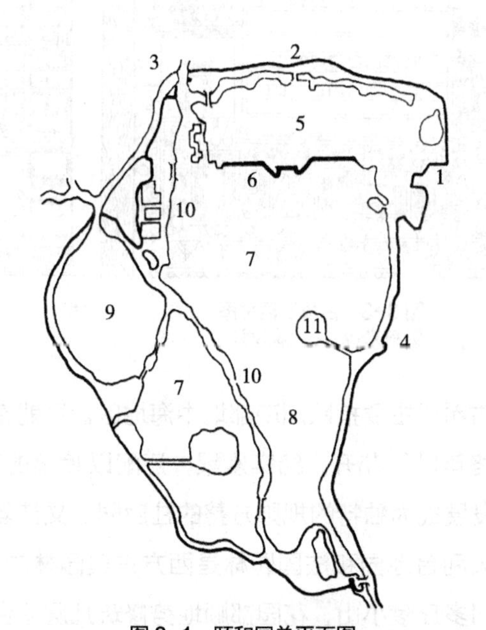

图 3-1 颐和园总平面图

1—东宫门；2—北宫门；3—西宫门；4—新宫门；5—万寿山；6—长廊；7、8、9—昆明湖；10—西堤；11—南湖岛

资料来源：《中外园林绿地图集》

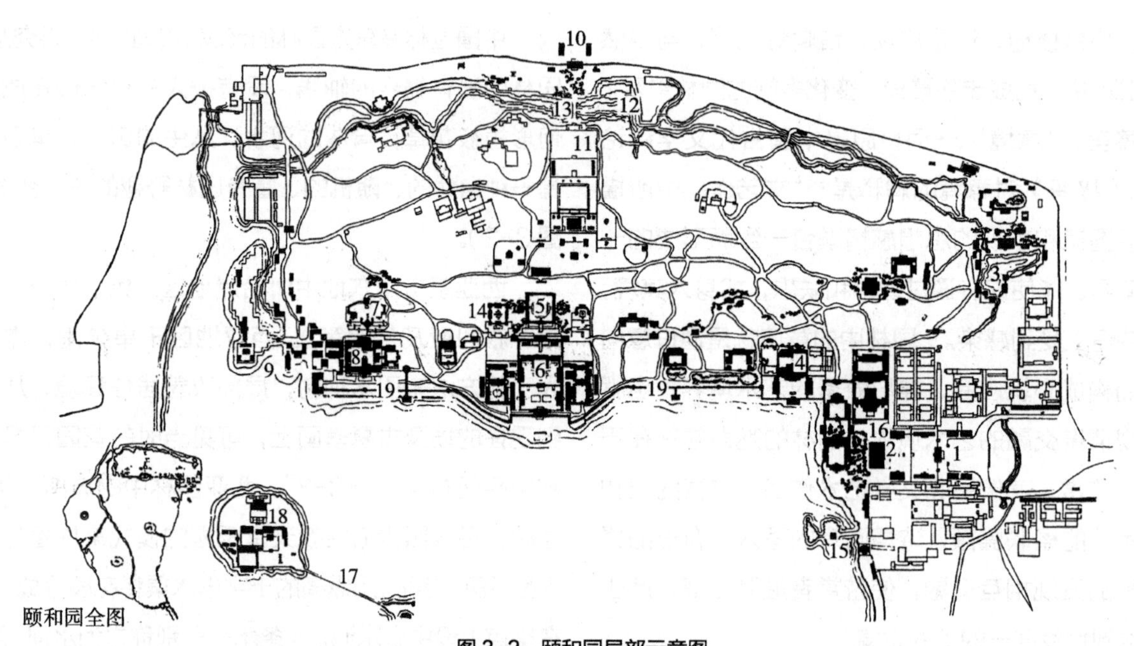

图 3-2 颐和园局部示意图

1—东宫门；2—仁寿殿；3—谐趣园；4—乐寿堂；5—佛香阁；6—排云殿；7—画中游；8—听鹂馆；9—石舫（清宴舫）；10—北宫门；11—松堂；12—苏州街；13—三孔石桥；14—宝云阁；15—知春亭；16—德和园；17—十七孔桥；18—南湖岛；19—长廊

资料来源：《中外园林绿地图集》

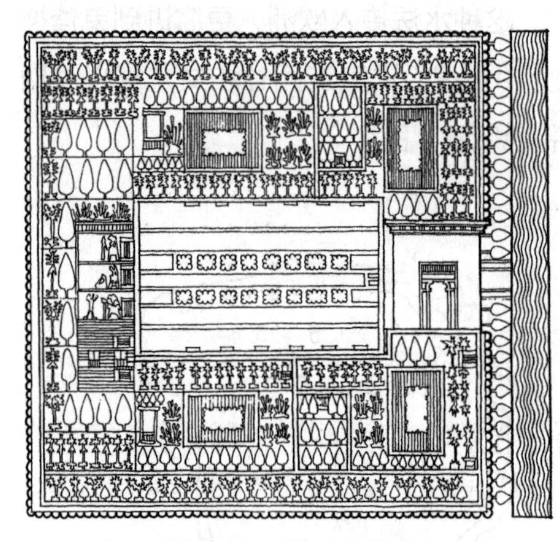

图 3-3 古埃及园林图

资料来源：《景观设计》

图 3-4 古印度 泰姬陵花园

资料来源：《景观设计》

古希腊主要指欧洲南部地中海地区。早期希腊园林为终年叶绿花开，结实累累，还配以喷泉的花园。后来发展成为独特的规则方整的柱廊园。文艺复兴后的意大利台地园和法国园林是西方古典园林的代表。意大利多丘陵小山，花园都顺地势修筑几层平台。主体建筑高踞于山上，沿着从山脚起的层层平台上，对称布置着花坛、树木和水池。树木有的被修剪成规整的形状，有的被修剪成拱门、廊道或连续卷。花坛和水池都是几何图案。意大利式的花园的美主要在于它所有的要素本身以及它们之间比例的协调和总构图的明晰与匀称。17 世纪形成的法国园林在意大利园林的基础上继续发扬光大。由于君主集权制的强盛，“高贵”“庄严”“宏大”成为当时普遍的审美理想。因此法国园林比意大利园林更宏大、更人工化，它将对称、规则、按轴线设计的欧洲园林推向一个新的高度。

东西方不同的园林形式是不同审美观下的产物。东方古典园林以含蓄、内秀、清幽为美的要求去模拟自然、追求自然。东方园林艺术主要反映传统文化中的“天人合一”，即自然与人协调亲和的思想观念，它强调的是情景交融、物我同一的风景意境美。西方园林集中表现了以人为中心、以人力胜自然的思想理念。园林以建筑的概念追求图案美。西方人认为，建筑形象是自然界所没有的，它那巨大的体积集中体现着人的智慧和力量，因而园林布局以建筑为中心，其他的花草树木、水体雕塑等景色都依附于建筑。轴线成了园景设计的主要依据。一般说来，西方古典园林主要表现一种外在的形式美。从古希腊的毕达哥拉斯开始，西方人一直将数和比例奉为美的最高境界。“数的原则是一切事物的原则”，“整个天地就是和谐和一种数”，受这一美学思想的影响，古典园林无论道路、水体、花坛、植物等都以规则的图案反映美的形式。

近代以后城市化的速度加快，自然环境的破坏日益严重，促使人们越来越重视自然和人工环境之间的平衡，东方园林审美思想得到广泛的认同，以绿化为主协调城乡发展的“大地景观”概念，使有计划地建设城市园林绿地系统，成为现代城市规划设计中最重要的基础环节之一。城市绿地涵盖城市各组成部分，东西方园林丰富的造园方法，为今天多样的绿地类型提供了宝贵的设计资源财富，因地制宜地借鉴东西方园林艺术理论和方法，必将使城市景观呈现出五彩缤纷的景象。

3.2 古典园林艺术原理

城市绿化应遵循一定的章法，而不能随心所欲、杂乱无章。在工程、技术、经济可能的条件下，按照一定的原则合理组织园林要素，才能使其彼此之间相协调、使功能与形式相统一。

3.2.1 构图的几种形式

3.2.1.1 自然式构图（图 3–5）

构图讲究因循就势，因地制宜。模仿自然界的景观特征，“高方欲就亭台，低凹可开池沼”，摒弃人工痕迹的构图，道路尽曲尽弯，河流亦幽亦深，山峦蜿蜒起伏，植物错落有致，“因高就深，傍山依水，相度地宜，构结亭榭”（胤祯《圆明园记》）。自然式是东方园林主要的构图方式，具有自然、朴素、恬静、清幽、景观变化丰富的特点。应用广泛，尤其适宜应用于地形变化大、轻松活泼的空间。自然式构图的特征：

1）地形

自然式园林最主要的地形特征是“自成天然之趣”，所以，在园林中，要求再现自然界的山峰、山巅、崖、岗、岭、峡、岬、谷、坞、坪、洞、穴等地貌景观。在平原，要求选用自然起伏、和缓的微地形，地形的剖面为自然曲线。

2）水体

这种园林的水体讲究“疏源之去由，察水之来历”，园林水景的主要类型有湖、池、潭、沼、汀、溪、涧、洲、渚、港、湾、瀑布、跌水等。总之，水体要再现自然界水景。水体的轮廓为自然曲折，水岸为自然曲线的倾斜坡度，驳岸主要用自然山石驳岸、石矶等形式。在建筑附近或根据造景需要也部分用条石砌成直线或折线驳岸。

3）种植

自然式园林种植要求反映自然界植物群落之美，不成行成排栽植。树木不修剪，配植以孤植、丛植、群植、密林为主要形式。花卉的布置以花丛、花群为主要形式。庭院内也有花台的应用。

4）建筑

单体建筑多为对称或不对称的均衡布局；建筑群成大规模建筑组群，多采用不对称均衡的布局。全园

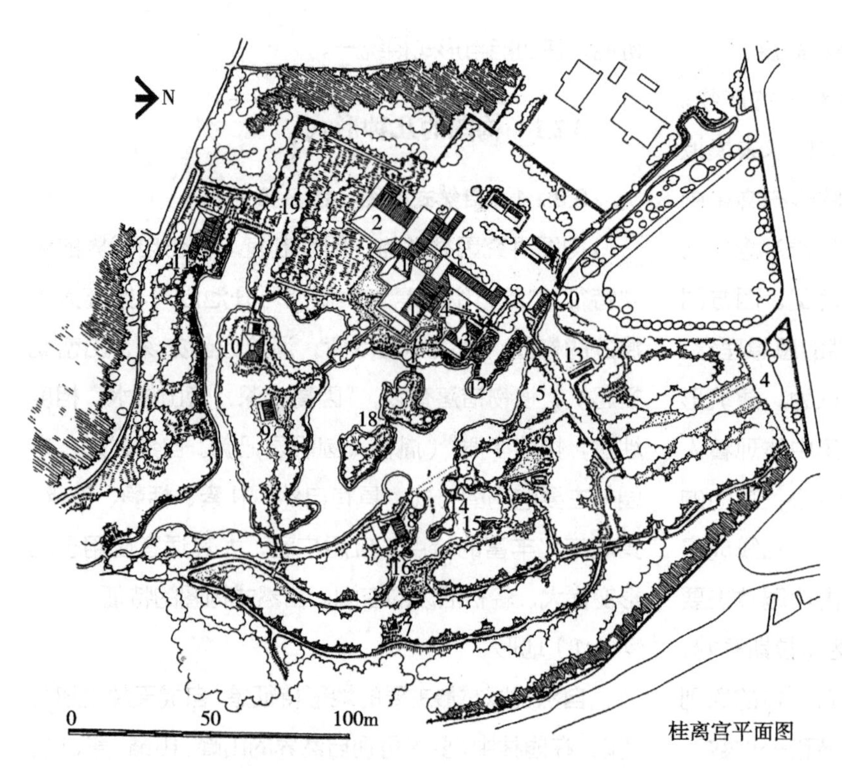

图 3-5　自然式园林

1—书院；2—新御殿；3—月波楼；4—表门；5—红叶山；6—苏铁山；7—卍字亭；8—松琴亭；9—赏花亭；10—园林堂；11—笑意轩；12—冲立松；13—御舟屋；14—天桥立；15—浜洲；16—石桥；17—桂垣；18—神仙岛；19—梅马场；20—通用门

资料来源：《中外园林绿地图集》

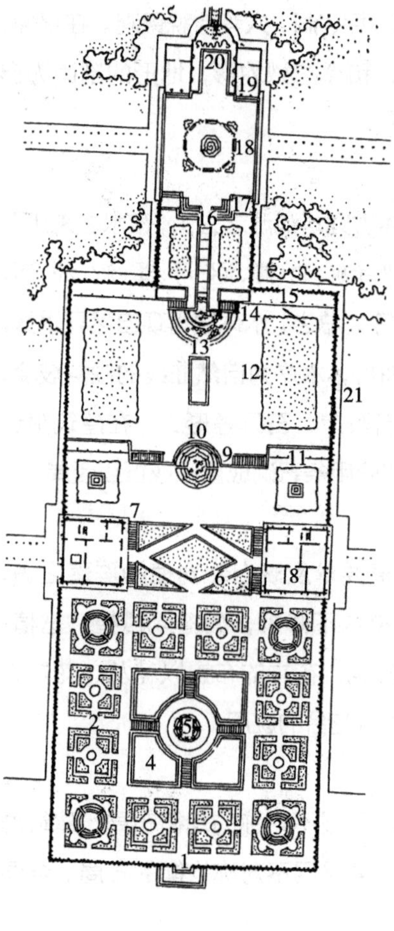

图 3-6　意大利郎俄脱庄园平面图

1—主要入口；2—花坛；3—矮丛林；4—水池；5—圆形岛；6—到第一层平台去的斜度；7—石阶梯；8—娱乐馆或陈列室；9—到第二层平台去的石阶梯；10—壁龛喷泉；11—在第二层平台挡土墙下的柱廊；12—花丛式花坛；13—人工水池；14—到第三层平台去的石阶梯；15—圆柱廊；16—瀑布；17—到第四层平台去的石阶梯；18—有围栏的花坛；19—陈列馆或花房建筑；20—喷泉水池花园进水口；21—与地形配合的栽植

资料来源：《中外园林绿地图集》

不以轴线控制，但局部仍有轴线处理。中国自然式园林中的建筑类型有亭、廊、榭、舫、楼、阁、轩、馆、台、塔、厅、堂、桥等。

5）广场与道路

除建筑前广场为规则式外，园林中的空旷地和广场的外形轮廓为自然式。道路的走向、布局多随地形，道路的平面和剖面多由自然的起伏曲折的平曲线和竖曲线组成。

6）园林小品

园林小品包括假山、置石、盆景、石刻、砖雕、石雕、木刻等。

自然式的构图可依景观的自然特征，灵活自由地布局。由于对自然和景观的干扰较少，使构图与大自然更加和谐统一。当然自然式构图必须遵循一定的构图原则，在自然中追求一定的秩序，否则，可能会因图形的怪异或扭捏作态造成空间组织的混乱。

3.2.1.2　规则式构图（图 3-6）

构图由纵横两条相互垂直的直线组成控制全园布局构图的“十字架”，然后，由这 2 条主轴线再派生出多条副轴线，或相互垂直，或呈放射状分布，空间沿轴线展开，景物依轴线左右对称布置。规则式构图源于西方古典园林，具有整齐、简洁、开朗、活泼、富丽、豪华等特点。现代园林中适合应用于大型、气氛庄严的纪念性园林、大型城市广场。另外，城市中地势平坦、人流量大、要求迅速疏散人流的地方，也可采用此种构图。与公共建筑组合在一起，常可构成美丽的图案化效果。

规则式构图的特征：

1）中轴线

全园在平面规划上有明显的中轴线，并大体依中轴线的左右、前后对称或拟对称布置，园地的划分大部分成为几何形体。

2）地形

在开阔较平坦地段，由不同高程的水平面及缓倾斜的平面组成；在山地及丘陵地段，由阶梯式大小不同的水平台地倾斜平面及石级组成，其剖面均为直线所组成。

3）水体

其外形轮廓均为几何形，主要是圆形和长方形，水体的驳岸多整形、垂直，有时加以雕塑；水景的类型有整形水池、整形瀑布、喷泉、壁泉及水渠运河等，古代神话中雕塑与喷泉是构成水景的主要内容。

4）广场与道路

广场多呈规则对称的几何形，主轴和副轴线上的广场形成主次分明的系统；道路均为直线形、折线形或几何曲线形。广场与道路构成方格形、环状放射形、中轴对称或不对称的几何布局。

5）建筑

主体建筑组群和单体建筑多采用中轴对称均衡设计，多以主体建筑群和次要建筑群形成与广场、道路相组合的主轴、副轴系统，形成控制全园的总格局。

6）种植规划

配合中轴对称的总格局，全园树木配植以等距离行列式、对称式为主，树木修剪整形多模拟建筑形体、动物造型，绿篱、绿墙、绿门、绿柱为规则式园林较突出的特点。园内常运用大量的绿篱、绿墙、丛林划分和组织空间；花卉布置常常是以图案为主要内容的花坛和花带，有时布置成大规模的花坛群（图 3-7）。

图 3-7　奥地利美泉宫

7）园林小品

园林雕塑、瓶饰、园灯、栏杆等装饰点缀园景。西方园林的雕塑主要以人物雕像布置于室外，并且雕像多配置于轴线的起点、交点和终点。雕塑常与喷泉、水池构成水体的主景。

规则式的构图具有平衡、韵律、稳定及统一等的正面特性，但是“世上没有所谓的‘对称美’，除非问题的本质和其合理的解决办法使设计的‘平衡’线正好与对称的中线相一致。只有在这种情况下的对称才是合理的，因而才是美的”。（埃列尔·沙里宁）如果没有对称条件，硬追求对称不仅会妨碍功能要求、增加投入，还会使方案呆板、没有生机，只有在有限的区域内，恰如其分地、明智地运用对称，才会使对称成为一种令人信服的规划形式（图 3-8）。

3.2.1.3　混合式构图

所谓混合式，主要指规则式和自然式交错组合，全园没有或形不成控制全园的主中轴线和副轴线，只有局部景区、建筑以中轴对称布局；或全园没有明显的自然山水骨架，形不成自然格局。一般情况，多结合地形，在原地形平坦处，根据总体规划需要安排规则式的布局；在原地形条件较复杂，具备起伏不平丘陵、山谷、洼地等的地方，结合地形规划成自然式。类似上述两种不同形式的组合园林即为混合式园林（图 3-9）。

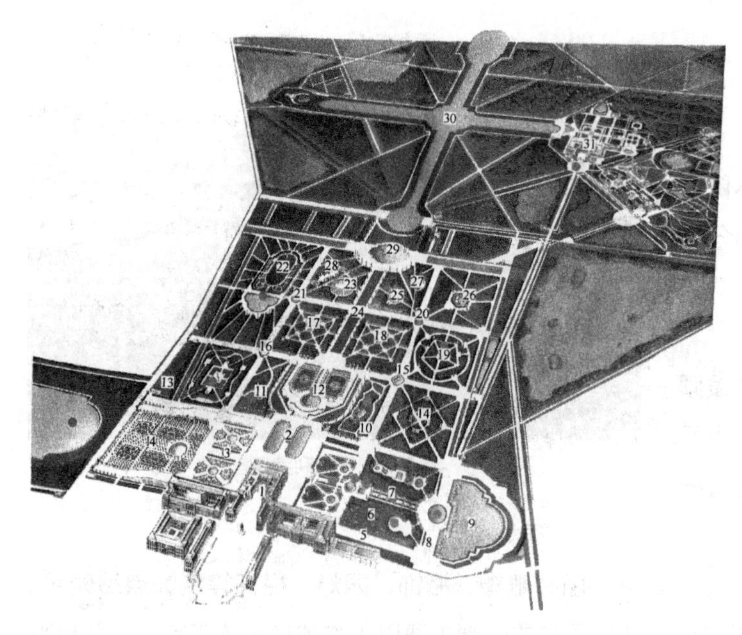

图 3-8 法国凡尔赛宫苑总平面图

1—宫殿建筑；2—水池台地；3—花坛群台地；4—温室；5—蓄水池；6—凯旋门；7—水光林荫道；8—喷泉（海神）；9—蓄水池（海神）；10—阿波罗沐浴池；11—舞厅；12—拉通娜水池和花坛群；13—迷宫；14—水怪剧场；15—色列斯（谷神）；16—农神喷泉；17—大喷水池；18—太子树丛；19—幸运树丛；20—百花女神喷泉；21—巴克科斯（酒神）喷泉；22—国王湖；23—柱廊；24—绿茵花坛林荫道；25—圆丘丛林；26—方尖碑形树丛；27—绿廊树丛；28—栗树厅；29—阿波罗水池；30—运河；31—特里亚农宫

资料来源：《YOUR VISIT TO VERSAILLES》

图 3-9 巴甫洛夫公园平面图

1—“斯拉夫人”河谷；2—检阅场；3—白桦林区；4—大星形状区；5—红河谷湖泊区；6—旧西尔维亚；7—新西尔维亚；8—宫廷宅院区

资料来源：《中外园林绿地图集》

3.2.2　园林构图的基本图形和性质

构图基本要素有点、线、形、体等。点是构图的最小单位，表现空间的位置。点移动的轨迹表现为线，有位置也有长度。线移动的轨迹形成形，具有幅度，为二度空间。形移动的轨迹表现为体，是三度空间的形式，在空间中占有实际位置，从任何角度都可以看见，视点不同，所见的形体也有变化。

3.2.2.1　点

点的形象是一个细小的圆，点与面没有绝对的界限，在相对大的空间环境中的点，在相对小的空间环境中可视为面。点是一种小而聚拢集中表现出的位置的形象。单一的点具有内聚的性质，能有力地吸引人的注意力。多个点的位置暗示相应的形，具有相应的形的意义。点的距离的疏密和点分布状况的不同会出现不同的效果，密集的点群产生近于面的效果。从密到疏，从大到小的点，都可能产生连续、活动、韵律等的观感（图 3-10）。

图 3-10　点（置石）能有力地吸引人的注意力

构图应注意点的分布，避免混乱的布局，点过密就可能失去点的性质，混乱的点没有动向或韵律感，成为一片纷杂的斑点。草地上零散的置石、花坛中种类繁多的花卉，都可能出现这种不悦目的景象。

3.2.2.2　线

1）直线

线的基本是直线。直线本身具有某种平衡性，很容易适应环境。直线具有简洁、理性、刚硬、正直的性质。直线具有明显的方向性。由于纵横方向的不同，直线可分为水平线、垂直线和斜线。

水平线组成的构图，空间水平延伸感强，给人平静、沉稳、广阔、淳厚的感觉。垂直线组成的构图，高度方向的延伸感强，给人庄严、挺拔、坚强、昂扬、有力的感觉。直线是中性的，但直线过于突出，会产生不亲切感和不自然感。园林中漫长笔直的道路和河岸的设计，常会使人产生疲劳感、生硬感。

倾斜的线段，具有特定的方向性和动向，容易表现出具有生命力的动感。它具有向特定方向的楔入力。斜线容易使人联想到山坡、滑梯的动势和危机感。斜线表现着一种不稳定的状态，在水平线或垂直线控制的空间中，则易扰乱平面上的秩序，打破直线的静止感。

2）曲线

曲线给人运动、流畅、光滑、丰满、舒适、华丽的感觉。曲线有人工曲线和自然曲线之分。圆、二次曲线、三次曲线等数学曲线是人工曲线，造园中人工曲线可表现单纯美、人工美。但是过多的人工曲线容易成为忽视人们感情的作品。自然的曲线具有多样性，但过多自然曲线容易造成散漫而不严肃的感觉。

曲线的变化是无止境的，有“美之线”的特称。但构图时应恰当地应用曲线，那种一味追求“以曲为美”的构图，可能会使人产生“扭捏作态”的感觉。

在形体或平面中，每一条明显的线条都有其自身的含义。借助这些线条传达的信息，可以充分地表达景物情感（图 3-11）。

3.2.2.3 形

1）圆和球

圆和球具有向心的吸引力，所以在园林中圆形的构图容易形成构图的重点。圆形有正圆形、椭圆形以及比较复杂的各种圆形。圆形常令人产生愉快、温暖、柔和、湿润的感觉。半圆形有温暖、湿润、迟钝的情调。扇形有锐利、凉爽、轻巧、华丽之感。椭圆形却有温暖、迟钝、柔和、愉快、湿润、开展的感觉（图 3-12）。

正圆形不具有特定的方向性，它在空间内的活动因为不受限制所以不会形成紊乱；又由于等距放射，所以同周围的任何形状都能很好地协调。

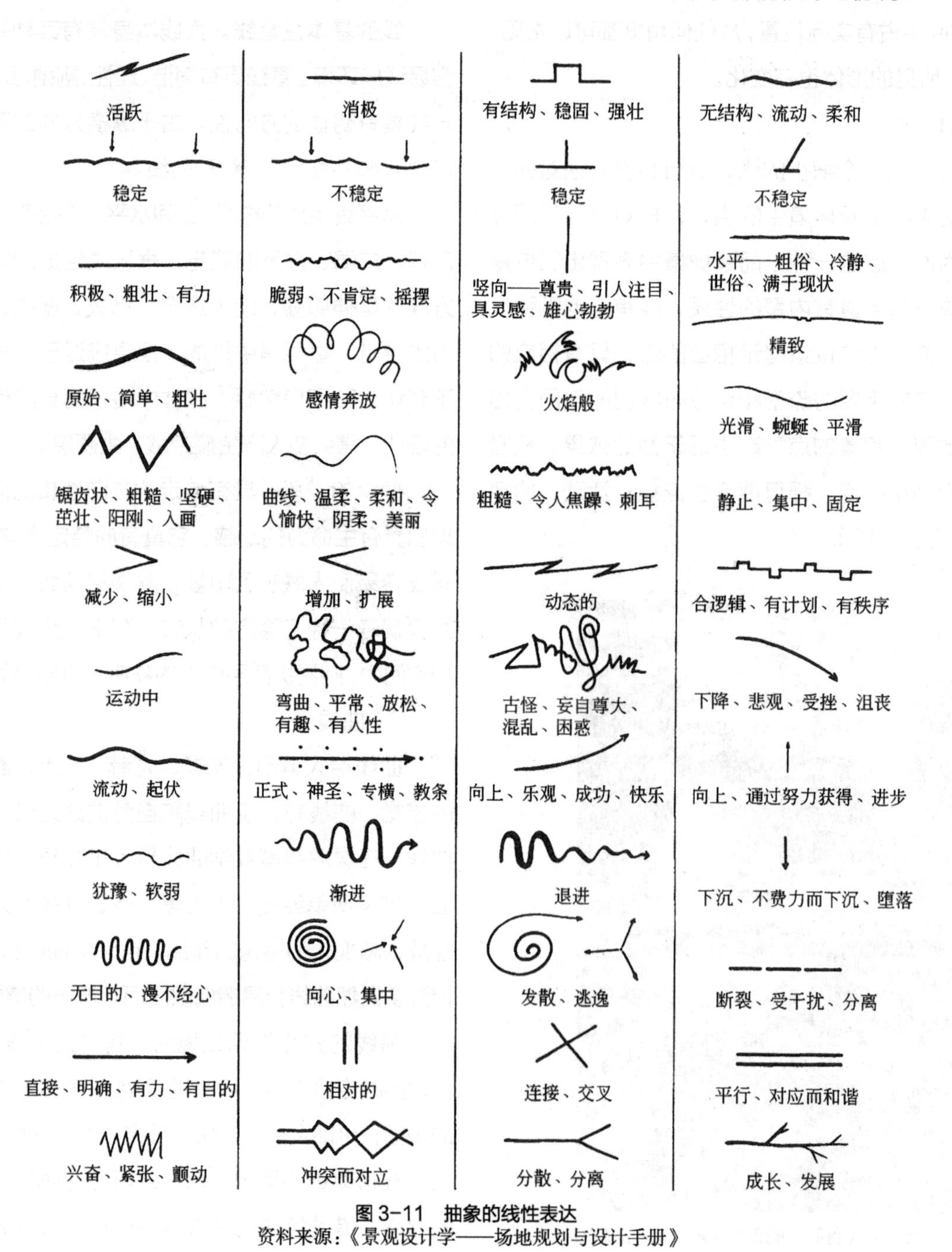

图 3-11 抽象的线性表达

资料来源：《景观设计学——场地规划与设计手册》

图 3-12　比利时布鲁塞尔原子核塔

椭圆形有长短两轴，看起来比正圆形活泼。但是椭圆形沿着长轴产生出具有方向性的紧张感，因此椭圆形比正圆形难处理，而矩形和椭圆形组合起来的形状则更加困难。

2）四边形

包括正方形、矩形、梯形、菱形等各种形状。正方形具有近似圆形的性质，梯形具有斜线的性质。菱形有坚固、锐利、轻巧、华丽的效果。矩形是最容易利用的形状。

正方形是中性的，具有坚固、质朴、沉重、愉快之感，但是由于各边等长，容易陷于单调。长方形有坚固、凉爽之感，长短边不同的比例，会产生不同的效果。比例适宜（如“黄金比”的矩形）给人直接明快之感；比例过大，成为狭窄的长条，会使人产生不悦的情绪。

3）其他不规则图形

图形是由各种线条围合而成的平面形状。规则式图形有明显的变化规律，有一定的轴线和数比关系，庄严肃穆，井然有序。不规则图形表达了人们对自然的向往，其特征是自然、流动、不对称、活泼、抽象、柔美和随意。不规则的图形应用不当，可能会使构图流于散漫，产生软弱无力的感觉。

无论是规则的图形还是自然的图形，形都是有意义的。这个意义“不是人们随意安置的意义，而是属于形本身的意义”（Focillon，Henri Joseph），不同的形状使人产生不同的心理感受。要注意，形状要素的数量越多，表达的意义越多，构图越困难。因此根据设计意图，选择适合于表现主题的形状，对园林构图具有重要意义。

3.2.2.4　体

体是三度空间的实体，通称立体。空间和体密切地存在，空间与实体相对，可以说是虚体。实体周围的种种情况，暗示着空间的存在。通过实体的安排，可以呈现一定的虚体，实与虚之间距离、形状、断续、比例等的关系，影响着游赏的节奏感和秩序感。

3.2.3　园林艺术构图的基本原则

3.2.3.1　多样统一

园林中有各种功能需要及各种景观需要。为了满足这些需要，构图应是多种多样的。正是由于构图的变化多端，才使园林景致丰富多彩，与众不同。所以我们说园林艺术的魅力在于变化，在于“求异”（独特）。变化的构图，给欣赏者带来或平静或欢快、或拙朴或华丽的审美体验。园林美的体现在于空间的多样化以及景物的丰富变换。美的根源在于变化，但变化并不一定产生美。变化应当是在统一的原则下进行的，没有统一的变化，可能会表现出杂乱无章的视觉效果。所以，在统一中求变化、变化中求统一是园林艺术构图最基本的原则。

多样的统一可通过以下多种途径来达到：

1）风格统一

风格是指作品表现的时代、民族、国家、地方的艺术基本特征，包括思想、创作材料及方式方法等。一种风格的形成，除与气候、国别、民族差异、文化及历史背景有关外，同时还有着深深的时代烙印。东方古典园林追求天人合一的自然风格，西方园林体现形式美理性的风格。中国古典园林中，北方园林浑厚大气，南方园林空灵秀雅。园林设计首先应明确其风格，根据不同的风格，选取不同的景观元素，达到构图多样统一的艺术效果。例如，自然式的园林中应当避免规则对称的布局，规整的布局会破坏自然式园林中自由轻松的韵味。反过来，在体现庄严、宏大的主题时，自然式的构图会因为不够庄重而不能很好地表现其风格。同一国家、同一地区，不同的民族也有不同的园林风格（图 3-13）。同样以表现居家亲切的环境为主题的设计，新疆“西域情”反映出浑厚的伊斯兰风格（图 3-14），安徽“徽园”却以水口文化表现出皖南园林秀丽纤巧的风格（图 3-15）。

2）材料统一

相同或质感相近的材料的应用，常会产生浑然一体的统一的效果。粗糙的卵石地面、虎皮石墙体、自然的湖石假山、茅草亭等组合在一起，可营造出以自然野趣为主的郊野式园林的拙朴之美，而打磨精致的花岗石、

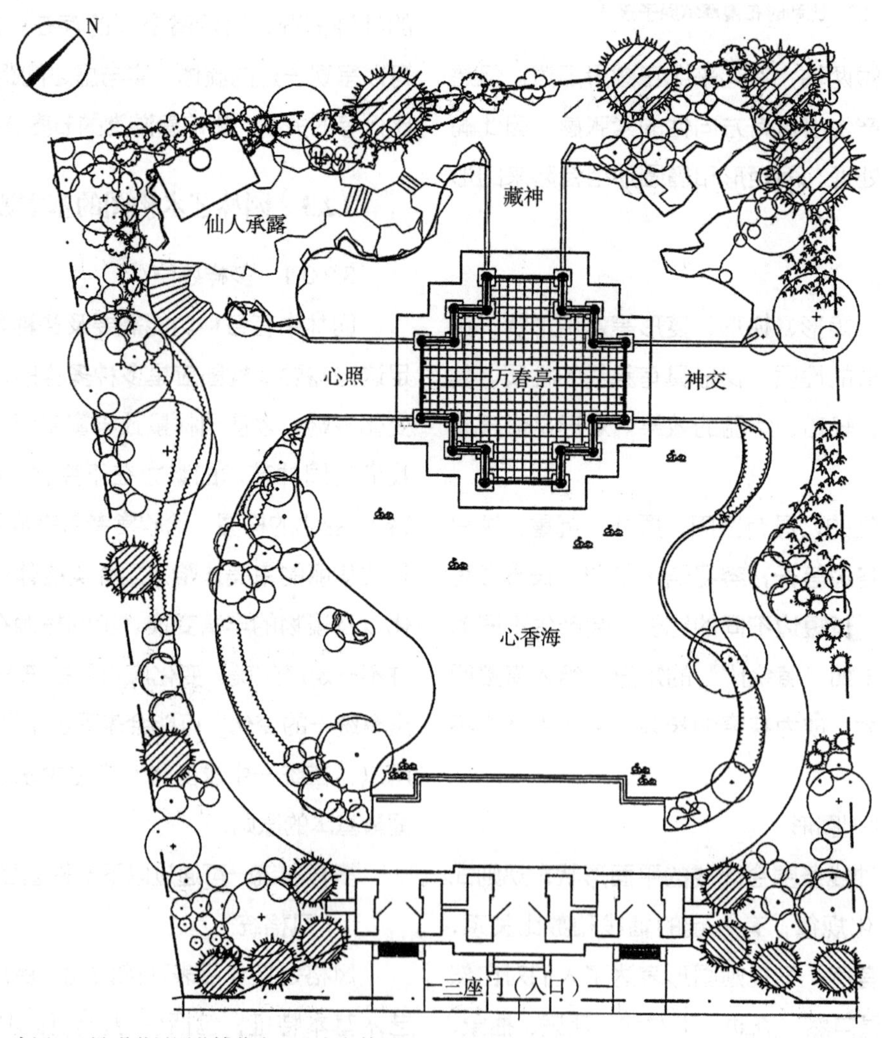

图 3-13 世博园——北京园平面图
资料来源：《锦绣园林尽芳华 世博园中国园区设计方案集》

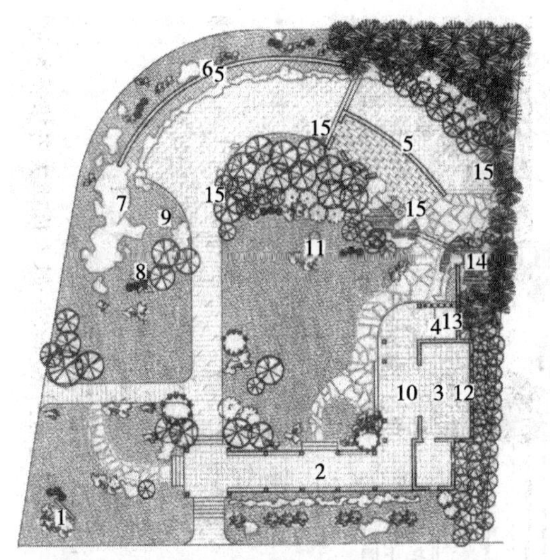

图 3-14　世博园——新疆“西域情”平面图

1—“西域情”石牌；2—葡萄架；3—“十二木卡姆”木雕；4—苏帕（起居室）；5—憩廊；6—弧形浮雕景墙；7—石假山；8—硅化木；9—草原石人；10—民居；11—“民族歌舞”圆雕；12—壁龛；13—花墙；14—水池；15—灯柱

资料来源：《锦绣园林尽芳华　世博园中国园区设计方案集》

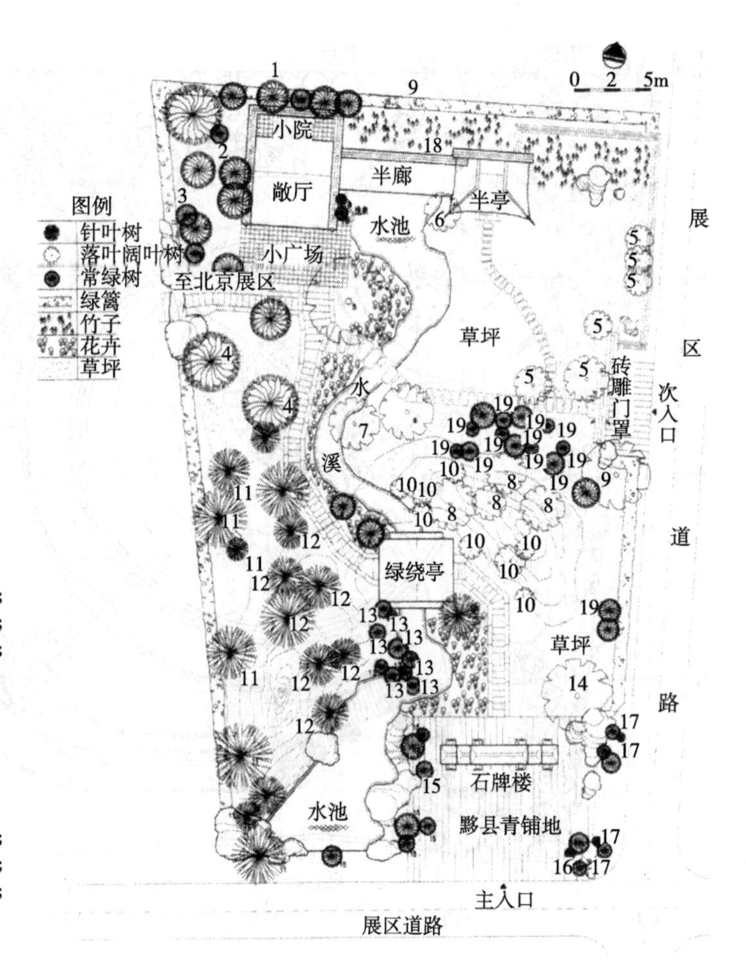

图 3-15　世博园——安徽“徽园”平面图

1—棕榈；2—木兰；3—含笑；4—桂花；5—三角枫；6—花红；7—黄连木；8—红枫；9—朴树；10—羽毛枫；11—罗汉松；12—黄山松；13—杜鹃；14—棠梨；15—金丝桃；16—苏铁；17—常绿篱；18—竹子；19—山茶花

资料来源：《锦绣园林尽芳华　世博园中国园区设计方案集》

流畅的抽象雕塑、透明的玻璃建筑等的组合，给人以简洁明快之感，符合现代气息浓郁的园林风格的需要。

3）图形线条的统一

线和形是具有意义和性质的。风景园林是多种元素组成的空间，要使各种元素紧密地联系，可采用图形和线条进行统一。在构图时反复强调某一图形符号，使人感到一种高度统一后的简洁，在这个高度统一的图形或线条中，通过植物、山石、水体、雕塑小品的形象变化，产生多样统一的艺术效果（图 3-16）。

3.2.3.2　对比与调和

对比与调和是运用多样统一基本规律去安排景物形象的具体表现。对比就是指利用人的错觉来相互衬托的手法。错觉差异程度越大，对比越强烈，越能突出各自特点；错觉差异程度越小，彼此越和谐，越易产生完整的效果。所以园林景物的对比与调和，是一种差异程度的变化。

获得对比与调和的方法有：

1）形象对比与调和

相同或相似的形象容易取得协调的效果，如圆形的广场与圆形的花坛、塔形的龙柏与门廊的柱列都可形成稳定协调的景观效果。为了打破空间的单调感或者突出某一景物的形象，可采用形象对比的方法。如城市广场的设计常以方形广场达到大方稳定的效果，中央布置圆形的水池、跳跃的喷泉，又使广场稳定中不乏运动的快感。古典园林中在建筑围合的庭院内布置自然式水池，其对比使水池的形象得到突出，同时

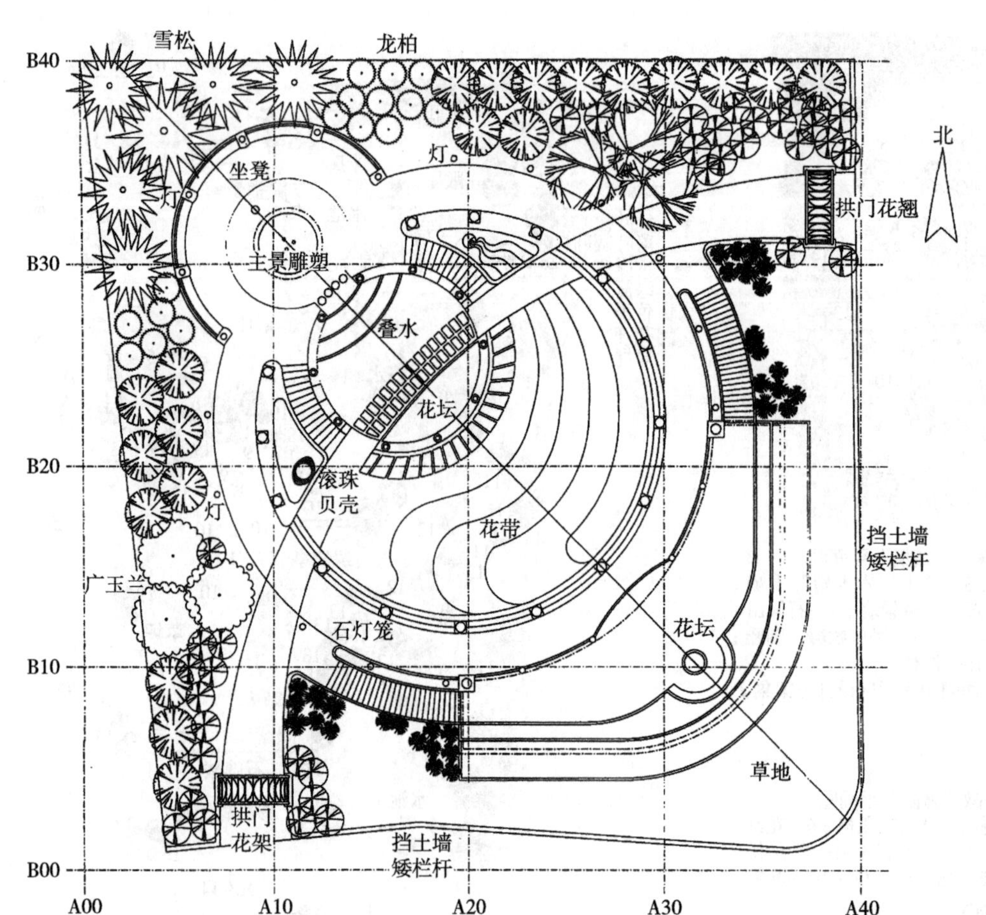

图 3-16 上海“明珠苑”平面图
资料来源：《锦绣园林尽芳华 世博园中国园区设计方案集》

自然式的水池又打破了空间的封闭感，柔媚的水体使生硬的建筑庭园空间活泼起来（图 3-17）。

2）体量对比与调和

景物大小不是绝对的，而是相形之下比较而来。小空间中缩小景物尺寸，可使景物的体量与空间达到协调，古典园林中小桥流水、以“一勺代水，一拳代山”的设计便是适应小园林空间的设计手法。园林造景，常在一定空间中，通过扩大景物比例，限制观赏距离等手法，巧妙地利用空间体量的对比，使景物体量产生增大的错觉，以小衬大，强调重点。中国古典园林中常以置石为主景，并以一石代表一峰。为了使一石有一峰之感，除了石材要具有挺拔之美外，还常将置石放在小空间中，达到以小见大的艺术效果（图 3-18、图 3-19）。

3）方向对比与调和

庄严或活泼主要取决于功能和艺术意境的需要。开阔的水边布局花架或长廊，狭长空间中布置走向一致的道路等这样的构图，达到的是一种稳定平静的效果。纪念性园林或寺庙园林中，常设计长长的甬道，利用方向的协调营造单纯、严肃的氛围。但是有时过分的协调可能造成呆板，这时可通过水平与垂直的方向对比、行进方向的纵横变化，改变游赏者的欣赏角度，增加赏景的情趣，打破空间的单调感。如园林中山水对比、草地与树林的对比、道路和空间的纵横变化等（图 3-20）。

4）开合对比与调和

开放的空间给人心理感受比较开朗、愉快。闭锁的空间给人心理感受比较压抑、幽静。园林布局若想

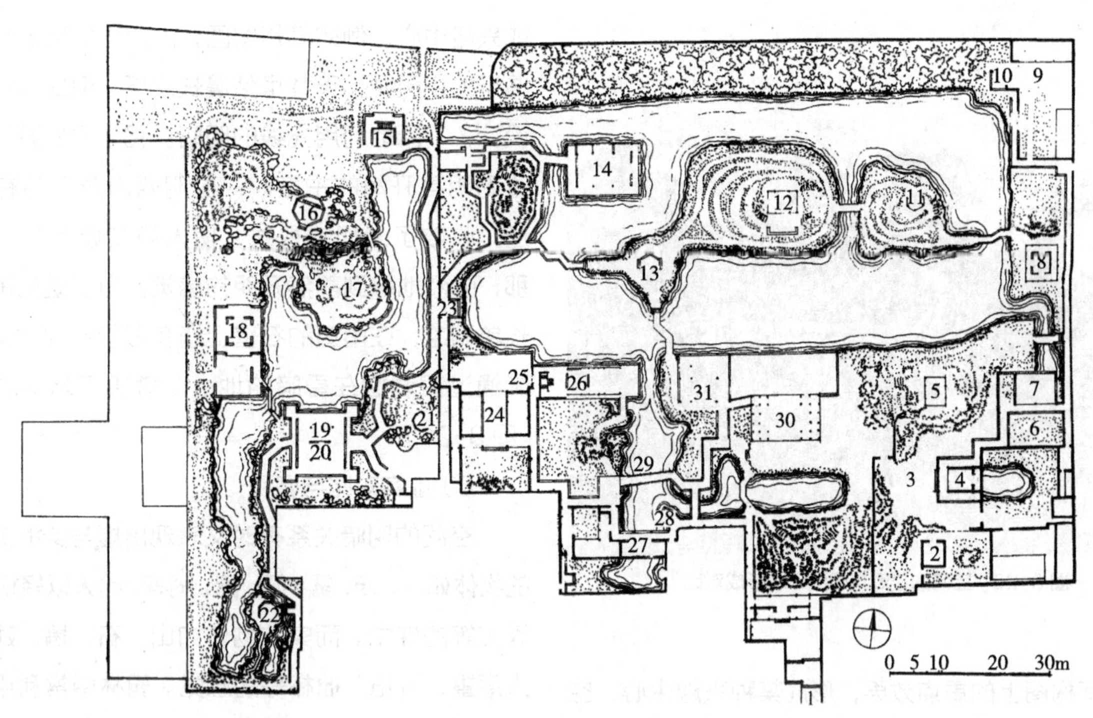

图 3-17　拙政园总平面图

1—腰门；2—嘉实亭；3—枇杷园；4—玲珑馆；5—绣绮亭；6—东园；7—海棠春坞；8—梧竹幽居；9—勤耕亭；10—绿漪亭；11—待霜亭；12—雪香云蔚亭；13—荷风四面亭；14—见山楼；15—拜文揖沈之斋；16—浮翠阁；17—笠亭；18—留听阁；19—卅六鸳鸯馆；20—十八曼陀罗花馆；21—宜两亭；22—云坞；23—西半亭；24—笔花堂；25—野飞；26—香洲；27—清花阁；28—松风亭；29—小飞虹；30—远香堂；31—听香深处

资料来源：《中外园林绿地图集》

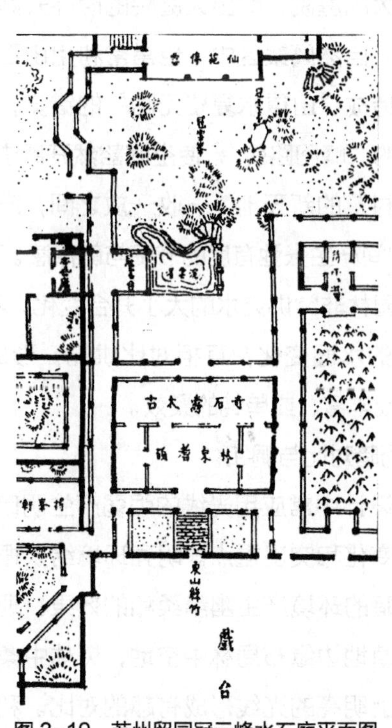

图 3-19　苏州留园冠云峰水石庭平面图

资料来源：《江南园林志》

图 3-18　冠云峰在小空间中的效果

图 3-20 竖向的楼阁与周围环境形成对比

取得空间构图上的重点效果，形成某种兴趣中心，空间不能一味开放，也不能一味闭锁，通常的处理是采用若干大小空间纵横穿插的布局形式，产生“庭院深深深几许”的效果，利用深深庭院“欲扬先抑”，衬托中央相对大的庭院，突出大庭院的明亮开敞和景致的丰富多彩。自然风景区中，也常常利用山石树林等围阻空间，造成“山重水复疑无路”的错觉，然后通过出其不意的“峰回路转”，使空间豁然开朗进入“柳暗花明又一村”的新天地，一收一放之间，产生了强烈对比，使空间产生张弛有度的节奏与韵律感。理水方面，中国古典园林非常讲究水的大小开合变化，不同大小、各种形状的水面变化，互相对比烘托，形成或喧闹、或幽静、或丰富、或单纯的景效。

5）明暗对比与调和

园林设计中常应用光线的强弱产生明暗对比，以求空间的变化和突出重点。明亮环境给人振奋开朗的感觉，幽暗的环境产生幽静柔和的效果。现代公园常在开阔的草地边缘布局林中空地，树林中柔和的光线与大草地上明亮的光线形成有趣的对比。利用对比的手法，多以暗托明，明的空间往往为艺术表现的重点或兴趣中心。例如苏州留园，入门先后经过几个封闭曲折的小天井，天井虽然漫长曲折，但却通过屋顶的设计，不断地利用光线的明暗变化，引导游赏，最后达到明亮开敞的主庭院。昆明西山龙门前有长长甬道，收敛了人们的视线，使人们在登上龙门的一刹那，强烈地感到豁然开朗的感觉。为了避免甬道的漫长单调感，在甬道的石壁上凿有形状不同的窗洞，光影通过窗洞撒在昏暗的地上，增加了艺术的趣味感（图 3-21）。

6）虚实对比与调和

空间的明暗关系有时又表现出虚与实的关系。虚的物体如水、云、雾、门、窗、洞等，给人以轻松、空灵、秀美等的感觉。而实的物体如山、石、墙、建筑等给人厚重、沉稳、拙朴等的感觉。园林中常利用虚实对比产生趣味变化，如水中设岛屿、山巅上设小亭、墙

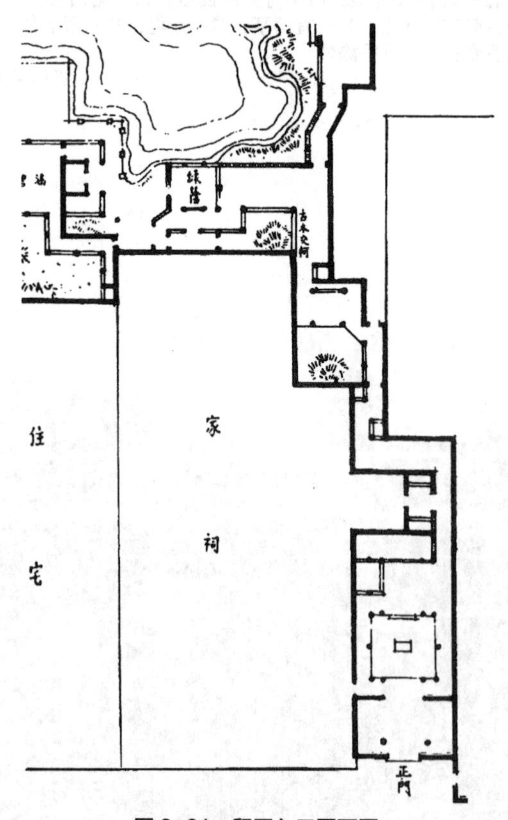

图 3-21 留园入口平面图
资料来源：《江南园林志》

上设计漏窗景门等，都是借用了明暗虚实的对比关系来突出艺术意境。

7）色彩对比与调和

色彩是园林艺术意境中引人注目的重要因素。色彩具有色调、明度、色度 3 种属性。按统一色调或近似色调配色，可达到调和的目的。如苏州园林中白粉墙、小青瓦、湖石等的组合，构成了内敛、祥和、协调的居家氛围。

色彩的对比，包括明度对比、色调对比、色度对比和补色对比。

所谓明度对比，就是利用受光不等所表现的明暗变化和深浅变化使景物层次变化的方法。如白色雕塑与灰色景墙之间的对比、深色植物与浅色建筑的对比等。

所谓色调对比，是将不同色调的景物对比布局的形式。如园林中常在湖边种桃植柳，早春时桃花争艳、柳丝吐绿，形成桃红柳绿的对比效果。古典的皇家园林中以金黄色的琉璃瓦与蓝天形成对比，朱红色柱子与植物对比，强烈的色彩对比突出皇家园林的大气恢宏。对比色调的配色，由于互相排斥，容易产生强烈的紧张感，所以多用则陷于混乱。因此，对比色调在设计时应谨慎运用。

所谓色度对比，是把色度不同的 2 种色放在一起时，色度高的颜色看上去更加鲜艳，色度低而混浊的颜色则比较发灰。

所谓补色对比，是互补色放在一起时，颜色的鲜艳程度更为加强。

色彩具有不同的冷暖感、轻重感、兴奋感和沉静感（图 3-22，表 3-1）。一般情况下，暖色系统的颜色比冷色系统的颜色看起来更为活跃。背景暗时亮的颜色更亮，背景亮时暗的颜色更暗。而且，暖色系统和亮的颜色的物体看起来比实际大，冷色系统和暗的颜色的物体看起来比实际小。

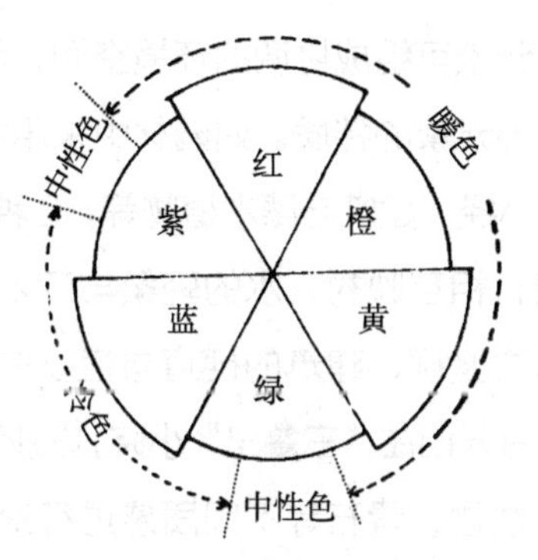

图 3-22　色的分类与感应
资料来源：《园林设计原理概论》

颜色的轻重感取决于明度，明度越低则越重，明度越高则越轻。颜色的兴奋感和沉静感与色调、明度、色度都是关联的，但色度的影响最大。在色调上越偏向红色就越增加兴奋感，越偏向蓝色就越增加沉静感。

色彩的情调表　　表 3-1

色　彩	情　调
红	非常温暖、非常强烈、非常华丽、锐利、沉重、有品格、愉快、扩大
橙	非常温暖、扩大、华丽、柔和、强烈
黄	温暖、扩大、轻巧、华丽、干燥、锐利、强烈、愉快
黄　绿	柔和、湿润、柔软、扩大、轻巧、愉快
绿	湿润
蓝　绿	凉爽、湿润、有品格、愉快
蓝	非常凉爽、湿润、锐利、坚固、收缩、沉重、有品格、愉快
蓝　紫	凉爽、坚固、收缩、沉重
紫	迟钝、柔和、软弱

8）质感对比与调和

所谓质感，是由于感触到素材的结构而有的材质感。粗糙的材料有稳重、厚实之感，细腻的材料有轻松、欢快感。金属给人坚硬、寒冷、光滑的感觉；草地让人感受到的是柔软、轻盈、温和的感觉；从石头上感受到的是沉重、坚硬、强壮、清洁等感觉。各种材料质感相似的元素可组成协调的环境空间，而应用对比，可衬托出各种元素的特质。如园林中采用水中的汀步、草地中卵石小径、建筑与藤本植物等，2 种质感差异程度大的元素，相互映衬，水的轻柔与汀步的厚重、草之柔弱与石之坚硬、建筑的硬直与植物的轻蔓，相映成趣。广州白云山庄“三叠泉”小院，巧妙利用白粉墙、红砖、藤本植物、置石等不同质感进行对比，使小小院落充满生机（图 3-23、图 3-24）。

质感受观赏距离的影响较大，因此，在观赏路线上视线距离的恰当与否，影响质感的效果。

对比与调和是达到多样统一，取得生动协调效果的重要手段。在调和的空间中，景观元素没有互相抵触的性状，空间中的各种景观元素形象不突出，体现出一种柔和舒坦的协调美。但是这种柔和观感如果持续太久，便可能陷于呆滞，使游人的兴致减退。对比是借两种性状有差异的景物并立对照的方法，可使景物彼此的特点更加显现突出，体现出令人振奋的突变的效果。各种对比的应用不是孤立的，往往既有大小体量的对比，又有色彩质感的对比，可能还有明暗开合虚实的对比等。园林设计时，当需要产生柔和的协调美时，采用调和的设计方法；当需要振奋人们的游兴，突出某一景物形象时，采用对比的设计方法。要注意，过于平坦的调和固然沉闷，但过于繁多的对比却会变成纷纭的刺激，失掉对比应有的效果，所以要正确地处理对比与调和的矛盾，处理好变化与统一的关系。

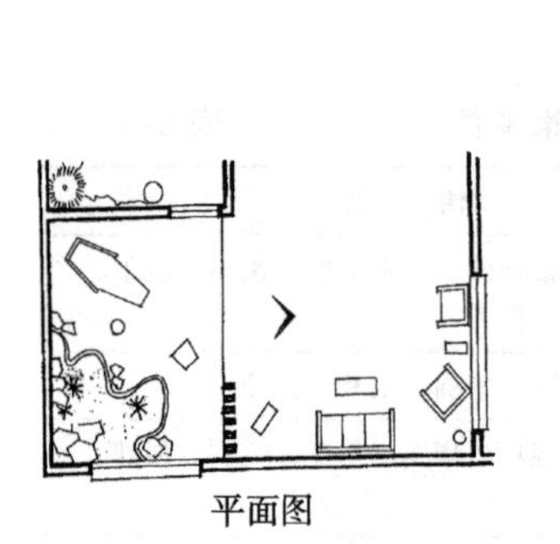

平面图

效果图

广州白云山庄“三叠泉”小院

图 3-23 质感对比的应用

资料来源：《建筑庭院空间》

图 3-24 通过质感对比，山巅上的亭子显得轻巧舒展

3.2.3.3 韵律与节奏

和在音乐中按节拍鸣奏，在诗歌中按韵律吟诵一样，园林的空间组织也有一定秩序的变化，这就是园林构图的韵律与节奏法则。韵律节奏是指某种美学因素或一组因素作有规律的重复，在重复中有组织地变化，换言之，节奏韵律就是运动中的秩序。重复获得节奏，不同节奏产生不同的韵律感。各种美学因素的运用可产生简单韵律、交替韵律、起伏韵律、拟态韵律、交错韵律。

（1）简单韵律。同一种因素或一组因素反复等距出现构成的连续构图产生的韵律。简单韵律产生单纯整齐的美感，如等距种植的同一种行道树、连续不断的阶梯等。

（2）交替韵律。两种以上组成因素交替等距出现构成的连续构图产生的韵律，如高低不同的 2 种树种组成的行道树、道路分车带上 2 种形状的花坛连续不断地出现、阶梯与平台组成的构图等。

（3）起伏韵律。由一种或一种以上组成因素以自然流畅的方式，在形象上出现较有规律的起伏曲折变化产生的韵律。如树群的林缘线、山脉的天际线、自然弯曲的道路河岸等。

（4）拟态韵律。在同一种因素变化中包含不同因素的变化产生的韵律。如长长的云墙上窗子花纹的变化，外形相同的花坛中种植不同花卉，连续的水池中喷泉、声、光的变化。

（5）交错韵律。组成要素作有规律性的纵横穿插或交替布置产生的韵律。如空间序列中一开一合、一明一暗的过渡以及道路铺装花纹的穿插变化等。

3.2.3.4　比例与尺度

比例与尺度是园林绿地构图的基本概念，处理得好坏直接影响园林绿地中的布局与造景。

比例：指园林景物本身各个组成部分之间以及空间的组成要素之间的空间、体形、体量的大小关系。

比例合适与否，受人们主观审美要求的影响。使人产生美感的比例关系就是合适的比例。黄金比从古希腊以来，就作为美的典范。在对黄金比的研究中，费邦纳齐级数（Fibonacci Series）理论指出，数字按照以下公式发展形成的数列越大，则相邻两数的比值越接近黄金比。公式为：

A，B，$A+B=C$，$C+B=D$……以此得到的数列 1、2、3、5、8、13、21、34、55、89、144、233、377……这种数列比，如：8/5=1.6、13/8=1.625、21/13=1.615 都是近似黄金比的数列。在比例的数列中，平方根矩形也是极受珍视的比例。其中，$\sqrt{2}$矩形造成“圆—正方形”对称系统，在性格上是静的。$\sqrt{3}$矩形是经常使用的“限制线”，它也是静止的。$\sqrt{4}$矩形是两个正方形集合起来的，没有多大价值。$\sqrt{5}$矩形包含着两个重复的黄金分割矩形，是利用价值极高的比例（图 3-25）。

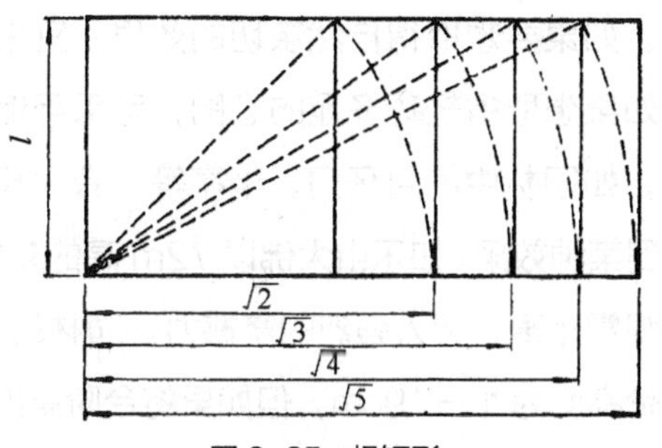

图 3-25　根矩形
资料来源：《园林设计——造园意匠论》

园林中不仅是单个元素本身各部分之间存在着比例关系，景物之间的组合、空间之间的大小也都存在着比例关系。上述比例关系提供了设计参考，但是对美的评价不是逻辑思维完全可以论证的。根据功能、审美、环境综合考虑，才能创造美的合乎比例的景物。

在研究比例的同时，另一个重要的概念就是尺度。尺度一般指园林景物与人的身高及使用活动空间的度量的关系。

园林绿地因规模、用地、功能和艺术意境的不同，尺度的处理大不一样。古典皇家园林为显示其雄伟，建筑、道路、广场都采用宏伟的尺度。而私家园林仅是为了满足少数人起居、游赏之需，因此园中景物小巧精致，体现亲切宜人的环境。如果将皇家园林中宏大的建筑或广场照搬到私家园林中，或将私家园林中的小桥流水放到宏大的空间中都会因尺度不当而招致失败。同样在今天的公园中完全照搬古典私家园林的尺度也是不合适的。现代园林涉及范围较广，应根据使用功能和接纳的游人量综合考虑空间各种景物的尺度关系。

尺度是合止确很难定出绝对的标准，要想取得理想的尺度，就要处处考虑到人的使用尺度、习惯，尺度与环境的关系。掌握一些常规尺寸，有利于根据需要适度夸大或缩小尺度，如台阶一般宽度大于等于 30cm，高 12~19cm；窗台高 100cm；座椅宽 45cm，高大于等于 45cm；花架宽 140cm，高 270cm 等。

园林设计常常根据不同的艺术意境要求有不同的

尺度感。如果要想取得自然亲切的效果，宜采用正常尺度；如果想取得轻巧多趣的意图，可采用缩小尺度的方法，如园林中的月牙门、半亭等；夸大尺度，常常会达到某种效果，如乐山大佛以72m高的超常尺度，较近的观赏距离，给人强烈的震撼力。园林的登山道，正常台阶高度为12~19cm，但如果将台阶高度都设计到30~40cm，就会创造出登山的艰难感，使人产生山高大的错觉。

比例和尺度是设计时不可忽视的重要因素。比例和尺度的合适与否影响着景的艺术效果。在实际应用中，下列理论可供借鉴：

1）建筑空间1/10理论：建筑室内空间与室外庭院空间之比至少为1：10。

2）景物高度与场地宽度的关系：（1：6）~（1：3）。

3）地面（D）与垂直景物的比例关系：

D：H<1　夹景效果，空间纵深感强；

D：H=1　稳定效果，空间感平缓；

D：H>1　开阔效果，空间感开敞而散漫。

4）古典园林用地比例（《园冶·相地》）："约十亩之基，须开池者三……余七分之地，为垒土得四。"

5）《风景园林规划理论》：现代风景园林以绿化为主，绿地及水面应占园林面积的80%以上，建筑面积应控制在1.5%以下。

3.2.3.5　均衡与稳定

自然界静止的物体都遵循力学原则，以平衡状态存在。平衡给人稳定感，不平衡的状态给人不稳定感。自然界中生物通常都是对称的，但在自然景观中，对称却是极少见的。可见均衡分为对称均衡和不对称均衡。

对称均衡又称静态均衡，其特点是具有明显轴线，景物在轴线两边完全对称布置。对称具有稳定性。每一个极点都产生自己的势力范围，两个范围之间就是具有动态张力的场所。场所中每一个要素都处于紧张与平静交融的状态。通过限定，每一个对称的组成部分都达到平衡，从而保持平静。对称中的这种平静意味着一种使无数对抗力量达到均衡的解决方法。

不对称均衡又称动势均衡。构图时受功能、地形等制约，不可能也不必要绝对对称，而是采用不对称的均衡。所谓不对称均衡是指景物的布局没有明显的轴线，构图由"均衡中心"控制，各组成元素虽然在形体、大小、距离等方面都不雷同，但都处在动态平衡中，构图符合视觉平衡（图3-26、图3-27）。不对称均衡普遍存在于自然景观中，是一种自由灵活、变化多样的构图形式。

3.2.3.6　比拟与联想

园林绿地不仅要有优美的景色，而且要有幽深的境界，要通过对景的设计将感情表达出来，使见景生情，把思维扩大到比园景更广阔的境界中去，创造诗情画意。

比拟联想的手法有：

（1）以小见大。中国古典园林尤其善用精炼浓缩的手法，将自然优美的景观组织到不大的园林中，通过摹拟自然、浓缩自然，使一石有一峰之感，散石有平岗山峦之韵，一勺有"江湖万里"的感受，几株树木的组合便创造出"咫尺山林"的气氛。

（2）运用植物特征、姿态、色彩给人以视觉、听觉、嗅觉的美感作用，使人产生联想。中国植物文化极其丰富，许多植物具有独特的文化寓意。如：岁寒三友松竹梅分别代表坚强不屈、纯洁清雅、刚直不阿等。梅兰竹菊四君子分别具有不畏严寒、高风脱俗、虚心有节、傲霜而放的气节。此外柳树代表生命力强和婀娜多姿；荷代表廉洁朴素，出淤泥而不染；玫瑰代表爱情和青春；迎春花代表春回大地；木棉花具有英雄树的美誉。古代园林人常通过植物的应用来寄寓自己的情操。现代园林通过植物的应用，创造季

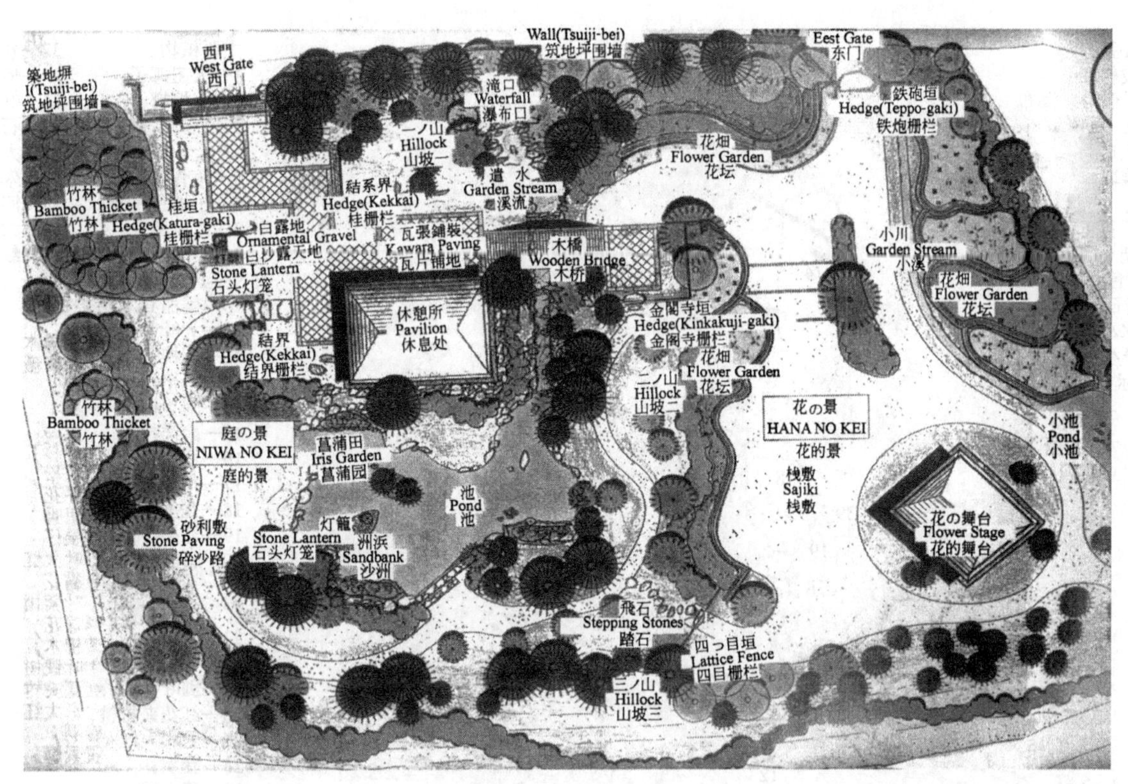

世博园——日本园平面图

世博园——日本园效果图

图 3-26　不对称均衡一

资料来源:《日本庭园管理指南　中国 '99 昆明世界园艺博览会》

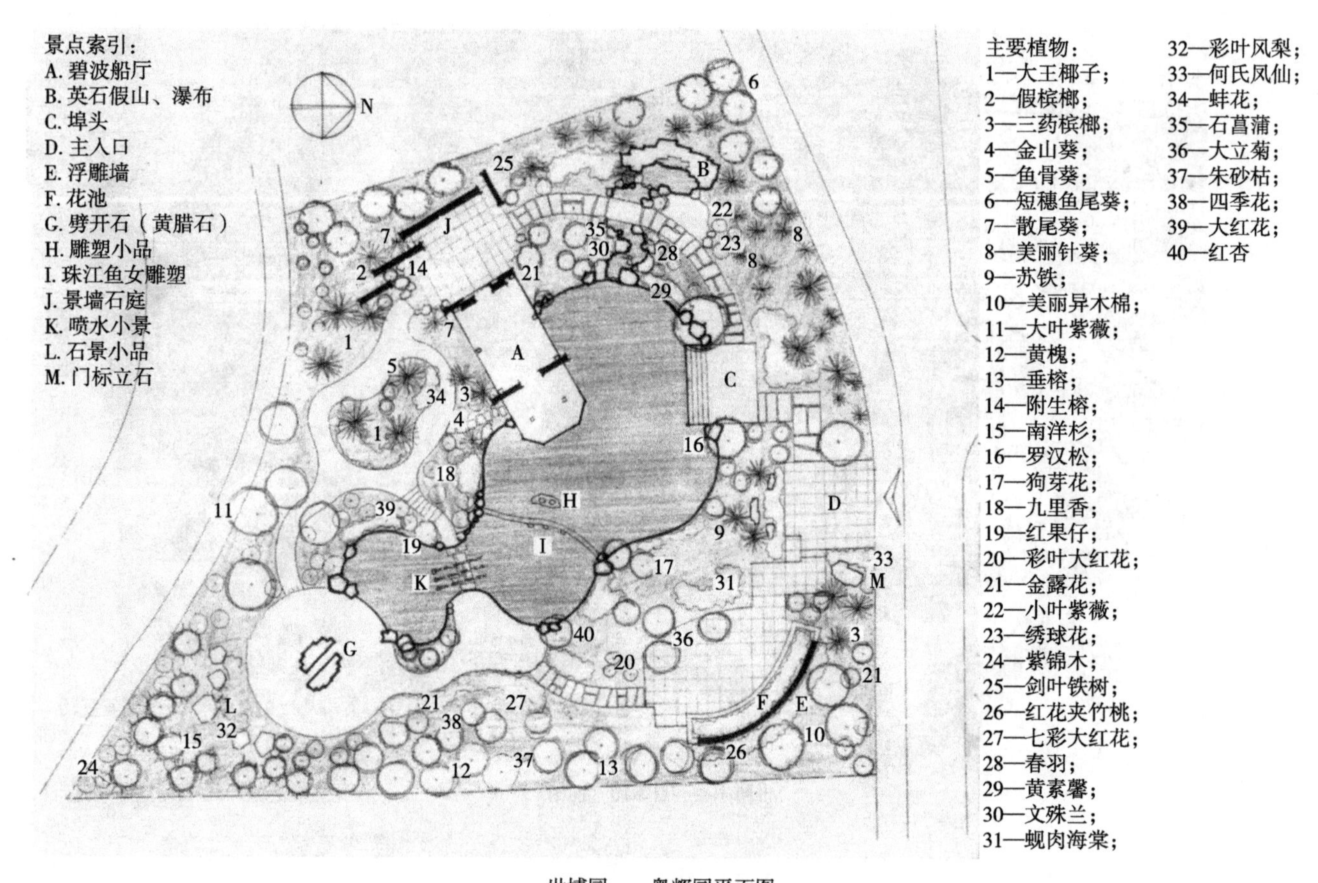

世博园——粤辉园平面图

图 3-27　不对称均衡二

相变化，启迪游人心扉，达到触景生情、情景交融的意境美。

（3）运用文物古迹产生比拟联想。文物古迹本身具有深厚的历史文化内涵，将文物古迹中所包含的内涵纳入园中，将使人产生联想。昆明金殿公园内的铜殿是全国最大的铜殿，游人在游赏端庄精美的大殿时，思绪很容易飞到 300 年前云南精湛的冶炼浇铸场景，也容易联想到全国各地的铜殿的历史传说等。文物古迹包含的历史内涵，使园林的游赏内容得到极大的扩充和丰富。

3.2.3.7　运用命名、题咏、楹联揭示景物立意

命名、题咏、楹联等在园林中可起画龙点睛、揭示景物立意的作用。如果命名含意深、兴味浓、意境高，可使人有诗情画意的联想。西湖“平湖秋月”“柳浪闻莺”“曲院风荷”等景点名称，不仅琅琅上口，而且韵味悠长。平湖秋月有“万顷湖面长似境，四时月好正宜秋”之意。“柳浪闻莺”使人产生清风细柳下小鸟婉转低鸣的联想。昆明大观公园内“近华浦”门楼两侧有对联“曾经沧海难为水，欲上高楼且泊舟”，登上“大观楼”后 180 字的长联跃然眼前，随着游赏者对对联的吟诵，滇池四围风光和云南数千年历史——展现在脑海中，达到情景交融，物我两忘的境界（图 3-28）。

3.2.4　园林空间组织

规划设计时在满足功能的基础上为创造富有变化的园林风景及根据人的视觉特性创造良好的景物观赏条件，需要对空间进行合理的、艺术的处理——空间组织。

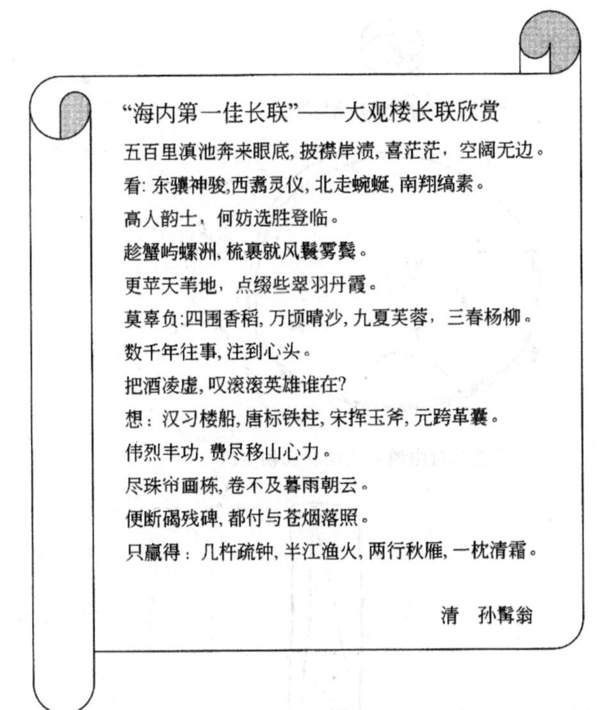

“海内第一佳长联”——大观楼长联欣赏

五百里滇池奔来眼底，披襟岸帻，喜茫茫，空阔无边。
看：东骧神骏，西翥灵仪，北走蜿蜒，南翔缟素。
高人韵士，何妨选胜登临。
趁蟹屿螺洲，梳裹就风鬟雾鬓。
更苹天苇地，点缀些翠羽丹霞。
莫辜负：四围香稻，万顷晴沙，九夏芙蓉，三春杨柳。
数千年往事，注到心头。
把酒凌虚，叹滚滚英雄谁在？
想：汉习楼船，唐标铁柱，宋挥玉斧，元跨革囊。
伟烈丰功，费尽移山心力。
尽珠帘画栋，卷不及暮雨朝云。
便断碣残碑，都付与苍烟落照。
只赢得：几杵疏钟，半江渔火，两行秋雁，一枕清霜。

清　孙髯翁

图 3-28　大观楼长联

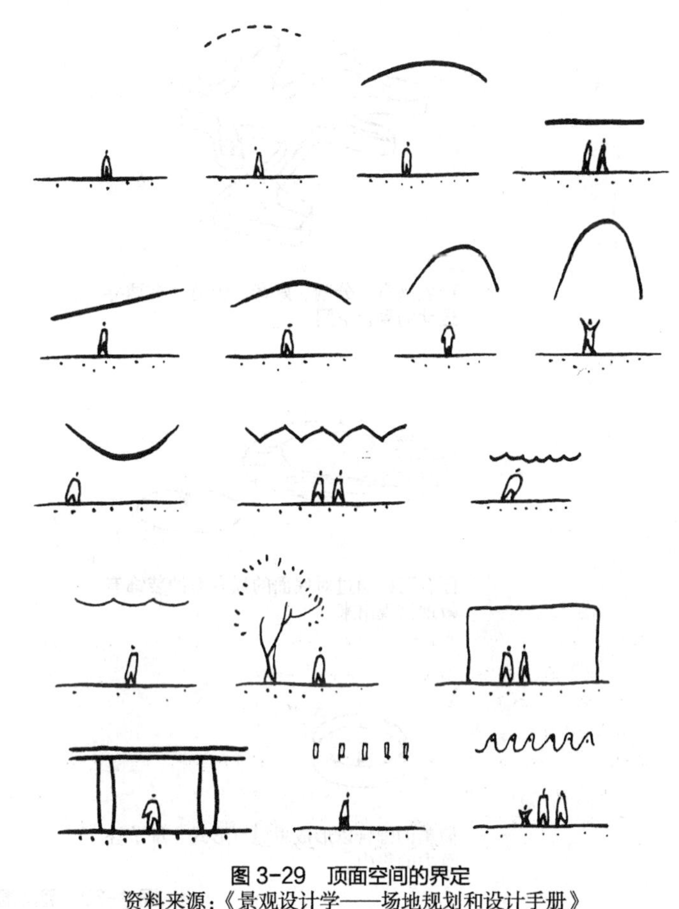

图 3-29　顶面空间的界定
资料来源：《景观设计学——场地规划和设计手册》

3.2.4.1　空间的界定与空间类型

空间的界定：空间是由底面、垂直界面、顶面组成。底面的形状、材质、铺装图案可以暗示空间的界线。顶面围合的形式、高度、图案、硬度、透明度、反射率、吸声能力、质地、颜色、符号体系和程度都明显影响着空间的特性（图 3-29）。垂直界面是空间的界定的主要因素，它是空间的分隔者、屏障、挡板和背景。垂直界面的形象以及与人的尺度关系，影响空间的围合感（图 3-30）。要创造有效的空间，必须有明确的围合，围合可以是开敞的，也可以是封闭的；可以是规则的，也可以是不规则的。正如《园冶》所云：“如方如圆，似偏似曲”，形态千变万化。

（1）封闭的围合与闭锁空间：封闭的围合是指空间四周均为建筑或其他高大景物围合而成的围合方式。采用封闭围合形成的空间，视线被四周景物遮挡屏障，形成闭锁空间。闭锁空间中人离景物距离较近，感染力强，四周景物琳琅满目，可仔细观赏，但久看容易感到闭塞、疲劳。

（2）通透的围合与半开敞空间：采用空廊、门洞、矮墙、绿化、山石等手法，使空间围而不闭、轻松自由的围合方式。通透的围合，形成了半开敞空间。在半开敞的空间中，观赏者既可观赏近景，又可将视线延伸，借看远处景色，空间半实半虚，景物捉摸不定，因此半开敞的空间是一种容易创造较好的艺术效果的空间形式。

（3）松散的围合与开敞空间：松散围合指空间四周景物呈松散状态和不规则状态，似围非围的围合方式。在松散围合形成的空间中，人的视线很少受到

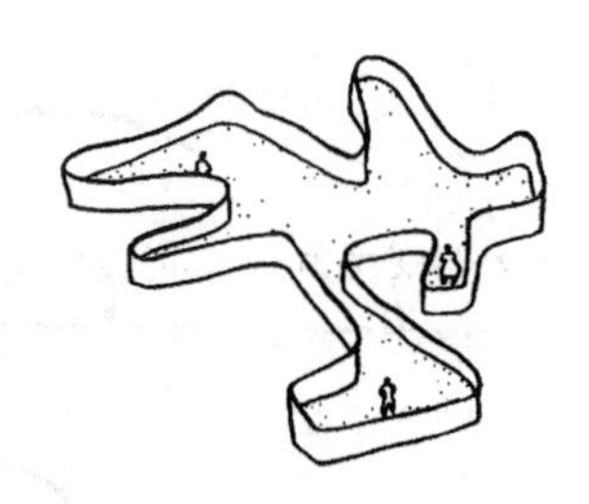

产生兴奋、分割、好奇、惊讶、被诱导运动的复合空间

闭合产生松弛与宁静

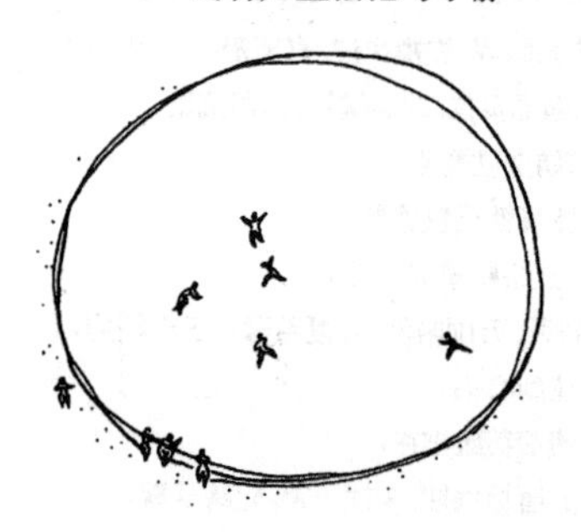

开放与自由诱导活动和勃勃生机

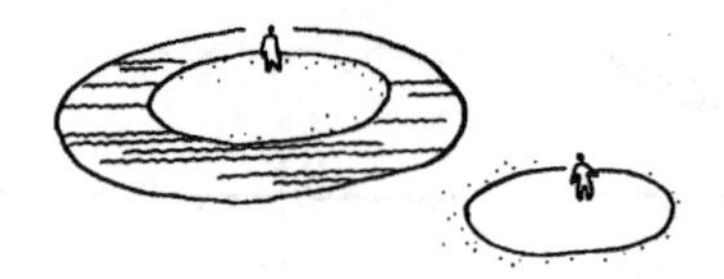

围合可以通过对底面的强有力的装饰有效地体现出来

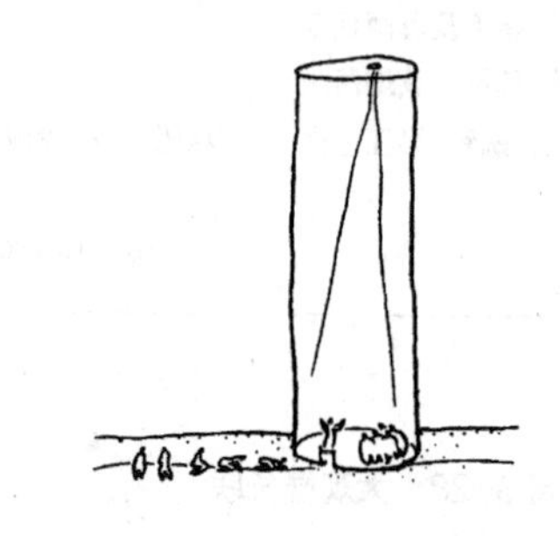

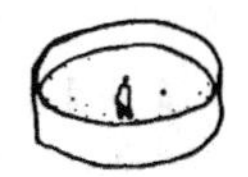

简单的围合以形成思想、形式、细节注意力的集中

空间通过设计用以产生特定的情感和精神的影响

图 3-30 竖向围合的作用

资料来源：《景观设计学——场地规划和设计手册》

四周景物的干扰，空间开敞。开敞空间中视线可延伸到无穷远处，视线平行向前，视觉不容易疲劳，容易产生目光宏远、心胸开阔豪放的豁达感。但是由于风景距离远，色彩、形象不鲜明，所以景物的震撼力较弱。

围合的尺度、形状、特征决定了空间的特质。巧妙地利用围合，创造不同空间形式，开敞与闭合综合应用，开中有合，合中有开，通过空间的开合变化，使游赏者产生不同的心理体验，有节奏地观赏风景。

3.2.4.2 空间的分隔与联系

不同的空间通过穿插变化，相互渗透分隔，构成完整的一个整体。空间的分隔有实分和虚分。

所谓实分就是将功能不同、风格不同、要求各不干扰的两个空间，用实墙、建筑、密林、山阜完全分隔的方法。实分使空间相对独立，避免空间内的活动受到其他干扰。

所谓虚分就是两空间干扰不大，须互通气息、互相渗透时，用疏林、空廊、漏窗、花墙、水面、绿篱等分割空间的方法。

园林空间功能多样，根据需要合理地利用实分和虚分来分隔空间，是十分重要的。园林空间的大小是相对的，不是绝对的，无大便无小，无小也无大。园林空间越分隔，感到越大，以有限面积，造无限的空间，大园包小园，反复分隔。一般来说，虚分可以很好地突破空间的局限性取得小中见大的效果，可以使两个相邻空间通过互相渗透把对方空间的景色吸收进来以丰富画面，增添空间层次和取得交错变化的效果。所以园林空间应当以虚分为主。

3.2.4.3 空间的尺度与赏景

1）空间的尺度

垂直界面与底面的关系影响空间感。如图 3-31 所示，其中人的视距为 D，垂直界面高度为 H。

据研究，正常人的清晰视距为 25~30m，明确看到景物细部的视距为 30~50m，能识别景物类型的视距为 150~270m，能辨认景物轮廓的视距为 500m，能明确发现物体的视距为 1 200~2 000m。这一视距规律，为空间尺度及景物的设计提供了参考依据。当空间界面与人的距离为 25m 左右时，空间具有亲切感。空间的界面与人的最大距离一般不超过 140m。人与景物的距离超过 1 200m 时就看不到具体形象了。这时所看到的景物脱离人的尺度，仅保留一定的轮廓线。

2）赏景的视觉要求

人的正常静观视场，垂直视角为 130°，水平视角为 160°。但按照人的视网膜鉴别率，能看清景物整体的视域为：垂直视角 26°~30°，水平视角 45°。根据这一视觉规律，舒适的观赏位置为景物高度的 2 倍或宽度的 1.2 倍。

在陈列厅内布局展览品或在园林中布置展览画廊时应该严格按照垂直视角 26° 这个视场范围来布置，视点距离须按陈列品高度的 2 倍，宽度的 1.2 倍来安排。但是对于园林景物，应当允许游人在不同位置赏景。当景物是以高为主时，景物的设计要考虑 18°、27° 及 45° 时的情况，垂直视角 18° 时的视距，即为景物高度 3 倍的地方，可以看到群体的效果，不仅能看到陪衬主体的环境，而且主体在环境中也处于突出的地位；27° 时的视距，即为景物高度的 2 倍的地方，主体非常突出，环境退居第二位，实际上主要是在欣赏主体自身；45° 时的视距，即为景物高度的 1 倍的地方，视线不再关注景物整体形象，而是以欣赏景物的细部为主（图 3-32、图 3-33）。园林空间中除了以高为主的景物外（如雕塑、假山、楼阁等），还有横向展开的景物（如建筑群、景墙、树群等），对视觉规律应用，往往要把垂直视角和水平视角同时考虑。当应用水平视角控制时，作为主体的景物应当控制在最佳水平视角范围，要求作为“背景”的景物就应当控制在最佳水平视觉范围之外（表 3-2~ 表 3-4）。

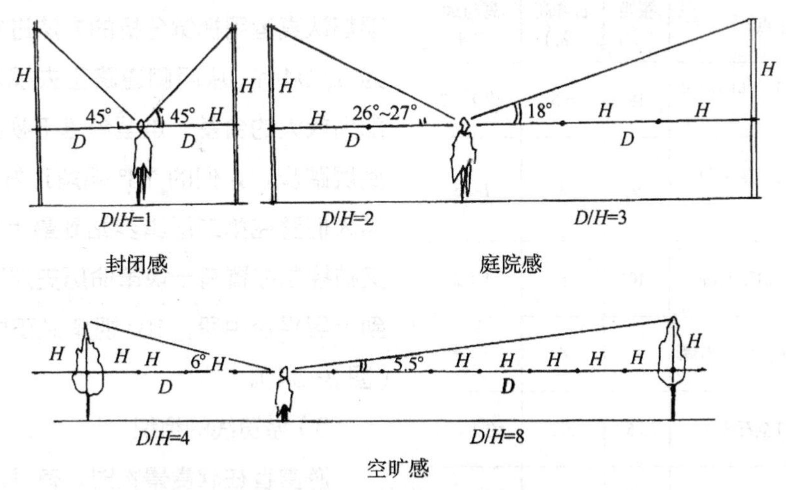

图 3-31 垂直界面与底面关系影响下的空间感受示意图
资料来源：《园林规划设计》

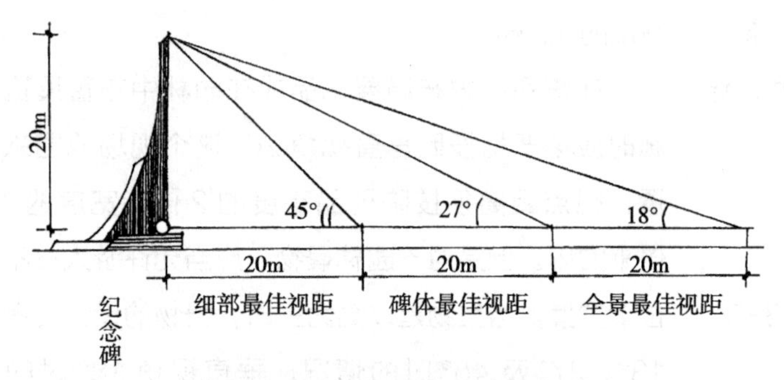

图 3-32 视距、视角与景的关系示意图
资料来源：《园林规划设计》

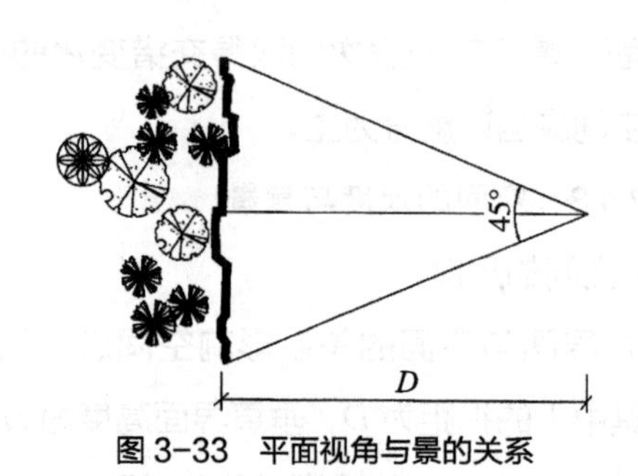

图 3-33 平面视角与景的关系

古典园林观景点与景点之间的距离实例　　表 3-2

园名	观景点与景点起止点	视距（m）	景物的高度（m）		
			房屋	亭子	山景
拙政园	从“远香堂”至“雪香云蔚”	34		8.5	4.5
留园	从“涵碧山房”至“可亭”	35		10	4
怡园	从“藕香榭”至“小沧浪”	32		9	4~5
狮子林	从“荷花厅”至对面假山	18			
沧浪亭	从“明道堂”至“沧浪亭”	13			
网师园	从“看松读书轩”至“濯缨水阁”及假山	31	5.5		
环秀山庄	从西侧边楼至假山主峰	13			

以石峰为主景的视距实例　　表 3-3

石峰所在园名	视距起止点	视距（m）	石峰高（m）	高与远之比
留园冠云峰	从“林泉耆硕之馆”北门口至“冠云峰”中心	18	6.5	约 1 : 3
怡园“拜石轩”北面中峰	从“拜石轩”北门口至中间石峰	9	3	1 : 3
狮子林小方厅	从“小方厅”北门口至石峰	10	5	1 : 2
狮子林古五松园	从“古五松园”东门口至石峰	8	4	1 : 2
留园石林小院	从“揖峰轩”门口至石峰	5.5	3.2	约 1 : 2
留园五峰仙馆	从“五峰仙馆”南门口至石峰	10	5.2	约 1 : 2

颐和园观赏点与佛香阁视距与视角　　表 3-4

观赏点	佛香阁高度（m）	视距（m）	垂直视角
豳风桥	76	600	7°13′
北水域之中心	80	500	9°5′
知春亭	79.5	530	8°32′
夕佳楼	75	450	9°27′
藕香榭	79	460	9°45′
水木自亲	79	400	11°10′

空间中视点的设计合理与否，可能影响景物的观赏效果。合适的视点设计将使景物形象得到完美体现，不合适的视点设计可能会使景物尺度产生偏小或偏大的感觉。

北京天安门人民英雄纪念碑的设计，从整体到局部都认真运用视觉分析的方法进行视角推敲，碑体高为 37.94m，从两侧道路望去视角为 18°。纪念碑底部为放大的台基，走至台基下视角恰为 45°。当登完底层踏步，人们的 18° 视角正好处于碑基的须弥座，当人们登完第二层踏步站到最上层平台时，18° 视角又被控制在置有十块革命历史浮雕的基座上；人们走到上层平台中段，18° 视角又正好落在主题性浮雕上（图 3-34）。

3）游览线的组织

游赏者在欣赏景物时，有静态观赏和动态观赏两种形式。前者是坐或立在景物之前观看欣赏。后者是

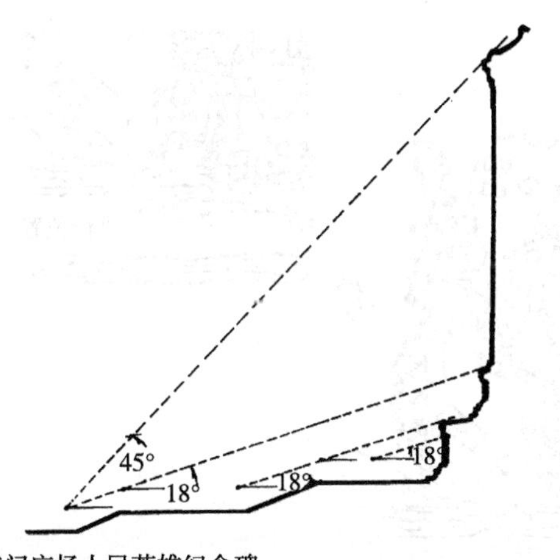

天安门广场人民英雄纪念碑：
1. 从两侧道路上望去视角为 18°，此时看碑体及环境。
2. 纪念碑底部为放大台基，走到台基下视角为 45°。
3. 一层踏步是 18° 视角处于碑基须弥座——引导视线下移。
4. 二层踏步后 18° 视角处于有浮雕基座上——重点所在。
从整体到局部运用视角的推敲，取得了完美的效果。

图 3-34　人民英雄纪念碑的视角分析
资料来源：《城市雕塑设计》

边行边赏景，或者在行进中的车船中观赏风景。

动态欣赏主要欣赏景物的全貌，景物随着游人的移动而不断变换，即使同一景物，它向欣赏者呈现的方面也在变更。

静态观赏便于观赏景物的细微变化，重要的景点或优美的景色附近应当布局亭、榭、廊、座椅等，形成静态赏景空间，便于人集中思维，仔细品评。

景点的安排要结合动静空间来考虑。如果将造型奇异的置石或者名贵的花木，放在动态游览线上，其独特的形态可能会因没有合适的驻足观赏点而被忽视；反之，静态赏景空间中，如果花木置石和其他景观的设计过于平淡，会使欣赏变得无趣。因此，普通平淡的景物应该安排在动态游览线上，而层次丰富、变化细腻的景物应设计合适的观赏视距，安排驻足欣赏点，进行静态欣赏。总之，园林总体规划时，为满足动观要求，要安排一定风景路线，并在风景路线上布局变化的风景，使人产生步移景异之感，形成一个循序渐进的连续观赏过程。为满足静态观赏要求，设计时要注意设置一些能激发人们进行细致鉴赏，具有特殊风格的近景。空间的组织要动静结合、张弛有度，形成抑扬顿挫的节奏感。

观赏过程中，观赏点与被观赏的景物之间的位置有高有低，产生平视、仰视、俯视三种赏景方式。

平视是最舒适的赏景形式，视线平行向前，头部不用上仰下俯。平视使人感受到平静、安宁、深远、不容易疲劳等，平视时景物深度的感染力强，高度感染力小，因而平视风景应布局在视线可以延伸较远的地方，如湖边、草地旁等。

俯视：居高临下，景色全收，俯视观赏景物垂直于地面的直线，产生向下的消失感，因此，景物越低越显得小，俯视容易造成开阔惊险的风景效果。俯视角小于 45°，产生深远感；俯视角小于 30°，产生深渊感；俯视角小于 10°，产生临空感；俯视角小于 0°，产生欲坠的危机感。一般游人都喜欢登高远眺，极目四望，规划要尽量满足人们这种心理，尽量在地势高处或增高建筑楼层，创造远望条件。

仰视：景物很高大且视距很近时，观景就得仰头，称仰视。仰视观赏景物与地面垂直的线条会产生向上消失的感觉，景物高度感染力较强，容易形成雄伟、庄严、紧张的气氛。一般认为，视角大于 45° 时，会产生崇高感；视角大于 90° 时，产生下压的危机感。园林中常常通过仰视角的控制，把视距安排在景物高度的 1 倍以内，并设法不让有后退余地，使观赏者以大于 45° 仰视角欣赏景物，强调主景的伟大、崇高，或者创造山高峰险的意境（图 3-35）。

园林空间是有限的，要在有限的空间中创造无限的景致，做到“步移景异”，游览路线组织时必须注意设计不同的观赏点和观赏视角，通过平视点、俯视点、仰视点的设计，引导游赏者从不同角度反复欣赏景物，创造出独特的艺术效果（图 3-36、图 3-37）。

图 3-35　四川乐山大佛寺平面图：将大佛位置置于江边，使观赏者无法后退，以较大的仰视角观赏景物

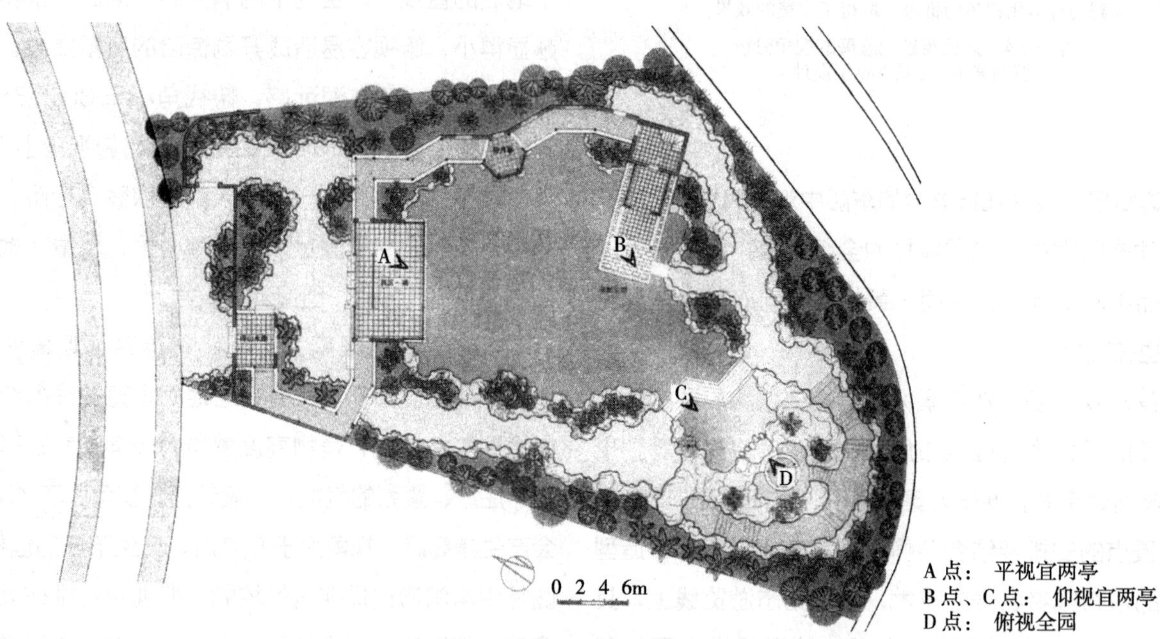

图 3-36　东吴小筑　视点分析总平面
资料来源：《锦绣园林尽芳华　世博园中国园区设计方案集》

3.2.5　造景

造景就是人为地在绿地中创造一种符合一定使用功能又有一定意境的景区。造景要因地制宜地运用构图的基本规律去设计。造景犹如画家绘画，有法而无定式。要做到“虽由人作，宛自天开”的意境，并满足人们赏景、休息、交流的需要，使人在其中自由活动，得到身心放松。

3.2.5.1　主景与配景

景无论大小都有主景与配景之分，在绿地中起控制作用的景是主景，衬托主景的景是配景。主景是全园或局部空间构图重心，表现主要的使用功能或主题，是视线控制的焦点。配景起陪衬和烘托的作用，可使主景突出。主景与配景是相得益彰的，在同一空间范

C视点上的仰视效果

D视点上的俯视效果

图3-37　东吴小筑　视点分析——不同观赏效果

围内，许多位置、角度都可以欣赏主景，而处在主景之中，此空间范围内的一切配景，又成为欣赏的主要对象。

主景是整个园林绿地的核心、重点，主景设计应精心推敲，一般突出主景的手法有：

（1）主景升高：将主景置于地势高处，以蓝天白云或单纯植物作背景，突出主体的造型和轮廓（图3-38）。

图3-38　北京北海公园中的白塔

（2）面阳朝向：将景物置于阳面，植物生长好，各景物显得鲜亮，富有生气，生动活泼（图3-39）。

图3-39　云南昆明西山三清阁
资料来源：《园林建筑设计》

（3）运用轴线及风景视线焦点，将主景置于轴线端点或轴线相交点上或风景透视焦点上。

（4）动势向心：四周环抱的空间中，水面、广场、庭院等，往往具有向心的动势，成为视线焦点，将主景布置在动势向心处，十分引人注意。

（5）空间构图重心：主景布置在构图的重心处。规则式园林居于几何形中心，自然园林用均衡的观点找出重心所在。

（6）渐变法：渐变法即园林景物布局采用渐变的方法，从低到高，逐步升级，由次要景物到主景，级级引入，通过园林景观的序列布置，引人入胜，引出主景。

此外，突出主景还可以采用对比手法，在体量、形状、色彩、质地、植物配置上进行对比，以达到突出主景的效果。主景与配景本身就是“主次对比”的一种对比表现形式。

3.2.5.2 前景

风景园林立体画面构图的前面采用框、夹、漏、添景等方法处理，都会给人以强烈的艺术感染。

1）框景

利用门、窗、树、山洞等有选择地摄取空间中优美的景色，而把不理想的风景遮住的方法。李渔的《闲情偶记》中云：“同一物也，同一事也，此窗未设之前，仅作事物观，一有此窗，则不烦指点，人人俱作画图观矣。”写出了框景的作用。框景由漂亮的景框（门、窗、树、山洞等）和立体的风景组成，所以园林中作为框景之用的景框的设计往往十分精美（图3-40）。除了景框外，框景务必设计好入框之景，观赏点与景框应保持适当距离，使视中线落在景框中心，视距等于2倍框直径。框景可用于墙、长廊、小亭上等，运用框景可以使一个普通的风景变为动态的风景画（图3-41）。

2）夹景

为突出理想景色常将左右两侧的树木、树干、土山等加以屏障，形成狭长空间，在空间端点布置主景的手法。夹景是一种带有控制性的构景方式，主要运用透视消失与对景的构图处理方法，在人的活动路线两侧构设抑制视线和引导行进方向的景物，将人的视线和注意力引向计划的景物方向，展示其优美的对象（图3-42）。

3）漏景

漏景是由框景进一步发展而来。它是指借助窗花、树枝、花格等产生似隔非隔、若隐若现的效果，使景物产生一种朦胧美的手法。它强调了中国古典园林的含蓄美。

苏州古典园林中，在围墙及廊的侧墙上，常开有许多造型各异的漏窗，来透视园内的景物，使景物时隐时现，造成“犹抱琵琶半遮面”的含蓄意境。漏景的构成可以通过窗景、花墙、通透隔断、石峰疏林等造景要素的处理来实现。疏透处的景物构设，既要考虑视点的静态观赏，又要考虑移动视点的漏景效果，以丰富景色的闪烁变幻情趣。

此外，漏景也起到引景的作用，人们通过围墙上的漏窗，便欲入园游赏，于是沿墙找到大门而入。苏州怡园中的复廊、上海豫园中的复廊，都有引景之作用。

4）添景

在主景前景色平淡的地方加以花草、山石、小品等，是使主景层次更加丰富、园景更加完美的手法。

3.2.5.3 对景

位于绿地轴线及风景视线端点的景叫对景。对景分为正对、互对。为了达到雄伟、庄严、气魄宏大的效果而在轴线端点设景点的方法为正对。在风景视线两个端点上设景，显示出柔和的自然界美的对景方法为互对。

古典园林通常在重要的观赏点有意识地组织景物，形成各种对景，但不同于西方庭院的轴线对景方式，而是随着曲折的路径，步移景异，依次展开。这种对

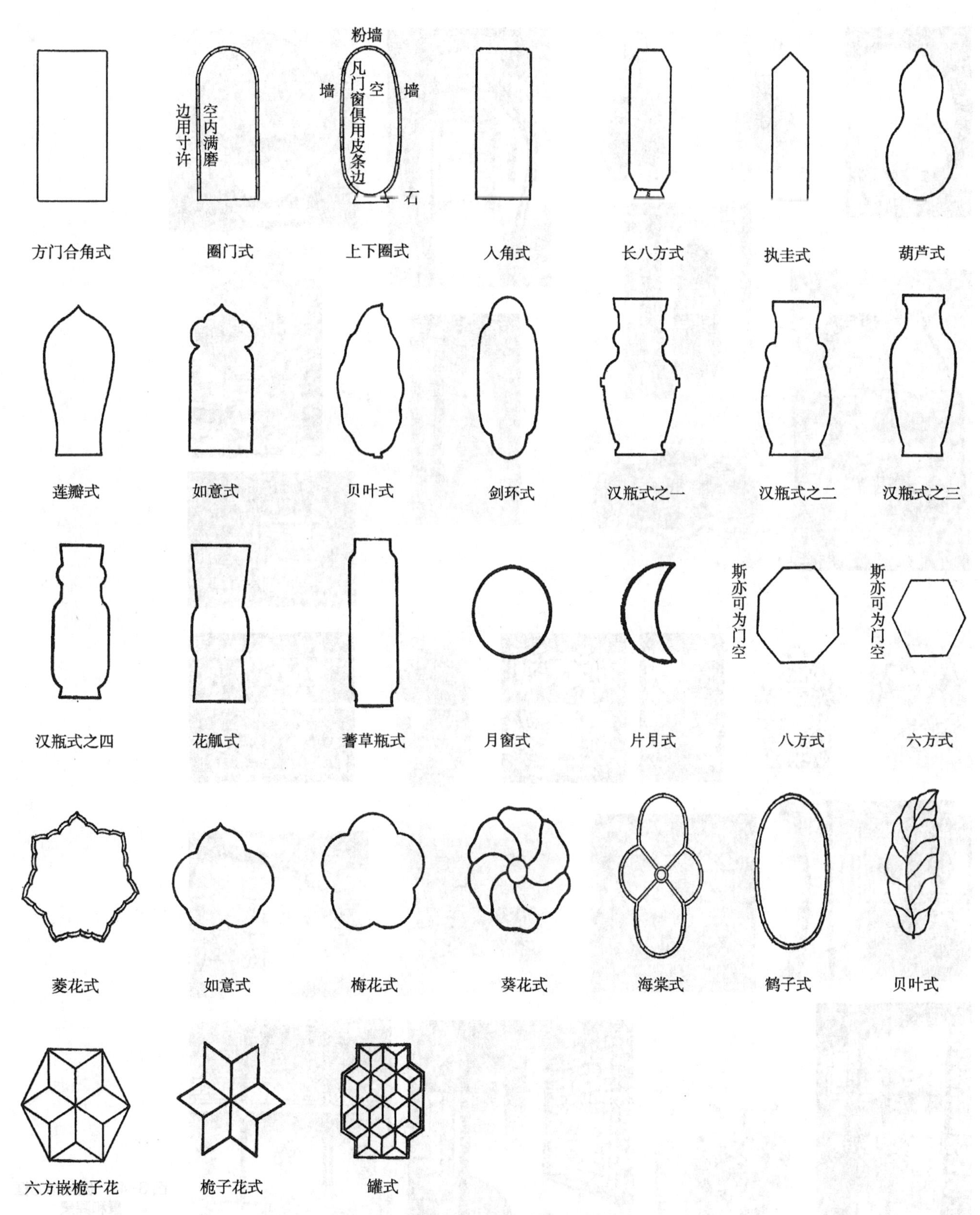

图 3-40　古典门窗的设计
资料来源：《园冶注释》

图 3-41 园林中的框景和漏景
资料来源：《中国古典园林》

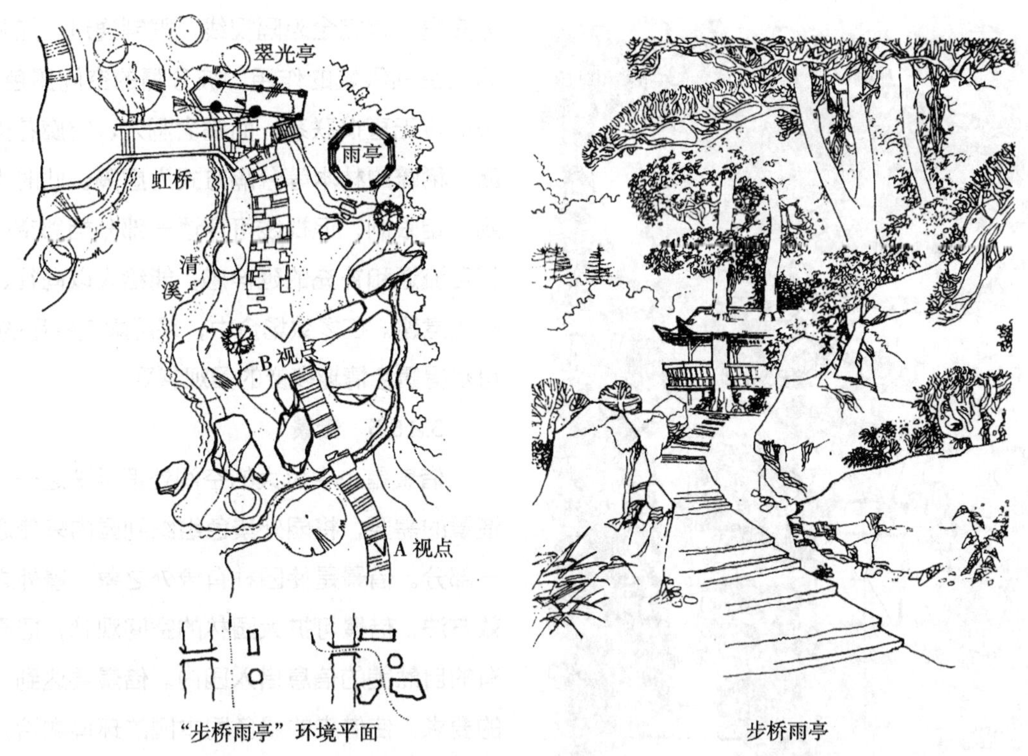

图 3-42　青城山步雨桥前置石构成了夹景，将人的视线引向步雨亭
资料来源：《建筑学报》1983（1）

景以道路、廊的前进方向和进门、转折等变换空间处以及门窗框内所看到的前景最为引人注意。所以沿着这些方向构成对景最为常见。

对景是相对的，园内的建筑物既是观赏点，又是被观赏对象，因此，往往互为对景，形成错综复杂的交叉关系（图 3-43）。

3.2.5.4　分景

所谓分景就是以山水、植物、建筑及小品等在某种程度上隔断视线或通道，造成园中有园、景中有景、岛中有岛的境界。水必曲，园必隔，小园要分隔它的空间，丰富它的层次，使之尽曲尽幽，才会让游者不知其尽端，而觉其大，这就是园林越拆越小，越隔越大的道理。

分景使园景虚实变换，丰富多彩，引人入胜。分景依功能与景观效果的不同，有障景、隔景 2 种。

1）障景

在园林绿地中，运用山石、植物、建筑等来抑制视线、引导空间、屏障景物，使游赏含蓄而有韵味的手法叫障景。障景使人在进入大的风景区之前，有审美酝酿阶段和一个想象的空间，容易激起人们探索览胜的兴趣，是园林中常用的欲扬先抑的手法之一。

2）隔景

凡将园林绿地分隔为不同空间、不同景区，使它们显其各自的特色，并且使景致更为丰富、深远，从而扩展意境的手法叫隔景。

一个大的空间，如不加分隔，就不会有层次变化，但完全隔绝也不会有渗透现象发生。只有在分隔之后又使之有适当的连通，才能使人的视线从一个空间穿透到另一个空间，从而使两个空间互相渗透，显现出

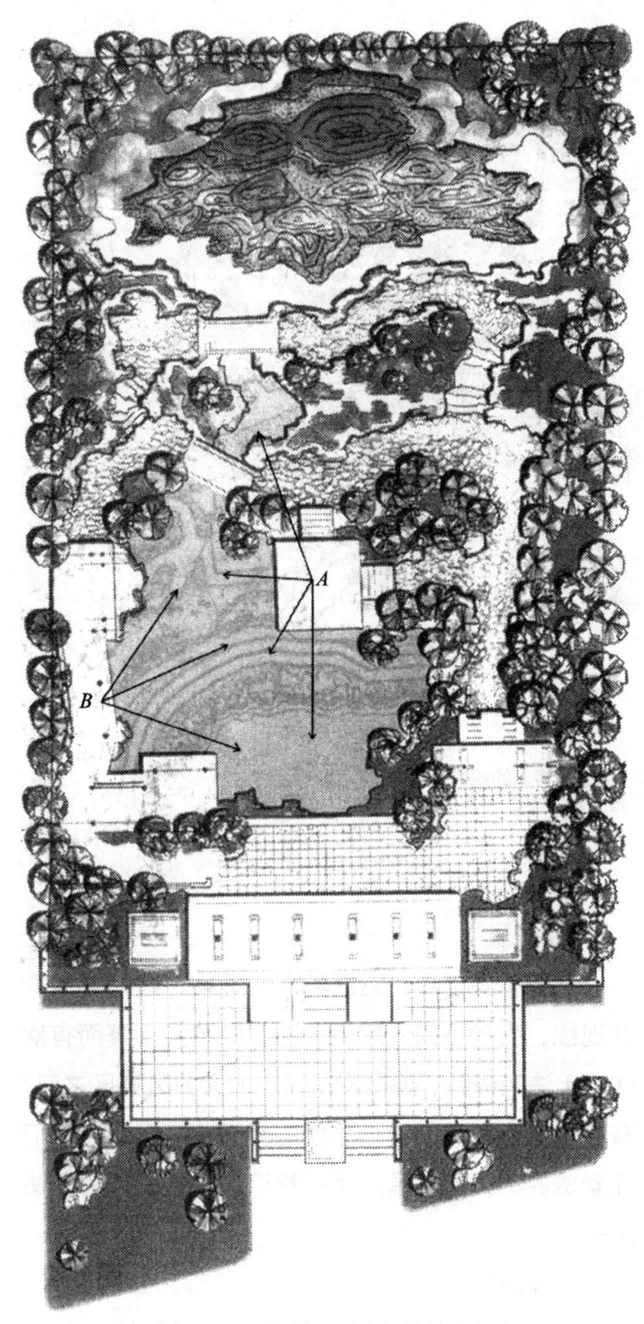

图 3-43 世博园——齐鲁园视线分析
1. A 点是观赏 B 点的最佳观赏点，又是 B 点的观赏对象。
2. B 点是观赏 A 点的最佳观赏点，也是 A 点的观赏对象。
资料来源：《锦绣园林尽芳华 世博园中国园区设计方案集》

空间的层次变化，达到分而不隔的效果。

隔景有实隔、虚隔和虚实并用等处理方式。高于人眼高度的石墙、山石林木、构筑物、地形等的分隔为实隔，有完全阻隔视线、限制通过、加强私密性和强化空间领域的作用。被分隔的空间景色独立性强，彼此可无直接联系。而漏窗洞穴、空廊花架、花格隔断、稀疏的林木等分隔方式为虚隔。此时人的活动受到一定限制，但视线可穿透一部分相邻空间景色，有相互流通和补充的延伸感，能给人以向往、探求和期待的意趣。在多数场合中，采用虚实并用的隔景手法，可获得景色情趣多变的景观感受。

3.2.5.5 借景

借景是小中见大的空间处理手法之一。它是根据造景的需要，将园外景色组织到园内来使之成为园景一部分。借景是使园林有象外之象、景外之景的最有效方法，借景可扩大园林的空间观感，把周围环境所有的自然美的信息借入园内。借景要达到“精”“巧”的要求，使借来的景色同本园的环境融洽，让园内园外相互呼应成一片。明计成在《园冶》中云“园林巧于因借，精在体宜，借者园虽别内外，得景则无拘远近，晴峦耸秀，绀宇凌空，极目所至，俗则屏之，嘉者收之。”

借景可分为远借、邻借、仰借、俯借和因时因地而借等多种方式。

（1）远借：把园外远处景物收入园内，如昆明海埂公园借西山，太华寺借滇池子景等。

（2）邻借：把邻近景色组织进来，周围景物无论是亭、阁、山水、花木、塔庙，只要能够利用成景者可邻借。古典园林沧浪亭巧妙利用城市水系，将水景组织到园中，是邻借的一个佳例（图 3-44）。

（3）仰借：利用仰视所借之景观，借高处之景物。

（4）俯借：居高临下俯视低处景物，如登西山俯借滇池之景。

（5）因时因地而借：借一年四季不同季节的观赏景物。如春借桃红柳绿，夏借荷塘莲香，秋借枫叶菊峥，冬借傲霜飞雪等。

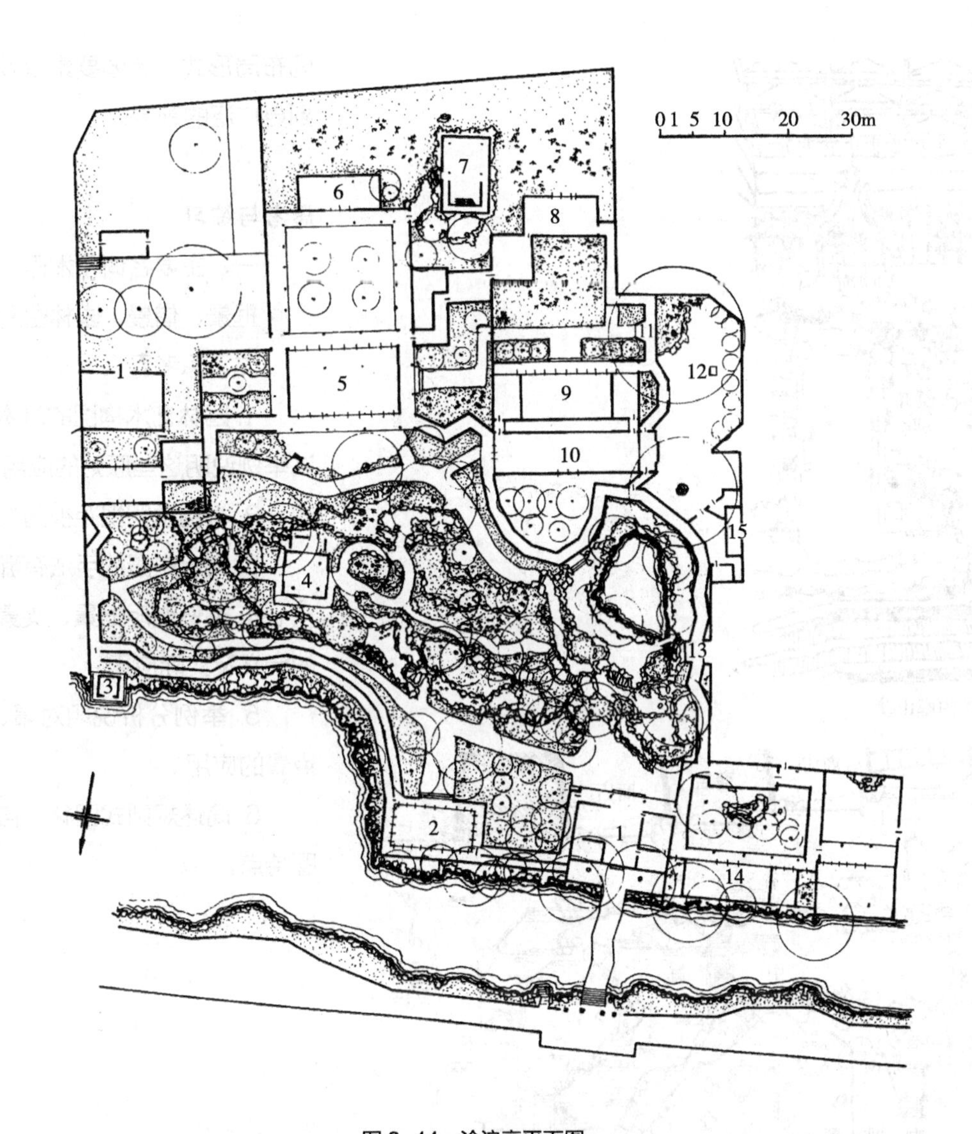

图 3-44　沧浪亭平面图
1—大门；2—面水轩；3—观鱼处；4—沧浪亭；5—明道堂；6—瑶华仙境；7—香山楼；8—翠玲珑；9—五百名贤祠；10—清香馆；11—仰止亭；12—砖刻照壁；13—御碑亭；14—藕花水榭；15—厕所
资料来源：《中外园林绿地图集》

3.2.5.6　点景

利用匾额、对联、石碑等将景物的特点作高度形象的概括的方法。“点景”是中国古典园林中最重要的造景手法之一，其意义在于情景交融，本于物质景观，又促成内心感悟，从而产生意境的作用。点景在园林中有画龙点睛的作用。广州白天鹅宾馆内庭山壁上“故乡水”3 个字,画龙点睛勾起了多少海外游子的思乡情，这 3 个字赋予了景观丰富的内涵（图 3-45）。

本章小结：古典园林是现代园林设计的灵感之源，古典园林的造园思想精髓更是我们现代造园设计的理论基础。本章主要介绍了古典园林的造园理论，为园林绿地的规划设计打下基础，同时也希望未来园林工作者在继承古典园林造园理论的基础上，开拓思路，挖掘古典园林的现实意义，把古典园林造园手法、空

宾馆内庭山壁

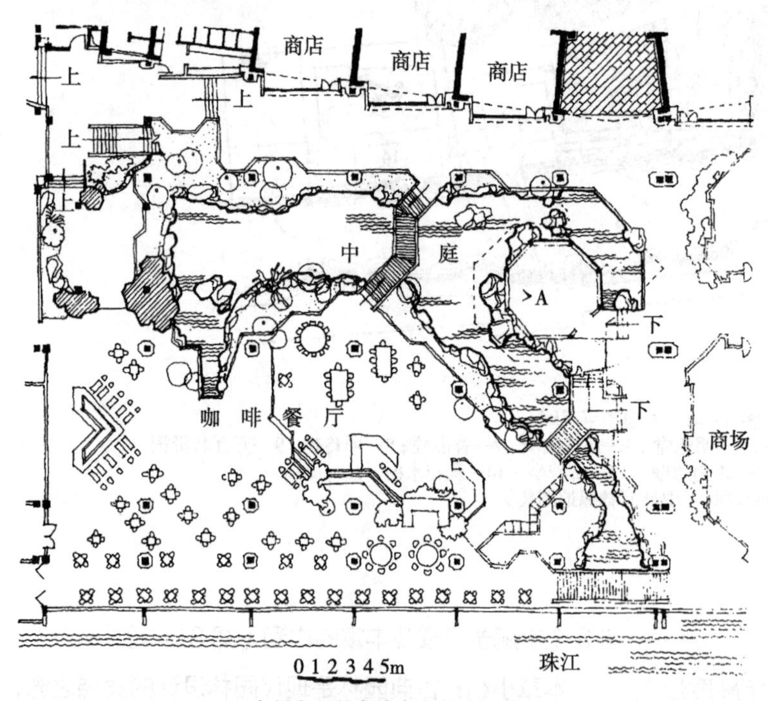

广州白天鹅宾馆内庭园平面图

间布局形式、造园要素以及文化等，应用到更广泛的领域。

思考与练习

一、主要名词和术语

框景、借景、园林空间组织。

二、思考题

1. 园林艺术构图的基本原则有哪些？试举例说明这些原则的应用。

2. 举例说明视距视角与景的关系。

3. 突出主景的手法有哪些？

4. 举例说明框景、夹景、漏景、添景的定义及实际应用。

5. 举例分析说明对景、借景、分景、点景的应用。

6. 简述规则式园林、自然式园林的构图特点。

图 3-45 广州白天鹅宾馆

资料来源：《建筑学报》1983（9）

第 4 章　绿地系统中景观元素的设计

4.1　地形设计

4.1.1　园林绿地中的地形塑造

地形就是地球表面的形状，是其他要素的承载体，其上的土壤、水体、植物、岩石等构成的综合形象，影响人们的审美体验。凸起的高地、流动的水体、常绿的植物、多样的地表物质组成，这一切既在景观之中，又各自是景观特征的组成部分（图 4-1）。中国园林以自然山水园为代表，从古典园林的掇山理水到现代公园的挖湖堆山无不表明地形上的变化历来都对自然气氛的创造起着举足轻重的作用。地形的重要性不仅反映在直观的视觉方面，而且还加入了人的感情因素。这就是所谓仁者乐山，智者乐水。《韩诗外传》曾说："夫山者，万物之所瞻仰也，草木生焉，万物植焉，飞鸟集焉，走兽休焉，四方益取与焉，出云道风，嵷乎天地之间。天地以成，国家以宁。此仁者所以乐于山也。"

图 4-1　高尔夫球场微地形的变化

地形是园林的骨架，在很大程度上影响着空间的大小开合变化，地形塑造是景观设计的重要手段。自然界中的各种地貌景观能给人无尽的遐想，效法自然，从自然界的各种地貌景观中获得灵感，无疑是园林地形的塑造的一个好途径（图 4-2）。

园林中的地形可分为平地、山地、水体三大类。地形的状况与容纳游人量有密切的关系，平地容纳的人较多，山地及水体则受到限制。一般较理想的比例是，水面约占$\frac{1}{4}$ ~ $\frac{1}{3}$，陆地占$\frac{2}{3}$ ~ $\frac{3}{4}$；陆地中平地为$\frac{1}{2}$ ~ $\frac{2}{3}$，山地丘陵为$\frac{1}{3}$ ~ $\frac{1}{2}$。

人工堆山可以分为土山、石山、土石山等类型。

4.1.1.1　土山的设计要点

1）注意主峰次峰相互呼应

山体要主次分明、构图和谐、高低错落、前后穿插、顾盼呼应，忌"一"字罗列，忌"笔架山、馒头山"等对称形象。

2）注意山脉的延续性

常言道：山贵有脉，水贵有源。山形设计应追求"左急右缓，莫为两翼"，造成山脉延绵的效果（图 4-3）。

3）考虑山的"三远"效果（图 4-4）

高远——从下仰视山麓，追求山的挺拔、俊秀、险峻的效果。

深远——两山相夹，从山前看山后，追求山的延

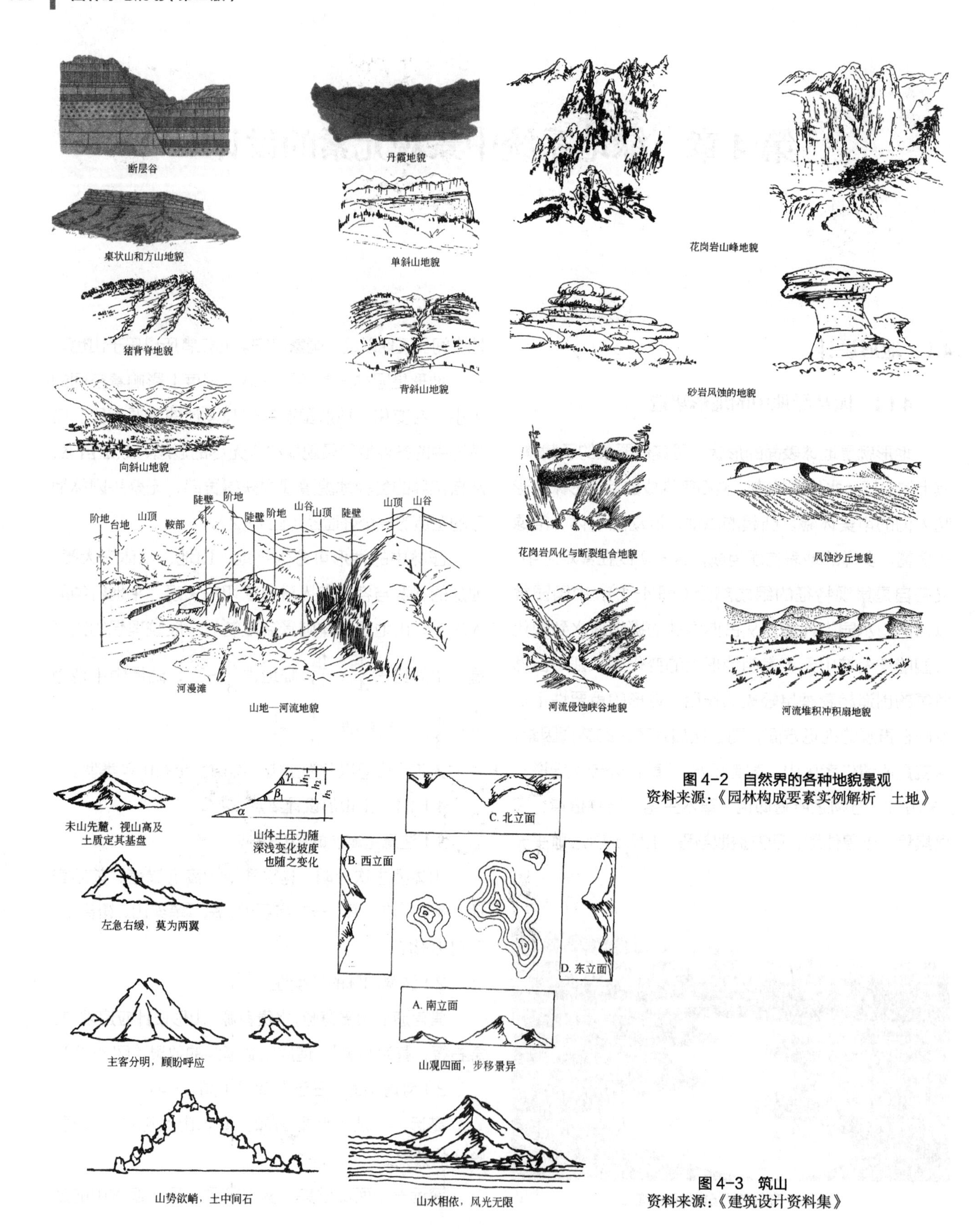

图 4-2 自然界的各种地貌景观
资料来源：《园林构成要素实例解析 土地》

图 4-3 筑山
资料来源：《建筑设计资料集》

图 4-4　山的“三远”效果
资料来源：《芥子园画谱》

绵不断的效果。

平远——开阔的背景下，自近山望远山，追求山的宁静柔和的曲线美的效果。

4）考虑四面观山，山形步移景异

注意山体四面的坡度的陡缓要各不同，山形变化要多样。利用不同坡度创造山林景观、峡谷景观、丘壑景观、瀑布、跌水、涓流等景观。

5）满足规范要求，保障安全需要

地形坡度超过土壤的自然安息角时，应采取护坡、固土或防冲刷的工程措施。一般土山（上植草皮）最大坡度为 33%，最小坡度为 1%。

4.1.1.2　石假山的设计要点

（1）造型宜朴素自然，有气势。

（2）石不可杂，纹不可乱，块不可均，缝不可多。

（3）忌似香炉蜡烛，忌似笔架花瓶，忌似刀山剑树，忌似铜墙铁壁，忌似城郭堡垒，忌似鼠穴蚁蛭（图 4-5、图 4-6）。

图 4-5　世博园石假山

4.1.2　水体设计

“水活物也。其形欲深静，欲柔滑，欲汪洋，欲回环，欲肥腻，欲喷薄，欲激射，欲多泉，欲远流，欲瀑布插天，欲溅，欲抚烟云而秀媚，欲照溪谷而生辉，此为水之

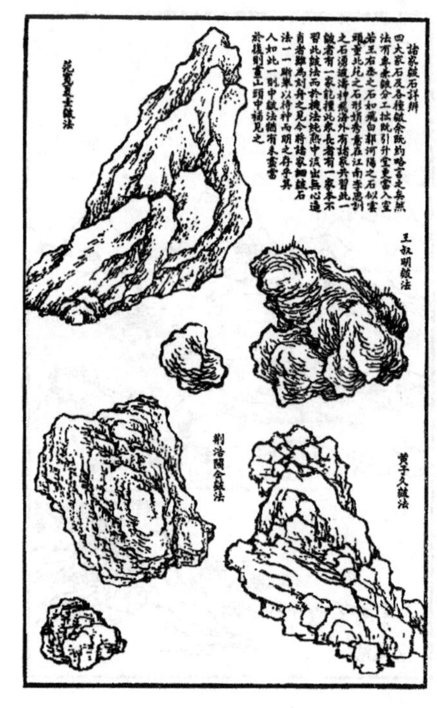
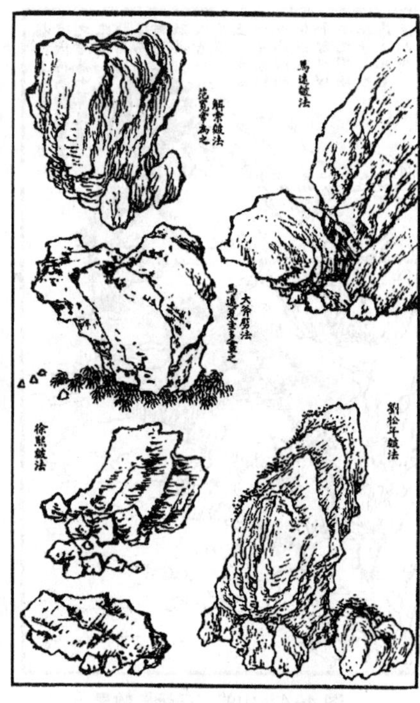
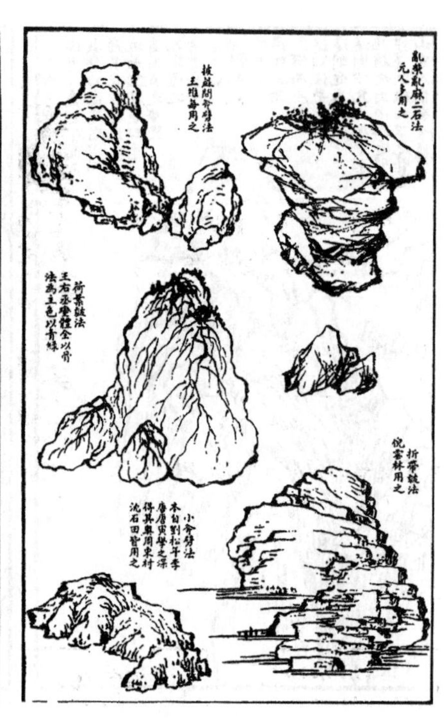

图 4-6　石假山的设计要点
资料来源：《芥子园画谱》

活体也。”（《林泉高致》）水的形态变化万千，是园林中最活跃的景观元素，清风徐徐的水岸是人们喜欢逗留休息的地方。因此，园林中水景设计是十分重要的。

4.1.2.1　园林理水要点

（1）首先要沟通水系，使水有来龙和去脉。水系设计要“疏水之去由，察水之来历”。水体设计要有明确的来源和去脉，因为无源不持久，无脉造水灾。

（2）注意水岸设计的线条美。水岸线条应曲折有致，水面应有大小主次之分，大水面应辽阔开朗，小水面应曲折回环，大小开合对比，层次丰富，有收有放，引人入胜。驳岸形式应丰富多彩，如草坪护坡、树桩驳岸、卵石驳岸等。

（3）注意利用多种手段创造湖、河、湾、涧、溪、潭、滩、洲、岛等景观（图 4-7）。

4.1.2.2　水生植物的种植设计

1）分类

按照园林的观赏性来分类，水生植物可分为沼生植物、浮叶水生植物、漂浮植物 3 类。

（1）沼生植物：根浸在泥中，植株直立挺出水面，大部分生长在岸边沼泽地带，一般均生长在水深不超过 1m 的浅水中，在园林中宜把这类植物种植在不妨碍游人水上活动，以能增进岸边风景的浅岸部分。

（2）浮叶水生植物：根生在水底泥中，但茎并不挺出水面，叶漂浮在水面上，这类植物在沿岸浅水处到稍深的水域都能生长。

（3）漂浮植物：全植株漂浮在水面或水中，这类植物大多生长迅速，培养容易，繁殖快，能在深水中生长，大多具有一定的经济价值，这类植物在园林中宜做平静水面的点缀装饰，在大的水面上，可以增加曲折变化。

2）水生植物的设计要点

（1）不宜种满一池，使水面看不到倒影，失去扩大空间作用和水面平静的感觉；也不要沿岸种满一圈。而应该有疏有密，有断有续，一般在小的水面种植水

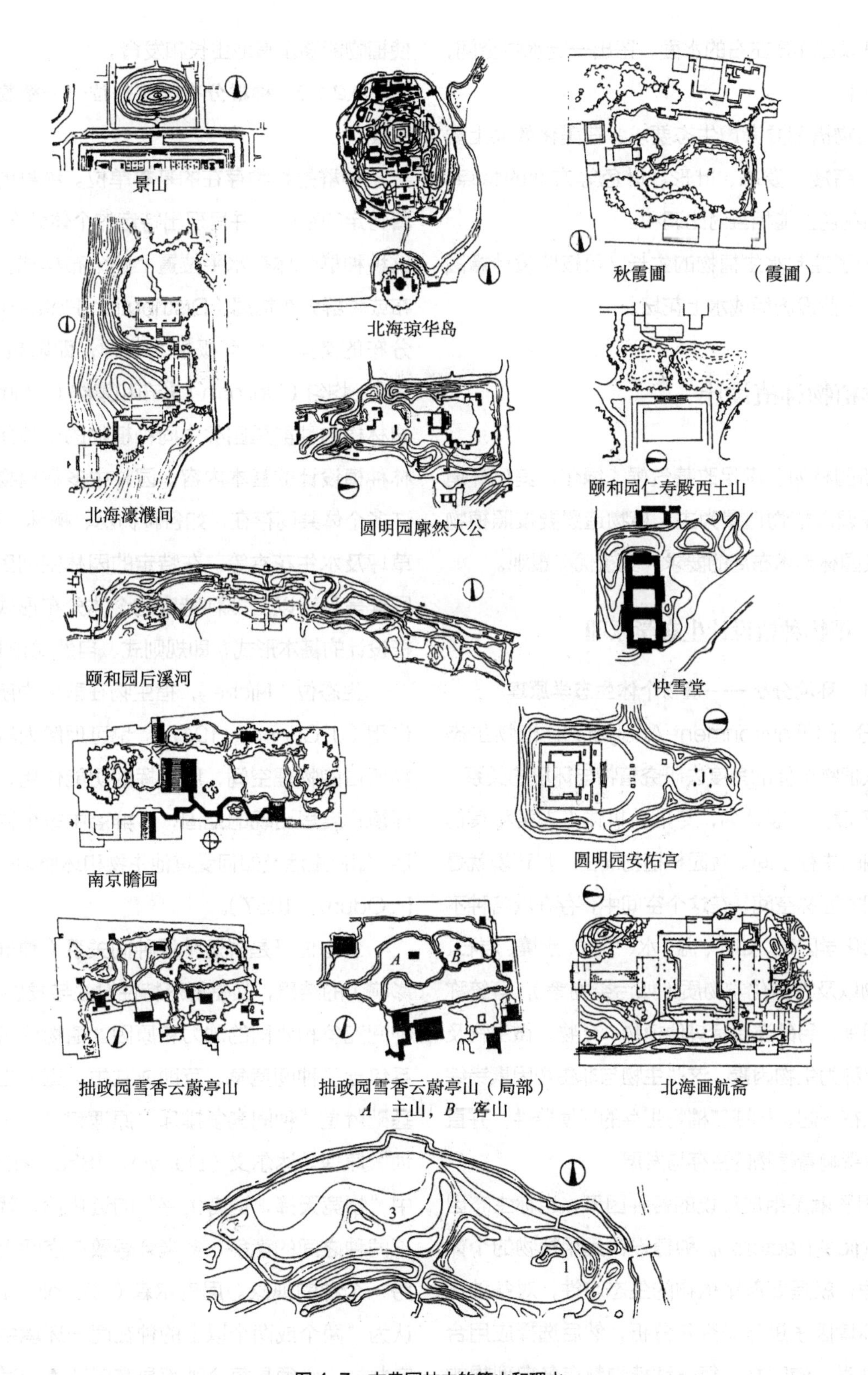

图 4-7　古典园林中的筑山和理水

1—阜障，高约 1m，用于组织游览线；2—带状土山，高 1.5~2.5m，用于组织空间；3—缓坡：（1：10）~（1：4）坡度起伏

资料来源：《建筑设计资料集》

生植物，可以占 1/3 左右的水面，留出一定水中空间，产生倒影效果。

（2）植物搭配要考虑生态要求，在美化效果上要考虑主次、高矮、姿态、叶形、叶色等方面的特点，以及花期和花色上能相互对比调和。

（3）为了控制水生植物的生长，可按照设计意图在水下安置一些设施组成水上花坛。

4.2 园林植物种植设计

现代新园林为了满足改善气候、绿化、美化环境的要求，强调以植物造景为主，植物造景要按照植物生态习性及园林艺术布局的要求，配置优美景观。

4.2.1 植物种植设计生态学原理

4.2.1.1 环境分析——植物个体生态学原理

环境分析（Environment Analysis），植物生态学上是指从植物个体的角度去研究植物与环境的关系。

所谓环境，一般认为，专指有机体（人类和其他生物）周围的生存空间。就园林植物而言，其环境就是植物体周围的园林空间，在这个空间中，存在着各种不同的物理和化学因素，如光、温、水、气候、土壤、岩石、人工构筑物以及许多化学物质（如污染物等），可统称为非生物因素；另外还包括其他植物、动物、微生物及人类，可统称为生物因素。这些生物与非生物因素错综复杂地交织在一起，构成了植物生存的环境条件，并直接或间接地影响着植物的生存与发展。

环境因子就是组成环境的各种因素，也称生态因子（Ecological Factors）。种植设计运用植物的个体生态学原理，就是要尊重植物的生态习性，对各种环境条件与环境因子进行研究和分析，然后选择应用合适的植物种类，使园林中每一种植物都有各自理想的生活环境，或者将环境对植物的不利影响降到最小，使植物能够正常地生长和发育。

4.2.1.2 种群分布与生态位——植物种群生态学原理

种群是物种存在的基本单位。种群的个体都占据着特定的空间，并呈现出特定的个体分布形式或状态，这种种群个体在水平位置上的分布样式，称为种群分布或种群分布格局（Distribution Pattern）。种群空间分布的类型一般可概括为 3 种，即随机（Random）分布、均匀（Uniform）分布和集群（Clumped）分布。园林植物种群是园林中同种植物的个体集合，也是园林种植设计的基本内容。园林中多数植物种群往往有许多个体共同存在，如各种树丛、树林、花坛、花境、草坪及水生花卉等。在特定的园林空间里，植物种群同样呈现出以上 3 种特定的个体分布形式，也就是种植设计的基本形式，即规则式、自然式和混合式。

生态位（Niche），指生物在群落中所处的地位和作用（J. Crinnel，1917）。也可理解为群落中某种生物所占的物理空间，所发挥的功能作用，及其在各种环境梯度里出现的范围，即群落中每个种是在哪里生活，如何生活及如何受其他生物和环境因子约束等（G. P. Odum，1957）。

生态位既是群落种群种间关系（种群之间的相互影响）的结果，又是群落特性发生与发展、种系进化、种间竞争和协同的动力和原因。植物群落种群种间关系包含了种间竞争、互助或共生。竞争生态位理论的基础就是“种间竞争排斥”原理和“一个生态位一个种”原理。达尔文（Darwin，1859）在《物种起源》中“物竞天择，适者生存”的进化论，就注意到同属不同种之间的竞争，多半会导致在空间上一个种排斥另一个种的现象。尼克尔森（Nicholson，1933）也认为“两个或两个以上的种在同一环境中能够长期稳定共处，必须是每个种都具有对环境中某个或某组限制因子比其他种更胜一筹的支配或忍受能力”。哈钦松

（Hutchinson，1949）也明确表示，在生态位上具有同样需求的两个种，决不会在同一地区形成稳定的混合集群，生活在一起的种，必须是每个种都具有它自己独特的生态位，即一个生态位一个种。种间竞争也并非绝对化，植物群落中的种间关系，不仅只是竞争，也有互助。另外，生态习性不同或“不同生态位”的种之间也存在竞争。而且，竞争强度也是有梯度的，是随种群生物学特征、种群数量特征和环境资源条件（密度效应）而变化的。

园林种植设计，如乔木树种与林下喜阴（或耐阴）灌木和地被植物组成的复层植物景观设计、园林中的密植景观设计，都必须建立种群优势，占据环境资源，排斥非设计性植物（如杂草等），选择竞争性强的植物，采用合理的种植密度。总之，都应遵循生态位原理，以求获得稳定的园林植物种群与群落景观。

4.2.1.3 物种多样性——群落生态学原理

生物多样性，是指一定空间范围内多种多样活的有机体（包括动物、植物、微生物）有规律地结合在一起的总称（群落）。生物多样性是生物之间和生物与环境之间复杂的相互关系的体现，也是生物资源与自然景观丰富多彩的标志。生物多样性包含有遗传多样性、物种多样性（Species Diversity）和生态系统多样性。理解和表达一个区域环境物种多样性的特点，一般基于 2 个方面，即物种丰富度（或称丰富性）和物种的相对密度（或称异质性）。丰富度是指群落所含有的种数的多寡，种越多，丰富性越大。相对密度是指各个物种在一定区域或一个生态系统中分布多少的程度，即物种的优势和均匀性程度，优势种越不明显，种类分布越均匀，异质性越大。

园林植物种植设计遵循物种多样性的生态学原理，目的是为了实现园林植物群落的稳定性、植物景观的多样性和持续生长性等，并为实现区域环境生物多样性奠定基础。

4.2.1.4 生态系统——生态系统生态学原理

众所周知，就生态功能与效益而言，通常是系统大于群体，群体大于个体。城市绿地系统是由城市中或城市周围各种绿地空间所组成的一个大的自然生态系统，而每一块绿地又是一个子系统。城市绿地系统的建立和保护，可以有效地整体改善和调节城市生态环境。而整体调节功能的大小，很大程度上取决于整个系统的初级生产力（指植物通过光合作用，利用太阳能，将无机物转变为有机物的比率，它是测量生态系统功能的最重要手段）。不同生态类型的植物，其净初级生产力 [生产干物质的能力，单位：g/（m^2 · 年）] 差异较大，如温带常绿林 1 300g/（m^2 · 年），温带落叶林 1 200g/（m^2 · 年），而温带草原只有 600g/（m^2 · 年）。因此，园林种植设计不但要较多地利用木本植物，提高绿地的生态功能和效益，同时还要创造多种多样的生境和绿地生态系统，满足各种植物及其他生物的生活需要和整个城市自然生态系统的平衡，促进人居环境的可持续发展。

4.2.2 植物种植设计的基本原则

4.2.2.1 与总体布局相一致，与环境相协调

在规则式园林绿地中，多用对植、行列植景观；在自然式的园林绿地中，则多运用植物的自然姿态进行自然式造景。如在大门、主干道、整形广场、大型建筑物附近，多用规则式植物造景；在自然山水园的草坪、水池边缘，多采用自然式的造景。在平面上应注意配置的疏密和轮廓线；在竖向上要注意树冠轮廓线；在树林中要注意透视线，总之，要有植物景观的总体大小、远近、高低层次效果。优美的园林植物景观之间是相辅相成的。园林艺术构图要有乔木、灌木、草本植物缓慢过渡，相互间又要形成对比，以利观赏。

4.2.2.2 根据植物生态环境，适地适树

如街道绿化要选择易活、适应城市交通环境、耐修剪、抗烟尘、干高、枝叶茂密、生长快的植物，山地

绿化要选择耐旱植物，并有利于山景的衬托；水边绿化要选择耐水湿的植物，要与水景协调；纪念性公园绿化要选择具有万古长青意境的植物，具有纪念意义。

4.2.2.3 符合自然植物群落形态特征

自然植物群落的发生、发展以及所呈现出的形态特征和其所处的地域环境是密不可分的。当地域环境条件发生变化时，群落的组成成分、结构形式、形态特征以及群落的演变和发展过程也会发生相应的变化。自然植物群落是植物与植物、植物与动物、植物与环境之间长期相互作用和相互影响的结果，并以其特有的组成成分、结构形式和形态特征体现出植物群落的地带性特征。因此，在植物群落塑造过程中，一定要确保塑造的植物群落在组成成分、结构形式和形态特征上符合本地区同一类型自然植物群落特征，并且强调突出植物群落的地带性特征。为了确保这一目标的实现，必须完成这样 2 个环节，一是调查分析同一地区自然植物群落的物种成分和结构特征；二是分析描述自然植物群落的外貌特征和群落所处的发展阶段。

4.2.2.4 近期与远期相结合，有合理密度

植物的密度大小直接影响绿化景观和绿地功能的发挥。树木造景设计应以成年树冠大小作为株行距的最佳设计，但也要注意近期效果和远期效果相结合。采用速生树与慢生树、常绿树与落叶树、乔木与灌木、观叶树与观花树相互搭配，在满足植物生态条件下创造复层绿化。

4.2.2.5 注意植物季相变化和色香形的统一对比

植物造景要综合考虑时间、环境、植物种类及其生态条件的不同，使丰富的植物色彩随着季节的变化交替出现，并使园林绿地的各个分区地段突出一个季节的植物景观。在游人集中的地段应四季有景可赏。植物景观组合的色彩、芳香、个体、叶、花的形态变化也是多种多样的，但要主次分明，从功能出发，突出某一个方面，以免产生杂乱感。

4.2.3 种植设计的形式

园林种植设计的基本形式有 3 种，即规则式种植、自然式种植和混合式种植。

4.2.3.1 规则式种植

规则式种植用于规则式园林以及构图比较规整的空间中。选取的植物材料及种植形式比较规整，有图案感，常常用于表现单纯、整齐、宏大、严肃等的景观效果。常见的规则式种植有以下几种形式：

1）对植

两株或者两丛树按一定的轴线关系相互对称或均衡的种植方式。对植可以是一种树也可是不同的树种，但两种树形态应相似。对植多用于规则式园林中比较严肃的地方，也可在入口、桥头等重要地段起强调作用。

2）行列式栽植

乔灌木按一定株行距成行成排种植或在行内株距有变化的栽植形式。行列式形成的景观比较整齐单纯，气势大，规则园林中应用较多。行列式栽植树种宜选用树冠体形整齐、枝干挺拔直立的树种。行列式栽植的株行距一般乔木在 3~8m，甚至更大，灌木为 1~5m，过密就成绿篱。

3）树阵式栽植

现代园林中，在总体规划时建立网格体系，将植物种植在网格的格点上，形成规则的树阵式排列的种植形式。如美国的得克萨斯州达拉斯市喷泉水景园，设计时建立边长为 5m 的网格体系，将圆形或半圆形的树坛设置在网格的格点上，在严格的几何关系和秩序中创造优美景观（图 4-8、图 4-9）。

4）绿篱

园林中的绿篱具有规则的几何形式或笔直的线形，通常由藤本植物、灌木或小乔木以近距离的株距密植，栽成单行或双行的紧密结构。绿篱就像园林景观中的墙体一样，具有多种形式，高大的、短小的、宽的、

窄的、有棱角的、蜿蜒曲折的……

根据高度不同，绿篱可分为高度在 160cm 以上的绿墙，高度在 120~160cm 的高绿篱，高度在 50~120cm 的最常见类型绿篱，高度在 50cm 以下的矮绿篱。绿墙可遮挡视线，能创造出完全封闭的私密空间。高绿篱能分离造园要素，但不会阻挡人的视线。膝盖高度以下的矮绿篱给人以方向感，既可使游人视线开阔，又能形成花带、绿地或小径的构架。

根据功能与观赏要求不同，绿篱有常绿篱、花篱、彩叶篱、观果篱、刺篱、蔓篱、编篱几种。各种绿篱精心设计，可创造出精美的图案、丰富的层次、缤纷的色彩。

5）植物迷宫

利用树墙或树篱形成错综复杂、容易令人产生困惑的网络系统的种植方法。迷宫是西方园林中一种古老的形式，它具有很多种形状及变化尺度，其迂回曲折的形态能够引发人们深层次的思考（图 4-10）。

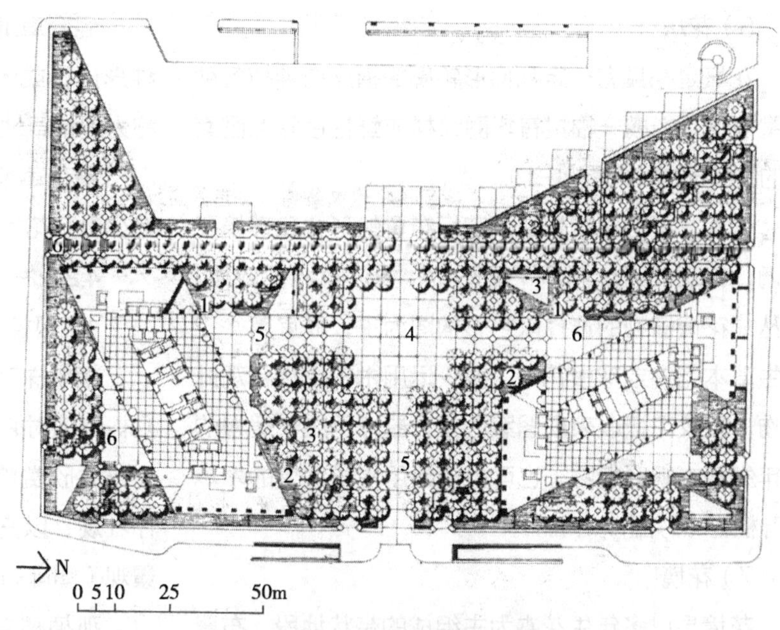

图 4-8 美国得克萨斯州达拉斯市水景园平面图
1—水池与喷泉；2—水池中树坛；3—小休息广场；4—中央旱喷泉；5—路面与铺装；6—台阶
资料来源：《西方现代园林设计》

图 4-9 水景园效果图
资料来源：《西方现代园林设计》

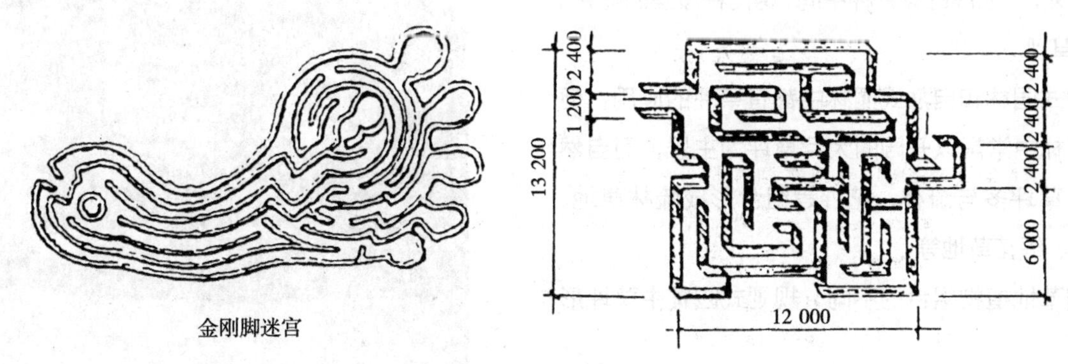

图 4-10 植物迷宫
资料来源：《景观与景园建筑工程规划设计》

6）花坛

花坛是在具有一定几何形轮廓的植床内种植各种观赏植物，构成一幅具有华丽纹样或鲜艳色彩的图案画的种植形式（彩图 4-1）。

作为主要的观赏景致，花坛布置的形式和环境要协调，花坛的设计强调平面图案，要注意俯视效果。花丛式花坛植物的选择以色彩构图为主，故宜用 1~2 年生草本花卉或球根花卉，很少运用木本植物和观叶植物；模纹花坛以表现图案为主，最好用生长缓慢的多年生草本观叶植物，也可少量运用生长缓慢的木本观叶植物（彩图 4-2）。

7）花境

花境是以多年生花卉为主组成的带状地段，布置采取自然式块状混交，表现花卉群体的自然景观，它是园林中从规则式构图到自然式构图的一种过渡的半自然式种植形式，花境所选用的植物材料，以能越冬的观花灌木和多年生花卉为主，要求四季美观又有季相交替，一般栽植后 3~5 年不更换，花境表现的主题是表现观赏植物本身所特有的自然美，以及观赏植物自然组合的群落美，所以构图不是平面的几何图案，而是植物群落的自然景观（彩图 4-3~ 彩图 4-5）。

花境分为单面观赏和双面观赏两种。单面观赏的花境多布置在道路两侧或草坪四周，一般把矮的花卉种植在前面，高的种在后面。双面观赏的花境多布置在道路中央，一般高的花卉种中间，两侧种矮些的花卉。

8）草坪

规则式园林和自然式园林中都有草坪的应用，但规则式园林中常常以开阔的大片草坪为主景，而自然式园林中草坪多与疏林、花卉等组合形成疏林草地、林下草地、缀花草地等。

根据草地植物组合的不同，规则式园林中草坪形式有：

单纯草地：由一种草本植物组成的草地。

混合草地：由几种禾本科多年生草本植物混合播种形成，或禾本科植物中混有其他草本植物的草地，称为混合草地。

缀花草地：在以禾本科植物为主体的草地上，混有少量开花华丽的多年生草本植物。

4.2.3.2　自然式种植

1）孤植

指单株栽植或几株紧密栽植组成一个单元的形式，几株栽植时必须为同一树种，株距不超过 1.5m。孤植树主要欣赏单株植物姿态美，植株要挺拔、繁茂、雄伟壮观，以充分反映自然界个体植株充分生长发育的景观（图 4-11）。

孤植树要注意选择植株形体美而大，枝叶茂密，树冠开阔，树干挺拔，或具有特殊观赏价值的树木。生长要健壮，寿命长，能经受重大自然灾害，宜多选取当地乡土树种中久经考验的高大树种。并不含毒素，不带污染，花果不易脱落及病虫害少。

图 4-11　世博园内孤植树

孤植树布置的地点要比较开阔，要保证树冠有足够生长空间，要有比较合适的观赏视距和观赏点，使人有足够活动地和适宜的欣赏位置。最好有天空、水面、草地等色彩单纯的景物作背景，以衬托突出树木的形体美、姿态美。常布置在大草地一端、河边、湖畔或布局在可透视辽阔远景的高地上和山岗上。孤植树还可布置在自然式园路或河道转折处、假山蹬道口、园林局部入口处，诱导游人进入另一景区。孤植树还可配置在建筑组成的院落中，小型广场上等。

2）丛植

自然式园林中树木造景很常见的一种形式。通过几株大小不等树木的配置，反映自然界树木大小规模的群体形象美，这种群体形象又是通过树木个体之间的有机组合与搭配来体现的，彼此之间既有统一的联系，又有各自的变化。丛植可以是一个种群，也可由多种树组成。不同株数的组合设计要求遵行一定的构图法则。

（1）两株丛植

两株组合设计一般采用同一种树木，或者形态和生态习性相似的不同树种。两株树的姿态大小不要完全相同，俯仰曲直、大小高矮上都应有所变化，动势上要相互呼应。种植的间距一般不大于小树的冠径（图 4-12）。

（2）三株丛植

三株组合设计亦采用同种树或两种树。若为两种树，应同为常绿或落叶，同为乔木或灌木等，不同树木大小和姿态有所变化。明朝画家龚贤说：“三树一丛，则二株宜近，一株宜远，以示别也。近者曲而俯，远者宜直而仰。”最大和最小靠近成一组，中等树木稍远离成另一组，两组之间相互呼应，呈不对称均衡。平面布局呈不等边三角形，忌三株同在一条直线上，也忌等边三角形栽植（图 4-13、图 4-14）。

（3）四株丛植

四株组合设计亦采用同种树或两种树。若为两种树，应同为乔木或灌木等，树木在大小、姿态、动

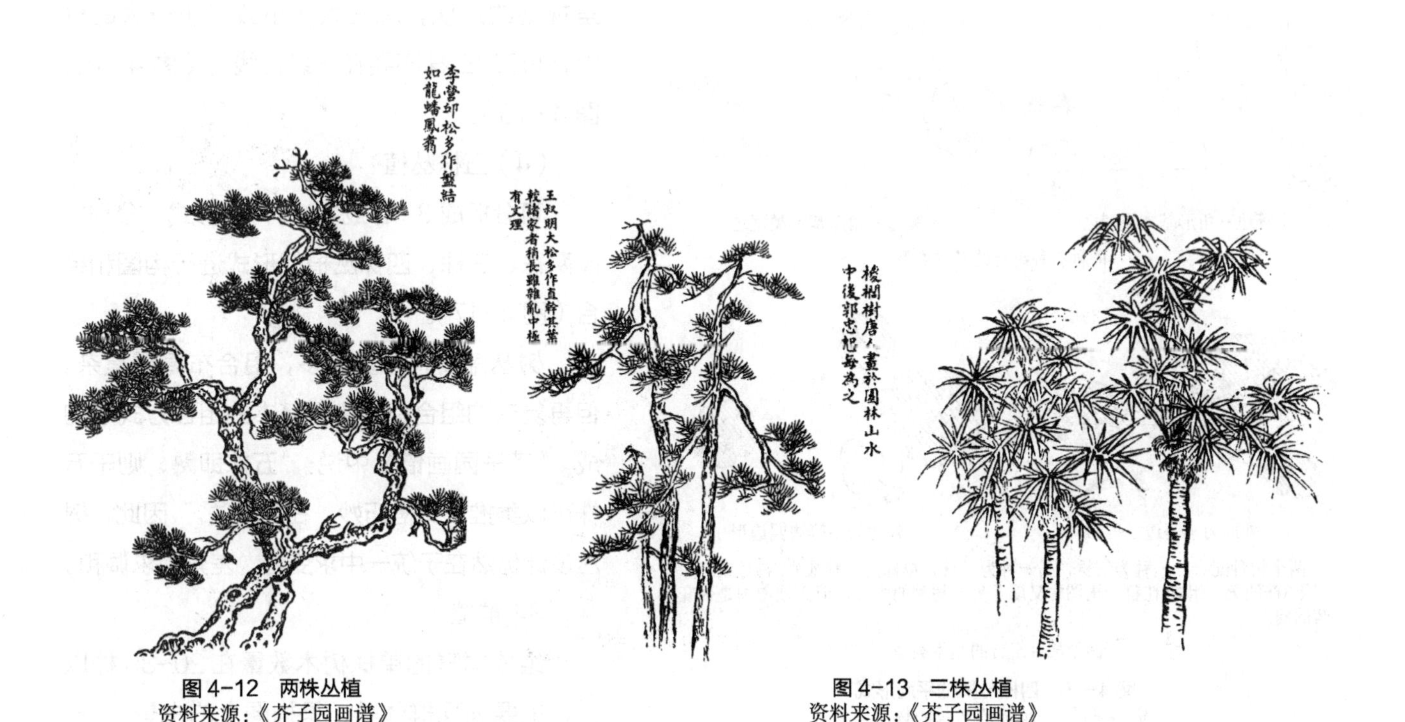

图 4-12　两株丛植
资料来源：《芥子园画谱》

图 4-13　三株丛植
资料来源：《芥子园画谱》

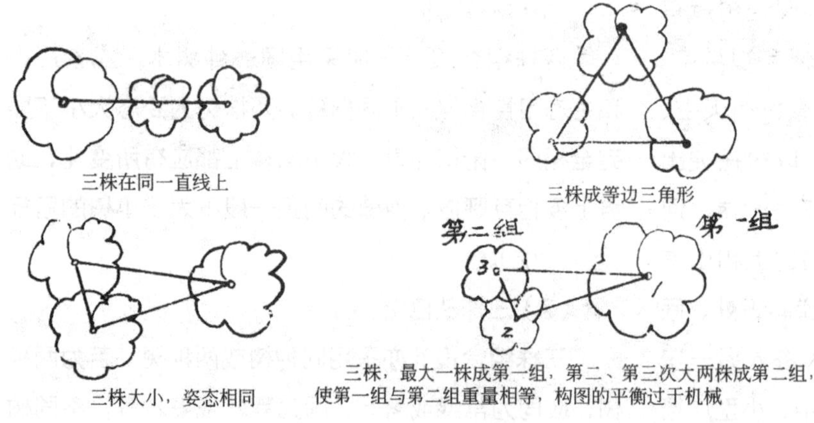

三株在同一直线上

三株成等边三角形

三株大小，姿态相同

三株，最大一株成第一组，第二、第三次大两株成第二组，使第一组与第二组重量相等，构图的平衡过于机械

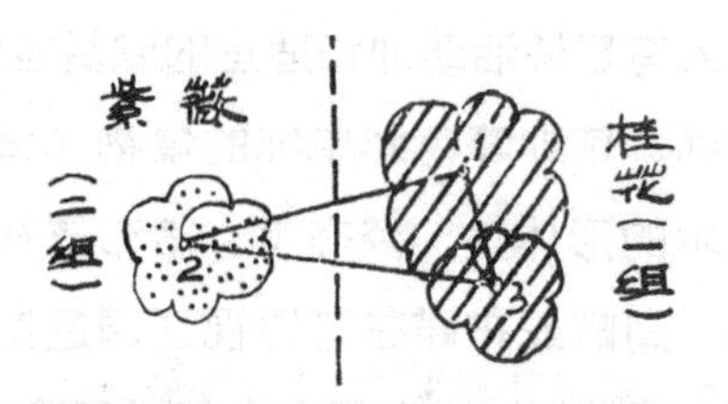

三株由两个树种组成，其中1、3号为同一树种靠近成一小组，2号为另一树种分开成另一小组，因一组与二组树种不同，使构图分割为不统一的两个部分，整个树丛有分割为两个局部的感觉，第一组与第二组没有共同因素，只有差异性

图 4-14　三株丛植不妥当的组合
资料来源：《园林艺术及园林设计》

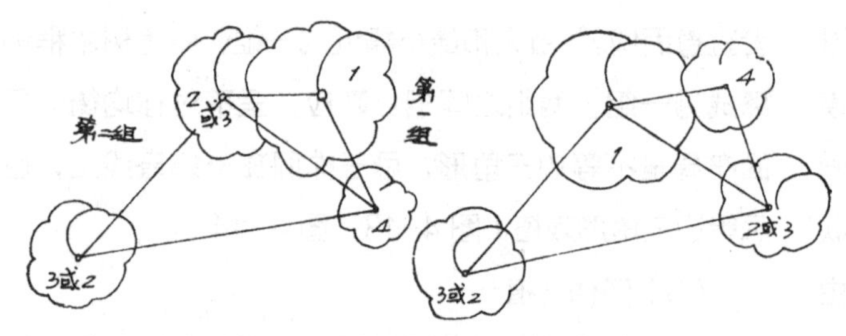

不等边四边形基本类型之一，其中三株靠近，(1、2、4)为第一组，第3号和2号远离一些，构成第二组

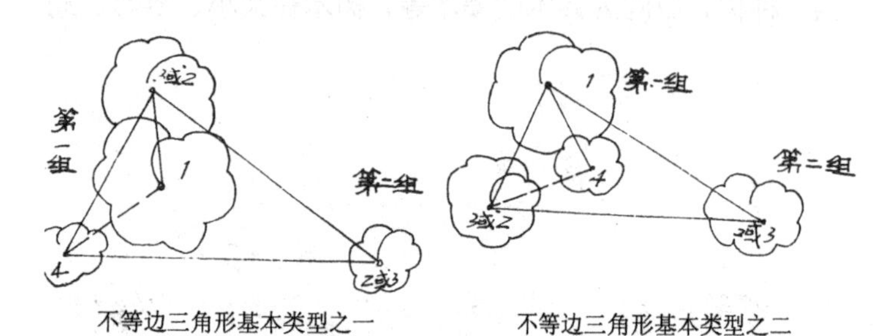

不等边三角形基本类型之一　　不等边三角形基本类型之二

同种树种组合的基本类型

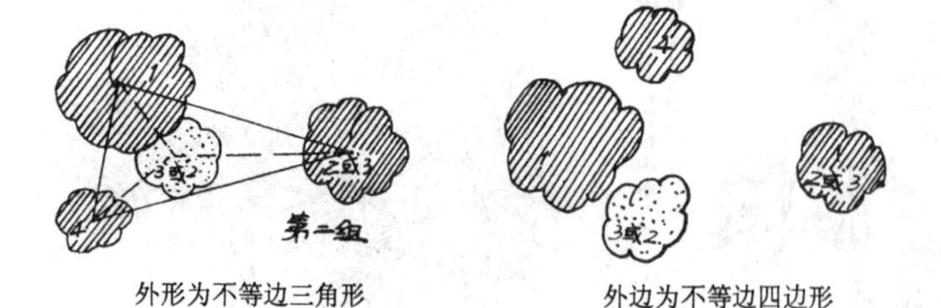

外形为不等边三角形　　外边为不等边四边形

两个树种配合：一种为三株，另一种为一株，单株的一种最好为3号或2号，居于3株的第一组中,在整个构图中又属于另一树种的中央，但必须考虑是否庇荫的问题。

两个树种组合的基本类型

图 4-15　四株丛植的平面形式
资料来源：《园林艺术及园林设计》

势、间距上要有所变化。布局时分两组，成3：1的组合，即三株树按三株丛植进行，单株的一组体量通常为第二大树。选用两种树时，数量比为3：1，仅一株的树种，其体量不要是最大的也不要是最小的，也不能单独一组布局。平面布局为不等边的三角形或不等角不等边的四边形。忌两两分组，忌平面呈规则的形状，忌三大一小或三小一大的分组，任意的三株不要在一条直线上（图 4-15、图 4-16）。

（4）五株丛植

可分拆成3：2或4：1两种形式。分别按照两株、三株、四株丛植的形式进行构图和组合（图 4-17）。

树丛配置，株数越多，组合布局越复杂。但再复杂的组合都是由最基本的组合方式所构成。《芥子园画谱》中说："五株即熟，则千万株可以类推，交搭巧妙，在此转关。"因此，树丛设计仍然在于统一中求变化，差异中求调和。

3）群植

组成树群的单株树木数量在 20~30 株以上，主要表现群体美，是构图上的主景之一，

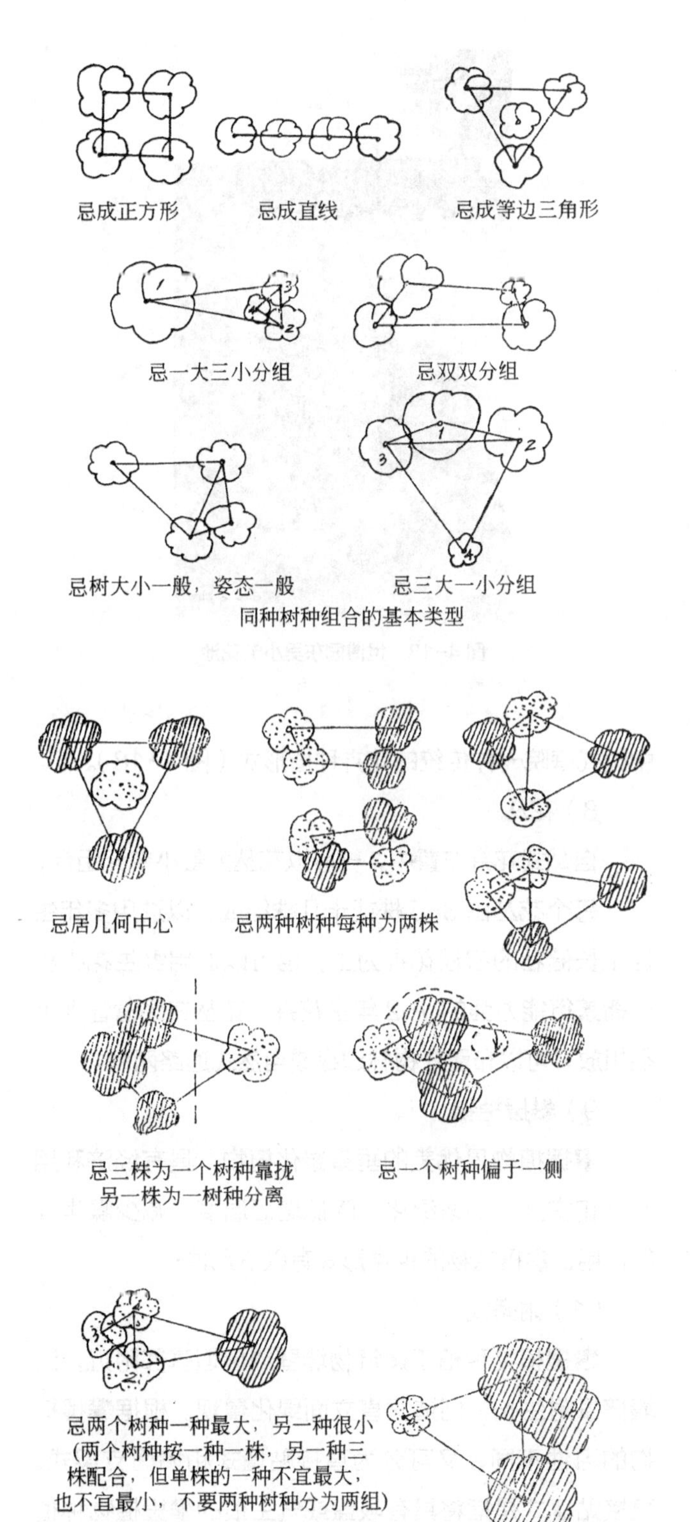

图 4-16　四株丛植不妥当的组合
资料来源：《园林艺术及园林设计》

第一组　第二组　不等角五边形　不等角五边形

外形为不等角四边形

外形为不等边三角形之一

外形为不等边三角形之二

基本平面一共为以上5种

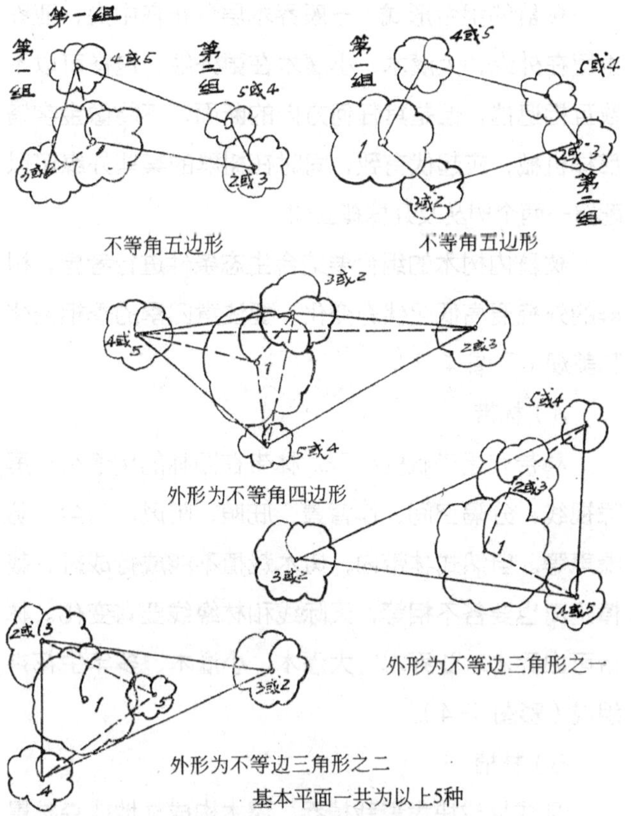

图 4-17　五株丛植的平面形式
资料来源：《园林艺术及园林设计》

应布置在有足够观赏距离的开阔场地上，如靠近林缘的大草坪上、宽广的林中空地上、水中的小岛上、广而宽的水滨、小山坡上、土丘上等。在树群主要立面的前方，至少在树群高度的 4 倍或宽度的 2 倍半距离上，要留出空地，以便游人欣赏。

树群可分为单纯树群和混交树群 2 种。单纯树群由一种树组成，可以应用宿根花卉作地被植物。混交树群由多种树种组成。

一个完整的混交树群分 5 个部分：乔木层、亚乔木层、大灌木层、小灌木层及多年生草本植被层。乔木层选用的树种，姿态要丰富，使整个树群的天际轮廓线富于变化。亚乔木层最好开花繁茂，或具有美丽的叶色，灌木应以花灌木为主，最下层用草坪或多年生花卉植物。

树群的组合形式，一般乔木层分布在中央，亚乔木层在外缘，大灌木、小灌木在更外缘，这样可以不致互相遮挡，但是其任何方向的断面，不能像金字塔那样机械，应起伏有致，同时在树群的某些外缘可以配置一两个树丛及几株孤立树。

树群内树木的组合要结合生态条件进行考虑，树群的外貌要高低起伏有变化，要注意四季的季相变化和美观（彩图 4-3）。

4）林带

林带就是带状的树群。林带在园林的用途有：屏障视线、分隔空间、作背景、庇荫、防风、防尘、防噪声等。自然式林带内，树木栽植不能成行成排，栽植距离也要各不相等，天际线和林缘线要有变化。林带可由乔木、亚乔木、大灌木、小灌木、多年生花卉组成（彩图 4-4）。

5）林植

凡成片成块大量栽植乔、灌木构成林地或森林景观的称为林植。多用于大面积的公园安静休息区、风景游览区或休、疗养院及卫生防护林带（彩图 4-5）。

林植可分为疏林、密林 2 种，疏林与草地结合构成的“疏林草地”，夏天可蔽荫，冬天有阳光，草坪空地供游息活动。林内景色变化多姿，深受群众喜爱，疏林的树种应有较高观赏价值。

6）花台

花台是我国传统花卉布置形式，古典园林中常见，其特点是整个种植床高出地面很多，而且层层叠置。由于距地面较高，排水较好，又提高了花卉与人的观赏视距，故常选用适于近距离观赏的、栽培上要求排水良好的种类，如芍药、牡丹等，也有配以山石、小水面和树木做成盆景形式的花台。

7）花池

花池是整个种植床与地面高程相差不多，边缘用砖石维护，池中常灵活种以花木或配置山石，这也是中国式庭院一种传统的花卉种植形式（图 4-18）。

图 4-18　世博园东吴小筑花池

8）花丛

自然式花卉布置中，一般以花丛为最小单元组合，每个花丛由 3~5 株或十几株组成，以选用多年生且生长健壮的宿根花卉为主，也可以选用野生花卉和自播繁衍能力强的 1~2 年生花卉，花丛在经营管理上很粗放，可以布置在树林边缘或自然式道路两旁。

9）攀援植物

攀援植物是优美的垂直绿化植物，具有经济利用土地和空间、快速绿化、降低墙面温度、减少噪声等的作用。攀援植物的种植形式有以下几种：

（1）附壁式

攀援植物种植于建筑物墙壁或墙垣基部附近，沿墙壁攀附生长，创造垂直立面绿化景观。根据攀援植物的习性不同，又可分为直接贴墙式和墙面支架式。直接贴墙式是指将具有吸盘或气生根的攀援植物种植于近墙基地面或种植台内，植物直接贴附于墙面向上生长。如爬墙虎、五叶地锦、凌霄、薜荔、络石、扶芳藤等。对于没有吸盘或气根、不具备直接吸附攀援能力、或攀援能力较弱的植物，可采用墙面支架式，借助支架或用绳牵引，使植物顺着支架和绳索向上缠绕攀附生长。如金银花、牵牛花、茑萝、藤本月季、叶子花等。

（2）独立布置式

利用置石、棚架、花架、亭等设施作攀援植物的支撑，或者在屋顶边沿上、阳台上种植攀援植物，使其向上攀援或向下悬挂，形成以攀援植物为主要观赏对象的绿柱、绿门、绿廊、绿帘、绿瀑等的形式。

（3）地被式

在土坡假山旁以及各类绿地中种植攀援植物，达到固土护坡、遮挡不雅景观、覆盖绿地等目的的种植方法。

4.3　园林建筑与小品设计

在园林风景中，既有使用功能，又能与环境组成景色供观赏游览的各类建筑物或构筑物等，都可统称为“园林建筑”（引自《园林建筑与工程》同济大学出版社）。包括亭、廊、花架、榭、舫、厅堂等。园林绿地中，除了园林建筑外，还有大量装饰性小品，如小桥、汀步、踏步、园椅、园凳、园灯、园门、花窗、隔断、园林假山、雕塑、雕刻、摩岩石刻等。这些小品，体量小巧，造型新颖，立意有章，常与所处环境构成富有生趣的意境，是园林绿地中必不可少的装饰艺术。

4.3.1　亭的设计

《园冶》谓：“亭者，停也，所以停憩游行也”（引自《园冶》）。亭子在我国园林中是运用得最多的一种建筑形式，无论是在传统的古典园林中，还是在现代园林中，都可以看到各式各样的亭子。

4.3.1.1　亭的功能及形式

1）亭的功能

亭具有休息、赏景、点景、专用等功能。亭的设置可防日晒、避雨淋、消暑纳凉，是园林中游人休息之处。亭还是园林中凭眺、畅览园林景色的赏景点。亭为园林景物之一，其位置体量、色彩等应因地制宜，表达出各种园林情趣，成为园林景观构图中心。为某种特定目的，园林中也经常使用亭，如纪念亭、碑亭、井亭、鼓乐亭以及现代园林中的售票亭、小卖亭、摄影亭等。

2）亭的形式

亭子的体量不大，但造型上的变化却是非常多样灵活的。按照亭顶的类型来分，亭有攒尖、歇山、卷棚、庑殿、盔顶、十字顶、悬山顶、平顶等；按照平面形式来分，亭有正多边形、长方形、半亭、仿生形（如：睡莲形、扇形、十字形、圆形、梅花形等）的形式；按照立面形式来分有单檐、重檐、三重檐等；按照平面组合形式来分有单亭、组合亭、与廊墙相结合的形式三类；如果从材料上来分又有木亭、石亭、竹亭、茅草亭、铜亭等，近代还有采用钢筋混凝土、玻璃钢、索膜、环保技术材料等建造的亭子（图 4-19、图 4-20、图 4-21）。

4.3.1.2　亭的位置选择

在园林建筑设计中，亭的设计要考虑两方面的问题：①供游人休息，能遮阳避雨，要有好的观赏条件，因此要造在能观赏风景之地；②亭本身是园林风景的组成部分，因此其设计要能与周围环境相协调，要能够锦上添花。亭的立基选地并无成法，所谓“安亭有式，立地无凭”，只要与环境协调随处可设亭。亭布局的地形环境有：

1）山地设亭

在山地设亭，不仅便于远眺，而且由于山顶、山脊很容易形成构图中心，此处设亭，能抓住人的视线，吸引游人往山上爬。

在高大的山上建亭，一般宜在山腰台地或次要山脊建亭，一方面便于休息，另一方面山腰亭子背靠山体，

图 4-19 古典亭、现代亭的形式
资料来源：《建筑设计资料集》

图 4-20 组合亭
资料来源：《建筑设计资料集》

面临幽谷，可俯可仰，景色丰富。亦可将亭建在山道旁，以显示局部山形地势之美，并有引导游人的作用。

中等高度山体上建亭一般宜在山脊、山顶、山腰建亭，建亭应有足够的体量或成组设置，以取得和山形体量协调的效果。

在高度 5~7m 的小山上建亭，亭常建于山顶，以增加山形的高度与体量，更能丰富山形的轮廓，但为了避免构图上的呆板，一般不宜建在山形的几何中心线之顶，而是构建在偏于山顶一侧的位置（图 4-22）。

2）临水建亭

水面是构成丰富多变的风景画面的重要因素。水边设亭，一方面为了观赏水面景色，另一方面，也可

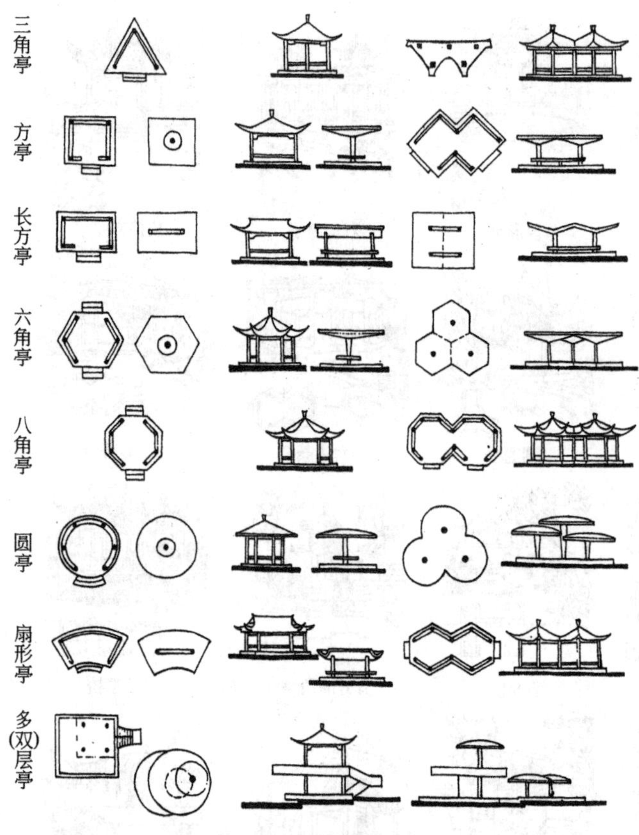

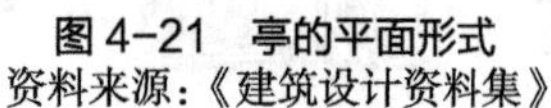
图 4-21　亭的平面形式
资料来源：《建筑设计资料集》

图 4-22　石林望峰亭

图 4-23　临水建亭

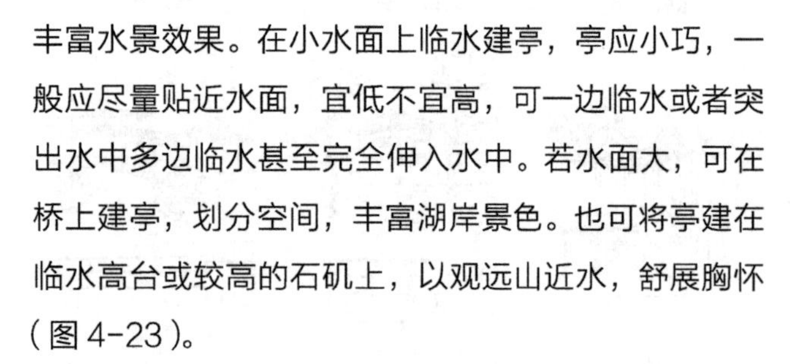

丰富水景效果。在小水面上临水建亭，亭应小巧，一般应尽量贴近水面，宜低不宜高，可一边临水或者突出水中多边临水甚至完全伸入水中。若水面大，可在桥上建亭，划分空间，丰富湖岸景色。也可将亭建在临水高台或较高的石矶上，以观远山近水，舒展胸怀（图 4-23）。

3）平地建亭

平地建亭眺览的意义不大，更多的是供休息、纳凉、游览之用，应尽量结合各种园林要素（如山石、树木、水池等）构成各具特色的景致，葱郁的密林、绚丽灿烂的花间石畔、幽雅宁静的疏梅竹影都是平地建亭的佳地。更可在道路的交叉点结合游览路线建亭，引导游人游览及休息；在绿地、草坪、小广场中可结合小水池、喷泉、山石修建小型亭子，以供游人休憩。此外，园墙之中、廊间重点或尽端转角等处，也可用亭来点缀。结合园林中的巨石、山泉、洞穴、丘壑等各种特殊地貌建亭，也可取得更为奇特的景观效果（图 4-24）。

4.3.1.3　亭的设计要求

亭的设计必须因地制宜、综合考虑。造型体量应与园林性质和它所处的环境位置相适应，宜大则大，宜小则小。但一般亭以小巧为宜，体型小，使人感到亲切。单亭直径最小一般不小于 3m，最大不大于 5m，高不低于 2.3m。每亭应有其特点，不要千篇一律。如果体量需要很大，可以采用组合亭形式，否则易粗笨。

4.3.2　廊的设计

《园冶》中提到："廊者，庑出一步也，宜曲宜长

基址与环境　园林亭的造型千姿百态，且基址环境又各具其妙，故亭的选址应力求因地制宜，造型应与环境协调统一，体量应与园林空间大小相宜。

濠濮亭
a 水边建亭　最宜低临水面，布置方式有：一边临水，二边临水及多边临水等

北海公园五龙亭
b 近岸水中建亭　常以曲桥、小堤、汀步等与水岸相连，而使亭四周临水

拙政园荷风四面亭
c 岛上建亭　类似者有：湖心亭、洲端亭等，为水面视线焦点，观景面突出，但岛不宜过大

颐和园风亭
d 桥上建亭　既可供休息，又可划分水面空间，唯在小水面的桥更宜低临水面

峨眉山牛心亭
e 溪涧建亭　景观幽深，可观潺潺流水，听溪涧泉声

(a)

避暑山庄四面云山亭
a 山顶建亭（一）
居高临下，俯瞰全园，可作风景透视线焦点，控制全园

云南石林望峰亭
b 山顶建亭（二）
宜选奇峰林立，千峰万仞之巅，点以亭飞檐翘角、具奇险之势

崂山圆亭
c 山腰建亭
宜选开阔台地，利于眺望及视线引导，为途中驻足休息佳地

颐和园画中游
d 山腰建亭
宜选地形突变，崖壁洞穴，巨石凸起处，紧贴地形大落差建二层亭

北海见春亭
e 山麓建亭
常置于山坡道旁，既便于休息，又作路线引导

(b)

三潭映月路亭
a 路亭
常设在路旁或园路交汇点，可防日晒避雨淋，驻足休息

兴庆公园沉香亭
b 筑台建亭
是皇家园林常用手法之一，可增亭之雄伟壮丽之势

留园冠云亭
c 掇山石建亭
可抬高基址标高及视线，并以山石陪补环境，增自然气氛，减平地单调

天平山御碑亭
d 林间建亭
在巨树遮阴的密林之下，虽为平地，但景象幽深，林野之趣浓郁

北海公园鲜碧亭
e 角隅建亭　利用建筑的山墙及围墙角隅建亭，可破实墙面的呆板，并使小空间活跃

(c)

图 4-24　亭的位置选择
(a) 临水建亭；(b) 山地建亭；(c) 平地建亭
资料来源：《建筑设计资料集》

则胜。古之曲廊，俱曲尺之曲。今予所构曲廊，之字曲者，随形而弯，依势而曲。或蟠山腰，或穹水际，通花渡壑，蜿蜒无尽。”由于廊的平面布局比较灵活，构造与施工比较简易，在总体造型上比其他建筑物有更大的自由度，园林中经常使用。

4.3.2.1 **廊的功能和形式**

1）廊的功能

廊是一条有盖顶的通道，能防雨遮阳，是联系风景的纽带；它是长形的赏景和休息的建筑物，可随山就势，曲折迂回，逶迤蜿蜒，引导视角多变的导游交通路线；廊是中国园林建筑群体中的重要组成部分，经常和亭台楼阁组成建筑群的一部分，使单体的一个个建筑构成一个整体，并自成游息空间；分隔或围合不同形状和情趣的园林空间，使空间互相渗透，丰富空间层次增加景深；作为山麓、水岸的边际联系纽带，增强和勾勒山体的脊线走向和轮廓。

2）廊的形式

从平面划分有曲尺回廊、抄手廊、之字曲廊、弧形月牙廊等；从立面划分有平廊、叠落廊、坡廊等；从剖面划分有双面空廊、半壁廊、单面空廊、暖廊、复廊、楼廊等；按总体造型及其与环境结合的关系分有曲廊、直廊、波形廊、复廊、沿墙走廊、爬山走廊、水廊、桥廊等（图 4-25）。

4.3.2.2 **廊的位置（图 4-26）**

1）山地建廊

山地建廊供游山观景和联系上下不同标高的建筑物之用，也可借以丰富山地建筑的空间构图。山地建廊有斜坡式、叠落式 2 种。

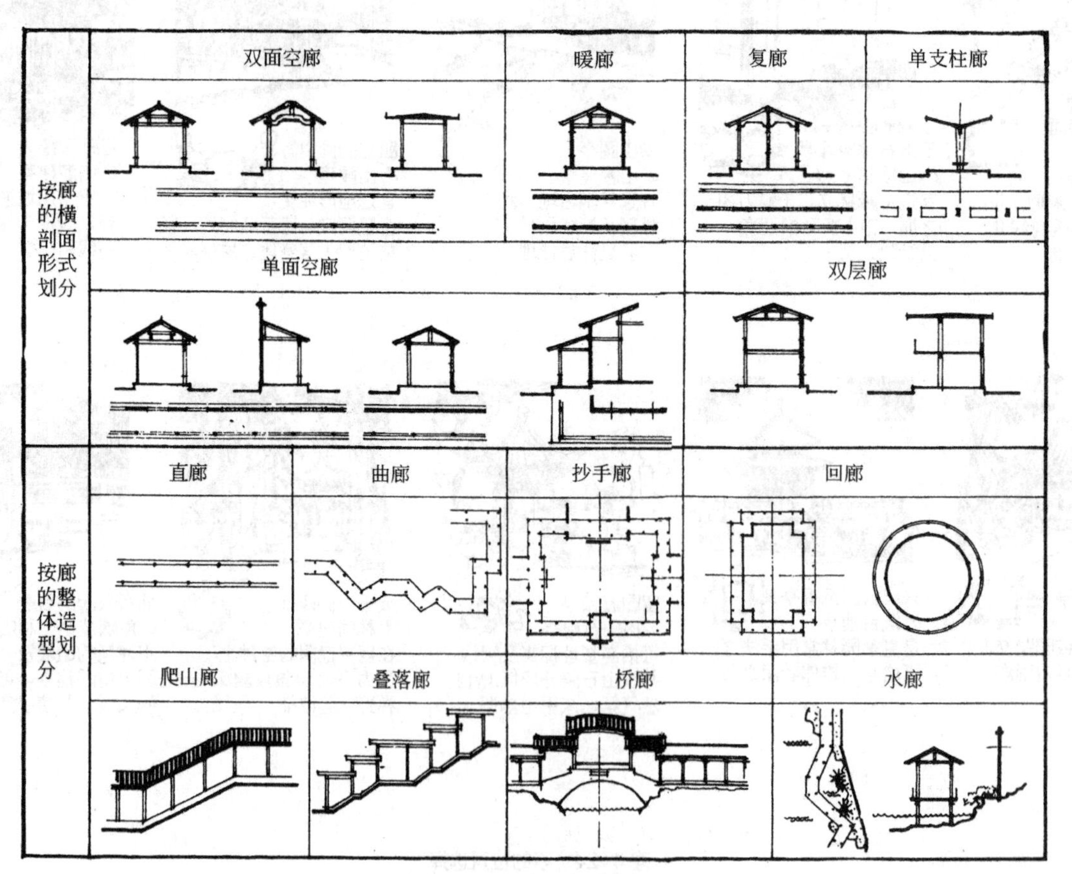

图 4-25 廊的基本类型
资料来源：《园林建筑设计》

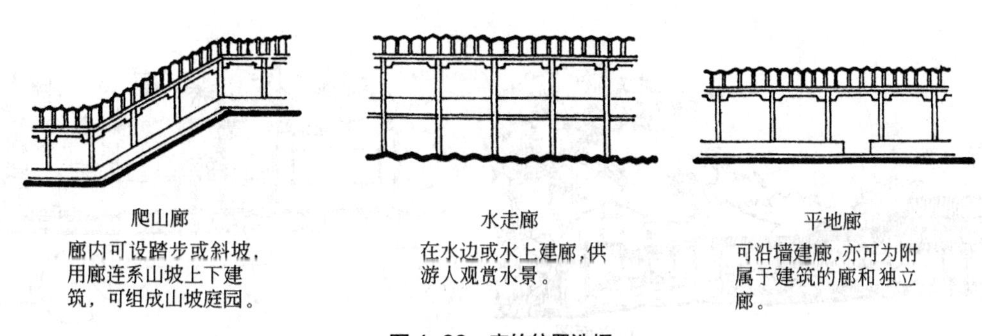

爬山廊
廊内可设踏步或斜坡，
用廊连系山坡上下建
筑，可组成山坡庭园。
水走廊
在水边或水上建廊，供
游人观赏水景。
平地廊
可沿墙建廊，亦可为附
属于建筑的廊和独立
廊。

图 4-26 廊的位置选择
资料来源：《城市园林绿地规划》

斜坡式（坡廊）屋顶和基座依自然的山势，蜿蜒曲折，廊与自然融合，具有协调的美感。但地形坡度较大时，不宜用斜坡式，而应当采用叠落式。叠落式廊随地形的变化逐级跌落，屋顶有长有短，有高有低，自由活泼富有节奏感。

2）水廊

水廊供欣赏水景及联系水上建筑之用，形成水景为主的空间。有水边设廊和完全凌驾于水上的两种形式。

水边设廊，应注意廊底板和水面尽可能贴近，若廊体较长，廊体不应自始至终笔直没有变化，而应曲曲折折，丰富水岸的构图效果。

凌驾于水上的水廊，廊基也是宜低不宜高，应尽量使廊的底板贴近水面，并使两边的水面能互相贯通，使建筑有飘忽水上之感。

凌驾于水上的水廊常与亭或桥组合，形成亭桥或廊桥。亭桥或廊桥除供休息观赏外，对丰富园林景观和划分空间层次起着很突出的作用。

3）平地建廊

平地建廊多为了处理死角和边界、划分空间、丰富层次，使景色互相渗透。

廊是一种不同于自然的“虚”，又别于建筑的“实”的半虚半实的建筑，在任何地形条件下都能发挥独到作用，与环境极易协调，因而在园林中广泛使用。

4.3.2.3 廊的设计

（1）廊的选址及布置应随环境地势和功能需要而定，使之曲折有度、上下相宜，一般最忌平直单调。造型以玲珑轻巧为上，尺度不宜过大，立面多选用开敞式。

（2）廊的开间宜 3m 左右。一般横向净宽在 1.2~1.5m。现在一些廊宽常在 2.5~3m 之间，以适应游人客流量增长后的需要。檐口底皮高度一般 2.4~2.8m。廊顶设计为平顶、坡顶、卷棚均可（图 4-27）。

4.3.3 花架的设计

花架是园林绿地中以植物为顶的廊，其作用与廊一样可供人歇脚赏景、划分空间，但花架把植物与建筑巧妙地组合，是园林中最接近自然的建筑物。

4.3.3.1 花架的作用与形式

1）花架的两大作用

一方面供人歇足休息、欣赏风景；另一方面为攀援植物创造生长条件。因此可以说花架是最接近于自然的园林小品了。一组花钵，一座攀援棚架，一片供植物攀附的花格墙，甚至是沿高层建筑而设的葡萄顶棚，往往物简而意深，起到画龙点睛的作用，创造室内与室外、建筑与自然相互渗透、浑然一体的效果。

2）花架的形式

按平面形式分条形、圆形、转角形、多边形、弧形等。按上部结构受力分有简支式、悬臂式、拱门钢架式、单体与组合式等。按垂直支撑分有立柱式、复柱式、花墙柱式等。按材料分有竹木花架、砖石花架、钢花架、混凝土花架等（图 4-28、图 4-29）。

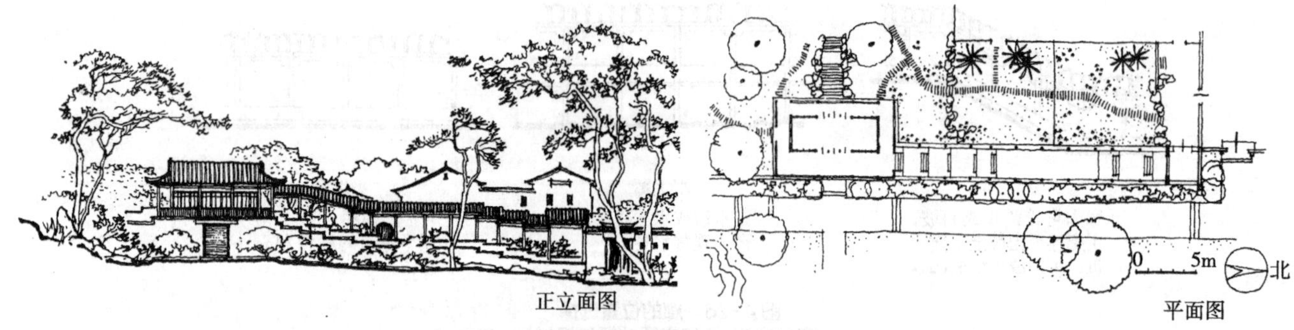

图 4-27　无锡锡惠公园“垂虹”爬山游廊
资料来源：《园林建筑设计》

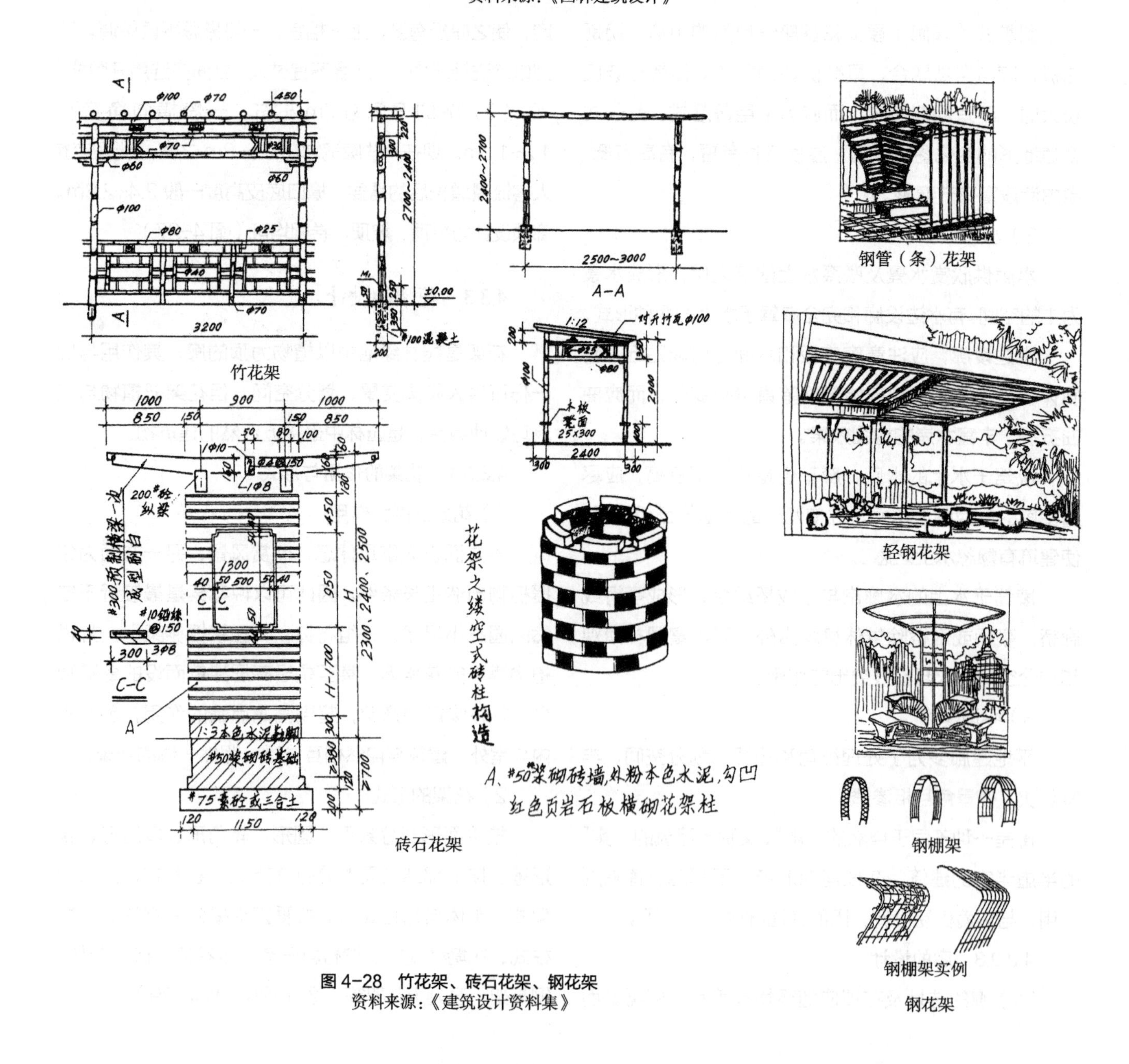

图 4-28　竹花架、砖石花架、钢花架
资料来源：《建筑设计资料集》

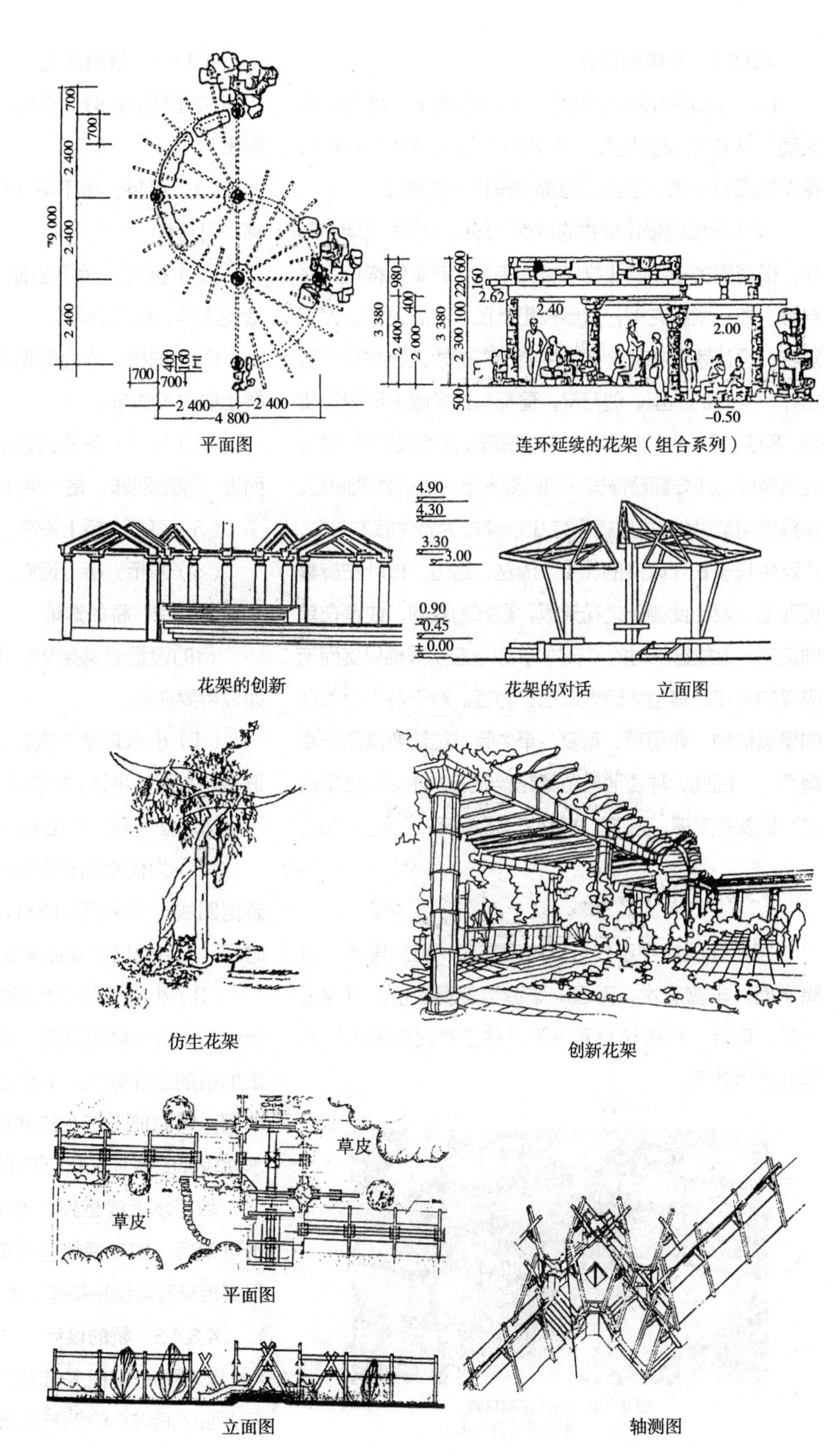

图 4-29　现代花架
资料来源：《建筑设计资料集》

4.3.3.2 花架的设计

（1）花架的设计宜轻巧，花纹宜简单，高度不要太高，从花架顶到地面一般 2.5~2.8m，开间 3~4m，花架四周应开敞、通透，局部可设计一些景墙。

（2）要根据攀援植物的特点、环境来构思花架的形体，根据攀援植物的生物学特性来设计花架的构造、材料等。如：紫藤花架，紫藤枝粗叶茂，老态龙钟，尤宜观赏。设计紫藤花架，要采用能负荷的永久性材料，显古朴、简练的造型。葡萄架，葡萄有许多耐人深思的寓言、童话，可作为构思参考。种植葡萄，应有良好的通风、光照条件，还要翻藤修剪，因此要考虑合理的种植间距。猕猴桃棚架，猕猴桃属植物有 30 余种，为野生藤本果树，广泛生长于长江以南的林中、灌丛、路边，枝叶左旋攀援而上；设计此棚架之花架板，最好为双向，或者在单向花架板上放置临时的“石竹”，以适应猕猴桃只旋而无吸盘的特点。其整体造型以粗犷为宜。对于茎干为草质的攀援植物，如葫芦、茑萝、牵牛等，往往要借助于牵绳而上。因此，种植池应距离花架较近，在花架柱梁板之间也要有支撑、固定，方可使其爬满棚架（图 4–30）。

4.3.4 桥的设计

园桥在园林中不仅可以连系交通、组织导游、分隔水面、丰富层次，而且一座造型美观的桥，可自成一景，因此，桥的选址和造型，往往直接影响园林布局的艺术效果。

图 4–30 现代花架鸟瞰
资料来源：《建筑设计资料集》

4.3.4.1 桥的形式

按建筑形式分：平桥、拱桥、曲桥、汀步、亭桥、廊桥。

（1）平桥：桥下不通船时采用，有凌波而渡的快感，可通车。

（2）拱桥：桥下通船，桥上不通或通车时采用。造型优美，线形流畅。

（3）曲桥：水面景观丰富，宜左右前后变换角度，桥上要求不通车。

（4）汀步：设于浅溪和沙滩等处，游人飞步掠水而过，惊险回味，是一种比较有趣味的桥的形式。

（5）亭桥：桥上设亭。

（6）廊桥：桥上设廊。

4.3.4.2 桥的选址

桥的设置要满足功能上和景观上的需要。在小水面设桥要注意：

（1）小水宜聚不宜分，为使水面不致被划破，可选平贴水面的平桥，并偏居一侧。桥偏一侧，一大一小，可维持水面完整，产生开阔幽静对比。

（2）为使水面有源源不尽之意、增加层次、延长游览路线，可采用平曲桥。采用平曲桥不仅延长游览时间，而且变换了观赏角度。

（3）小拱桥在小水面中也时有应用，但要注意到桥体的比例与拱的幅度。大水面上设桥可将桥面抬高，增加桥的立面效果，划分辽阔的水面，打破水面平淡单调，同时便于游船的通过。大水面设桥，桥应设在水面较窄的地方，节约造价。

除了水上建桥外，为了服从园路的需要，无水处也可架桥，如在两峰间设惊险刺激的吊桥。高低两条园路相交时可设旱桥等（图 4–31）。

4.3.4.3 桥的设计

园桥的形式很多，造型须因地制宜，设计才能恰当。在水面空间较小的地方建桥，一般来说，宜小不宜大，

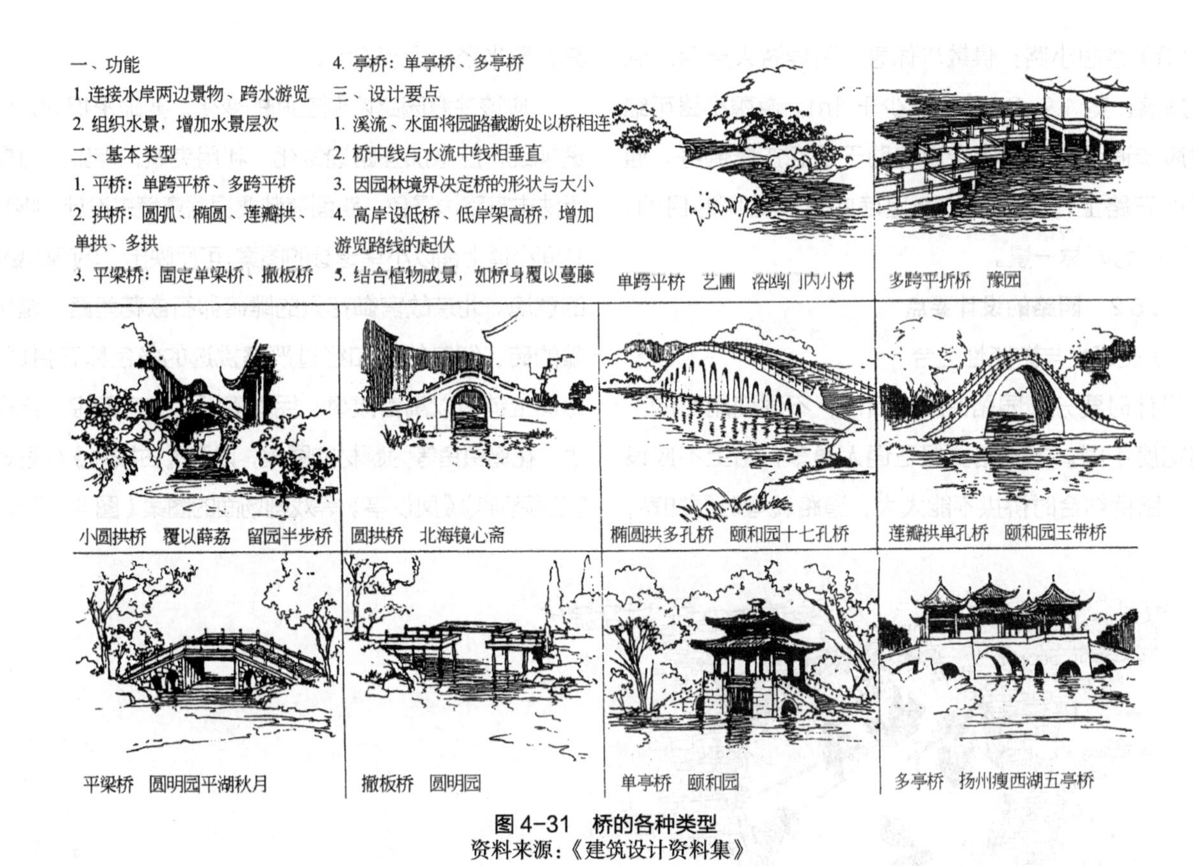

一、功能
1. 连接水岸两边景物、跨水游览
2. 组织水景，增加水景层次
二、基本类型
1. 平桥：单跨平桥、多跨平桥
2. 拱桥：圆弧、椭圆、莲瓣拱、单拱、多拱
3. 平梁桥：固定单梁桥、撤板桥
4. 亭桥：单亭桥、多亭桥
三、设计要点
1. 溪流、水面将园路截断处以桥相连
2. 桥中线与水流中线相垂直
3. 因园林境界决定桥的形状与大小
4. 高岸设低桥、低岸架高桥，增加游览路线的起伏
5. 结合植物成景，如桥身覆以蔓藤
单跨平桥　艺圃　浴鸥门内小桥
多跨平折桥　豫园
小圆拱桥　覆以薜荔　留园半步桥
圆拱桥　北海镜心斋
椭圆拱多孔桥　颐和园十七孔桥
莲瓣拱单孔桥　颐和园玉带桥
平梁桥　圆明园平湖秋月
撤板桥　圆明园
单亭桥　颐和园
多亭桥　扬州瘦西湖五亭桥

图 4-31　桥的各种类型
资料来源：《建筑设计资料集》

宜低不宜高，宜窄不宜宽，宜曲不宜直。大水面上宜造大桥、长桥。通常体量大的桥，宜采用拱式。体量小的桥，宜采用平式。林野、沼泽与溪河地带，可用板桥、曲板桥、小木桥、小石桥、土面桥、步石以及土桥与步石连接的桥。跨山越谷，飞渡险流，则宜用绳桥、铁索桥。园林中造桥，其大小、长短，宜与水面的面积相适应。设计要以保证安全为前提，要有惊无险，如汀步的设计选址于水窄而浅的地段，要注意石墩不宜过小，距离不宜过远。

4.3.5　园路的设计

园路是指绿地中的道路、广场等各种铺装地坪。园林中园路既是交通通道和散步休息场所，又是连系各景区的纽带及导游线，它像脉络一样，把园林的各个景区连成整体，通过园路的引导将景色逐一展现在游人眼前，同时通过对园路平面曲折布置、立面起伏变化和路面材料及色彩图纹等的设计，使园路具有丰富的寓意，成为园中一景。

4.3.5.1　园路的分类

1）按材料分

（1）整体铺装路面：如现浇混凝土面、沥青路面等。

（2）块状路面：如预制混凝土块、块石、片石、卵石等镶嵌铺设的路面。

（3）简易路面：用砂石、煤屑等铺设的道路。

2）按道路的宽窄和级别分

（1）主要园路：通入全园各景区中心、各主要广场、主要建筑、主要景点、管理区等，游人主要的行进路线。一般应可通车，宽 4~8m。

（2）次要园路：主路的辅助道路，分散在各景区内，宽 2~4m。

（3）游憩小路：供散步休息，引导游人更深入到达各角落。宽 1.2~2m，不应少于 1m。游憩小路可结合健康步道而设，健康步道有助于足底按摩健身。通过在卵石路上行走达到按摩足底穴位、健身的目的，但又不失为园林一景。

4.3.5.2 园路的设计要点

1）交通性与游览性结合

设计时要分清园路使用的目的，不同使用目的下园路宽度不同。主园路要保证通人通车，路上不应设台阶，路桥结合时桥拱不能太大，道路转弯时要加宽，其转弯半径应大于 6m。

应该注意园路两侧空间的变化，要疏密相间，留有透视线，注意加强路边绿化，利用夹景、点景、对景等手法丰富路边景色。路面铺装要根据意境来设计，幽静的林间小道上铺以小鸟瑟瑟的图案，可反映出“鸟鸣山更幽”的意境。北京故宫御花园的雕砖卵石嵌花甬路，是用精雕的砖、细磨的瓦和经过严格挑选的各色卵石拼成的。路面上铺有以寓言故事、民间剪纸、文房四宝、吉祥用语、花鸟虫鱼等为题材的图案，以及《古城会》《战长沙》《三顾茅庐》《凤仪亭》等戏剧场面的图案（图 4-32）。

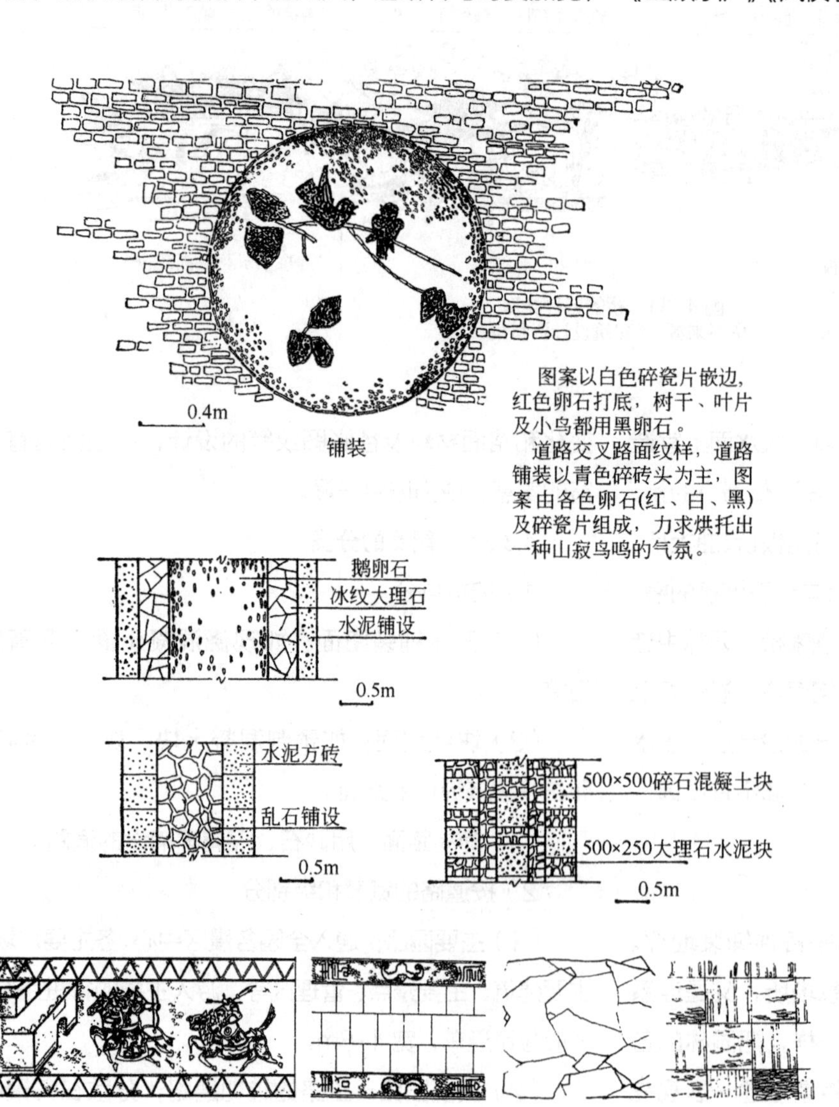

图 4-32 园路的设计
资料来源：《园林小品工程图集》《建筑设计资料集》

2）主次分明，疏密有致

道路是无声的导游，主要道路贯穿景区便是主要的游览线，主次道路明确，方向性强，就不致使游人辨别困难。园路的尺度、分布密度应该是人流密度客观、合理的反映。人多的地方，如文化活动区、展览区、游乐场、入口大门处等，尺度和密度应该是大一些；休闲散步区域,相反要小一些。道路布置不能过密，否则不仅加大投资，也使绿地分割过碎。

3）因地制宜，曲折迂回

道路布置要根据不同地形布置不同道路系统，坡度小于 6%，可根据需要布局道路。坡度 6%~10%，主干道应顺着等高线作盘山布局。坡度大于 10% 时，应该设台阶。当然，有时为延长路线，对山体产生高大的错觉，道路布置可上上下下、曲曲折折。

4）交叉口处理

道路布局要避免交叉口过多，主干道交叉口距离应大于 20m。为避免拥挤，交叉口应扩成小广场，并可在广场上布置景观小品。

5）与建筑的关系

道路旁安排有建筑时，道路应加宽或分出支路与建筑相连。游人量多的建筑，道路和建筑间应设置集散广场，便于人流聚散通行。

6）沿水道路

道路不应完全平行水面布局，而应若即若离、有远有近、时而贴水而行、时而穿过，这样可使道路两旁景色有所变化。

7）自然式园路主路都应成环

园路的线型有自由、曲线的方式，也有规则、直线的方式，不管采取什么式样，园路都应成环，避免回头路。

4.3.6　榭与舫

榭与舫多属于临水建筑，“榭者，籍也。籍景而成者也。或水边，或花畔，制亦随态”（《园冶》）。舫是仿照船的造型在湖泊中建造的船形建筑物。也是水榭的一种形式。在园林中榭与舫一般不作为主体建筑，而是作为观景和点景的“点缀”品,其造型多轻快自然、飘逸大方（图 4-33）。

图 4-33　南京中山陵　流徽榭

4.3.6.1　榭与舫的功能

（1）提供观赏景物的最佳观赏位置和角度。

（2）供游人休息、品茗、饮馔。

（3）以建筑本身形体点缀景物或构成景区组景。

4.3.6.2　榭与舫的设计

（1）要使建筑与水面和池岸很好地结合。水榭应尽可能突出于池岸，造成三面临水或四面临水的形式。如果建筑物不宜突出池岸，也可以设计伸入水面的平台，作为水面与建筑的过渡。

（2）榭的造型应平缓舒展，强调水平线，使建筑平扁扁地贴近水面，有时配合着水廊、白墙、漏窗，再加上几株竖向的树木和翠竹，常常会取得很好的对比效果（图 4-34）。

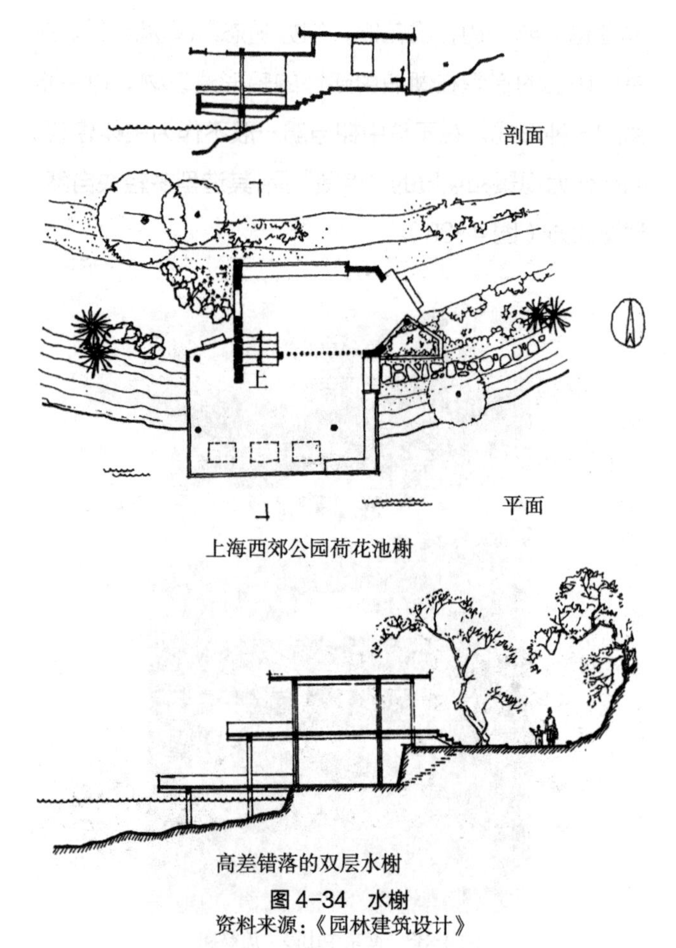

上海西郊公园荷花池榭

高差错落的双层水榭

图 4-34 水榭

资料来源：《园林建筑设计》

（3）舫是临水的“船厅”，又称“不系舟”。一般分为船首、船身、船尾三部分。前半部分多三面临水，船首一侧常设有平桥与岸相连，仿跳板之意（图 4-35）。

图 4-35 世博园—粤辉园内的舫

4.3.7 园厕的设计

园林厕所简称园厕。园厕在园林中不作特殊风景建筑类型，其设置是为了满足使用功能需要而不作观赏要求。设计时应有明显外观，特征易于辨认。

4.3.7.1 园厕的位置

（1）避免在主要风景线上、轴线上及对景等位置。

（2）应靠近主要游览路线，但离主要游览路线一定距离，设置路标以小路相引，既藏又露，便于找到。

（3）利用周围自然景物（如植物、石山等）加以遮掩和装点。在进口的外方，须设置高 1.8m 的屏风，以挡视线的直入。

（4）外观处理要与整个园内建筑风格相协调。既不要过分讲究，又不要过分简陋。

4.3.7.2 公园厕所定额

一般公园为 $6\sim7.5m^2/hm^2$ 的建筑面积，游人多的可提高到 $7.2\sim9m^2/hm^2$，每个厕所面积在 $40m^2$ 左右。入口处应设男女厕所的明显标志，入口处外设 1.8m 高墙作屏风遮挡视线（图 4-36）。

4.3.8 雕塑及其他小品的设计

雕塑具有表达园林主题，组织园景，点缀装饰，丰富游览内容，充当实用的小型设施等的作用。园林小品通常指园林中供休息、装饰、照明、展示和为园林管理及方便游人之用的小型建筑设施。一般没有内部空间，体量小巧，造型别致，富有特色，并讲究适得其所。雕塑和园林小品在园林中既能美化环境，丰富园趣，为游人提供文化休息和公共活动的方便，又能使游人从中获得美的感受和良好的教益。

雕塑一般分为主题性雕塑、纪念性雕塑和装饰性雕塑三类。布置雕塑时，通常必须与园林绿地的主题互相一致，依赖艺术联想，从而创造意境。装饰性雕塑则常与树、石、喷泉、水池、建筑物等结合，借以

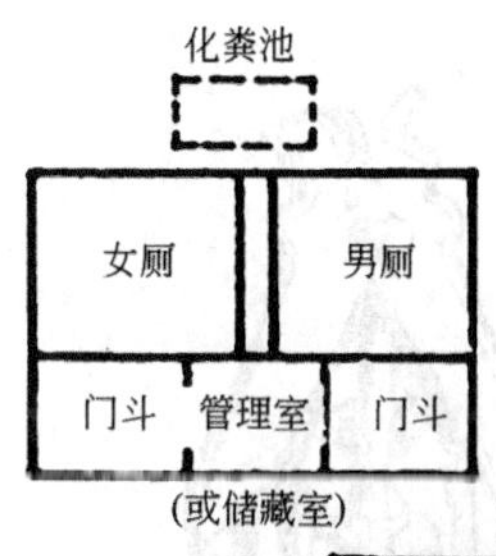

厕所的组成部分
本图为厕所的平面示意图。常见的厕所，一般由男厕、女厕、门斗、储藏室或管理室和化粪池等5个部分组成。

浙江桐庐瑶琳仙境的厕所

本图为入口的立面图。全厕在格调上具备风景建筑与厕所格局的统一性，它既是一座厕所，又是一处庭园。屋面高低错落，轴线曲折多变，美观大方。同时园中有院，满植花木，有色有香，使整个厕所成为园林景色的一角。

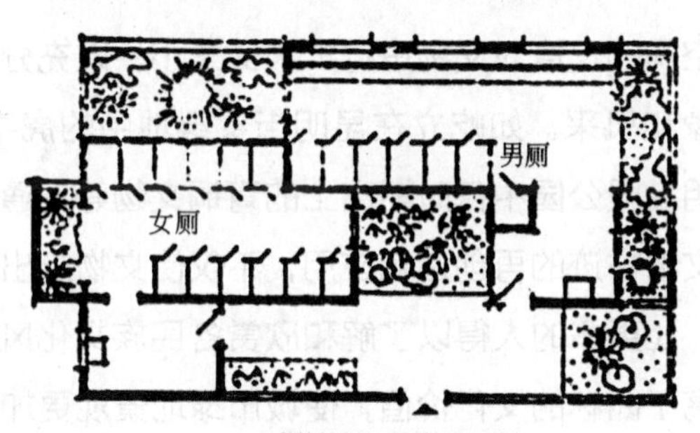

瑶琳仙境厕所的平面图

由图可见男厕与女厕的排列和园中有院，院内有花的情况。此厕在结构上采用砖木结构，坡屋面、圆洞门、小庭园。但一进厕所，却别有天地，搪瓷蹲坑、陶瓷锦砖坑面、白瓷砖墙裙、红缸砖地面、乳白色灯具、亮子门窗，使人感到窗明地净、朴素大方。室外又种花栽树，应用绿化、美化、香化的办法，比较合理地解决一般厕所脏和臭的问题。

图 4-36 瑶琳仙境厕所
资料来源：《园林造景图说》

民族风情小品

趣味园林小品

图 4-37 园林小品

丰富游览内容。

设置雕塑的地点，一般在园林主轴线上或风景视线的范围内；但亦有与墙壁结合或安放在壁龛之内或砌嵌于墙壁之中与壁泉结合，作为庭园局部的小品设施的。有时，由于历史或神话的传说关系，有将雕塑小品建立于广场、草坪、桥头、堤坝旁和历史故事发源地的。雕塑既可以孤立设置，也可与水池、喷泉等搭配。雕塑后方如再密植常绿树丛，作为衬托，则更可使形象特别鲜明突出（彩图 4-6）。

园林小品具有精美、灵巧和多样化的特点，设计创作时可以做到“景到随机，不拘一格”，在有限空间得其天趣。园林小品的创作要注意根据自然景观和人文风情，作出景点中具有特色的设计构思，选择合理的位置和布局，做到巧而得体、精而合宜（图 4-37）。

4.4 民族文化景观素材的应用

4.4.1 民族文化景观素材在绿地中的作用

古人云，园林的欣赏可使人“身并于云，耳属于泉，目光于林，手淄于碑，足涉于坪，鼻慧于空香，而思虑冲于高深……”。思虑的产生，除了各种景观元素视觉形象的作用外，更重要的来源于景观元素内在的文化对人的思维活动的刺激。各种富有民族特色的民族文化景观素材在绿地中的应用，不仅能很好地反映不同的民族文化，唤起该民族深深根植于内心的文化意识，也能启发其他民族对该民族文化的兴趣。

民族文化景观小品是传统文化的载体，反映着各地文化的内涵。从古典园林的3大派系来看，东方园林中的亭廊楼阁、树木花草、假山叠石等，其选址、造型、用材等无不反映着“天人合一”的朴素的自然思想。其中的日式园林，更是以置石、白砂等枯山水的形象反映平淡幽远，宁静和谐的禅宗思想。西亚园林中十字形的道路和水渠以及壮观的宫殿是最有代表性的景观元素，反映着“天堂乐园”的景象。欧洲园林中精美的雕塑、规整的树坛、宏大的喷泉反映出欧洲文化对于对称、均衡和秩序的热爱。

中国地域广大，民族众多，乡土文化各具特色。各民族因地制宜创造出的各种建筑形式、建筑装饰、图腾崇拜物、生产生活用具等，丰富多彩，乡土文化景观素材的应用将会使今天的园林焕发出更绚丽的光彩。

4.4.2 历史文物古迹

历史文物古迹具有很高的艺术价值和深厚的历史文化内涵。园林中文物古迹的应用，往往由于其特有的文化沉淀和历史厚重感而使园林具有独特的“精、气、神”。

文物古迹包括古代遗存下来的城市、乡村、街道、桥梁等古代建筑遗址，包括历史上流传下来的古代宫殿、宗教与祭祀建筑、亭台楼阁、古墓、神道等古建筑，也包括一些被开辟为风景名胜区、具有了园林功能的古代工程设施，此外，古代石窟、壁画、石刻、雕塑、古兵器、古代生活用品等都是各民族智慧的结晶，也是园林中重要的景观元素（图4-38）。

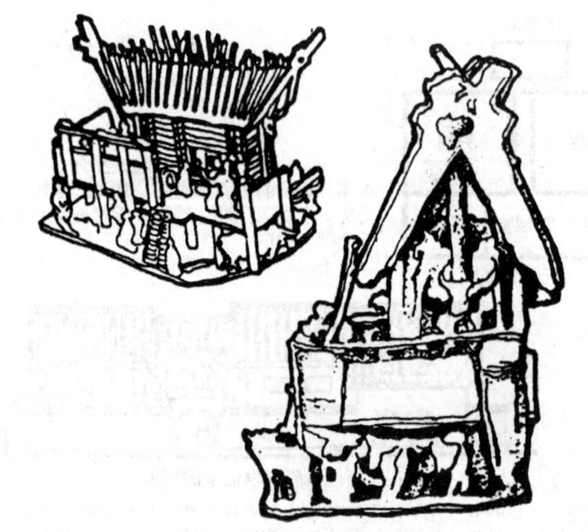

图4-38 屋宇铜扣饰

园林中对历史文物古迹的应用大致有两种情况。一种是对现有文物古迹加以修葺保护，根据文物古迹的情况，因地制宜构建园林，园林因文物古迹成景，文物古迹因园林生辉。如著名的意大利古角斗场遗址、北京故宫、西藏拉萨布达拉宫、昆明金殿（彩图4-7）等。另一种是通过对已发掘的文物进行仿制，根据园林空间的尺度对文物进行扩大或缩小，以充分展示其形象和风采。如屹立在昆明街头绿地中的虎牛同案、昆明金殿公园中各时期出土的青铜文物等。通过对这些文物古迹的再创造和应用，不仅使文物走出了博物馆，让更多的人得以了解和欣赏各民族文化风采，更提高了园林的文化价值，使城市绿地景观更加丰富多彩和富有地方特色（图4-39）。

4.4.3 宗教景观元素

宗教景观元素主要包括宗教圣地中的建筑、雕塑、装饰装修小品、植物等。由于宗教在人们心目中的神圣地位，宗教建筑、雕塑等代表着当时当地较高的水平。如北京天坛祈年殿、四川乐山大佛、西双版纳景真八角亭等。

自古以来宗教圣地多数原本就与园林一体。各地宗教景观不仅为人们展示不同的宗教文化，也为园林提供着丰富的景观素材。

云南是少数民族最多的省份，也是宗教种类最多的一个省。宗教信仰和宗教活动成为民族传统文化的组成部分，对云南各民族精神生活和物质生活有着重要影响。宗教景观元素成为云南城市绿地中一道绚丽的风景。

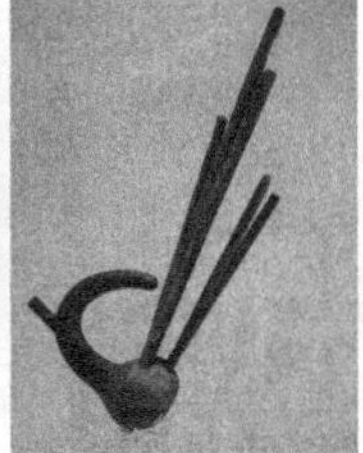

图 4-39　古代青铜器

4.4.4　村寨及民居宅院

村寨是各民族主要的聚居地，村寨及民居建筑是建筑艺术与文化的一个重要组成部分，各民族因地制宜创造的各种村寨景观和住屋文化是园林设计构思的重要源泉。古典园林中北京颐和园的苏州街，将城市街景写入园林。现代园林中以各民族聚居地的村寨风光、田园风光、民居建筑为表现内容的园林形式更是数不胜数（彩图 4-8、图 4-40~ 图 4-43）。

图 4-40　云南主要民居
资料来源：《云南民居》

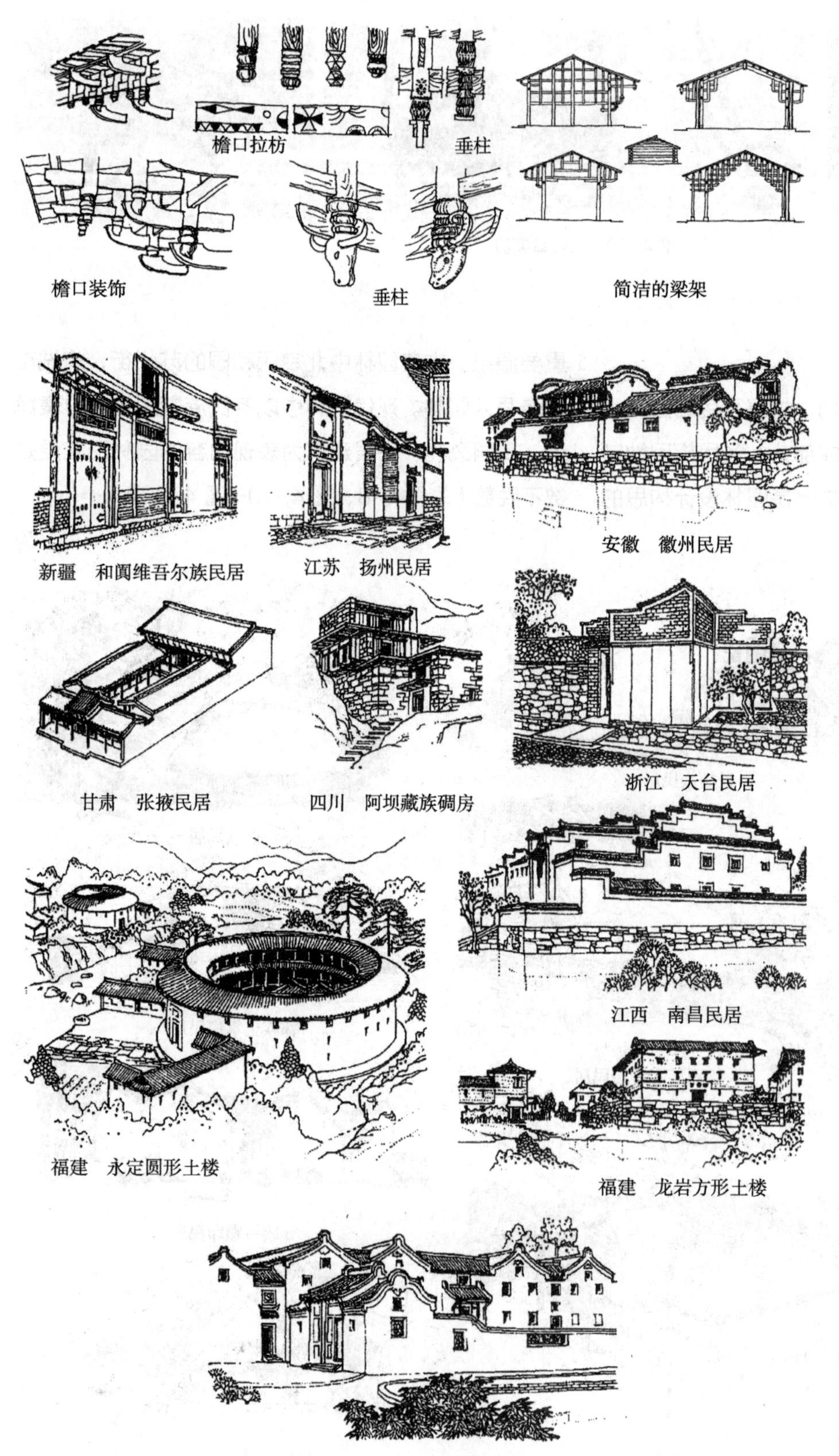

图 4-41　富有特色的彝族屋檐下的装饰构件
资料来源：《彝族建筑文化探源》

图 4-42　各地民居建筑
资料来源：《园林规划设计》

傣族景真八角亭　傣族笋塔　佤族木鼓房

景颇族目脑柱　西双版纳曼听公园

图 4-43　云南乡土景观元素

4.4.5　民间习俗与民间工艺

一方水土养一方人。生活在世界各地的人们，在不同自然环境下孕育出不同的人文环境。民间习俗与工艺不仅是人类文化的重要组成部分，也是园林中最活跃和最具魅力的元素。民间习俗包括民族歌舞、地方节庆、宗教活动、特色服饰、生活生产习俗等。以云南民族村为例，云南民族村内各民族村寨为我们展示的是一幅幅静态的美妙画面，每逢节假，村中便响起动听的民族音乐，身着民族盛装的男女载歌载舞，游客常不知不觉加入其中，伴着节拍纵情欢歌，这时候，民族习俗与村寨交相辉映，构成动态的风景，而游人也成了风景的一个部分。

民间手工艺是各民族智慧的结晶。由于其造型独特，构思奇妙，体量适中，作为园林中的小品常常有令人意想不到的效果。如云南世界园艺博览园中黔山秀水园，将民族乐器芦笙、铜鼓等作为入口广场的装饰小品，而地面铺以蜡染布图案，将民族服饰图案应用到地面铺装之中，使该园处处散发出浓郁的民族韵味（表 4-1、表 4-2）。

云南部分少数民族宗教景观元素特色 表 4–1

民族	构景元素	元素特色
傣族	寺门	面朝东方，一般为三间两层，屋脊上装饰有火焰状、卷叶状和动物状的陶饰。寺门两侧各有巨龙彩塑
	门廊	连接寺门和佛殿的过渡空间，双坡屋顶，梁、枋、柱上常有彩绘，廊内通常有一大鼓
	佛殿	坐西朝东，重檐屋顶，每一层屋顶又层层相叠。屋顶上装饰极其丰富，有各种卷叶状和火焰状及造型独特的龙、狮子、鱼等装饰。装饰材料用瓦、泥塑和金属等。民族特色显著。屋檐下墙壁上有表现宗教题材的彩绘，色彩十分艳丽
	戒亭	造型独特。重檐屋顶，层层收缩，多为攒尖屋顶，顶部各种由金属制成的镂空花饰，光芒四射，台基上常镶嵌彩色玻璃并绘有各种彩绘，装饰华丽
	佛塔	造型丰富。由基座、塔身、塔颈、塔刹组成。基座多为折角亚字形或圆形须弥座；塔身由钟座、复钵等组成，浑厚有力；塔颈挺拔直刺蓝天；塔刹有各种银制、铁制装饰，犹如伞盖，塔体整个部分常涂有金银粉和其他黄色或银色涂料
	经亭、奘房等	造型别致，独具民族特色
	彩塑	麒麟、蟠龙、狮子、大象、孔雀、猴等瑞兽彩塑，造型夸张，形象与汉式不同，用色十分艳丽
	植物	与汉传佛教习用植物不同，必栽“五树六花”等佛祖得道树以及抄写佛经的树。此外院中有各种热带和亚热带植物
白族	佛塔	造型多样。著名的崇圣寺三塔，大塔高 69.13m，为 16 级密檐式方形砖塔，南北两塔均高 43m，为 10 级密檐式八角形砖塔。塔顶还有金属塔刹、宝盖、宝顶和金鸡，十分华丽
	大殿、亭、阁	装饰华美，屋脊用镂空雕装饰，屋檐下木雕浑厚生动，斗栱梁枋等处彩绘蓝底红调，十分醒目。墙面、地面多镶嵌大理石，也有全部用大理石镶成的石亭
彝族	崇拜物	葫芦：葫芦在彝族民俗中被作为祖先灵魂庇护之所而加以崇拜 面具：彝族崇虎，虎形面具特别多，最富特色的是“五虎吞口”面具。这种面具在一个大虎头内含四个小虎头，即额头上面一个，两只眼睛各长一个，口中咬的剑柄头也雕成虎头状 动物：虎、鹰、蛇、虎、水獭、鳄鱼、蟒、穿山甲、麂子、岩羊、猿、豹、四脚蛇等。用拙朴的造型、图案、符号传达着本民族认同的信息
	村口小品	具有镇寨意义的石虎、照壁、太阳历小品等，造型拙朴
纳西族	大殿、亭、阁	建筑博采众长，荟萃了汉、藏、纳西、白族建筑艺术之精髓。多为歇山式、重檐或单檐。建筑飞檐高翘，檐下斗栱铺作繁复，窗隔羽扇雕刻精美。梁柱、槛框、隔扇、天花、藻井、雀替等部件装饰，多彩绘各种花卉、云纹图案
	植物	林木蓊郁，古树名木众多。其中树龄逾五百年的万朵山茶为世间一大奇观
	图腾崇拜物	蛙在东巴文化中具有特殊的意义。纳西东巴经中称蛙为黄金大蛙，民间传说为智慧蛙
佤族	木鼓房	用竹木搭建，以树丫为柱、树干为梁，“竹瓦”作顶，房屋四周无墙壁，房内放置木鼓
	木鼓	木鼓被佤族人民视为通天的神器。也是富有民族特色的饰物。用木质较硬的树干凿成，表面上有的有斜纹图案和牛头装饰。佤族敬献给第三届中国艺术节的吉祥物，就是一具牛驮木鼓的造型：两个头、四只脚的连体牛驮着一只木鼓，庄重威严。木鼓上装饰着纺织、木雕、纹身、沧源崖画等具有佤族特色的图案
	寨桩	丫形、笋状圆锥形、塔状等几种形式。常刻有牛头图案、长着双角的人形以及其他各种几何纹样。形象浑厚、粗犷朴实，具有强烈的单纯化和抽象化的倾向，有一种原始朦胧的神秘感

云南主要少数民族民居特色　表 4–2

民族	民居形式	特色
傣族	竹楼	干栏式建筑，竹木结构，上下两层，底层架空，造型空灵，歇山式重檐屋顶，深出檐，宽敞的平台“展”使竹楼造型更加舒展
景颇族	竹楼	干栏式竹楼，长脊短檐倒梯形屋面，山面立中柱，屋檐深远
纳西族	由门楼、照壁、厦子、住屋组成宅院	门楼为三滴水或一滴水牌楼形式。照壁石砌勒脚，粉白壁面，檐部的砖砌线脚有黑白花纹、大理石或题诗作画装饰图案。住屋在建筑外观上颇具特色：纵向屋脊两角起翘，屋脊线略为弯曲。山墙多为悬山式墙体，从下到上采用“见尺收分”的做法，使墙体向内略微倾斜。墙砌不到顶，后墙上部用板材隔断，出檐悬挑较深，山尖悬挂一块很长的悬鱼板
白族	由门楼、照壁、住房组成	门楼造型十分精美，常镶嵌浮雕或风景图案大理石，上半部分一般都采用殿阁造型，双层翼角翘如飞，斗栱重叠、檐牙高啄，上有木雕、泥塑龙、狮、花、鸟案，并彩绘油漆，造型优美典雅，富丽堂皇照壁壁顶飞檐，两端起翘，形成弧形。壁身多绘山水花鸟虫鱼、题书诗句、镶嵌山水图案大理石等。屋脊曲线明显，屋面呈凹曲状，外形柔和优美，风格突出。封火墙高出屋面，处理成马鞍形，显示出与众不同的形象。山墙装饰大方，彩绘、木雕、砖缝拼花，大理石镶嵌等将民居装饰得分外美丽
彝族	木楞房	以木结构为其结构支撑体系，围护结构包括土墙、竹篱、木板和垛木，屋顶材料为闪片（薄而直的沙松木板）、麻片、草杆和瓦顶等。其建筑造型的特点为房屋脊起翘小，脊线平直，以其本身的乡土材料和结构体现质朴自然的美感
	土掌房	四面围护的墙体为夯土墙或土坯墙，屋顶为土平顶。墙上一般不开窗，或只开少量的小窗。建筑形体平稳凝重，敦厚朴实
	一颗印民居	因平面方方如印而得名，由正房、厢房、门廊组成四合院。厢房、门房屋顶分长短坡，长坡向内，短坡向外，具有明显的向心性
哈尼族	蘑菇房	蘑菇房就是在土掌房主体空间之上覆盖了一个坡度稍大于 45° 的四面坡草屋顶，它是哈尼人的自豪和骄傲。厚重的草顶远望如巨大的蘑菇，大群寨房在山坡上错落排列，宛如巨人国里的一窝大蘑菇

思考与练习

一、名词解释

树群、丛植、花坛、花境、园林建筑、小品。

二、思考题

1. 简述地形在园林中的作用。

2. 园林道路在园林中的作用及规划设计的要点。

3. 简述水生植物种植设计的要点。

4. 简述乡土景观元素在园林中的作用。

5. 简述规则式种植及自然式种植的各种形式。

6. 试以某一园为例，分析其各种造景元素布局的特点。

第5章　道路绿地规划设计

城市被道路分割，同时又被道路连接在一起。城市道路是城市的结构骨架，道路绿地是依附在城市道路系统上的绿色元素，既具有美化街景、提供居民休闲遮荫、防风防火等的社会效益，也具有净化空气、减尘降噪、消耗吸收汽车尾气等的环境效益，同时也有一定的经济效益。

根据景观生态学的原理，道路绿地在城市绿地系统中是重要的生态廊道，它以线状通道的方式将分散在各个区划的公园、居住区、工厂、机关和城市外围面山等斑块绿地有机地连接在一起，营造良好的生态环境基质，形成完整的城市绿地系统，因而，道路绿地在城市绿地系统中具有关键的生态地位。

道路绿地由于紧邻道路交通，给人的视觉影响是最强烈的，也是最频繁的。道路绿地是领略一个城市的形象面貌和环境优劣的最直接方法。因而，道路绿地是城市文明的窗口，是城市环境质量的主要标志之一，在城市绿地系统中占有显著的社会地位。

道路绿地是一个沿着道路纵轴方向序列展开的带状景观。造型各异、高低错落的街道景观，在色彩纷呈、季相变化、疏密有致的植物衬托下，形成步移景异、曲直有序、色彩调和的风景序列，道路绿地在城市绿地系统中有着特别的景观地位。

根据道路在城市中的布局，结合一些特殊的功能地块和生态地块的存在，道路绿地系统可按其形式分为城市道路绿地、林荫道、停车场绿地、商业步行街、城市街头小游园、城市滨河绿地、城郊公路绿地、城郊铁路绿地和街道广场绿地等几种类型。街道广场绿地是较为特殊的一种道路绿地，其功能和设计具有较大独立性，将在第6章单独讲述。

5.1　城市道路绿地规划

城市道路主要指城市建成区内的各级城区街道，担负着整个城市的交通运输任务，在整个城市中呈网状分布。城市道路绿地是以绿化为主的线形绿地，形成具有交通、生态、休闲、景观等综合效益的生态廊道。

根据道路所处的地段、用地面积的差异和功能需求变化，道路形式是各种各样的，主要表现在道路宽度和横断面的基本形式上。城市道路的宽度是道路横断面中各种用地宽度的总和，一般由不同功能的道路板块和绿化带组成。道路的板块布局和绿化带的宽窄由道路所在地段的性质和规模所决定，俗称板块结构。

5.1.1　城市道路绿带的基本术语

由于绿带的功能作用和需要不同，城市道路绿地包括不同名称的绿地形式；根据设计的要求和技术规定，城市道路绿地设计要运用和遵守不同的参数和规定。为此，国家制定和公布了许多规范术语，以便准确描绘和说明相应的技术内容。涉及城市道路绿地规划设计中需要规范的主要术语如下（图5-1、图5-2）：

图 5-1　道路断面结构示意图

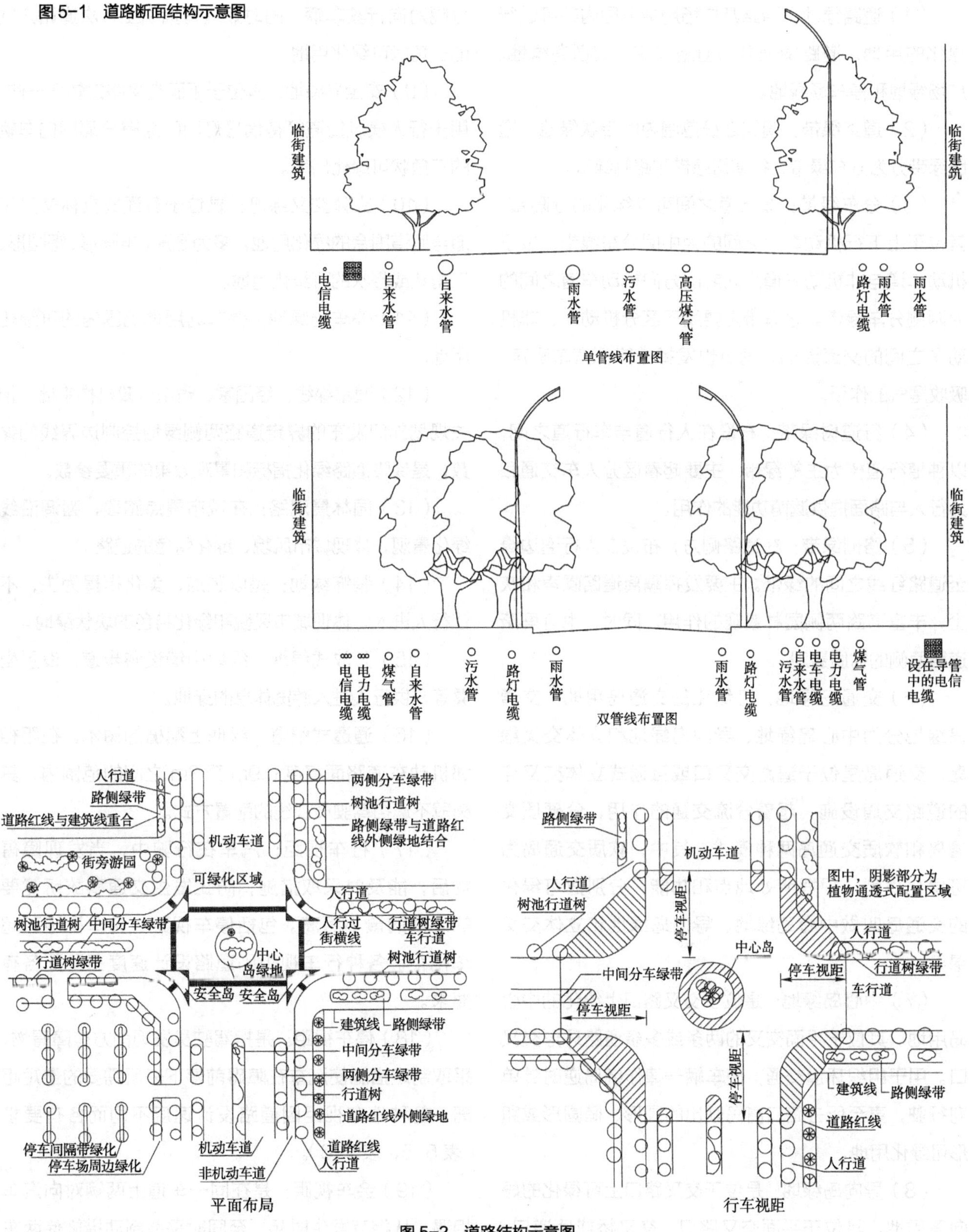

图 5-2　道路结构示意图

（1）道路绿地：道路及广场用地范围内的可进行绿化的用地。道路绿地分为道路绿带、交通岛绿地、广场绿地和停车场绿地。

（2）道路绿带：道路红线范围内的带状绿地。道路绿带分为分车绿带、行道树绿带和路侧绿带。

（3）分车绿带：车行道之间可以绿化的分隔带，其位于上下行机动车道之间的为中间分车绿带；位于机动车道与非机动车道之间或同方向机动车道之间的为两侧分车绿带。分车带主要用于区分机动车、非机动车之间的交通流向，同时也发挥着降低汽车噪声、吸收尾气的作用。

（4）行道树绿带：布设在人行道与车行道之间，以种植行道树为主的绿带。主要起着区分人车交通和为行人与路面提供遮荫功能的作用。

（5）路侧绿带：在道路侧方，布设在人行道边缘至道路红线之间的绿带。主要发挥隔离道路噪声和灰尘，丰富道路两侧园林景观的作用。同时，也可屏蔽道路两侧的劣质景观。

（6）交通岛绿地：可绿化的交通岛用地。交通岛绿地分为中心岛绿地、导向岛绿地和立体交叉绿岛。交通岛是位于道路交叉口或互通式立体交叉点的道路交通设施，起着分流交通的作用，分硬质交通岛和软质交通岛两种模式。其中，软质交通岛为可绿化类型，根据所处地点和功能，分别把可绿化的交通岛叫做中心岛绿地、导向岛绿地和立体交叉绿岛。

（7）中心岛绿地：是位于交叉路口上绿化的中心岛用地。其位于平面交叉的两条或多条道路环形交叉口。用于组织环道交通，使车辆一律作绕岛逆时针单向行驶，直至所去路口离岛驶出的圆形、椭圆形或卵形可绿化用地。

（8）导向岛绿地：是位于交叉路口上可绿化的导向岛用地。其位于平面交叉路口、交叉桥或匝道口，分隔对向行驶车辆，同时兼具有指引主、次道路方向的三角状可绿化用地。

（9）安全岛绿地：其位于平面交叉路口转弯一侧，用于行人横过街道等待信号灯同时兼有分隔同向车辆的三角状可绿化用地。

（10）立体交叉绿岛：是位于互通式立体交叉干道与匝道围合的绿化用地。多为圆形、半圆形、矩圆形、三角状或带状的可绿化用地。

（11）停车场绿地：停车场用地范围内的可绿化用地。

（12）道路绿线：经国家、省市行政机构审批，相关规划部门发布的界定道路两侧绿地控制边界线的参数，是保障道路绿化指标和景观效果的重要参数。

（13）园林景观路：在城市重点路段，强调沿线绿化景观，体现城市风貌、绿化特色的道路。

（14）装饰绿地：是以装点、美化街景为主，不让行人进入，体现城市风貌和绿化特色的块状绿地。

（15）开放式绿地：绿地中铺设游步道、设置坐凳等，供行人进入游览休息的绿地。

（16）通透式配置：绿地上配植的树木，在距相邻机动车道路面高度 0.9m 至 3m 之间的范围内，其树冠不遮挡驾驶员视线的配置方式。

（17）行车视距：汽车在行驶中，当发现障碍物后，能及时采取措施，防止发生交通事故所需要的必须的最小距离。包括停车视距、会车视距和超车视距。各种行车视距因道路设计速度不同而各有要求。

（18）停车视距：是指驾驶员发现前方有障碍物，采取制定措施使汽车在障碍前停下来所需要的最短距离。各种停车视距因道路设计速度不同而各有要求（表 5-5、表 5-6）。

（19）会车视距：是在同一车道上两辆对向汽车相遇，从相互发生时起，至同时采取制动措施使两车安全停止，所需的最短距离。会车视距为停车视距的两倍（表 5-7）。

（20）超车视距：超车视距是指汽车安全超越前车所需的最小通视距离。

5.1.2　城市道路绿带的类型

城市道路根据横断面构造形成的路幅面，按车行道与绿化种植带的布置关系，形成多种类型的绿带，一般包括一板二带式、二板三带式、三板四带式等绿带布局形式。

1）一板二带式绿带：属于单幅路横断面形式。各种车辆都混合在中央车行道上行驶，机动车道和两侧非机动车道可划线分隔，也可使用栏杆或分隔墩来分隔。两侧人行道以行道树绿带与车行道分隔，这种形式容易形成林荫道路的效果，常用在车流量不大的街区，中小城镇因其占地面积小，造价低而大量采用（图 5-3）。

2）二板三带式绿带：属于双幅路横断面形式。中央车行道采用分车绿带分隔对向行驶的机动车，机动车道与两侧非机动车道可划线分隔，也可使用栏杆或分隔墩来分隔。这种形式可以减少对向机动车相互之间的干扰，适用于用地面积相对宽松、双向交通量比较均匀的街区。由于具有中心分车绿带的良好绿化景观，许多大中城市的主要道路常采用这种形式，在中小城镇，这种形式常作为城市主要入口道路的主选形式。因路面的水平错落关系分为水平式、高低式和路堤式（图 5-4）。

3）三板四带式绿带：属于三幅路横断面形式。中央车行道采用划线、隔离墩或栏杆分隔对向行驶的机

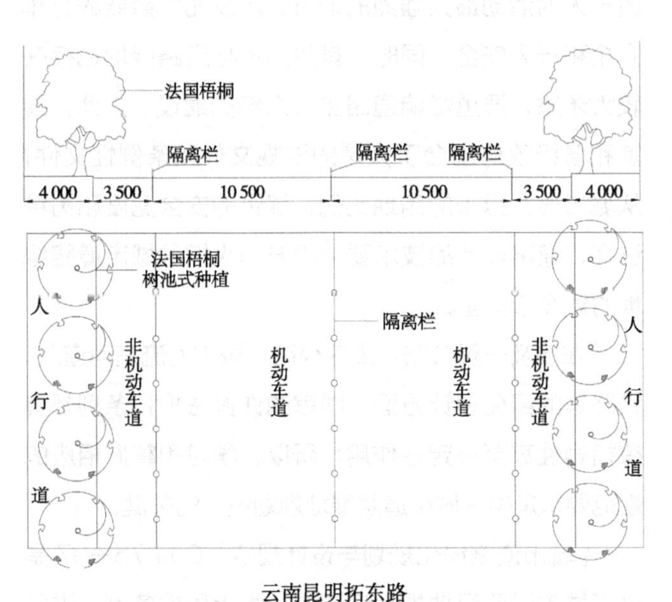

云南昆明拓东路

图 5-3　一板二带式绿带示意图
资料来源：现场调查

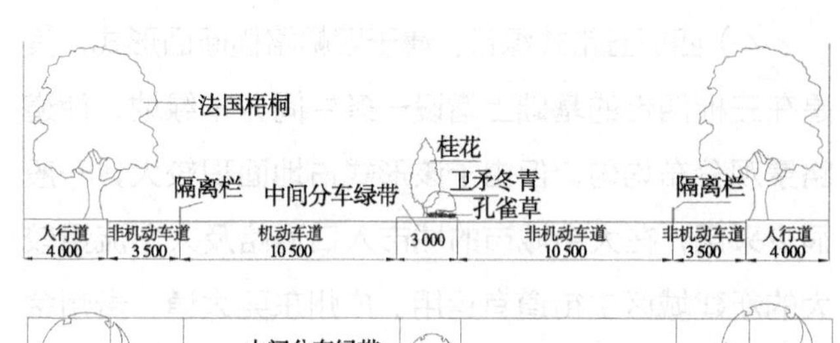

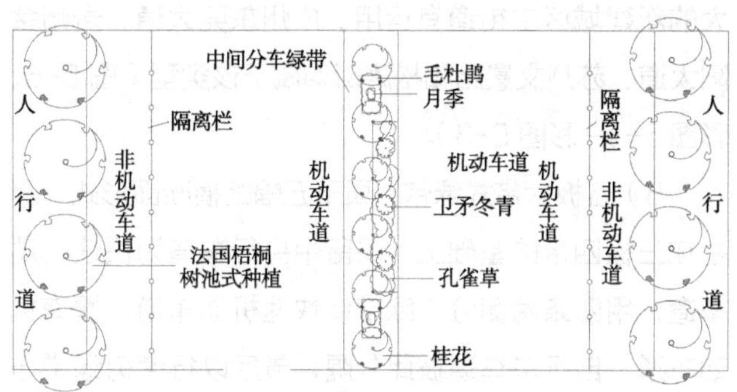

云南昆明金碧路

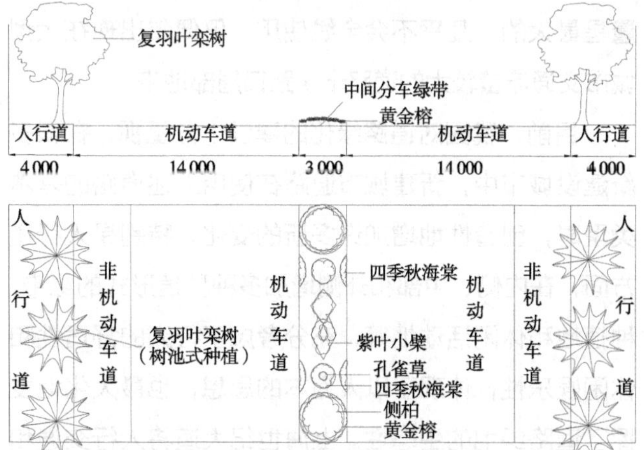

云南昆明武成路

图 5-4　二板三带式绿化带示意图
资料来源：现场调查

动车道，两侧分车绿带将非机动车道分隔开来，以行道树绿带与人行道相接。在局部地方，该形式会演变为中央车行道采用划线、隔离墩或栏杆分隔对向行驶的快车道，而把慢车道和非机动车道合并在一起形成混合交通。该形式能较好地区分混合交通，避免各类车辆的干扰，两侧分车绿带和行道树绿带相对集中形成较好的路边绿色屏障，易形成林荫道效果，为非机动车和人行道的人们提供较好的遮荫景观，常用于城市中自行车和行人流量大的地方，也是城市中常用的一种形式（图 5-5）。

4）四板五带式绿带：属于四幅路横断面形式。其是在三板四带的基础上增设一条中间分车绿地，使道路景观分布均匀。但由于该形式占地面积较大，一般很少采用，在大中城市的城市入口道路及人车流量较大的新建城区主街道有运用。广州东莞大道、贵州金阳大道、苏州文景路和松涛街均属于该类型（图 5-6、彩图 5-1~ 彩图 5-3）。

5）五板六带式绿带：属于五幅路横断面形式。其是在三板四带的基础上，保留中央行车道为快速机动车道，用四条两侧分车绿带将快速机动车道、慢速机动车道、自行车车道彼此分隔，最后以行道树绿带与人行道相接。该形式将各车道合理分隔，但土地使用量是最大的，几乎不会全线使用，仅偶尔出现在大型城市交通流量较大的道路十字路口局部地带。

目前，我国对道路绿化的建设十分重视，在很多新建设城市中，新建城市道路在使用上述道路的基本类型时，创造性地增加许多新的变化，特别是人行道方面，在内侧、中部和外侧增加多种种植形式的绿带、种植地和休闲活动地等，充分考虑了行人的舒适性和休闲娱乐性，体现了以人为本的思想，也最大化地发挥了道路绿地的生态性。上海世纪大道将人行交通和休闲娱乐等活动空间组织在道路绿化中，形成具有中国的“香榭丽舍大街”之称的美誉，珠海的滨海大道、贵阳金阳大道、苏州文景路和松涛街等都是在这方面做得较好的（图 5-7、彩图 5-1）。

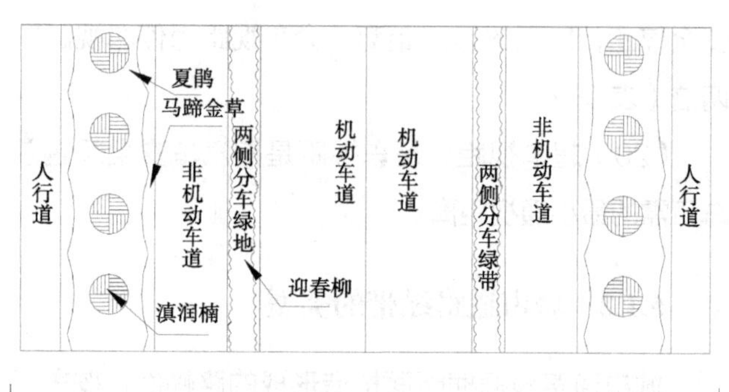

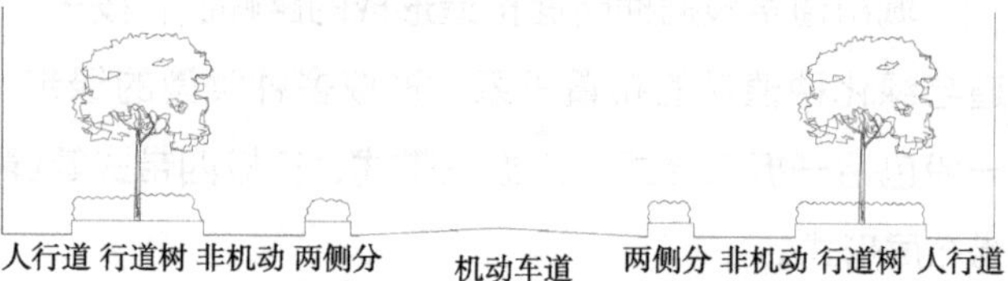

图 5-5　三板四带式绿带示意图——云南昆明高新开发区西二环路

5.1.3　相关规范介绍

城市道路绿地在城市绿地系统中占有比较重要的位置，因而城市道路绿地受到普遍的关注；城市道路属于人为活动最为强烈的地方，涉及尤为重要的行车安全和行人安全，同时，其他用地与道路绿地也存在较大矛盾，严重影响道路生态系统的建设。为此，国家和各级政府出台了大量的法规文件和条例性文件，从城市道路绿带的用地比例，绿带的安全宽度和树种选择、道路设计的技术要求等方面来指导城市道路绿地的建设和管理。

在涉及一般公路、高速公路、城市河流滨河道路、铁路等的绿化设计方面，国家的许多法规和条例都具有指导性甚至决定性作用；所以，学习和掌握相应的规范要求是搞好城市道路绿地规划设计的关键。

《城市道路绿化规划与设计规范》CJJ 75—97 是进行城市道路绿地规划设计的技术指导性条例，进行城市道路绿地规划设计时必须全面深入地学习和研究。

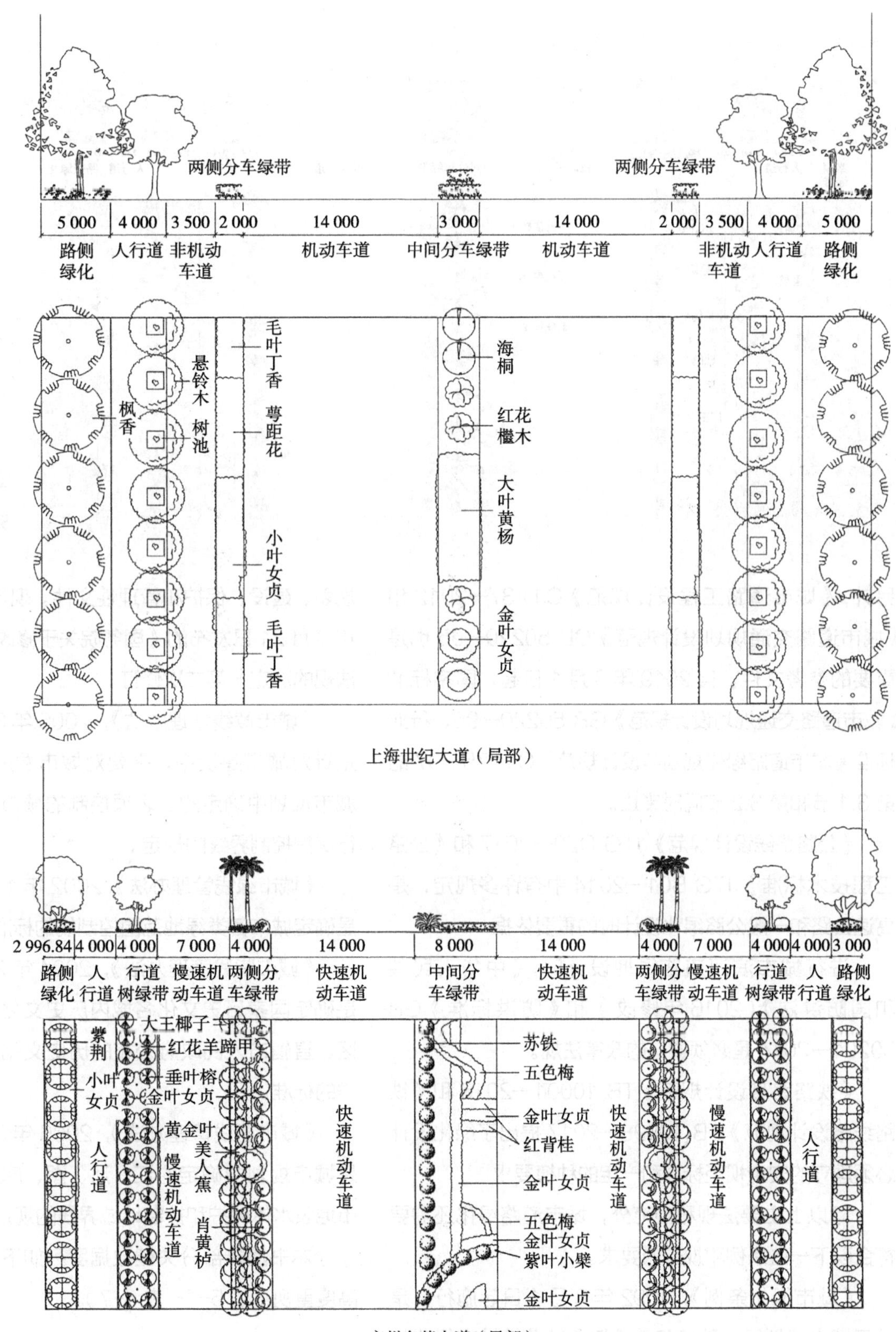

图5-6 四板五带式绿带示意图
资料来源：现场调查

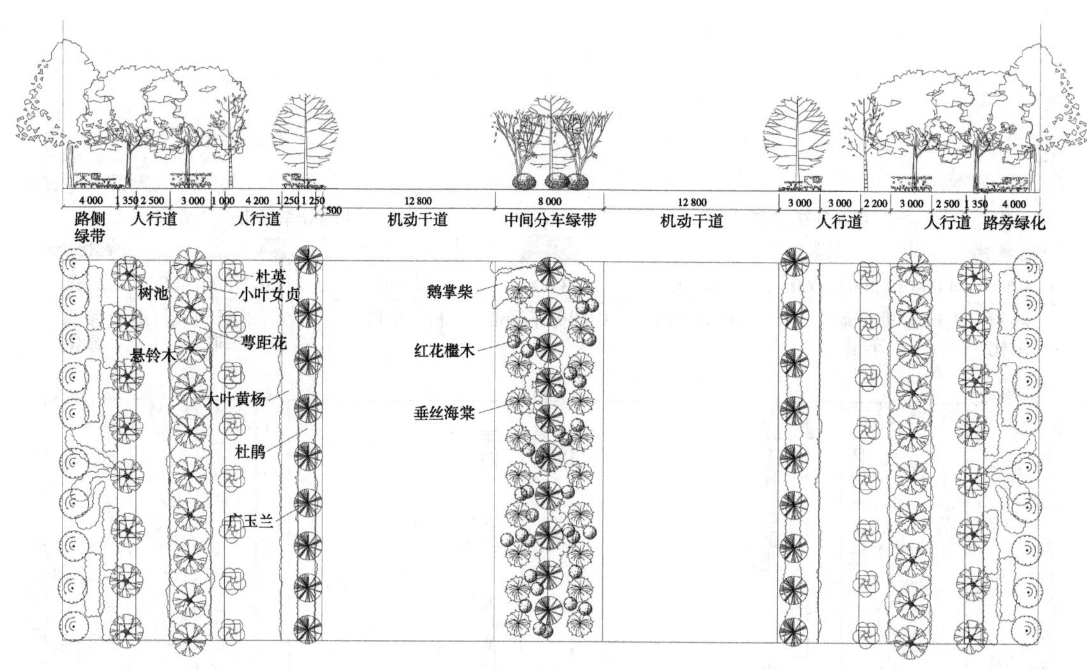

图 5-7 贵阳市金阳大道（局部）
资料来源：现场调查

另外，《城市道路工程设计规范》CJJ 37—2012 和《城市道路交通规划设计规范》GB 50220—95 也是重要的参考文件。自 2019 年 3 月 1 日起，国家标准《城市道路交通规划设计规范》GB 50220—95、行业标准《城市道路绿化规划与设计规范》CJJ 75—97 的第 3.1 节和第 3.2 节同时废止。

《公路路线设计规范》JTG D20—2017 和《公路工程技术标准》JTG B01—2014 中有许多规定，是高速公路和一般公路绿化设计时的重要依据。

进行城市滨河道路绿地设计时，《中华人民共和国防洪法》（2016 年修改）和《防洪标准》GB 50201—2014 是必须遵守的政策法规。

《铁路路基设计规范》TB 10001—2016 和《铁路线路设计规范》TB 10098—2017 提出了绿化设计必须遵守的安全视距标准和一定的种植要求。

除以上主要法规和规范外，城市道路绿化还需要符合以下一些条例和规范的要求。

《城市绿化条例》，1992 年 8 月 1 日起施行，是关于城市规划区内种植和养护树木花草等城市绿化的规划、建设、保护和管理性文件。现行版本根据 2017 年 3 月 21 日发布的《国务院关于修改和废止部分行政法规的决定》第二次修订。

《城市黄线管理办法》，2006 年 3 月 1 日起施行，是针对城市建设中，需要对城市发展全局有影响的、城市规划中确定的、必须控制的城市基础设施用地进行保护控制界线的规定。

《城市绿线管理办法》，2002 年 11 月 1 日起施行，是确定城市各类绿地范围控制线的标准文件。

《城市紫线管理办法》，2004 年 2 月 1 日起施行，是确定国家历史文化名城内历史文化街区和省、自治区、直辖市人民政府公布的历史文化街区保护范围界线的标准。

《城市蓝线管理办法》，2006 年 3 月 1 日起施行，是城市规划中确定的江、河、湖、库、渠和湿地等城市地表水体保护和控制地域界线的规定文件。

本书摘录部分关键数据罗列如下，设计中应给予高度重视（表 5-1~ 表 5-7）。

树木与架空电力线路导线的最小垂直距离　表 5-1

电压（kV）	1~10	35~110	154~220	>330
最小垂直距离（m）	1.5	3.0	3.5	4.5

树木与地下管线外缘最小水平距离　表 5-2

管线名称	距乔木中心距离（m）	距灌木中心距离（m）
电力电缆	1.0	1.0
电信电缆（直埋）	1.0	1.0
电信电缆（管理）	1.5	1.0
给水管道	1.5	—
雨水管道	1.5	—
污水管道	1.5	—
燃气管道	1.2	1.2
热力管道	1.5	1.5
排水盲沟	1.0	—

树木根颈中心至地下管线外缘最小距离　表 5-3

管线名称	距乔木根颈中心距离（m）	距灌木根颈中心距离（m）
电信电缆	1.0	1.0
电信电缆（直埋）	1.0	1.0
电信电缆（管道）	1.5	1.0
给水管道	1.5	1.0
雨水管道	1.5	1.0
污水管道	1.5	1.0

树木与其他设施最小水平距离　表 5-4

设施名称	距乔木中心距离（m）	距灌木中心距离（m）
低于 2m 的围墙	1.0	—
挡土墙	1.0	—
路灯杆柱	2.0	—
电力、电信杆柱	1.5	—
消防龙头	1.5	2.0
测量水准点	2.0	2.0

备注：本资料来源于《城市道路绿化规划与设计规范》CJJ 75—97。

城市道路停车视距　表 5-5

设计速度（km/h）	100	80	60	50	40	30	20
停车视距（m）	160	110	70	60	40	30	20

备注：本资料来源于《城市道路工程设计规范》CJJ 37—2012。

高速公路、一级公路停车视距　表 5-6

设计速度（km/h）	120	100	80	60
停车视距（m）	210	160	110	75

二级、三级、四级公路会车视距与停车视距　表 5-7

设计速度（km/h）	80	60	40	30	20
会车视距（m）	230	150	80	60	40
停车视距（m）	110	75	40	30	20

备注：本资料来源于《公路路线设计规范》JTG D20—2017。

5.1.4　城市道路绿地规划

城市道路绿地规划是城市绿地系统规划中的重要内容之一，从前期调查和方案构思设计，应给予足够重视。

5.1.4.1　城市道路绿地规划的程序

1）进行规划前的调查

认真收集和研究分析城市道路的性质、技术参数、自然立地条件及植物资源等资料数据，为科学合理及符合规定的规划设计收集整理基础资料。

2）规划方案构思

在前期认真调研的基础上，结合相关规范要求，确定规划方案。

3）绘制规划图纸

将规划方案绘制在图纸上。一般在绿地系统规划时，只需要选择道路的典型地段绘制平面图、横断面图、侧立面图及效果表现的横断面图纸。在具体的道路绿地设计中，则需依据道路的总平面图，完整绘制平面图，并根据实际情况绘制多处横断面图、侧立面图和效果表现图。

4）编制规划文本

编制规划文本，针对城市道路的各种本底调查资料、规划方案构思理念、平面布局和立面构成及植物配置等问题进行综合的文本描述，并编制植物名录表。

5.1.4.2 规划前的调查

要做好城市道路的绿地规划，其前期的调查是必须的。主要调查内容包括：

1）道路性质本底调查

调查拟规划主要道路在城市中的地位及今后的发展方向、车流量、人流量及其流向；道路两侧单位的特点；建筑物的风格、造型和色彩等。为道路绿地规划的风格、档次、规模和指标等提供可参考的依据。

2）道路技术本底调查

主要围绕道路自身的技术参数进行调查，获取道路的形式、路面结构、排水方向和雨水口位置；摸清市镇管线工程、人行横道、车站、红绿灯和警亭等方面的平面和立面分布参数，为道路绿地规划的安全规范，有效地提供科学合理而规范的技术参数。

3）道路自然本底调查

主要围绕道路的土壤、地下水位、气温、光和风进行调查，为道路绿地规划合理选择树种提供决策性依据。

4）城市植物资源本底调查

调查城市周边的苗木资源和生产能力，确定具有代表性的、适应能力强的，且苗木数量有保障的树木品种。

5.1.4.3 城市道路绿地规划的基本原则

1）符合城市道路的性质和功能要求

城市道路绿地要充分结合城市道路在城市中的地位，充分考虑城市道路今后的发展方向，有针对性地、超前性地进行规划，并结合当地文化体现独有的特色，切实发挥城市文明窗口的作用。同时应根据车流量、人流量及其流向的实际情况，规划满足城市交通需要的城市道路绿地。要呼应城市道路两侧的单位特点和建筑风格，规划与人文景观和建筑景观相协调统一的城市道路绿地；要尊重城市道路历史，实现科学性与艺术性的最佳组合。

2）符合安全行车视距

根据道路设计速度，在道路交叉口视距三角形范围内和弯道内侧规定范围内种植的树木应采用通透性配置，以不遮挡驾驶员安全视线为主。

3）符合安全净空要求，绿化树木与市政公用设施具有合理空间尺度

根据道路的性质和功能，保证各种车辆在道路中运行中，有一定水平和垂直方向的运行空间，树木不得进入该空间。

城市道路空间有限，地下和地上均需大量安排各种市政管道、电缆等公用设施，道路绿化树种的正常生长也需要一定的地下和地上空间。在规划中，要合理协调两者之间的空间关系，避免相互干扰。

4）根据需要配备灌溉设施，竖向规划合理，排水良好

规划中尽可能配备灌溉设施，保证良好的养护条件，结合城市道路的坡度、排水方向和排水位置，合理进行绿地的竖向规划，避免道路绿地出现积水现象。

5）规划要与道路沿线的功能地块和设施协调，配套实用

城市道路沿线的公交车站、道路交叉口及临时停车场等，因功能特殊，规划时要予以分别对待，规划与之协调的绿地形式。

城市道路经过历史文化街区要遵守城市紫线规定，严格保护紫线范围内的历史建筑物、构筑物及其风貌环境和特色完整性。

6）植物选择要符合城市道路的自然环境要求

植物选择要适应道路基址的土壤、地下水位、气温和光照等生境指标，因地制宜地选择树种，以保证适地适树。

7）提倡可持续发展的规划思想

规划方案要保证城市道路的生态、社会、经济效益的最大化和最优化。

5.1.4.4　城市道路绿地的植物选择

城市道路空间有限，植物生长的自然环境差，人为干扰因素大，因此做好植物的选择，保证其健壮生长是首要条件。只有植物生长良好，才能充分发挥道路绿化的生态功能、美化作用和社会功能。因此，在道路绿化的植物选择中应注意：

1）坚持以乡土树种为主，外来树种为辅的原则

乡土树种能适应当地的土壤和气候，长势优良、健壮，且有地方特色，应作为城市道路绿地的主要树种。

2）选择表现好，抗逆性强的树种

道路绿化既要考虑使用那些生长健壮、树形、树叶、花色、气味及其长势均有较好表现的树种，以发挥道路绿化的美化作用；又要选择抗病虫害、耐瘠薄及对城市“三废”适应性强的树种，以最大化发挥城市绿化的生态效益，同时还应注意选择无刺、无果、无毒、无臭味的树种。

3）行道树的选择要重视遮荫，生理及生态习性要符合要求

在树形外观上，应选择那些树干通直挺拔、树形端正、体形优美、树繁叶茂、冠大荫浓、花艳味香且分枝点高的树种；生理上，也应考虑选择适应性强、大苗移植成活率高、生长迅速而健壮、根系分布较深、树龄长且材质优良的树种。

选择落叶树种作行道树时，应选择那些发芽早、展叶早、落叶晚而落叶期整齐的树种，以保障好的生态功能和美化作用，同时也避免路面的污染，减少环卫工人的清扫频率和强度。

另外，也要考虑行道树的树体应无刺，避免扎伤行人；花果无毒，避免人畜误食；落果少而安全，不致砸伤树下行人和污染行人衣物；无飞毛飞絮，避免造成空气混浊和诱发行人呼吸道疾病；树根无板根现象，以免树根不断膨大，挤损市政管沟或拱台路面铺砖，造成路面材料松动脱落及“翻浆”；树木少根蘖，避免大量根蘖侵占行人行走空间。

4）花灌木应选择花繁叶茂、花期长、生长健壮和便于管理的树种

绿篱植物应具有萌芽力强、枝繁叶茂、耐修剪、易造型的特征；观叶灌木应选叶形观赏性强，叶色有变化，分枝多，叶片浓密的种类；地被植物要求匍匐性好，覆盖度高，管理粗放；草坪应选择萌蘖力强，耐修剪，抗践踏，覆盖率高，绿色期长的草种。

5）植物选择要合理考虑生态习性的搭配

树种配置要根据植物群落生态学原理，充分体现植物与植物之间的生态习性、生态空间等伴生现象，常绿树与落叶树相结合，速生树与慢生树相搭配，保障树木均能良好生长，且能兼顾近期与远期的绿化效果。

5.1.4.5　城市道路绿地景观规划设计

道路绿地是城市绿地系统的重要组成部分，应该体现一个城市的绿化风貌和景观特色，在规划中，应注意以下几个事项：

（1）分别处理不同地段道路绿地的绿化景观特色，根据道路的历史文化内涵，结合道路的性质功能及周边建筑风格特色，充分运用各种规划手段和景观素材，规划设计出独具特色的道路绿地。做到一路一景，便于识别，从不同侧面体现城市精神风貌。

（2）同一条道路的绿化具有统一的景观风格，尽可能保持道路全貌的整体协调统一。道路过长时，应在保持整体景观统一的基础上，采用多种表现形式，按路口分段，结合各个路段的环境特点进行景观规划设计。

（3）同一条道路分车绿带、行道树绿带和路侧绿带等在植物配置的风格上应统一协调，有空间层次，季相变化。既能发挥隔离防护作用，又能使景观变化丰富。

（4）充分利用道路旁的山、河、湖、海等自然景观元素，结合自然环境，展示优良的自然景观风貌。

5.1.4.6 城市道路绿地规划设计

城市道路绿地因为道路性质、道路技术要求和绿带功能的不同，在规划中有不同的规划手法，其主要规划要点如下：

1）城市道路绿地规划设计的基本形式

城市道路绿地规划根据城市道路所处的位置、路幅宽度等具体情况，常采用不同的形式进行规划。

（1）根据布局的形式来分

①规则式：道路绿地各绿带中的园林元素均是几何规则式，或是等距布置，变化和过渡富有明显的节奏，体现了一种整洁美，是城市道路中使用较多的一种形式。

②自然式：道路绿地各绿带中的园林元素是不规则布置的，变化和过渡的节奏性不明显，自然式要求各绿地的宽度相对较宽，是目前提倡的生态效益和景观价值较高的一种形式。

③混合式：综合上述两种方法，道路绿地各绿带中的园林元素根据构思和需要呈规则式或不规则式布置，变化和过渡的节奏性适中。一般在较长道路的分段设计中采用。贵阳金阳大道在约 1.3km 的道路采用该方式，展现了一种变化和动态的美（彩图 5-1）。

（2）根据规划主体的功能氛围来分

①景观式：有着强烈宣传性和标示性景观符号，大体表现一种或多种主题景观的道路绿地模式。该模式常形成城市的标志性道路，成为城市的重要风景线，为城市旅游拓展较大的观赏空间。

②休闲式：宣传性和标示性相对较弱，主要考虑城市居民休闲需要，大量设置各种形式的休闲设施。此模式常使用在以商业活动为主，或大型组团式居住区之间的道路绿化，一般要求道路幅面相对较宽。

③林木式：着重强调道路绿地和周边环境的生态性，宣传性和标示性景观符号不强，也未考虑居民休闲设施，基本以乔、灌、草、花植物景观为规划元素的道路绿地模式。云南景洪市景洪路采用大王棕作为行道树绿化，而两侧分车绿带配置椰子树，形成了较大的道路遮荫面，较为适合热带城市的行车和行人遮荫需要（彩图 5-4）。

（3）根据规划植物的配置方式不同来分

①密林式：绿化植物以乔木为主，形成遮荫度较高的道路绿化效果，生态效益较好。在居住区周边，通向公园的道路，或在城市边缘的城郊结合部常采用该模式。如在城市核心使用该模式，则需要较大的路幅宽度。贵阳市金阳大道即属于该模式（彩图 5-1）。

②群落式：充分结合植物的生态习性，以“源于自然，高于自然”的手法，把乔、灌、草、花有机地组合在一起，形成具有丰富林缘线和林冠线、植物品种繁多、色彩斑斓、富有季相变化且风光各异的道路绿地，其发挥的生态效益最大。此模式要求道路绿带具有较大宽幅，建设投资也较大，目前在我国尚不多见，深圳的深南大道经最近几年的逐步改造，在西侧使用榕树、棕榈植物、彩叶蕉并配合少量置石，高矮错落，形成了良好的植物群落景观，堪称城市道路绿化中的典范。

③花园式：在一定乔木配置的基础上，选择色彩较为丰富的灌木花卉、多年生宿根花卉和季节性草花，按照一定的图案形式进行规划的道路绿地模式，常用于城市公共核心地带的道路绿化中。该模式的植物景观观赏性高，为目前一些城市主要道路的常用模式，但需要较大的投入和较高的管理水平。昆明武城路以圆形和菱形为构图母素，使用洒金千头柏、龙柏、金叶女贞、红叶小檗和杜鹃花灌木，并配合一定节令性草花，展现给人们“春城无处不飞花”的景象（彩图 5-5）。

④田园式：借助道路两侧的田园风光，采用借景和透景的手法，适当增加一定的人工绿化景观，体现原生态田园景致的绿化模式。一般使用在城市边缘的

城郊结合部及富有田园风光特点的地段。

2）分车绿带绿化规划设计

分车绿带主要的功能是将机动车与机动车之间、非机动车与机动车之间进行分隔，保证不同方向、不同速度、不同车流的车辆能安全行驶。

如道路过长，分车绿带一般应适当开口，留出过街横道，开口距离一般为 70~100m；分车绿带两端头应采用圆角设计方式，两端头的植物配置应采用通透式设计。

根据分隔的对象和在道路中所处的位置的差异，分车绿带包括中间分车绿带和两侧分车绿带，其设计手段各有差异。

（1）中心分车绿带。位于道路中心，用于分隔对向行驶机动车辆而布置的绿带，最小宽度不低于 1.5m。常存在于两板三带式和四板五带式的道路绿带类型中。如宽度较窄时，低于 2m 时，为不遮挡驾驶员的行车视线，保证行车安全，一般多使用灌木、花卉和草坪进行绿化。可采用草坪或低矮的地被植物为基础绿化，中间按一定距离有节奏地行植相对低矮的造型灌木或多年生宿根花卉，此方法的生态性和对行人的阻断性较弱，观赏性稍差，但建设投资和后期修剪维护成本相对较低，在城市的一般地段被大量采用；有时也选择一种灌木形成单一的绿篱。在城市的一些主要地段，常选用一种或多种花灌木进行满植，多种花灌木配置形成富有平面变化和立面变化的几何造型或自然流畅的色块，具有较好的观赏性，该方法对汽车噪声和尾气的处理也较好，能有效阻断行人横穿道路，综合效益较高，但建设投资和后期的修剪维护成本相对较高。

如宽度中等，在接近 3m 时，要求居中种植一排乔木，地面常使用草坪或低矮地被植物为基础种植，中间有节奏变化地布置灌木造型或多年生宿根花卉；接近 5m 时，应配置两排乔木（彩图 5-6）。

如宽度大于 5m 时，一般常采用规则式进行密林配置，或采用自然式营造植物群落式景观，但要注意通透性原则，在路面高度的 0.9~3m 之间的范围内，其树冠不能长时间遮挡驾驶员视线。也或自然和规则式交替布置，乔木和花灌木分段配置，形成整条路既生态又美观的效果。

中心分车绿带的灌木一般选择低矮紧凑、耐修剪的植物，高度一般不超过路面高度的 0.9m；乔木多选用枝下高较合适，冠形规则的树种。为突出城市道路的特色性和文化性，也可在重点地段点缀雕塑和小品，或将灌木种植成特定图案。

（2）两侧分车绿带。位于道路两侧，用于分隔同向行驶快、慢机动车及机动车与非机动车而布置的绿带。常存在于三板四带式和五板六带式的道路绿带类型中。两侧分车绿带一般不宜设计太宽，多为 1.5m。为考虑安全起见，一般多采用草坪或地被植物作基础种植，株距大于 4m 居中种植乔木，也可间植灌木或满植灌木；乔木选择要求枝下高明显，树干通直、主干明显，一般不提倡使用从枝型乔木或大灌木。两侧分车绿带种植乔木，容易形成自行车道的树荫效果；同时，与中心分车绿带的植物相呼应，容易营造全路面的林荫景观，目前使用较多。

3）行道树绿带绿化规划设计

行道树是沿行道树绿带纵向以一定株行距种植的乔木。根据规范，行道树树干中心至路缘石外侧距离不小于 0.75m，种植株行距依树种不同一般为 4~8m；在道路交叉口和转弯，行道树绿带应采用通透式设计，转角处进行适当的留白处理，保证车辆的安全视距。行道树绿带所处的空间与城市公用管网系统在地下和地上的部分均较为接近，合理协调两者之间关系，同等重视树木的良好生长空间和城市公用管网系统的安全空间是必要的，规划时要注意两者之间在地下和地上的水平与垂直方向有足够的安全距离。

行道树绿带主要是为分隔行人和车辆，同时为行人和非机动车提供遮荫而设置的。行道树绿带的规划在现代以人为本的思想指导下，发展较快，演变较为丰富，主要的布局手法有树池式、树台（凳）式、绿带式和树池绿带组合式4种。

（1）树池式

在行人多、人行道相对较窄、行道树不能连续种植的地方使用。树池通常采用正方形、长方形和圆形3种。树池规格为正方形：边长为1.2~1.5m；长方形：1.2~2m；圆形：直径为1.2~1.5m。树池中除配置乔木外，另有配置草坪或花灌木，也有放置鹅卵石、碎木屑或枯树枝，还有采用铸铁或水泥预制制作成池篦子，但前两者因占用一定道路空间，易被行人践踏，除一些较宽的道路上，一般都不采用，目前多采用后者。

（2）树台式（树凳式）

在树池式的基础上，在树池边缘修建砖砌体，内植行道树的方法，甚至将砖砌体演变成四边围合的条凳，供行人乘凉休息之用。本方法因占用一定的有效路面，仅用于路面较宽的商业性道路或休闲性道路规划中，道路狭窄地段一般不宜采用。

（3）绿带式

采用1.5m宽度以上的方式连续布置带状行道树绿带，该方式在具体规划中，除行道树之外，配置灌木、绿篱、花钵或置石等。常见的有以下几种方式。

①行道树——草坪式：属于最简单的一种，行道树下全部种植草坪。

②行道树——灌木满植式：在行道树配置后，其余全部采用一种或多种灌木满植覆盖绿带。该方法适用性广，在宽度不同的行道树绿带种均可使用，在此基础上，通过增加大、中型花灌丛来产生变化。

③行道树——花灌木丛——草坪式：在行道树——草坪式的基础上，在每两株行道树之间配置1~2株花灌丛。

④行道树——花钵（置石、小品）——草坪式：在行道树——草坪式的基础上，在每两株行道树之间摆放1~2个花钵（置石或小品），内植季节性草花，在一些装饰要求较强的街道常采用该方法。

⑤行道树——灌木组合（宿根花卉）——草坪式：在行道树——草坪式的基础上，在每两株行道树之间配置1~2种花灌木（宿根花卉）组合而成的几何灌木种植块，也可采用2~3种花灌木丛营造连绵的花带。

在以上几种基本形式的基础上，根据绿带宽度和景观表现手法的不同，灵活组合以上基本形式，可产生很多变化。一般情况下，绿带较窄时可采用前3种形式，绿带较宽时可采用后2种形式或使用多种基本形式的组合。

绿带式的布置方式常根据道路功能的需要，将满足人休闲的场地和设施组合在一起。绿带较窄时，在两株行道之间采用局部凹进的方法，留出一定场地来设置休闲坐凳；绿带较宽时，可在绿带中增加游步道，且留出一定内部空间来设置休闲坐凳或园林小品，形成一定林荫效果。

（4）树池绿带组合式

在人行道较宽时，为形成浓荫的人行道绿化和满足不同的功能要求，常在人行道中间增加树池行道树或树台（树凳）行道树，将人行道分为快速人行道和休闲人行道。

该布局形式在行道树绿带外侧设置2~4m宽的快速人行道，满足行人快速通过。之后布置树池行道树，或演变成树凳式内植行道树，或演变成块状绿地栽植行道树并配置其他花灌木及草坪。在树池行道树和路旁建筑设置2~4m休闲购物人行道，满足行人在树凳上乘坐休息，或在此通道上进行散步晨练；如果路旁是商店，则是市民购物逛街的良好场所。

4）路侧绿带绿化规划设计

路侧绿带是道路外侧人行道边缘与道路红线之间

的绿带。路侧绿带作为街道外围的绿色景观背景，最近几年受到普遍关注，它常与沿街建筑物的外部绿地结合起来，综合布置考虑，拓展了道路绿地空间，形成幅面宽敞的生态绿色背景（彩图 5-7）。

（1）路侧绿带在规划设计中需注意的几点

①路侧绿带应根据相邻建筑物的性质，防护和景观并重，要与相邻建筑物的宅旁绿化紧密联系，既留出一定透景线，透出其宅旁绿化效果，增加道路绿化氛围，又需兼顾相邻建筑和临街建筑的私密空间需要，使用一定手法利用植物进行适当遮掩。

②路侧绿带大于 8m 时，可设计成开放式绿地，布置一定园路，演变成街头小游园。

③路侧绿带经过自然山、河、湖等环境时，要结合环境进行自然流畅的设计，留出足够的透景线，扩大路侧绿带的自然远景，衔接自然，合理过渡，充分突出自然景观美的特色。

④路侧绿带出现陡坡、陡坎或防护边坡时，应结合工程措施进行立体绿化。

（2）路侧绿带规划形式

路侧绿带在规划中多采用外高内低的植物配置方式，以扩大道路在横向上的景深度及层次感。即外侧多采用乔木种植成林丛，而内侧采用相对低矮的花灌木或草坪，上海张江高科技园的很多道路都是这样布置，使人感觉到了宽敞的街道空间。

若人行道相对较宽，则可考虑在路侧绿带的内侧配置行道树，但不宜雷同于一般的行道树规划，要有间断性的分段配置，以保障有足够的透景空间，让行人在人行道上行走时，既有浓荫郁闭的拱穹空间，也有半通透的开敞空间，两者交替变化。

路侧绿带可根据道路的功能性质，在地形上作一定的调整，营造起伏的园林地形，以增强景观的层次感；增加一些置石、卵石或白沙等景观元素，以丰富景观内容；配置健身器材、休闲设施、靠椅桌凳等休闲小品，以增加路侧绿带自然和丰富的内涵。

昆明东二环路和南二环路，均在外侧形成 50~70m 不等的路侧绿带，在其中广植林木，布置蜿蜒的园路，配合地形、置石和旱河的运用，既形成了道路的生态屏障，也提供了附近居民的休闲空间。上海 5.5km 的世纪大道，北侧 44.5m 的路侧绿带分别设计了柳园、樱桃园、玉兰园、水杉园、紫薇园等 8 块休闲性的小型主题植物园，配合许多生动活泼的景观小品及亲切宜人的休闲设施，数十万株灌木和两万多株乔木，形成了特色鲜明而又不失整体风格的 10 段景观，使你走完全程也不觉疲劳（彩图 5-8~ 彩图 5-10）。

5）中心岛绿地规划设计

中心岛绿地是交通岛绿地的一种形式。主要用于车辆的分流和引导作用，一般布置在道路十字路口处，利用逆时针同向行驶的方法来逐渐进行车辆的导向和分流。中心岛根据交通流特性一般设计成圆形、椭圆形或卵形等，最小半径应大于 20m。

（1）中心绿岛在规划设计中需注意的几点

①中心绿岛规划要以通透安全为主要目的，本着有利于引导行车方向和交通分流；通过中心岛周围植物的合理配植，强化中心岛外缘的线形，形成有利于诱导驾驶员行车视线的效果。

②中心岛一般为装饰绿地，不应布置人行道等休闲设施，也不应设置得过于华丽，避免吸引人员横穿道路进入。

③中心岛绿地中避免种植大量乔灌木，特别是在边缘部位，以免影响行车视线。只能配置距路面高度 0.9m 以下的低矮灌木组成一定形式的花带和轮廓，或沿边缘稀疏配置低矮的球形植物，以强化中心岛外缘线形；布置乔灌木最好相对集中点缀在中心部分，但数量不宜太多。

（2）中心岛绿地规划形式

中心岛绿地以满足交通安全为首位，兼顾景观观赏性。在规划中，可在简单的草坪上种植一定图案的花灌木，以简洁明快的手法营造景观；也可采用雕塑小品居中，边缘辅以灌木组合的形式，以体现一种层次美和文化性。当中心岛绿地较大时，可种植乔灌木和设置一定水景元素，加强景观观赏性。云南昆明国贸路1号环岛将乔灌木种植在中心，营造城市森林群落景观，四周配置装饰花柱，表达幽深而华丽的结合；深圳上步路中心岛布置精致的水景元素，辅以色彩艳丽的灌木花带和少量乔木，体现了简洁清新、层次清秀和开敞明亮的韵味。

6）导向岛绿地规划设计

导向岛绿地多存在于道路路口和立交桥匝道入口处，用于分隔对向行驶的车辆，具有安全和引导的作用。平面道路上有对向行驶车辆的分叉路口也常设置。

（1）导向岛绿地规划设计需注意的要点

①导向岛绿地一般面积都不大，规划设计要充分考虑通透性原则。

②设计要相对简洁，避免零乱。

③设计要具有一定方向指示性，利用植物等景观元素标示主次方向。在通往主要道路的方向和一侧使用主要景观，在通往次要道路的方向和一侧使用次要景观。

④绿地边缘应利用植物配置手法，强化边缘线条，有利于诱导驾驶员行车视线。

（2）导向岛绿地的规划形式

①面积较小的导向岛不提倡配置过多高大乔木和丛枝型灌木，多以低矮花灌木进行配置，在道路的主要方向和一侧配置1~2株相对高大的植物，而在道路的次要方向和一侧配置几株相对低矮的植物，也可结合道路标识，放置小体量的景石。

②面积较大的导向岛可考虑配置一定数量乔灌木，但乔木的选择应考虑通透性强的树种（如棕榈），灌木一般选择树形紧凑型树种，最好采用修剪造型的球形植物和柱形植物；在配置中，应注意主方向上的树种可相对大而多，次方向树种应小而少。

7）安全岛绿地规划设计

安全岛大多是道路十字路口提供给行人横穿街道时等待绿灯放行的安全场地设施。一般位于右行车道和直行车道之间的车行道路有效路面内，其共同的特点是需要考虑三个方向的人流出入口。

传统的安全岛一般采用全硬质化处理方式，但随着现代生态化思想的影响，出现了比较丰富的处理方式，成为道路绿化的一部分。如深圳深南大道上的安全岛在3个方向的人流出入口处布置绿地，种植一些低矮的灌木，既分隔了出入口，也美化了安全岛景观，是很好的处理方式，值得提倡；广州珠江路的安全岛也使用了同样的设计手法。在此基础上，增加少量树干高大通直，且具有一定遮荫效果（如棕榈类）的植物，既为过街行人提供短暂的遮荫，也丰富了路面绿化景观，应是未来发展的趋势。

8）道路停车场绿地规划设计

停车场是路旁提供车辆停放使用的功能性绿地。结合道路绿化生态功能的要求，停车场绿化体现生态性是发展的趋势。地面避免硬质性和无绿化，一般多用预制水泥嵌草砖和高强度塑料植草格铺面后进行植草处理，保证地面的可渗透性和绿色化。

停车场周边应种植通直挺拔、遮荫效果好的乔木，下层配植一定的花灌木，发挥隔离防护的作用。

较大的停车场内部应结合停车位的分隔，在停车位四个角点上种植高大乔木，大型车辆停车位可在两侧的腰位上适当增加乔木的种植，以满足乘车人员和车辆的庇荫需求；栽植在停车场附近的乔木选择可参照行道树选择执行，枝下高应满足停车位性质所需要的净高度要求：小型汽车为2.5m，中型汽车为3.5m，载货汽车为4.5m。

停车位的分隔可演变为0.6~1m的隔离绿化带，

除配置乔木外，其下可栽植绿篱。

9）立体交叉桥绿岛绿化规划设计

道路交叉桥是现代城市不可缺少的道路元素，是承担完成城市交通繁重任务的重要形式。道路交叉桥一般由主干道、次干道和匝道组成。主次干道分处于 2~4 个高度上，形成 2~4 层立体交叉形式。车辆通过匝道过渡，可实现与不同高度桥面道路上的依次连通，并导向不同的主、次干道。互通式立体交叉有 3 种基本模式，形成的绿带也略有不同，分别是不完全互通式：包括菱形立体交叉、部分苜蓿叶形立体交叉、部分定向式立体交叉 3 种变形；完全互通式：包括苜蓿叶形立体交叉、喇叭形立体交叉和定向式立体交叉 3 种变形；环形特指环形立体交叉（图 5-8）。

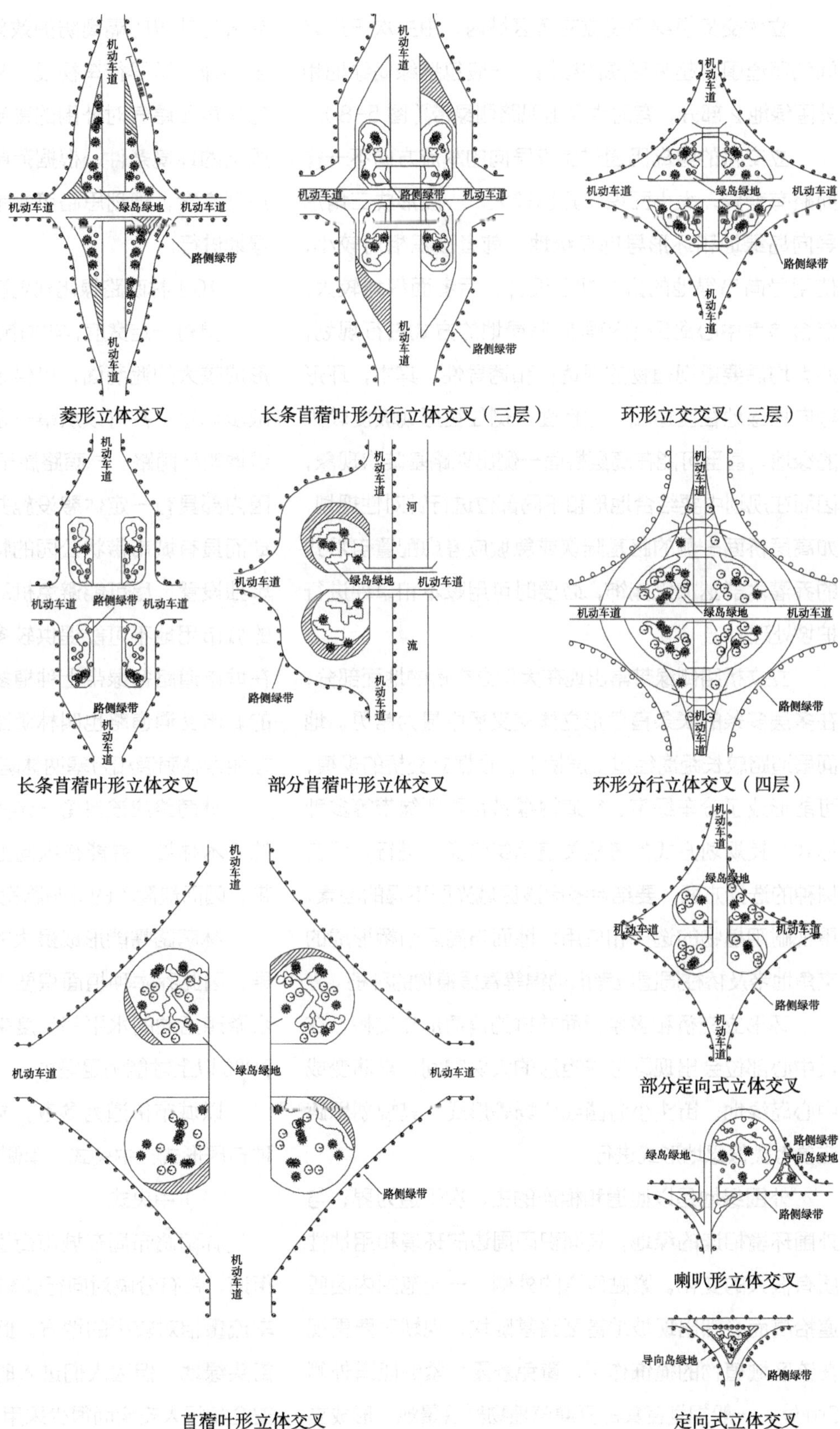

图 5-8 立交桥模式图（图中阴影部分为植物通透式配置区域）

立体交叉桥绿岛是立交桥区域内，由主次干道之间和匝道围合起来形成的绿地，一般包括绿岛绿地和外围绿地 2 部分，有时也会出现路侧绿带（图 5-8）。

立交桥的绿岛因通过匝道导向的车流方向不一样而略有差异，大小面积差异也较大。一般形成三角形导向岛绿地和环形导向岛绿地，前者面积相对较小，使用导向岛绿地的方式规划设计；后者面积均较大，综合参考中心岛绿地和导向岛绿地的方式进行规划，两者均需要重视植物的通透性和诱导性。其中，环形导向岛绿地在匝道和高层桥面一侧往往形成坡度较大的绿地，甚至可能在高层桥面一侧出现路基陡坎现象，因而在规划中要结合地形和不同部位进行针对性规划，如高层桥面一侧的路基陡坎或急坡应考虑配置自然式的乔灌木群丛加以掩饰，必要时可用藤本和草坪进行护坡处理。

立交桥路侧绿带常出现在大型立交桥的地面部分，在多层多条的长条苜蓿形立体交叉桥中最为常见。地面层道路较长距离经过上层桥下，根据立交桥的规模，可能形成了分车绿带、行道树绿带和路侧绿带等多种形式，其规划方式参考相关道路绿带类型进行，但在树种的选择方面，要结合考虑该区域光照不强的因素，重视耐阴植物的选择和应用；地面与高层引桥形成的夹角地带及桥柱周围应考虑地锦等攀援植物的种植。

环形立交桥和多条桥面并排的苜蓿形立交桥，在其中心部位会出现圆形或矩形的大块空间，常演变成中心岛绿地、街头小游园或广场等形式，其规划思路应参考类似绿地形式进行。

外围绿地是以匝道和相连的主、次干道为界，与外围环境相连的绿地，其面积因周边的环境和用地性质有很大的变化。紧贴匝道的外侧，一定范围内因匝道抬高而必然出现坡地甚至路基陡坎，规划时要重视在该区域植物的掩饰作用，避免暴露；紧贴匝道外侧 2m 处，一般规划密集的乔灌草植物群落景观，形成立交桥与外界的隔离防护效果，既增加驾驶员的行车安全心理和诱导行车视线，又尽可能地降低立交桥区域的噪声和尾气对外围的影响。立交桥外围绿地要结合周围的环境条件，根据范围面积大小确定有针对性的规划方案，规划思路可参考道路路侧绿带或相关防护绿地进行。

10）林荫路绿化规划设计

具有一定宽度，与城市道路平行，以乔本种植为主，形成较大的遮荫面，可供附近居民和行人进行短暂地散步休息，并可以从事一定文体活动的带状城市道路绿地叫林荫路。林荫路属于城市道路绿地的一种类型，因内部具有一定休憩设施并能进行一些简单的文体活动而具有城市带状公园的特征。严格意义的林荫路应单独设置，尽可能避免机动车辆的干扰，但日趋紧张的城市用地不可能提供较多的土地来设置，现在常把在城市道路各绿带上种植多排乔木形成较大遮荫面积的城市交通道路也叫林荫路。闻名世界的法国巴黎香榭丽舍林荫道和万塞讷林荫道都是属于后面的模式。

林荫路应该具备一定的宽度，至少能种 4 排以上的乔木林带，并能在纵向上安排 1 条以上的人行游步带，因而最简单的林荫路宽度应大于 9m。

林荫路需能形成最大的遮荫面积，达到林荫的效果，因此乔木种植面积要求较大，参照森林中较为适合游憩活动的水平郁闭度来推算，乔木种植面积要达 70% 以上才能满足需求。

以城市街道为参考，林荫路的规划布局一般有 3 种布局形式：中央式、单侧式和双侧式。

（1）中央式

林荫路布局在城市街道的中轴线上，两侧为城市街道，带有分隔对向行驶车辆的功能，适用于街道宽、车流量相对较少的地方。此布局可以形成集中连片的街头绿地，但因人们进入时必须横穿街道，影响行车安全和行人安全而很少采用。

中央式林荫路的内部设计多采用规则式布置，一般是两侧采用高大乔木成排种植，形成较为密集的林带，内部根据宽度设计 1~2 条人行游步道，横向上形成外高内低、外实内虚的空间变化。人行游道可串连分段扩展而成的几何块状空间，形成纵向上的密实与虚空的交替变化，在块状空间内分别布置健身广场、小型运动场地和微型景观广场等空间节点，两侧或两端设置出入口与相邻街道连通。

（2）单侧式

林荫路布局在城市街道一侧，形成林荫道一侧为市镇街道，另一侧为城市其他用地的格局。该布局同样形成了集中连片的街头绿地，同时还避免了行人横穿街道的不安全因素，因而在实际规划中应用相对普通，但不足之处在于街道两侧景观有偏颇，缺乏均衡。该布局适用于交通流量大，居民区集中于街道一侧时使用。

单侧式林荫路的内部设计可采用规则式或自然式。在横向上，靠街道一侧采用密实的林带，而另一侧，为了增加景观的通透性，可采用半开敞空间布局，中间形成相对疏空的人行活动空间；在纵向上，与中央式林荫道相同，人行游步道的沿线可设计多个规则式或不规则的景观空间，布置相应的休闲设施。

（3）双侧式

林荫路布局在街道两侧，能最有效地避免行人横穿街道，有利于行人自由进入林荫路，营造街道两侧对称景观。可结合城市道路的行道树绿化和路侧绿化进行设计，形成街道两侧绿荫面较大的绿化效果，对防止和减弱来自街道的汽车噪声和尾气有良好的作用，但不足之处在于需占用较大土地面积方能达到理想效果。该布局形式较适用于交通流量大、两侧居民建筑平均的地段。

双侧林荫路的内部布局结合行道树绿带和路侧绿带来设计时，内部多采用规则式设计。横向上，结合行道树绿带和路侧绿带，营造两侧相对密集而内部相对通透的空间，设计散步道和休闲小广场；纵向上，常形成乔木片植和规则式开敞硬地交替变化，中间采用休闲步道连接。法国巴黎香榭丽舍林荫道西起凯旋门星形广场，东到协和广场，全长约 2km，其中西段约 1.2km，采用 2 排行道树，体现了一种宽敞和明亮的效果；东段约 0.8km，配置了 3 排行道树并充分利用爱丽舍王宫的路侧绿带，形成巨大的道路遮阴面积，使得这里的夏季郁郁葱葱，凉爽宜人（图 5-9）。

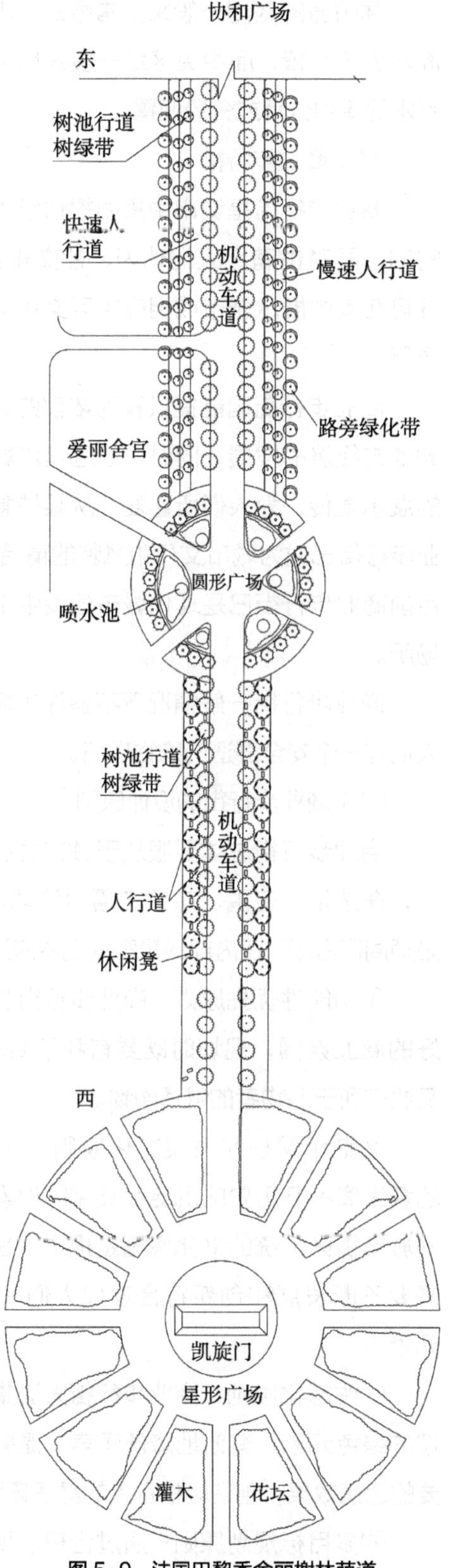

图 5-9　法国巴黎香舍丽榭林荫道
资料来源：现场调查

林荫道的两侧一般采用常绿的乔木并辅助一定的灌木进行配置，而中央区域一般采用常绿乔木和落叶乔木的集中分片或分段配置。

11）商业步行街

商业步行街是城市中集中提供给人们进行步行购物的，同时也满足人们休闲、社交和集会等需要的，并可在其中展示城市或相应街区文化特色的特殊景观场所。

商业步行街因能提供较为浓郁的商业氛围，可带动地方经济的发展，同时，通过其对城市文化和面貌的展示宣传，为人们所喜爱。从某种意义上来讲，商业步行街已成为城市文化和风貌的精品展示台。因此，目前商业步行街已是现代城市建设中不可缺少的重要场所。

商业步行街一般情况下不容许车辆进入，以保证人们有一个安全舒适的购物环境。

（1）商业步行街的设计原则

商业步行街总体要服从于城市发展的总体规划要求，在选址、范围、市镇交通分流功能定位等方面，必须周密考虑，在内部的景观规划中应遵循以下原则：

①功能性优先原则：商业步行街主体是要营造良好的商业氛围，规划时既要有利于商家的经营展示，又要有利于购物者的舒适购物。

②继承保护和发展文化原则：一条商业步行街的繁荣离不开历史的沉淀和文化的积累，继承和保护好城市街区传统的文化底蕴是根本，在此基础上，也需要不断发展和创新符合现代人们审美需求的景观元素。

③生态化原则：商业步行街人流集中，要通过合理的绿色元素，有效地降低噪声、提高湿度和提供必要的遮荫效果，创造轻松宜人的舒适环境。

④多目标规划原则：通过合理的规划，在保障商业功能最大化发挥的基础上，进行合理的空间分割，营造社交和集会的氛围；灵活多样地构思景观亮点，渲染文化的魅力；创造宜人的环境，烘托聚集的人气，最终形成能满足不同年龄层次人群的不同兴趣爱好和审美需求，并达到舒适购物、观赏休闲、文化品位和舒心交往的多种目标。

⑤可持续发展的原则：规划要综合把握商业街的历史文脉，要预见未来的发展趋势，做到近期和远期规划相结合；要运用环境心理学的原理，使商业区环境氛围与功能发挥形成良好的互动，呈现良性循环，保障持续和恒久的发展态势。

（2）商业步行街功能规划和空间布局

商业步行街两侧需要形成通透的带状空间，以满足商家商品展示和游客浏览购物的功能需要。在内部也需要考虑一定的开敞空间、设置演出台或展示台，供集中的商业宣传和文化表演使用，满足商业宣传和市民文化欣赏的需求；同时还需要以分散和集中相结合的方式，营造清新宜人的绿色氛围，满足游客和购物者休息的需要；景观元素应点、线、面结合，形式多样、丰富多彩地展示城区和街区的文化元素，满足游客文化欣赏和兴趣游玩的爱好。另外，留出一定空间以布置特色小吃和旅游纪念品也是必需的。

商业步行街的空间氛围应该是相对开朗的，布局应根据商业活动的规律，在平面上有疏有密，紧邻商业活动最集中的地方要留有空间，供人们休息游玩的地方要相对密实。在立面上有藏有露，商业和文化设施要显而易见，休闲设施则需适当掩藏。

商业街的景观组织应该是有序列的，避免独立，应有一定主线来加以串连，在个体趣味性和知识性的基础上呈现文化的连续性和整体性；要善于运用空间的收放、转折、渗透来增加景观的层次感。商业步行街一般采用规则式布置，也可以适当采用自然式布置。

（3）商业步行街景观元素构成

商业步行街的景观元素应该是多种多样的，表现手法也应该是丰富多彩的。

①路面铺装：商业步行的路面铺装既要有丰富多彩的色彩和纹理变化，也要充分展示地面的文化性，从材质、色彩、纹理和图案方面进行创造性的设计，如成都春熙路步行街将雨水井盖板设计成原有老店和名店的历史介绍牌，琴台路地面铺装展示蜀文化风采的青色花岗石，昆明南屏步行街路面嵌有老昆明地图和儿童游戏景观小品等。

②街景小品：街景小品的形式很多，既有单纯满足休闲乘坐功能的，也有仅提供观赏品味的，或者两者兼而有之的，具体应根据商业步行街总体的规划文脉来综合设计，共同营造统一协调的景观特色（彩图 5-11、彩图 5-12）。如昆明南屏步行街的老牌坊、拉车人、更夫、“云南十八怪”景墙和装饰墙，无一不围绕着老昆明的特色和云南特色文化的展现（图 5-10）。

③灯具照明：商业步行街是城市人为活动时间最长的公共场所之一，白天的购物休息，晚上的乘凉集会及夜宵。其灯光照明在色彩上应丰富多彩，形式上应多种多样，空间上应成三维立体形式布置，色彩方面在满足基本照明功能的基础上，要营造绚丽迷人、浪漫温馨的都市夜景。成都春熙路以蜀锦为题材，形成了一个现代和传统相结合的图腾灯箱柱，无论白天或夜晚，都成为一道靓景（彩图 5-13）。

（4）商业步行街的植物配置

商业步行街的植物配置需呼应各功能空间的气氛和要求，既能发挥生态绿色功能，又能体现符合功能的美化效果。

两侧的植物距商业建筑至少在 4m 以上，可选择树池式或树台（凳）式种植行道树，行道树的栽植株距要适当加大，最好和店铺与店铺之间的交界线对应，避免遮挡商铺。

在内部，商业展示和文化表演区的乔木应冠高荫浓，留出较高的树冠净高度，一般多结合场地配置成对植、行植或孤植景观，周边可结合人流的疏导布置一些色彩艳丽和图案精美的花坛。游人休息区可种植成行成列的乔木，中间设置休闲桌凳，以较好的遮荫提供良好的休息空间；文化展示区的植物应丰富多彩，乔木和花池（台）结合，用绿地分隔地块，形成并协调烘托展示空间；特色小吃和旅游纪念品经营地应采用乔灌木结合，规则或自然的配置形成隔离围合的空间。对于地下情况不容许栽植乔木的，应使用可移动的大木箱或其他大型箱式种植器来种植乔木进行摆放（彩图 5-14）。

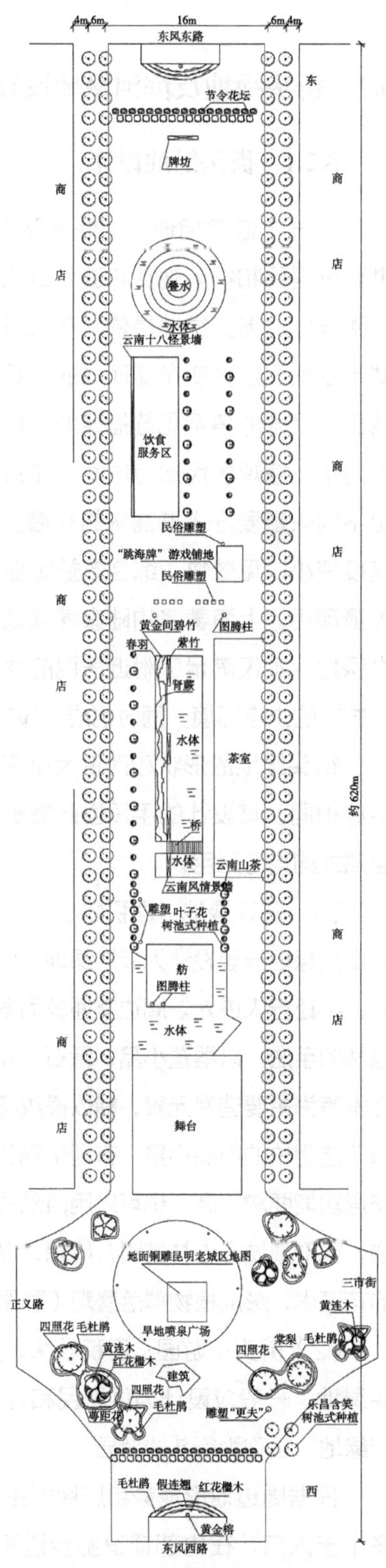

图 5-10　昆明南屏商业步行街
资料来源：现场调查

5.2 街头绿地及滨河绿地设计

5.2.1 街头绿地设计

与城市道路相连，地处道路交叉口或道路一侧，供附近居民和行人观赏和进入游览休息的块状绿地叫街头绿地。街头绿地是依附在城市道路上，充分利用城市空地灵活多变布置而成的，是一种在现代城市土地日趋紧张的情况见缝插绿的手段，也是现代社会以人为本，缩短居民出游时间，完善居民出游场所，满足不同兴趣爱好人群需求的举措。因此，街头绿化以其投资小、见效快、综合效益明显而被现代城市建设大量利用。上海著名的陆家嘴绿地、不夜城绿地和延中绿地，不仅满足了附近居民的休闲休息需要，改善了城市的生态环境，同时也成为城市旅游的新亮点。

街头绿地的形状和面积大小不等，周边的环境也不尽相同，其设计的手段也必然机动灵活，规则式和自然式的均可采用。

（1）装饰绿地：面积较小，或周边均为交通道路的街头绿地一般设计为装饰绿地，以装点和美化街景为主，不让行人进入。周边交通较为发达，可采用规则或自然的手法，以雕塑小品、置石、立体花坛、喷泉或孤立木等为主要造景元素，辅以模纹花带等形式，营造一道简洁明快的街头小景，有利于观赏和行车安全。若对交通功能要求不高，也可采用自然式的栽植方式配置植物，或形成城市森林景观，或辅之以各种生态习性适应的花灌木，形成植物群落景观（彩图 5-10）。

（2）街头小游园：面积较大、周边居民较多的街头绿地，一般应设计为供居民和行人进入游览的开放型绿地，也称为街头小游园。

根据周边地形地势和居民的主要流动方向，设计多个出入口，在内部铺设游步道和设置一定的设施，满足人们的不同爱好和需求。街头小游园的设计可采用规则式或自然式布局。

规则式布置时应注意场地的动静之分，既要有开敞明亮的，设有小型健身广场、模纹花坛和喷泉水景等的动态场地，供动态活动和观赏使用；也要有树阵座椅、林中小径和休闲桌凳等静态场所，满足市民安静休闲需要。同时也要注意疏林与密林的合理搭配，营造不同的视域空间。规则式的小游园在植物配置上应适当区分植物高矮、树形和季相等特性，适当分块集中配置。

自然式布置时要注意植物郁闭空间和开敞空间的搭配，通过植物主体营造一种宁静的氛围。在出入口处，或通过游路的弯转回旋，在绿地内部形成多个大小不等、形状随意的闭合空间，设置林中空地、疏林草地、休闲桌凳、游戏设施和健身器材等，营造一种静中有动的场景和氛围。自然式布局的小游园在植物运用上应要注意植物的生态习性、高矮、树形和季相等特性的协调配合，形成变化丰富的林缘线和林冠线。

街头小游园的地形最好结合周边地形作规则或自然的调整和变化，以求得功能上的吻合和空间上的丰富变化，也有利于场地排水。

小游园的外围应根据周边的环境作开敞通透或密集屏蔽的处理。在与人行道相邻的一侧，应较低矮开敞，平面上疏密有致，立面上高矮呼应；与机动车道路或其他大型建筑相连的一侧，应适当密植乔灌草，或使用通透栏杆加以隔离，屏蔽内外干扰（图 5-11、彩图 5-15）。

5.2.2 滨河绿地设计

城市道路经过自然水体，形成道路与水体岸线围合而成的绿带，称为滨河绿地。滨河绿地是城市绿地系统中较有特色的重要绿地类型之一。滨河绿地一般为不规则带状，少量情况也有不规划块状形式。

很多城市的发展都离不开城市河流，城市河流经

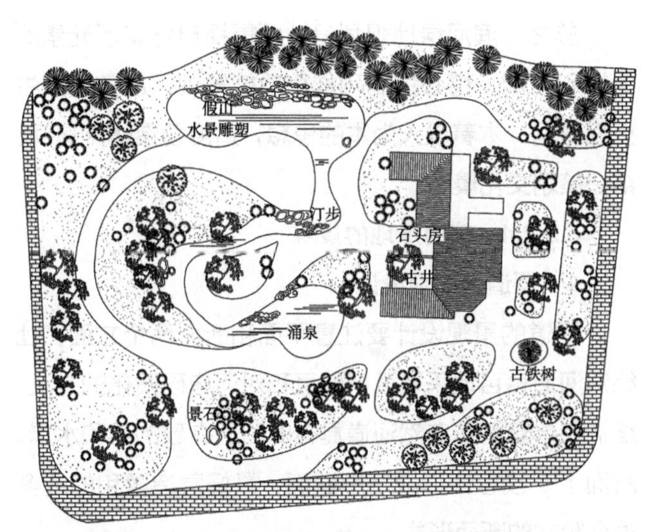

图 5-11 昆明街头小游园——茶花公园平面图

人类历史上的依存、利用、发展、污染和治理，目前普遍形成了“还河流以历史本来面目”的共识。因此，滨河绿地的规划设计在此思想的指导下，有着许多不同于其他绿地形式的地方。其中，强调和重视河流的生态性和安全性是根本的出发点，在此基础上，对河流的休闲功能、文化展示功能都具有较高的要求（彩图 5-16）。

滨河绿地因景观资源丰富、生态效果好和文化欣赏性强的特点，目前普遍成为城市的新亮点，甚至成为城市旅游的重要场地。英国的泰晤士河及巴黎的塞纳河，我国上海的滨江大道都是世界著名的城市旅游胜地，不游泰晤士河、不游塞纳河就等于没到伦敦和巴黎的评价，足以显示滨河绿地在城市中的重要性。

5.2.2.1 滨河绿地的规划原则

1）系统规划原则

滨河绿地的规划要综合考虑水利、环保和土地等部门的作业要求，进行系统的规划和认真的考虑，互相兼顾和协调，才能获取相得益彰的效果。

2）生态安全性优先原则

城市河流是一个生态敏感地带，一旦被污染和破坏，再次恢复就需要耗费巨大的人力、物力和财力，也需要较长的时间。要注意使用生态化的手段使城市河流实现安全排洪；既不能片面强调防洪排洪需要而忽视生态要求，也不能过分追求景观效果而不注意河流的安全隐患。前者虽然解决了洪水问题，但严重破坏生态环境的结果必然出现更多不安全问题；而后者的华丽恢宏也将在自然灾害来临时变得束手无策。《中华人民共和国防洪法》《中华人民共和国水法》《城市蓝线管理办法》是指导滨河绿地设计的法律性文件和依据。

3）多目标规划的原则

防洪和排洪不是城市河流治理的全部，要通过滨河绿地规划，改善河流生态环境，提升周边土地使用价值，创造城市居民文化和休闲场所，以满足现代社会生活多样性的要求。

4）传承历史，打造城市文化风景线的原则

人类的生存离不开水，城市河流是哺育城市发育的母亲河，其历史文化积淀是非常深厚的。滨河绿地要注意文化传承的需要，灵活多样地通过规划，继承和发展历史文脉，使自然景观与文化景观相结合，以提高滨河景观质量，进而塑造城市新形象。

5.2.2.2 滨河绿地的平面布局

滨河绿地规划设计应根据周边环境和内部的功能发挥，灵活多变地采用规则式和自然式进行布置。滨河绿地的水岸线一带，一般以安全为根本，同时兼顾游客的亲水需求。当水面开阔时，各景观元素应相对稀疏，留出足够的透景线，可设置临水步道、亲水平台、戏水草地或戏水沙滩，也可根据景观表现需求，设置少量醒目的标志性景点。特别是对岸景致较好的地点，要考虑最佳透景视线，布置最佳角度和地点的观景平台等设施，达到互相呼应和借景的需要。当水面相对狭窄时，应考虑岸边多植富有层次变化的植物，以体现自然幽静之美。

滨河绿地的中央位置是营造大面积生态绿地和满

足游客休闲游览的空间，以植物围合不同的空间场地，设置满足游客休闲娱乐的场所和设施，陈列各类文化观赏景点。

滨河绿地远离水体的另一侧一般为城市道路和建筑，规划时要结合城市道路和建筑的需要，采用通透式配置，设置防护绿带透景空间。

总体而言，在平面布局上，滨河绿地的近水一侧应是相对通透、稀疏，立体上相对低矮，平面上和立体上都应与河流驳岸线自然流畅的特性相协调，营造自然滨河景观。滨河绿地的远水一侧应以隔离防护和透景相结合，既要避免干扰，又要透出水景。而在滨水绿地的中部应该体现疏密有致、游路蜿蜒、空间多变的处理手法。在滨水绿地的纵向序列上，其平面布局应以紧密为主，局部留空来处理，达到疏密有致，各种休闲设施和文化景点要序列排放或分段展示。在立体构成上，滨河绿地应高低错落，变化柔和。

5.2.2.3 滨河绿地的景观构成

滨河绿地的景观元素主要有自然景观、功能景观、休闲景观和文化景观 4 种类型。

（1）自然景观主要包括以水为依托而形成的树、草、鱼、鸟等生物元素；水、土、石、光、影、色等自然元素，是滨河绿地中最富生机的部分。

（2）功能景观是河流附属于城市发展而产生的堤坝、驳岸、治河建筑和桥梁等景观，是滨水绿地中可变性较大的部分。设计方案可使它们成为滨河绿地中一道美丽的风景线，反之，则会成为破坏滨河景观的瑕疵。

（3）休闲景观是规划设计过程中增加的人为景观，作为提供居民和游客休闲游览的设施，是滨河绿地内不可缺乏但又需要加以控制的部分。

（4）文化景观是规划前留下的，或是规划中增加的以体现城市河流文脉和城市形象特色的部分，往往是景观中的亮点，发挥着画龙点睛的作用。设计要注意文化景观构成的主题性、序列性，避免杂乱无章。

总之，滨河绿地规划设计要重视自然景观元素的保护和利用，精心控制和构思功能景观，避免其产生负面影响，本着以人为本的思想，适度营造休闲景观，精心策划文化景观。

5.2.2.4 滨河绿地的景观

1）河道的景观设计

河道的景观设计要注意平面和断面两个方面，杜绝对河道盲目地采取截弯取直和对河床硬质化的方法，维护和修复营造自然河道具有的凹凸有致的柔和水岸。断面上一般忌讳形成矩形断面，最好营造柔和的或多种台阶式的断面形式。

2）沙滩地的景观设计

沙滩地是陆地与水体过渡的自然演化产物，旱季外露而雨季可能被淹没，现代生态规划的理念是尽可能维持沙滩地的原始存在，容许沙滩地呈现季节性淹没。不作过多园林化的处理，适当布置生态化的园路和场地，根据需要，可布置临水平台、台阶、栈道及卵石步道等，还可结合城市污水处理工程，营造湿地污水处理工程。

3）驳岸的景观设计

驳岸是城市河流生物多样性最丰富的地带，是现代河流治理和景观规划的重头戏，也是影响河流生态安全和景观美感最敏感的地方，要运用生态学原理进行驳岸的生态设计，既保障驳岸坚实牢固能抵抗水流的冲蚀，又可避免驳岸硬化，切断自然水流与自然环境的生态交流环节。目前，河道的治理和景观规划中均提倡采用生态驳岸的处理手法。

（1）生态驳岸

所谓生态驳岸，即是指借鉴自然河堤的原理，人工修造可以保证水体与自然环境之间具有多种自然生态呼吸作用，且能营造水岸生物多样性生境，并具有一定防洪和抗冲刷能力的保水固土水岸设施。生态驳岸所提供的这种自然生态呼吸作用应该是水体与自然环境之间具有通畅和谐的物质和信息交换，其基本特征应该具有以下特点：

①水陆具有通畅的生态交流途径，能为水体动植物和陆地植物提供良好的生存和繁衍场所。

②具有自然流畅的水岸线，使用环保材料保护堤岸，达到安全稳定和自然生态的效果。

③使用通透性较好的原生态材料，保证水体具有一定的自净化作用。

④自然协调的外观，与附近环境具有较高的融合度。

⑤兼顾考虑人的亲水性和水体的亲土性。

经实践证明，生态驳岸具有以下优点：

①能在水体与陆地之间形成有机的生态通道，实现两者之间物质、养分、能量和生态信息的通畅交流。

②为相关生物提供适宜的栖息地。

③驳岸可过滤地表径流，避免水土流失直接进入水体而使水体混浊。

④驳岸植物根系可固着土壤、保护堤岸，能增加堤岸结构的稳定性，同时发挥植物净化水质和涵养水源的作用，而且，随着时间的推移，这种作用也会越来越明显。

⑤具有自然的结构和外观，容易与周边环境自然协调。

⑥造价低廉，后期维护管理的强度和费用都较低。

目前，生态驳岸虽然得到普遍的认同和大量使用，但也存在许多不足和缺陷，在设计中要给予高度重视，主要的不足和缺陷包括：

①选用材料及设计方法不同，其固土防护的能力相差大，需要设计师和施工人员相互配合，结合现场具体情况，认真分析研究，制定科学合理的技术方案。

②不能抵抗高流量洪水、高强度和长时间的水流冲刷，需要结合实际进行多种形式的驳岸组合。

③与之相适用的植物选育工作存在一定差距，要根据植物的生态习性和各自的特点进行综合考虑和配置。

生态驳岸一般是指山石驳岸、土石驳岸、植生体驳岸、植草格驳岸、土质驳岸和自然河滩等。

（2）驳岸的景观设计

园林中，常见的水景驳岸常有以下几种：

①光面砌体驳岸：采用混凝土、钢筋混凝土进行浇筑成型，或使用砖块、石块规则式修砌成型，然后使用石材板或瓷砖等光面材料进行表面处理形成的水体驳岸。该方式保水性、抗冲刷能力最好，易于清洗打扫和管理，但生态性最差，观赏性也不好。一般仅使用在城市的规则式园林喷水池和景观水渠中。

②糙面砌体驳岸：采用上述成型，然后使用卵石或糙面石材板等材料进行表面处理，形成粗糙表面的水体驳岸。该方式同样具有上述方式的主要优缺点，但观感上有所改善。在规则或自然式的各种园林水景中都可使用。

③塑石驳岸：使用混凝土、砖块或块石进行修筑形成驳岸的基本骨架，表面采用彩色水泥浆或石头漆进行塑造，形成仿竹、仿木或仿石等形状和纹理的水体驳岸。该方式具有等同与光面砌体驳岸的各项优点，观赏性也较好，在地质结构复杂或松软的情况下，可形成各种形式的自然式园林水景，但生态性同样较差，且使用寿命有限。

④山石驳岸：使用形状不一、大小不等的自然山石，采用假山堆砌的方法进行修造而形成的驳岸。本方式生态性和观赏性相对较好，但施工工艺和技术难度大，造价高，多使用在面积相对较大、地质保水性相对较好的自然式园林水景中。

⑤土石驳岸：使用黏土、卵石或自然山石为材料，按一定比例和形状进行修造，并在其间间植适生植物形成的驳岸。该方式的驳岸一般需要一定的坡度，才能保证稳定性和抗冲刷能力。土石驳岸具有较好的生

态性和观赏性，被大量使用在面积相对较大、地质保水性较好的自然式园林水景中。

⑥植生体驳岸：使用编织袋、竹箩、木箱或金属网箱装填种植土壤堆叠码放，并在表面种植适生植物或插入柳条等，最终通过植物根系固定土壤而形成的驳岸。该方式的驳岸可不考虑坡度限制，稳定性和抗冲刷能力均较好，但随着驳岸高度的增加，其稳定会下降，通常以不超过 1.5m 为宜。植生体驳岸建成初期的稳定性、生态性和观赏性不是太好，但等植物成活并生长成形后，其各方面的能力和效果就逐渐提高了。在地质保水性较好的园林水景中可以使用。

⑦植草格驳岸：在已经整理形成 45° 坡度以下的堤坝迎水坡面上安铺水泥预制或塑料植草格，并在其中种植适生草坪、藤本或灌木形成的驳岸。该方法的稳定性和抗冲刷能力都较好，但观赏性较差，一般仅使用在防洪要求高、水流速度快的自然水体护坡设计中。

⑧土质驳岸：以纯土壤为材料夯实形成的驳岸，根据现场的地质和土壤稳定性，配合使用木桩、竹桩、木板或柳条等固土形式而建成。该方法自然生态、施工简单、造价低廉，但需原有基址具有较好的土壤密实度和保水性。

⑨自然河滩：没有明显的驳岸，以天然河滩为原型，设计和建造成卵石河滩、沙滩或植物河滩等形式，具有较高生态性和观赏性的水陆过渡模式。该方法需要具有宽阔的水面，地质保水性好，是现代园林水景倡导的方式，与临水绿地能形成较好的自然协调性。

⑩单级驳岸：驳岸坡度较大时的一种横断面设计模式，指按照一定的坡度设计和建造形成的通体性驳岸模式。该模式占地面积小，适宜在水体周边土地狭窄时使用，但其景观性和生态性是最差的，防洪能力和安全性也不好。

⑪ 多级驳岸：驳岸坡度较大时的另一种横断面设计模式，指按照一种或多种设计和建造坡度，横断面上形成 2 级以上阶梯式分布的多台式驳岸模式，每级台地之间可设计供人行走的临水道路，也可设计成为植物种植绿带。该模式占地面积相对较大，适宜在水体周边土地宽敞、驳岸高度过大时使用，其景观性、生态性和满足人们亲水性方面都有很大改善，防洪能力和安全性都较好，能形成较高的驳岸防护。

驳岸的处理方法很多，实际中应根据河流的不同水量及流速、方向、防洪的标准、周边的环境、材料的特性及景源等多方面进行综合考虑来比较选择并设计。

一般情况下，城市河流中对防洪要求较高的地方采用不做表面装饰的砌体驳岸，保证具有较好的稳定性和抗冲刷能力，设计中要根据实际情况灵活选用单级或多级驳岸，在保证防洪要求的情况下，尽可能使用多级驳岸或由环保材料建造的驳岸。

在防洪要求不高的地方，一般不主张较为陡峭的驳岸设计，倡导使用生态驳岸，以保证生态性和景观性的发挥。水体的驳岸要提倡与人工湿地技术结合起来，既可以减低驳岸的陡峭度，避免形成过重的人工痕迹，又可以进行适度的污水处理；这对于滨河绿地中收集和处理场地雨水以便直接排入水体是有非常积极意义的，可简化甚至省略场地排水管网的设计及建设，节约大量资金。北京元大都遗址公园在这方面是非常成功的（彩图 5-17）。

4）生态浮岛设计

生态浮岛是现代重视人工湿地技术在污水净化中的运用而产生的一种设计模式。所谓生态浮岛是指在河流或水体中采用木桩或漂浮物体进行一定面积的固定或半固定，通过安装保护网格回填一定种植土，大量种植沼生植物形成的水面绿岛。生态浮岛是利用人工湿地技术进行污水处理的一种生态技术，同时，也可以通过生态浮岛开展一定的观光养殖和旅游。台湾某游览区利用生态浮岛开展观光种植和养殖，兼顾旅游，取得了很好的生态效益并拓展了旅游空间（彩图 5-18）。

5）其余

滨河绿地的其余景观设计包括休闲设施景观设计、标志性文化景观设计和灯光景观设计等，在具体规划中，要采用灵活手法和丰富多样的形式，或结合休闲功能，或依据某一文化主线，进行有创意的设计。其中，富于特色的标志性文化景观设计是艺术性要求较高的层面，应给予重视。

5.2.2.5　滨河绿地的植物设计

滨河绿地的植物设计应充分结合生态治河的要求，植物的配置以有利于河流生态安全为原则，在此基础上，要根据水景景观元素灵活清秀的特征，充分营造水、树木、天空之间的协调及其光、影、色、形等景观效果（彩图 5-16）。

临水一侧，要灵活配置水生植物和沼生植物，对河岸乔木的选择在保证适应性的基础上，多考虑配置那些树形挺拔秀丽、季相变化丰富的树种；乔灌草结合的临水植物带要具有柔和的林缘线和树冠线，形成植物群落景观，营造河流的自然美和光影美。

远水一侧，可间断性地配置防护林带和树丛景观，既避免互相干扰，又留出一定的通透空间。

核心部位，应根据内部功能地块的划分和景点的设置，灵活多样地选择适应树种，采用对植、群植、孤植多种配置，使植物景观、休闲设施及文化景点得到相互映衬，景观天成。

在水体中间，如水流流速不大，可采用漂浮种植技术进行沼生植物或浮水植物的种植，既发挥植物对水体的净化作用，也使水面具有绿色的生机和丰富的变换。也可在岸边通过固定种植器来种植沼生植物，以美化和修饰裸露的硬质驳岸。北京在颐和园至玉渊潭公园之间的河道两侧、市区内部的河道中采用该方法种植凤眼莲、泽泻及各种水草，取得了很好的效果并达到了美化的目标。

5.3　城郊公路及铁路绿地规划设计

城郊公路及铁路均属于线状空间，人员流动性大，环境自然性强，管护相对粗放。其绿地范围主要包括沿线绿带、交通节点绿地和服务区绿带等。

公路根据功能和适应的交通量分为以下 5 个等级。

（1）高速公路：一般能适应按各种汽车（包括摩托车）折合成小客车的年平均昼夜交通量为 25 000 辆以上，为具有特别重要的政治、经济意义，专供汽车分道高速行驶并全部控制出入的公路。具体形式一般有四车道、六车道和八车道 3 种。

（2）一级公路：一般能适应按各种汽车（包括摩托车）折合成小客车的年平均昼夜交通量为 10 000~25 000 辆，为连接重要政治、经济中心，通往重点工矿区、港口，机场，专供汽车分道行驶并部分控制出入的公路。一般有四车道和六车道 2 种形式。

（3）二级公路：一般能适应按各种汽车（包括摩托车）折合成中型载重汽车的年平均昼夜交通量为 2 000~7 000 辆，为连接政治、经济中心或大工矿区、港口、机场等地的专供汽车行驶的公路。一般有四车道和六车道 2 种形式。

（4）三级公路：一般能适应按各种车辆折合成中型载重汽车的年平均昼夜交通量为 2 000 辆以下，为沟通县以上城市的公路。

（5）四级公路：一般能适应按各种车辆折合成中型载重汽车的年平均昼夜交通量为 200 辆以下，为沟通县、乡（镇）、村等的公路。

5.3.1　规划的原则

5.3.1.1　保护生态环境和避免水土流失的原则

城郊公路及铁路多处于城市郊区的山区、水系、田野式村镇。在建设中不可避免地对沿线生态环境会产生较大破坏，导致生态环境恶化和水土流失隐患加大，其绿地设计应始终坚持以修复和保护生态环境及消除水土流失隐患为基本出发点。

5.3.1.2　有利于行车安全的原则

根据相应的规划要求或采用通透式的绿化配置方法，或以绿化的手法诱导交通视线，绿化规划要确保车辆和行人的交通安全。同时，还要注意突出道路的连续性、方向性和距离感。

5.3.1.3　“因地制宜，因路制宜”，经济适用，功能高效，易于管护的原则

规划设计要充分考虑建设与养护成本，坚持以满足道路功能和提高生态效益为主，兼顾经济效益和社会效益。

5.3.1.4　与沿线环境相融的原则

城郊公路及铁路绿地所处的周边环境多为自然景观，绿地规划要充分结合沿线环境考虑，乔、灌、花、草结合，人工造景与自然景观相融，充分利用借景、透景和组景的手法，使规划景观和沿线原生态景观相融合。

5.3.2　树种选择要求

虽与城市道路环境相比较，城郊公路和铁路绿地受人为影响相对较小，但管理力度却相对减弱，加上所处地段的差异，其绿化树种的选择标准也有所不同，应遵循以下要求认真进行树种的选择：

5.3.2.1　坚持适地适树筛选树种

要充分结合道路沿线的自然植被，筛选具有观赏价值的乡土树种，以体现地方特色，根据道路沿线自然条件，合理引入外来树种。

5.3.2.2　重视防污染树种和抗逆性树种的选择

树种选择要重视对污染气体和噪声的消除，有利于营造清洁的交通通道。尽量选择那些耐瘠薄、抗干旱、抗污染、抗病虫害的树种，以适应低成本管理的需要。

5.3.2.3　树种选择要多样性和合理性

树种选择要注意乔、灌、花、草的搭配，常绿和落叶的兼顾，观赏特性的丰富，做到四季常绿，三季有花，丰富多彩；要重视选择深根性、固土性及覆盖性优良的树种，既有利于营造丰富的群落景观，又能满足特殊的功能需要。

5.3.3　绿化设计的资料调查与收集

资料调查与收集是绿化设计合理，具备可实施性、具有特色的前提与基础，主要内容包括：自然条件调查、物种调查、社会经济状况调查和景观调查。

5.3.3.1　自然条件调查

全面调查沿线气候、土壤、水分、光照、风向等自然因子，特别要调查清楚树种生长的限制因子，为树种的选择、方案的制定、景观的营造提供最根本的依据。

5.3.3.2　物种调查

仔细调查沿线的各类植物品种和数量，筛选表现较好、种源有保障的树种；调查周边的各类动物资源，制定相应的防范和保护措施。

5.3.3.3　社会经济状况调查

摸清沿线社会经济资料，根据不同人口、经济发展状况等，规划设计与之相适应的道路绿化景观，强化“修一条路，富一方百姓”的意识；挖掘其中的人文景观资源，形成规划设计方案的特色和亮点。

5.3.3.4　景观调查

对道路沿线的劣质景观（挖填土坑、墓地等）、可利用景观（优良的山、水、人文）进行仔细调查，为制定合理的景观掩饰或修复、优化和利用、组景和成景提供合理依据。

5.3.4　一般公路绿地规划

根据道路所处的环境不同，主要有路堤式、路堑式和混合式 3 种。

（1）路堤式：使用填方设计，使路基明显高于周边地形的路基结构形式，路侧绿带为斜坡式绿带，该结构形式多出现在平原、田野地段。

（2）路堑式：使用挖方设计，使路基明显低于周边地形的路基结构形式，其路侧绿带为内倾斜坡式绿带，甚至出现大量石质边坡，该结构形式一般为全路基穿过山峦时出现。

（3）混合式：使用挖填两种设计，使路基一边侧高于周边地形而另一侧低于周边地形的路基结构形式，其路侧绿带也是呈现相应的外倾或内倾形式。该结构形式一般为山坡中下部或溪涧边时的设计方法。

根据道路是否双线形式，行车路面是否在同一水平高度上等等，还有其他的分类，这里不再一一叙述。

道路横断面的结构不一样，形成的绿带形式不一样，其设计的方法和景观形成也不一样，在规划设计中，要加以区别。

5.3.5　一般公路绿地规划设计

公路路侧绿带是公路与周边环境的过渡带，重点在于固土护坡、协调公路与沿线景观的联系，同时要形成公路的空间界限，提高行车安全。

在路侧绿带绿化设计时，要注意根据道路沿线的环境分析，绿化配置要避免“一条路，两排树”的呆板形式，要与沿线自然景观结合起来，断续安排高大乔木，分段使用不同树种，有针对性地透出沿线的山水景观和田园景观，以变化的沿线景观画面，改善驾乘人员的枯燥感和提高驾驶员的兴奋度。

对于路堤地段，一般在路堤外侧配置乔木，斜坡的中下部位使用乔灌草种植与周边环境协调。对于路堑地段，由于道路空间相对狭窄，树木配置忌讳形成甬道效果。一般采取从道路起向外侧的由低到高的植物配置模式，而且有一定的林缘线变化，以扩大视觉空间和视觉画面。对于混合式地段，绿化形式根据以上两种方法来区别处理。

5.3.6　高速公路和一级公路绿地规划设计

高速公路是提供分车方向、分车道行驶并全部控制车辆出入的多车道公路。随着现代社会的发展，高速公路呈现飞速发展的趋势。我国高速公路建设虽晚，但发展是迅猛的，截至 2019 年底，我国拥有高速公路里程 15 万 km，位居世界第一。

高速公路的建设不仅需要满足快捷和安全的基本功能，同时在改善沿线生态环境，提高绿化质量，满足驾乘人员对安全、舒适和观赏的需求等方面，也有着更多更高的要求。

5.3.6.1　中间分隔绿带绿化设计

高速公路和一般公路都是单向多车道道路，常具有中间分隔绿带，根据地形的变化，中间分隔绿带宽度变化较大，其宽度至少为 1.5m，绿化设计主要是保证对向行车的遮光防眩、视线引导、净化汽车尾气和降低高速行驶的汽车噪声的需要。

宽度 <3.5m 时，以种植灌木为主，具体配置可采用同一种灌木满植形成绿篱或花篱，也可采用 2~3 种植物交替式配置，地面应采用适生的草坪和地被植物加以全面覆盖。

中间分隔绿带较宽时（≥ 3.5m），应采用乔、灌、花、草多样化配置。乔木选择具有明显枝下高的树种，可单排居中，也可两排分列栽植；可与其他灌木交替式配置，也可采用植物群落的自然式配置。但要注意的是，与灌木的搭配应有节奏与韵律的变化，自然种植成密度较大的群落景观时要注意使用分段集中的办法，地面多采用免修剪草坪和地被植物，减少草坪修剪活动。

在山区或地形复杂的情况下，公路对向行驶道路可能处在不同的水平高度上，中间分隔带会呈现斜坡形式，规划时要注意根据地形的变化，斜坡的上方种植一排乔木，以形成斜坡上方的安全屏障，增强驾驶员行车安全心理和标识道路界限；斜坡的中下部可采用呈一定图案的规则种植灌木，下部路沿边种植枝条相对紧凑且低矮的灌木，以形成斜坡下方的行车界限和适度扩大视线空间。

5.3.6.2 路侧绿带绿化设计

高速公路的路侧绿带绿化设计基本相同于一般公路，但因行车速度相对较快，一般不提倡种植行道树，以免影响视线空间，不利于高速行驶。一般均采用乔、灌、花、草以自然式的方式配置，与周边环境衔接相融。当道路转弯时，一级公路至少保留 75m 的行车视距，高速公路至少保留 110m 的行车视距，行车视距范围内只容许种植低矮的花灌木。

5.3.6.3 生物隔离防护林带设计

高速公路一般需在道路红线的边界线上采用金属护栏等方法修建固定隔离防护设施。所谓生物隔离防护林带是指使用特定筛选的植物进行一定宽度的带状布置，以替代传统围栏、护板和护栏等硬质隔离防护设施的新兴绿化类型。

生物隔离防护林带使用的植物一般以多刺、丛状而密集为选择标准，通过合理的配置，形成了阻挡人畜进入的隔离防护功能。生物隔离防护林带采用植物活体为材料，容易与周边环境紧密融合，具有生态性好、造价低、景观自然性强的特点，因而在公路、铁路、矿山、郊外养殖场等需要进行外围隔离防护时得以应用。

云南省文山州的罗富（罗村口——富宁）高速公路试验采用火棘、悬钩子、围涎刺等植物形成 5m 宽的隔离防护林带，效果很好，达到了高速公路对人畜的隔离防护功能。

生物隔离防护林带的配置需要有一定宽度，最小不低于 3m，配置时应注意常绿和落叶的搭配，高矮错落，形成在 2m 以上高且较为密实的立面效果，才能达到相应的功能和效果，具体配置是既需要横向上的高低交替，同时也需要纵向上的乔灌间植，一般由两排乔木种植带和三排灌木种植带组成。

5.3.6.4 边坡绿化设计

在山区修建高速公路，必然出现较多坡度大于土壤安息角的斜边，一般称为边坡。边坡绿化主要要发挥固坡固土、防止水土流失的功能，同时兼顾美化景观的效果。

边坡的绿化设计因坡度差异而形成多种设计手段，坡度较大或边坡稳定性差时，还应与工程防护措施结合起来。坡比在（1：0.5）~（1：0.25）之间的边坡，若为稳定较好的土质边坡，可使用以草坪为主，结合藤本和灌木进行绿化；土质较松时，可结合使用竹筐填土、竹木桩固定等办法进行挡土后，进行绿化种植；若为石质边坡，则应多使用藤本进行上垂下爬式攀援绿化，坡脚采用地锦类藤本植物向下攀援绿化，坡项采用常春藤等悬垂式藤本植物向下垂吊绿化；坡长较大时，可在边坡中间凿挖树穴、客土种植植物，以加快绿化覆盖速度。坡比大于 1：0.5 及以上时，土质边坡或土夹石边坡多采用一定配比的种植基质喷固表面后，再喷播草籽和灌木种子，必要的时候，还需要使用三维网固定再行喷固基质和喷播植物种子，大于 1：0.5 的石质边坡一般也需要使用该方法。

在最近几年，针对大于 1：0.5 的石质边坡采用了植生袋的绿化方法，取得了较好的效果。所谓植生袋是指用草包、麻袋或可降解编织袋等装上种植土，在石质边坡表面码放固定后，在上面植草和种植藤本植物绿化的方法。云南保山至腾冲等地的高速公路，在边坡绿化中，首次采用夹有草籽的无纺布和可降解编织布缝制成带草种的植生袋，装上种植土沿边坡码放固定后，在植生袋上种植藤本甚至小灌木，经养护后，很快形成灌、藤、草的绿化效果，见效快，效果好，很值得推广。

5.3.6.5　互通区绿化设计

高速公路和一级公路在道路交汇口均采用互通立交桥处理车辆分流，其绿化方式多借鉴城市道路立体交叉绿岛的绿化方式，前面已做详细介绍，本节不再重复。

5.3.6.6　服务区绿化设计

高速公路和一级公路的服务区包括加油站、中途休息站等。加油站的绿化应根据加油站安全防火规定进行，加油区一般不考虑绿化，旅客等待区或公厕附近，可以设计规则式或自然式的花池，配置常绿的防火树种。

高速公路在设计中一般在300~400km内需要结合加油站或独立设置中途休息站，以提供长途客车的中途休息使用。欧洲国家普遍在这方面做得很人性化，很多休息站以街头小游园的方式营造温馨的绿化景观，甚至设置一些简易儿童玩具和室外健身器材，供长时间乘车的旅客活动筋骨，这是很值得我们学习的地方。

5.3.7　铁路绿地规划设计

铁路因运载客货量大、快速、便捷且价格相对低廉，成为国民经济的大动脉。铁路运输一般承担了我国客货运量的50%以上，2019年，我国铁路总里程达14万公里，根据2017年11月发布的《铁路“十三五”发展规划》，全国铁路营业里程要在2020年达到15万公里，年均增长率4.80%。漫长的铁路穿越了长而宽的国土面积，搞好铁路绿地建设，也是城市绿地建设的主要内容之一。铁路绿地主要包括路侧绿带和车站绿地2种。

5.3.7.1　铁路路侧绿带设计

铁路路侧绿带设计在选择合适树种的前提下，总体上遵循与周边环境相融的方法进行，主要注意从以下几点加以考虑：

（1）道路两侧树种应尽量整齐划一，一定距离分段种植不同树种，要注意和沿线的山水景观和田园风光结合，留出一定的透景线。

（2）考虑火车速度较快，火车体量较大，为避免周边植物的风倒现象和保证火车安全行驶，灌木配置离铁轨不低于6m，乔木配置不少于8m。

（3）铁路距信号机前800~1 000m以内或弯道内侧地段，不宜配置遮挡视线的乔木，以种植矮小灌木为主。

（4）铁路与公路交叉的道口，绿化设计要考虑通透式配置，距交叉口至少50m以内不得栽植树木，300m以内的树木配置要适当加大株距。

（5）路堤和路堑坡面不能栽植乔木，一般采用灌木和草坪绿化。

（6）桥梁、涵洞等建筑物周围5m以内不栽植乔木。

（7）包含铁路沿线，乔木与一般电杆保持地面5m和树冠处2m的净空距离，与高压电杆保持地面10m和树冠5m的净空距离。

（8）在铁路防护范围内，提倡以植物的方式营造生物防护林。

5.3.7.2　铁路车站绿地绿化设计

铁路车站是客货流量聚集的场所，同时也是城市文明的标志之一。绿化设计总体应简洁明快，既提供便捷宽敞的客货流动空间，也精心构思标志景点，同时也需营造旅客休息场地。

铁路车站绿地多布局在站前区，一般结合站前广场进行。绿化要呼应交通通道设置一定行道树，空间较小时使用绿篱和花池，核心部位要配合主要的雕塑、喷水池等主要景点，配置色彩丰富和构图精美且有创意的花坛和花池，以赏心悦目的视觉感来增强旅客对车站和城市的基本印象。在站前区的两侧，要集中配置林荫树阵和乔灌花草搭配的绿地，以满足候车购票人员的短暂休息需要。

思考与练习

一、名词及术语

道路绿带、分车绿带、行道树绿带、路侧绿带、交通岛绿地、中心岛绿地、安全岛绿地、立体交叉、绿岛道路绿线、道路绿地率、园林景观路、开放式绿地、行车视距、生态驳岸、生物隔离防护林带。

二、思考题

1. 简述城市道路绿化的要点。

2. 简述街头绿地设计的要点。

3. 简述滨河绿地设计的要点。

4. 行道树选择的基本标准有哪些？

5. 商业步行街的景观元素包括哪些？设计时应如何考虑？

6. 水景驳岸设计有几种？各有什么优缺点？

7. 公路边坡绿化设计，一般采用哪几种方法？

三、设计练习题

1. 结合实际，进行一项道路绿化设计。

2. 结合实际，进行一项街头小游园绿化设计。

3. 结合实际，进行一项滨河绿地的设计。

第 6 章　现代城市广场规划设计

城市广场是为满足多种城市社会生活需要而建设的，通过建筑、道路、山水、地形等物质的围合，由多种软、硬质景观构成，以步行空间为主，具有一定主题思想和规模的节点型城市户外公共活动空间。城市广场是城市中人流密度较高、聚集性较强的开放空间，其构筑表现了城市风貌、文化内涵及城市景观环境等多个方面，规划设计中应重点考虑形象、功能、环境三部分的内容。

6.1　城市广场发展概述

6.1.1　城市广场发展

广场起源于古希腊，在当时，广场只是简单意义上的举行庆典、祭祀的场所。到了文艺复兴时期，广场空间设计的模式才初步形成。而今，随着城市化的发展，广场已成为城市空间的有机组成部分，并越来越多地呈现出综合性功能。

广场对应的英文有两种：一种是 square，通常指由建筑围合的、规模较大的、形态比较规整的空间；另一种是 plaza，意为中间有喷水的十字交叉口，从古罗马引申而来，因为古代围绕着水源，就会有很多路延伸过来，人们取水的时候，聊聊天，休息一下，就在水源旁形成了聚集性空间，即广场的最初意义。

作为城市中的公共开放性空间，最早有记载的广场出现在古罗马：面状空间，作为论坛、演讲的场所。而且，这个面状空间需要有一定的规模才能称其为广场。

外国的古代广场最初可以以古希腊广场为代表，古希腊人的广场形成经历了一个长期过程。早期周围的建筑是小的，在形式、尺度和细部构件上都是一致的，所有的建筑都围绕在中央广场周围。古希腊广场设计注重人体尺度，结合地形设置，表现为不规则形，建筑群排列无定制，广场的庙宇、雕像、喷泉、作坊或临时性的商贩自发地、因地制宜地、不规则地布置于广场侧旁或其中。古罗马的广场使用功能有了进一步的扩大。而中世纪时期随教会势力的扩大，教堂常常占据了城市的中心位置，因此教堂广场是城市的主要中心。中世纪广场设计表现为不规则形，形式自由灵活，围合严实，与人尺度相宜。15 世纪文艺复兴时期的城市广场的主要特点是：力图在城市建设和对现存的中世纪广场改造中体现人文主义的价值，追求人的视觉秩序和庄严雄伟的艺术效果。

外国近代广场设计主要表现在英、法、俄等国家的旧城改建和美国等新建大城市广场中。

外国现代广场在第二次世界大战以前，多采用平面型。从 20 世纪 50 年代到 20 世纪 60 年代是从平面型向空间型逐渐过渡的时期。20 世纪 70 年代以后，大部分广场设计趋向于多功能、综合性和空间型，注重人的环境心理需求。空间型广场的发展和进一步避免交通干扰的要求有关，它可创造安静舒适的环境，又可充分利用有效空间，获得丰富活泼的城市景观。

在美国，相比中世纪的广场，现代办公区广场的用途非常明确。根据对美国现代广场用途的调查研究，怀特发现从 1972 年到 1973 年，在曼哈顿的广场和小公园里闲坐的人数增加了 30%；从 1973 年到 1974 年，人数又增长了 20%。说明越来越多的人习惯在广场上休息，每个新广场的光顾人数在逐渐增多。而且，在广场上，坐、站、走动以及用餐、读书、观看和倾听等活动的组合，占到了所有利用方式的 90% 以上。所以，以美国为主的现代办公区广场在现代城市广场中有很重的比例。它们满足了由于经济原因造成越来越多的人携带午餐的用餐的需求；人们想在午餐时间寻求轻松的交谈和相处的要求；缓解办公环境紧张压力等的现代需求。

所以，在以街道这种带状空间作为城市中密度较高，使用率较高的开放空间的中国，古代广场相对比较缺乏。即使在少数城市和民间乡镇的庙宇、宗祠和市场中有相当于城市广场功能的空间存在，但大多面积较小，不能称之为真正的广场。明清以来，随着资本主义的萌芽，在城市中心及城市对外交通门户上才逐渐有了商业性的公共空间。

中国广场是随着城市产生而形成的。在中国，最初的广场表现为原始的集市性广场和表演性剧场形态，后来这些集市广场和表演性剧场的交易和演出功能逐渐退化、变化，集市广场和表演剧场是各种集会性广场形成的基础，也是古代广场自发形成的两个基本条件。

中国古代的广场是附属于建筑群内的庭院式广场。中国古代广场基本以内向型的、半封闭的院落式和完全封闭院落式广场为主。广场设计主要从属于不同的宫殿、坛庙、寺院和陵墓等建筑群的外部空间。所以，中国古代广场设计的大多数形态是附属性的。

中国近代时期，中国进入半殖民地半封建社会，中国封建经济结构逐步解体，西方资本主义生活方式开始冲击中国的传统生活方式，中国人在被动无选择和主动选择中接触、接受某些西方文化思想和生活方式的影响。中国近代广场建筑处于新旧交替阶段，广场建筑形式和建造技术更多地表现为中国传统建筑与西方建筑混合体。这时期广场建筑设计主要表现有几类：①完全由西方设计师主持设计。②由曾经留洋的中国建筑师设计，其手法以吸收西方式样为主。③将西方建筑与中国传统建筑相结合进行设计。④强调中国特性的广场建筑。近代广场建筑主要类型以配合市政厅、银行、商场前广场和交通广场为主。

中国现代广场建设开端是在 1950 年以后，1958 年和 1959 年对天安门广场的改建和扩建。中国现代广场发展主要有两个时期。第一个时期是中华人民共和国成立初期的天安门广场改建和扩建。这个时期的广场一般都以政治性集会广场为主。第二个时期是改革开放以后，中国全面改革开放，大量修建各种类型的广场建筑，也是中国现代广场建筑建设最快、最多的时期。

6.1.2 城市广场的功能

广场是将人群吸引到一起进行静态休闲活动的城市空间形式（J. B. Jackson，1985）。广场位于一些高度城市化区域的核心部位，被有意识地作为活动焦点。通常情况下，广场经过铺装，被高密度的建（构）筑物围合，由街道环绕或与其相通。广场应具有可以吸引人群和便于聚会的要素（Kevin Lynch，1981）。广场与人行道不同的是它是一处具有自我领域的空间，而非用于路过的空间；广场与公园的区别在于占主导地位的是硬质地面。

总之，广场系经过空间艺术布局，四周建有某些建筑物、构筑物或绿化的开阔空间。它是城市空间体系中的一个组成部分，其功能作用按其在城市中的位置和需要而定。在人流集中的地带设置广场，可起人流集散的缓冲作用；在社会性较强的主体建筑前配置广场，可突出主体建筑；在干道互相交汇的地方设置广场，能起改善道路功能、组织交通的作用；结合广大市民的日常生活和休憩活动，可以满足人们对城市空间环境日益增长的艺术审美要求和使用要求。总之，城市广场的主要作用如下：

6.1.2.1 是城市居民的"起居室"

城市中的广场，作为人们散步休息、接触交往、购物和娱乐等各种活动的场所，具有展开公共生活的用途。如同家庭中的起居室一样，广场能使居民在这个大的"起居室"中更加意识到社会的存在，意识到自己在社会中的存在。

6.1.2.2 是交通的枢纽

广场作为城市道路的一部分，是人、车通行和停驻的场所，起到交汇、缓冲和组织作用。街道的轴线，可在广场中得以连接、调整、延续，加深城市空间的相互穿插和贯通，从而增加城市空间的深度和层次，为城市格局奠定基础。

6.1.2.3 是建筑间联系的纽带，使周围建筑形成整体

围合广场的建筑起着限定空间的作用，被围合的空间又把周围建筑组成一个有机体，使各建筑联系起来，形成连续的空间环境。

6.1.2.4 促进共享作用，给城市生活带来生机

广场内引进不同功能的建筑，配置绿化、小品，有利于在广场内开展各种活动，为城市生活的共享创造必要的条件，从而强化城市生活情趣，提高城市生活环境质量，构成丰富的城市景观。

如前联邦德国慕尼黑的费劳恩广场，该广场面积不大，平面形状不规则，其中有看台，看台的底部是水池，水池中设有 40 个高低不同的叶形喷泉，人们在看台上坐憩，甚至躺下面对蓝天白云时，会感到舒坦惬意，在心理上得到极大的满足。广场上民间艺人和艺术团体表演时，总是吸引着围观的人群，形成台上台下的共享，丰富、点缀城市生活，使广场具有一种特殊的、情景交融的"沸腾"场景。

在现代城市广场中，功能多样化是广场活力的源泉，它据此吸引更多的人气，产生多样的活动参与、多样的功能、多样的人的活动行为，使广场成为多功能和综合化的组合体，成为富有魅力的城市公共空间。一个能反映地方特色、延承历史、富有时代特点、表现艺术性的广场，往往被市民和游客看作城市的象征和标志，产生归属感和自豪感。

6.2 现代城市广场的类型和特点

现代城市中，广场作为城市空间艺术处理的精华，往往是城市风貌、文化内涵和景观特色集中体现的场所。

城市广场可以按性质、形状、空间形态三个方面进行分类，分别从不同的角度体现其特点。

由于形式与功能等的复合性，广场可按其主要性质、用途、形式及其在道路系统中所处的位置分为交通性广场和行人性质的广场两大类型。在这两大类型中又可以分为若干子类型。

广场可根据几何形态进行划分，其目的是按照其几何形态确定构图的规律性。

按广场的空间形态分，广场可以分为传统二维（平面）型的广场、上升式广场、下沉式广场和立体广场等形态。

6.2.1 按性质分类及特点

6.2.1.1 交通性广场

这类广场具有城市交通枢纽的功能作用，在交通量很大的地方，有时需要修建多层广场（地面、地下

和架空结合的广场），以便在不同高度上疏导城市交通。所以，交通性广场的首要功能是合理组织交通，包括人流、车流、货物流等，以保证广场上的车辆和行人互不干扰，满足通畅无阻、联系方便的要求。广场应有足够的行车面积、停车面积和行人活动面积，其大小根据广场上车辆及行人的数量决定。在广场附近设置公共交通车站、汽车停车场时，其具体位置应与建筑物的出入口协调，以免人、车混杂，或车流交叉过多，阻塞交通。广场的空间形体应与周围建筑相呼应、相配合、富有表现力，丰富城市的景观风貌。

1）干道交叉点的交通广场

这类广场应着重处理好广场与所衔接道路的交通组织，尽可能减少不同流向人、车的相互交叉干扰；桥头广场设计应注意结合河岸地形，桥高路差，引导纵坡，坡长限制及交通流量、流向、毗连建筑特点等，合理确定交通组织方式和广场平面布置（图6-1、图6-2）。

2）集散广场

集散广场是指站前广场及大、中文化体育设施前供人、车集散用的广场。站前广场是城市对外交通、市内交通的衔接点，又是人流、车流频繁，连续集散

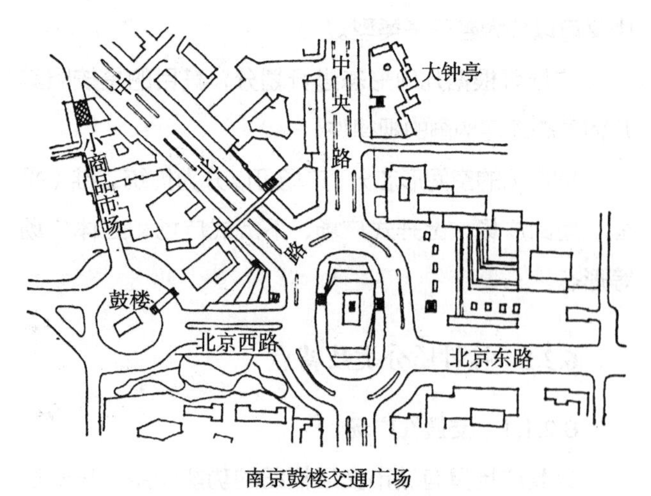

图6-1 南京鼓楼广场1
资料来源：网络 www.njtv.com.cn

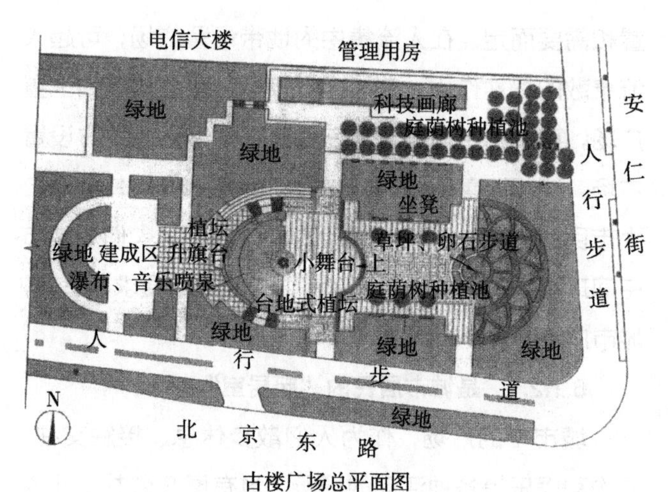

图6-2 南京鼓楼广场2
资料来源：《城市广场Ⅱ》

的场所，与城市干道交叉点的交通广场有明显的区别。设计中应根据其交通频繁、连续集散的特征、人车流高峰累计量大小，合理安排上下车地点、人货流进出通道和停车场地；步行活动地带尽可能减少进出广场时人、车流线的干扰，保持城市道路的交通畅通等（图6-3）。

6.2.1.2 行人性广场

行人性广场按其使用功能可以分为若干类型。它与交通性广场相比，更多的是解决市民、政府在广场上举行各种活动的需要，以步行空间为主，结合广场的主题反映其表现重点。

1）城市主要广场（公共活动广场）

一般作为群众集会、节日联欢活动的空间。这种广场，往往是城市的核心，常布置有剧院、办公楼、商店和一些展览性、纪念性的建筑，并配合纪念性雕塑、

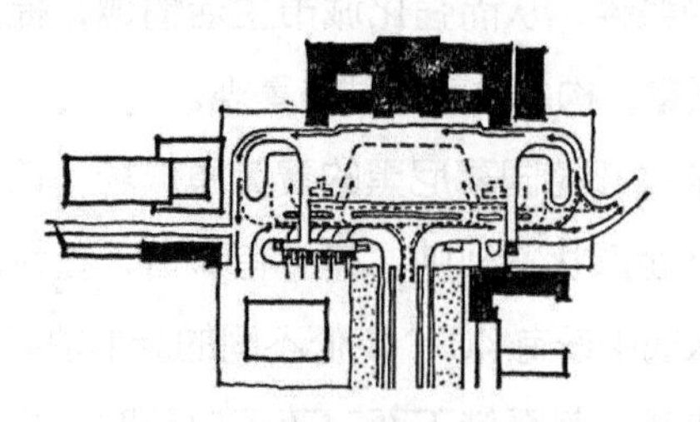

图6-3 北京站广场

绘画、水体和绿化等，形成能反映城市特征的空间环境。

设计中应注意要有足够的供集会用的场地（包括准许临时供集会占用的草坪和通道等），其中心部位一般应开旷通畅，把纪念物及喷泉等设施设置在周边和四角，有利于大量人流迅速集散的交通组织和各类车辆停放的地点。靠近广场的路在集会时应能限制货运车辆的通过。

2）纪念性广场及装饰性广场（大型公共建筑物和纪念性构筑物前广场）（图6-4、图6-5）

主要供居民瞻仰、游览活动等使用，设计中应注意以下几个方面。

（1）应突出主题，创造与主题相一致的环境气氛，用相应的象征、标志、碑记、纪念馆等，以强化所纪念的对象，产生更大的社会效益。主题纪念物应根据纪念主题和整个场地的大小来确定其大小尺度、设计手法、表现形式、材料、质感等。形象鲜明、刻画生动的纪念主体将大大加强整个广场的纪念效果。

（2）通过广场可以欣赏建、构筑物的造型。

（3）配合两边建筑控制主要建（构）筑物的景观，使人的视线不至在开敞空间中左顾右盼。一般高而窄的体型前应有一个深的空间，以加强透视效果；而在宽而较低的体型前，应配以宽阔的空间。

（4）应在主体建筑前布置足够容量（面积）的步行活动铺砌场地。为了保持环境安静，宜避免车流导入，可结合地形使广场地坪与建（构）筑物地坪保持高差。

3）商业广场

是指专供布置商业贸易建筑、供居民集中购物或进行集市贸易和游憩等活动的广场，它常配合商业步

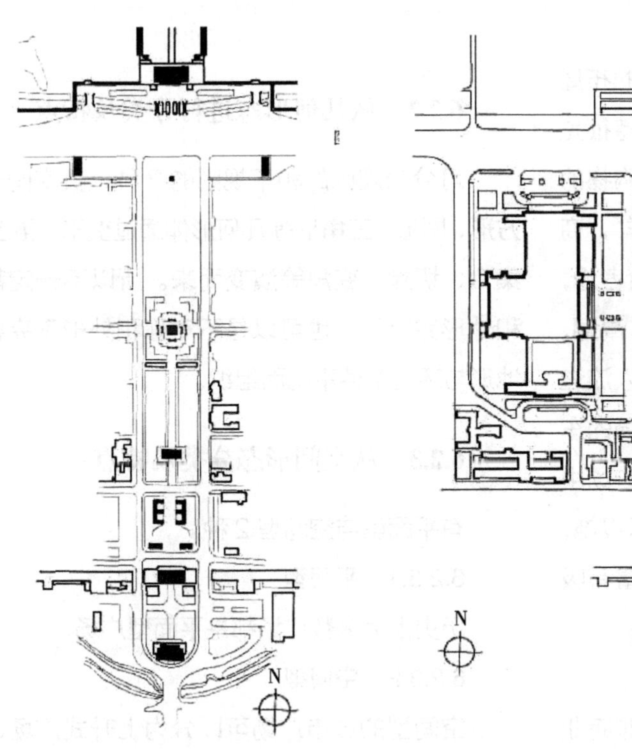

1958年前的天安门广场平面图

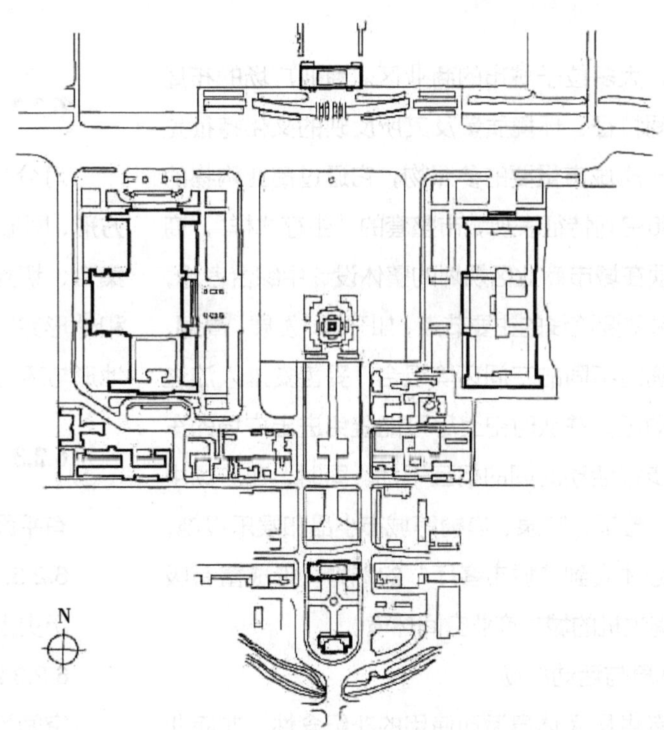

1958—1959年改建的天安门广场平面图

图6-4 天安门广场1
资料来源：《城市规划资料集第6分册》

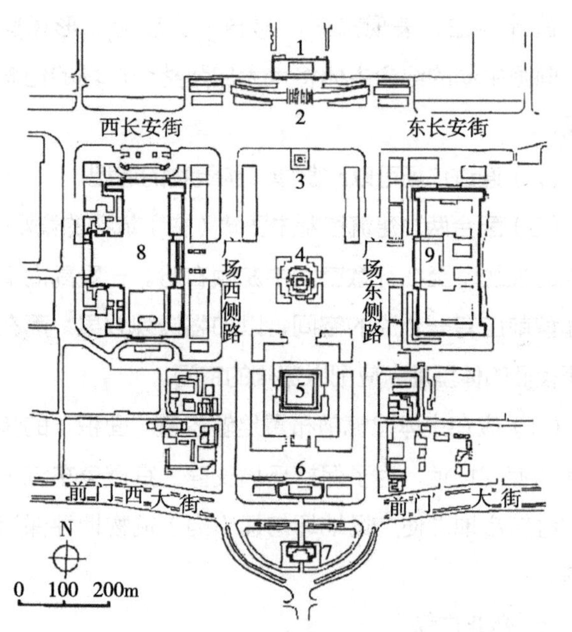

20 世纪 90 年代末的天安门广场平面图
1—天安门；2—金水桥；3—旗杆；4—人民英雄纪念碑；5—毛主席纪念堂；6—正阳门；7—箭楼；8—人民大会堂；9—中国革命博物馆和中国历史博物馆

天安门广场鸟瞰

图 6-5 天安门广场 2
资料来源：《城市规划资料集第 6 分册》

行街设置，大多位于城市的商业区。商业广场的布局形态、空间特征、环境质量及其所反映的文化特征是人们评价一座城市重要的参照物，它通过商业购物的活动方式和空间特征表现城市整套的“生存式样”。商业广场必须在城市商业区规划的整体设计中综合考虑，结合商业区重要流线的主要节点，如开端、发展、高潮、结尾等，确定不同的空间环境组合，妥善安排人流进出口和活动区，并从时空上尽可能避免进出广场的车辆与人们步行活动时间的相互干扰。同时，在广场中设置绿化、雕塑、喷泉、座椅等城市小品和娱乐设施，使人们充分体会到“城市客厅”的魅力，形成富有吸引力、充满生机的城市商业空间环境。

4）休息与活动广场

是指专供居民休息活动使用的非纪念性、非商业性的步行广场，如各种休息广场、康乐广场、游戏广场等。它在现代化城市中已越来越显示出它的重要性。

6.2.2 从几何形态进行分类及特点

可分为规则的和不规则的 2 种，其空间形状多由方形、圆形、三角形等几何形体通过变形、重合、融合、集合、切除、变角等演变而来。所以不一定都是对称和外形完整的，也可以是不对称和外形不完整的，随地形与环境条件不同而组织。

6.2.3 从空间形态分类及特点

有平面型与空间型 2 种。

6.2.3.1 平面型

历史上大多数广场都是平面型广场。

6.2.3.2 空间型

空间型的城市广场可以分为上升式广场、下沉式广场以及上升、下沉相结合的立体广场。

空间型的城市广场产生的根源是为了解决交通问题，

实行人车分流，把车流和人流放在不同平面的平台上。

在现代空间型的广场设计中，利用空间形态的变化，通过垂直交通系统将不同水平层面的活动场所串联为整体，打破了以往只在一个平面上做文章的概念。在城市环境中，各种空间形态的城市广场与周围环境相互穿插组合，构成既有仰视、又有俯视的垂直景观，与平面型广场相比较，更具点、线、面相结合，以及层次性和变化性的特点。这种立体空间广场可以提供相对安静舒适的环境，可以充分利用空间变化，获得丰富活泼的城市景观。

空间型广场通过维持高差之间的视觉联系来促进场所的特定体验。上升式广场给其使用者造成一种眺望感和优越感，同时保持行人的视觉连续和趣味感；下沉式广场给使用者创造私密和围合感，给人行道上的行人带来眺望感和优势感。

所以，空间型的城市广场一方面具有空间层次性变化的特点；另一方面也体现了现代城市中对空间的高效利用；再一方面，空间型的城市广场通过不同高差的广场形态，形成广场空间的领域化，广场空间根据人们环境行为的需要分为大小不同的场地，形成不同层次的空间领域，增强了广场的活力和使用效率。

1）上升式广场（又称平台式或架空式）

上升式广场让行人在架空平台上行走，让车辆在低的地面上行驶；或相反，让轻轨交通等在高架的平台上走，而把地面留给行人，实行人车分流。

上升式广场由于抬升作用所以在视觉上的突出效应非常明显。

2）下沉式广场（又称盆地式）

下沉式广场在解决不同交通分流问题的同时，更容易取得安静、安全、围合有致、具有较强归属感的广场空间。如果能结合地下街、地铁、公交车站等的使用，将方便出入并有利于地上地下结合，有利于把自然光线和空气输送到地下空间中去，这样将综合地铁、商业步行街的使用功能，成为现代城市空间中的重要组成部分。

为保证下沉式广场有适宜的条件，其下沉的面积应不得小于 400m^2，最小宽度不小于 12m，或不得小于其深度的 3 倍，并且应取这两个最小数值中较大的一个数值。

下沉式广场与上升式广场、平面型广场的比较，有以下几个优点：

（1）不破坏原有建筑环境。平台式广场由于抬高了地面，容易影响原有的周围建筑物，带来视线干扰等问题，而下沉式广场无这类干扰。

（2）易于形成封闭安静的独立环境，达到“闹中取静”的目的。在“下沉”的地面上种树挖池，设立雕塑和小品，气氛安谧、鸟瞰效果极佳，可形成特有的自然风景，适于开辟休憩区。

（3）达到比平面型广场更丰富的空间效果。在下沉式广场内看周围的建筑，会增加建筑的高度感，与其他建筑之间形成多层次的视觉效果。

（4）在平面型广场和架空式广场上发出的噪声，往往会影响周围建筑的用户，而下沉式广场中发出的噪声，不易对周围造成影响。

此外，从东京新宿三井大厦前的下沉式广场经验看，还能有效地将大厦周围的人流按不同性质进行分流；排除了地面上超高层建筑所造成的风口气流冲击；将大厦的一些室内空间外部化（与广场相互渗透和补充）；使空间绿化细腻精致，为大厦带来了生命与自然的活力。

由于有以上优点，下沉式广场越来越多地在城市中出现。如果能巧妙地利用地形，将节省投资并显出它的无限生命力。

3）立体广场（图 6-6）

上升、下沉相结合的广场。

（a）

（b）

图 6-6 苏州星海下沉广场
资料来源：梁文慧、徐紫璇摄

6.3 现代城市广场规划设计

6.3.1 基本原则及设计基本要求

现代城市广场已经不再是一个简单的空间围合、视觉美感的问题，它作为城市有机组织中不可缺少的一部分，规划建设在规划学和建筑学知识的基础上，必须综合城市设计学、生态学、环境心理学、行为科学等的成果，并充分考虑设计的时空有效性和将来的维护管理要求。

6.3.1.1 基本原则

1）整体性原则

包括功能整体和环境整体两方面。前者指广场应有其相对明确的功能和主题，并辅之相配合的次要功能，做到主次分明、特色突出。后者则主要考虑如何协调广场环境的历史文化内涵、时空连续性、整体与局部、周边建筑等因素的相互衔接和变化。

2）尺度适配型原则

根据不同广场的使用功能和主题要求，赋予广场合适的规模和尺度。

3）生态性原则

广场是整个城市开放空间体系中的一部分，与城市整体的生态环境联系紧密。一方面，其规划的绿地、花草树木应与当地特定生态条件和景观生态特点相吻合；另一方面，广场设计要充分考虑本身的生态合理性，如阳光、植物、风向和水面等，趋利避害。

4）多样性原则

城市广场在满足整体性的前提下，应以多样化的空间形态包容多样化的城市生活。使其既反映作为群体的人的需要，也综合兼顾个别人群的使用要求，同时服务于广场的设施和建筑功能也应多样化，将纪念性、艺术性、娱乐性、休闲性等融于一体。

5）步行性原则

步行空间的创造是城市广场共享性和良好环境形成的前提。广场空间和各种要素的组织应支持人的行动，保证广场活动与周边建筑及城市设施使用的连续性。

6.3.1.2 设计基本要求

应按照城市总体规划确定的性质、功能和用地范围，结合交通特征、地形、自然环境等进行广场设计，并处理好与毗连道路及主要建筑物出入口的衔接，以及和四周建筑物的协调，注意广场的艺术风貌。

广场应按人流、车流分离的原则，布置分隔、导流等设施，并采用交通标志与标线指示行车方向、停车场地、步行活动区等。

各种类型的广场应综合自身的特点进行设计。

（1）交通广场包括桥头广场、环形交通广场等，应处理好广场与所衔接道路的交通，合理确定交通组织方式和广场平面布置，减少不同流向人车的相互干扰，必要时设人行天桥或人行地道。

（2）集散广场应根据高峰时间人流和车辆的多少、公共建筑物主要出入口的位置，结合地形，合理布置车辆与人群的进出通道、停车场地、步行活动地带等。

（3）飞机场、港口码头、铁路车站与长途汽车站等站前广场应与市内公共汽车、电车、地下铁道的站点布置统一规划，组织交通，使人流、客货运车流的通路分开，行人活动区与车辆通行区分开，离站、到站的车流分开。必要时，设人行天桥或人行地道。

（4）大型体育馆（场）、展览馆、博物馆、公园及大型影（剧）院前的集散广场应结合周围道路进出口，采取适当措施引导车辆、行人集散。

（5）公共活动广场主要供居民文化休息活动。有集会功能时，应按集会的人数计算需用场地，并对大量人流迅速集散的交通组织以及与其相适应的各类车辆停放场地进行合理布置和设计。

（6）纪念性广场应以纪念性建筑物为主体，结合地形布置绿化及供瞻仰、游览活动的铺装场地。为保持环境安静，应另辟停车场地，避免导入车流。

（7）商业广场应以人行活动为主，合理布置商业贸易建筑、人流活动区。广场的人流进出口应与周围公共交通站协调，合理解决人流与车流的干扰。

6.3.2 空间设计

6.3.2.1 广场的空间环境

广场的空间环境包括形体环境和社会环境两方面。形体环境包括建筑、道路、场地、树木、座椅等元素所形成的物质环境；社会环境包括各类社会生活活动所构成的环境，人的心理感应及产生的行为活动，如欣赏、嬉戏、交往、购买、聚会以致犯罪等。形体环境为社会生活提供了场所，对社会生活行为起到容纳、促进或限制、阻碍作用，两者如能相适应，即形体环境能满足人的生理、心理需要，就会获得成功，否则反之。所以设计应明了两者间的内在联系与矛盾，寻求改善其形体环境的目标与途径，以创造出适合时代要求的广场空间。例如，台北市政府广场采用多元素

（a）

（b）

图6-7 圣克鲁斯的西班牙花园广场（Plaza de Espa a，Santa Cruz）
资料来源：《城市空间——广场与街区景观》

组合设计，综合满足交通、游览功能。主要设有表演舞台、瀑布水景、树荫广场，为市民提供了一处休闲、娱乐、集会的好地方（图6-7）。

从形体环境说，目前最理想的广场应该是：周围建筑物明显地把广场划分出来；尺度宜人；广场是朝南的；有足够的座位和人行活动的铺地；喷泉、树木、小商店、凉亭和露天茶座等设备齐全等。广场利用率和效果的好坏，常以广场的座位、朝向、种植、交通可达性和零售设施的基本数量等来衡量。其空间环境设计应特别重视以下几方面的控制：

1）广场的尺度

（1）各种广场的大小应与其性质功能相适应，并与周围的建筑高度相称。一个能满足人们美感要求的广场，应是既足够大，能引起开阔感，同时也足够小，能取得封闭感的空间。若广场过大，与周围建筑界面不发生关系，就难以形成一个有形的、可感觉的空间，而导致失败。越大给人的印象越模糊，大而空、散、乱的广场是吸引力不足的主要原因，对这种广场应该采取措施来缩小其空间感。如天安门广场，周围建筑高度均在30~40m之间，广场宽度为500m，宽高比为12 ∶ 1，使人感到空旷，但由于广场中布置了人民英雄纪念碑、纪念堂、旗杆、花坛、林带等构图元素以划分空间，避免了广场过大的感觉。

从绝对的角度，是很难限定广场的规模大小的，因为广场的位置环境各不相同。凯文·林奇（1971年）的建议是40英尺（约12m）是亲切的；80英尺（约24m）仍然是宜人的尺度；以往大多数成功的围合广场尺度都不超过450英尺（约135m）。格尔则建议最大尺度可到70~100m（230~330英尺），因为这是能够看清物体的最远距离，同时，还可结合可看清面部表情的最大距离作出决定（20~25m，或65~80英尺）。

根据西特（SITTE）等的研究，从艺术观点考虑的结论是：广场的大小是依照与建筑物的相关因素决定的。设计成功的广场大致有下列的空间比例关系：

①$1 \leqslant D/H < 2$；

②$L/D < 3$

③广场面积＜建筑物界面面积 ×3。

式中D为广场的宽度；L为广场的长度；H为建筑物的高度。并认为欧洲古老城市中大广场的平均尺度465英尺 ×90英尺（即142m×58m）较为合适。

作为人们暂时逗留休息聚会、相互交往等活动的游憩广场，它的尺度是由其共享功能、视觉功能和心理因素等综合决定的。

（2）广场在城市中由于面状空间形态所产生的向心性开放聚集空间的特性，决定了广场应有很好的方向积聚性。而长条状广场由于其自身的几何形态构图和视距的原因，将减少广场上的中心力的产生。为防止产生条状广场，美国有的城市规定：城市广场的长宽比不得大于3 ∶ 1，而且至少有70%以上的广场总面积应坐落在一个主要的地盘内，并不得少于70m²，以避免使广场面积零碎。另外，街坊内部的广场，至少要大于等于12m，以便使阳光能照射在地坪上，让人们感到舒适。这些考虑都值得我们在设计中参考（表6-1、表6-2）。

广场相关设计指标　　表6-1

平均面积	140m×60m	亲切距离	12m
视距与楼高的比值	1.5~2.5	良好距离	24m
视距与楼高构成的视角	1.8°~2.7°	最大尺度	140m

中外城市广场面积参考　　表6-2

广场名称	面积（hm²）	广场名称	面积（hm²）
普列也城集会广场	0.35	大同红旗广场	2.9
庞贝城中心广场	0.39	太原五一广场	6.3
佛罗伦萨长老会议广场	0.54	天津海河广场	1.6
威尼斯圣马可广场	1.28	南昌八一广场	5.0
巴黎协和广场	4.28	郑州二七广场	4.0
莫斯科红场	5.0	北京天安门广场	30.0

（表6-1、表6-2引自刘磊《场地设计》）

2）广场周围建筑物的安排

（1）广场周围建筑物的布置

一般有以下几种方式：

①四周被建筑物包围的封闭式广场；

②四周不排满建筑的半封闭式广场；

③大型公共建筑前的广场；

④以花园和公园为主体的广场。

应注意的是：广场一般需要封闭，但从现代生活要求来看，广场周围的建筑布置若过于封闭隔绝，会降低其使用效率，同时在视觉上效果也不佳。

（2）广场周围建筑物的性质安排

广场周围建筑物的性质，常影响到广场的性质和气氛；反之，广场的性质气氛要求也就决定了其周围应安排的建筑物的性质。如在交通广场周围，不应布置大型商店或大型公共建筑；在购物、游憩广场周围不宜布置行政办公楼建筑等。

对于一般市民广场来说，常考虑：

①广场上的主要建筑物应有很强的社会性和民众性，如博物馆、展览馆、图书馆等。但一般供周期性使用的建筑，如纪念性、私密性很强的建筑，不应该放在市民广场上。

②广场上应多布置些服务性、娱乐性的建筑，如商店、咖啡馆、餐厅、影剧院、娱乐室等，使广场具有多功能性质，保持生气勃勃的热闹景象。

③要防止过多地将重要的建筑都集中在一个广场上，以免造成人流过于集中、交通组织困难的局面。

④在广场上应适当结合小品建筑等布置小卖部或布置活动摊点、报亭等，以增加人情味。

3）广场的环境设施

调查表明，根据广场的大小、性质，可允许设置1/3面积以上的绿化、建筑小品等设施。它们对广场的造型影响很大，特别应重视广场中的座位、铺砌地面和零售设施的布置和设计。

（1）椅凳。西特的调查表明：一个广场的利用率与广场的座位数量多少成比例。观察数据要求每2.8m^{2}的广场面积，宜提供0.3m长的座位，其中以宽阔的条凳最为合适，而且最好有50%的是能够移动的。广场内的矮坎、挡土墙、台阶等都可以作坐憩之用，但一般不计算到所需要座位的总数中去。

（2）铺砌面。可采用石板、石块、面砖、混凝土块等镶嵌拼装成各种图纹花样等，以提高广场空间的表现力。

（3）建筑小品及绿化、水体等均是广场构图的重要内容，可利用它们来表达广场的意象及空间特征。

（4）零售设施。除广场周围建筑中设有一定数量的零售商店、银行、旅行社等铺面外，在广场内也可以设置一定数量的商业亭等，出售食品、杂志和书刊等。

广场的实践证明：随着广场内凳椅和出售食品、花卉的商业亭数量的增加，广场利用率也随之上升。

4）特色创造

（1）广场情趣区别

不同位置和性质的广场，应有不同的情趣要求，如：

①位于市中心或重要地段的广场，要创造出人能停留、观赏建筑物或特定景色的环境条件；

②位于商业步行街的广场，要创造适于居民采购、散步和闲谈的环境，体现出商业的繁荣情景；

③居住区内的广场，应创造安静舒适的交往空间，在安静、安全的前提下，有汽车方便驶入及停放的可能；

④在中小学附近的广场，应与交通干道隔离，为孩子们创造安全的生活地带。

（2）提高广场场所的吸引力

为使广场成为一个有吸引力的公共活动场所，应做到：

①强调广场的装饰性；

②强调公众的“可达性”；

③满足城市生活的多功能要求；

④创造一定的街头活动场地，诸如可供民间组织的社会活动、公益活动，小型聚会、街头演出以及街头绘画、雕塑、摄影艺术展览等活动使用。居民通过参与、围观这些活动，沟通情感，增加交往，并从中认识和显示自身的社会价值，广场也会因此显出活力。

（3）发扬传统的地方风格

除在建筑上保持和发扬地方风格外，尚可采用以下几种方法。

①利用地方“特产”装饰广场，增强地方感，如济南泉城以泉雕为广场主题。

②用历史事实和民间传说作雕塑、壁画、地面纹样等的装饰广场。如兰州中心广场采用丝绸纹样作铺地以突出它在丝绸之路上重镇的地位。

③采用地方材料铺砌地面和制作凳椅；栽种当地特有的树木、花草等，使广场体现“家乡”的亲切感。

（4）注意设计手法上的改变

①在现代广场建设中，传统的四面被交通道路环绕成为中心孤岛式的广场减少了，趋向于把广场布置在主要建筑物前面或一侧，或位于建筑群之间，或串连在步行商业街之间，不被交通穿破，有的甚至完全与汽车通路隔开。

②过去那种铺地面积很大，人工手段很多，绿化较少，看起来缺乏生气的广场减少了，取而代之的是考虑人们休息交往需要，比较有人情味、有生气的广场。

③广场已由平面的、构图匀称的布置，逐渐转变为空间构图丰富、充满阳光、绿化和水、富有生气的空间型广场。

④城市中心广场已逐步向功能综合化、交通立体化和环境舒适化方向发展和改造。

⑤现代广场在布局、尺度、空间组织等内容和形式上以人的使用要求和活动为参数，向小型化、个性化、多层次和相对私密化方向发展。如澳大利亚墨尔本城市广场是以不同功能内容、不同平面形式的多个小广场组合而成，这样的广场形式、内容与现代使用要求相吻合。

⑥重视利用公共建筑前、桥头、街道汇合处、路边角地等小面积空地设置小广场。这些小广场应该是优雅而多姿多彩的，设计不拘一格，符合人的尺度，亲切而适用。它禁止任何车辆入内，富有场所感，并成为邻里的聚集点。

（5）广场空间艺术处理的重点

在《街道美学》一书中，芦原义信指出：作为名副其实的广场应具备下列4个条件。

①广场的边界线清楚，能成为“图”；此边界线最好是建筑的外墙，而不是仅仅遮挡视线的围墙；

②具有良好的封闭条件——阴角，容易形成“图”；

③铺装面直到边界，空间领域明确，容易构成“图”；

④周围的建筑具有某种统一性和协调性，D/H 有良好的比例。

这些是城市广场处理的基本要求，此外在处理中还应重视以下各点：

①广场周围的主要建筑物和主要出入口，是空间设计的重点和吸引点，处理得当，可以为广场增添不少光彩。

②应突出广场的视觉中心，特别是大的广场空间。假如没有视觉焦点或心理中心，会使人感觉虚空乏味，所以一般在公共广场中常利用雕塑、水池、大树、钟塔、露天表演台、纪念柱等布置，形成视觉中心，并构成轴线焦点，使整个广场有强而稳定的情感脉络，使人潮聚向中心，产生无法抗拒的吸引力。这种中心常位于：

长方形广场，可以在端部主要建筑物前设置；也可以在广场中心设置雕塑、喷泉或其他构筑物，形成焦点。这种布置也适用于其他规则的几何形体的广场（图6-8）。

L形或不规则形广场，中心多设在拐角处，或场地的形心处，形成焦点。

图6-8 济南泉城广场
资料来源：《城市广场Ⅰ》

利用地形高差，在各种地形的变换点附近设置，可丰富空间层次，形成焦点。

6.3.2.2 广场园林化设计

1）广场绿化

在广场空间处理上，绿化可以使广场具有空间感和尺度感，反衬出建筑的体量及其在空间的位置。树木本身还具有表示方位、引导和遮阳的作用。

树木本身的形状和色彩是制造城市广场空间的景观元素。对树木进行适当的修剪，利用纯几何形或自然形状作为点景景观元素，既可以体现其阴柔之美，又可以保持树丛的整体秩序；树木四季色彩的变化，给城市广场带来不同的面貌和气氛；结合观叶、观花、观景的不同树种及季相的巧妙结合，可以创造不同的城市广场绿化景观。

在广场绿化的设计手法上，一方面，在广场与道路的相邻处，可利用树木、灌木或花坛起分隔作用，较少噪声、交通对人们的干扰，保持空间的完整性；可利用绿化对广场空间进行划分，形成不同功能的活动空间，满足人们的需要。同时，由于我国地域辽阔、气候差异大，不同的气候特点产生不同的日常生活习惯，可根据各地的气候、气象、土壤等不同情况采用不同的设计手法。另一方面，可利用高低不同、形状各异的绿化构成各种各样的景观，使广场环境的空间层次更为丰富，性格得到衬托。

广场中树木与建筑物一样，也应与广场面积及周围的建筑物相适应。过多的大树及绿色植物会有损广场的空间感和封闭感。

广场绿化应根据广场的性质、规模及功能进行设计。结合交通导流设施，可采用封闭式种植。对于休憩绿地可采用开敞式种植，并可相应布置建筑小品、座椅、水池和林荫小路。

广场绿地布置应适合广场使用性质要求，其植物配置力求简洁。站前广场、集散广场可用绿化分隔广场空间以及人流与车流，其集中成片绿地不宜少于10%，一般为15%~25%；交通广场绿化必须服从交通组织的要求，不得妨碍驾驶员的视线，可用矮生常绿植物点缀交通岛；民航机场前与码头前广场集中成片绿地可为总面积的10%~15%；公共活动广场的集中成片绿地比重，一般不宜少于广场总面积的25%；纪念性广场应利用绿化衬托主体、组织前景、创造良好环境。

对于大多数广场而言，在相对较小的空间内利用不同植物为在那儿休息或穿行的人提供视觉吸引是非常重要的。大多数人喜欢在广场上停留是因为其绿洲效应，因此就需要有令人赏心悦目的东西吸引他们的注意力。种植的多样性将产生颜色、质地、高度和阴影度的变化。

种植的高度和密度不应该挡住广场使用者观看活动和表演区域的视线。当然，在下沉式广场内部种植树木，这样即使广场除了穿行没有其他用途，这些树木也能增加街道体验的娱乐性。

如果广场的一面或多面被建筑围合，而且建筑不从广场进入，那么建筑的墙体可以用树木屏蔽。如果构成广场边界的建筑立面的窗户很少或比较难看，还无需考虑采光或视线，就可以选择一些长得浓密的树木。如果从审美角度出发，必须屏蔽建筑但建筑使用者有采光和视线通畅的要求，就要选择开畅的羽叶状的树种。

（1）广场的绿化形式

城市广场绿地种植主要有4种基本形式：排列式种植、集团式种植、自然式种植、花坛式（即图案式）种植。

①排列式种植。这种形式属于整形式，主要用于广场周围或者长条形地带，用于隔离、遮挡、作背景。

②集团式种植。为整形种植的一种，是为避免成排种植的单调感，把几种树组成一个树丛，有规律地排列在一定的地段上。

③自然式种植。这种形式与整形种植不同，是在一定地段内，花木种植不受统一的株、行距限制，而是疏密有序地布置，从不同的角度望去有不同的景致。

④花坛式种植。是一种规则式种植形式，装饰性极强，材料选择可以是花、草，也可是可修剪整齐的木本植物，可以构成各种图案。

（2）广场绿化的设计要点

植物的配置形式应与广场性质相一致。

①交通集散广场绿化设计。交通广场的绿化设计为了交通安全，往往利用绿化将各种车辆疏导。树木和花草可以作为引导交通的一种标志，如在道路拐弯处种植几株树木或花草。绿篱和灌木可以起到拦护和阻挡人、车通行的作用。把组织交通和路口的绿化结合在一起，既可保护交通安全，又能美化市容。

如交叉口、桥头广场的绿化设计为保证行车安全，在进入道路交叉口时，应留出一段距离使司机在这段时间内能看到对面开来的车，并有时间刹车，停车，这种从发觉对方车而刹车停下的距离称为安全视距。根据两相交道路的最短视距可在交叉平面上绘出一个三角形，称为视距三角形。视距三角形内不能有建筑物、构筑物和高大植物遮挡视线，所种植物一般不超过60~70cm，或者不种任何植物。安全视距一般为30~35m。

组织环形交通，逆时针单向行驶，交通岛直径一般40~60m。其功能主要是提高交叉口的通行能力，所以不能布置成为可供行人休息用的小游园，而应布置成可用花卉组成图案的花坛，或结合喷泉、雕塑进行布置。交通岛内一般不选用高于视线的乔木、灌木，所选取的植物应低于70cm，在车流量较大的主干道或非机动车道上，以及行人众多的叉路口不宜设交通岛。

②纪念性广场绿化设计。此类广场的绿化要简洁、有气魄，植物种类不必过多，种植方式以规则式为主，常绿植物可多些，种植方式也应以规则式为主。

同时，结合纪念性设施进行布置，大型纪念性广场其绿化应体现庄严气氛，可布置叶色浓重、苍翠的树林作为夹景或背景树。如天安门广场以油松林形成夹景突出人民英雄纪念碑。

小型纪念性广场可表现亲切和谐的气氛，可以以草坪为主，点缀一些代表性树种。

③普通集散、活动性广场绿化设计。普通集散、活动性广场的绿化设计可自然活泼，用植物群体轮廓来衬托广场。

2）色彩设计

色彩是表现城市广场空间的性格和环境气氛，创造良好空间效果的重要手段之一。在广场色彩设计中，如何协调、搭配众多的色彩元素，不致色彩杂乱无章，造成广场的色彩混乱，失去广场的艺术性是很重要的。广场本身色彩不能过分繁杂，应有一个统一的主色调，并配以适当的其他色彩点缀，切忌广场色彩众多而无主导色。

在纪念性广场中不能有过分强烈的色彩，否则会冲淡广场的严肃气氛。相反，商业性广场及休闲性质的广场可以选用较为温暖强烈的色调，使广场产生活跃与热闹的气氛，加强广场的商业性和生活性。在广场空间中，周围建筑色彩采用相同基调，或地面铺装色彩相近，有助于增强空间的整体性和协调性。

3）广场地面铺装的图案处理

（1）标准图案重复使用

采用某一标准图案、重复使用，这种方法，可取得一定的艺术效果，而且施工方便，造价较低。但在面积较大的广场中使用会产生单调感、琐碎感。可适当插入其他图案，或用小的重复图案组织起较大的图案，使铺装图案更丰富。

（2）整体图案设计

将整个广场作为一个整体进行图案设计。在广场中，将铺装设计成一个大的整体图案，会取得较佳的艺术效果，并易于统一广场的各要素和广场空间感的获得。

（3）广场边缘的铺装处理

广场空间与其他空间的边界处理是非常重要的。一方面，在设计中，广场与其他地界间明显的划分，可使广场空间更为完整，人们亦对广场图案产生认同感；另一方面，实践证明，广场作为街道空间的延续，或道路红线范围的拓延，应用绿化延展、消灭障碍或高程变化、向公共道路用地开放、增加边界层次性等方法，自然完成其他空间向广场空间的过渡，从而增加广场空间的可达性和使用效率。

（4）广场铺装图案的多样化

广场铺装图案应满足人们对某种介于乏味和杂乱之间的审美欣赏的要求，给人以最大的美感。但同时应避免过多的图案变化造成的视觉疲劳。所以，合理选择和组合铺装材料是保证广场地面效果的主要因素之一。

特别应注意的是，因为在广场中硬质铺地所占的面积较大，所以，应特别注意由于硬质铺装所产生的眩光问题。

4）小品设计

广场的小品泛指廊架、座椅、街灯、时钟、垃圾桶、指示牌、雕塑等种类繁多的小品。他们作为“城市客厅”中的“家具”，一方面为人们提供了识别、依靠、洁净等物质功能；另一方面，具有点缀、烘托、活跃环境气氛的精神功能。

广场上的小品设计，首先应与整体空间环境相协调，在选题、造型、位置、尺度、色彩上纳入广场环境的整体把握。既要以广场为依托，又要有鲜明的形象，在背景中突出；其次，小品应体现生活性、趣味性、观赏性要求，不必过分追求庄严、严谨、对称的格调，可以寓乐于形，使人感到轻松、自然、愉快；再次，小品设计宜求精，不宜求多，要讲究适度。

5）水环境

水是城市环境构成的重要因素。水体在广场空间中是人们观赏的重点，它的静止、流动、喷发和跌落都可以成为引人注目的景观。水体常常在娴静的广场上创造出跳动、欢乐的景象，成为生命的欢乐之源。在广场上，水体可以是静态或流动的，静态的水面上物体产生倒影，可使空间显得格外深远；动态的水使空间在视觉上保持联系，划定空间与空间的界限，丰富空间层次，活跃广场气氛。动水在视觉上和音响上的吸引力是公认的，紧邻座位的喧闹的喷泉可以成功屏蔽周围交通的喧嚣，同时非常有利于创造令人愉悦的环境；水流声音能减轻现代城市中人们的紧张感。所以，喷泉的设计应使尽可能多的人都能感受到其存在。

水体对空间的构成有很多作用。它可以限定空间、标志空间、增强识别性，可以通过底面处理给人以尺度感，通过图案将地面上的人、树、设施与建筑联系起来，构成整体的美感，也可以通过底面的处理使室内外空间与实体相互渗透。

广场水环境的创造可以由3种途径获得：其一，作为广场主题，水体占广场的相当部分，其他的一切设施均围绕水体展开；其二，局部主题，水景只成为广场局部空间领域内的主体，成为该局部空间主题；其三，起辅助、点缀作用，通过水体来引导或传达某种信息。

伊拉·凯勒水景广场平面近似方形，占地约 0.5hm^2。广场四周为道路环绕。水景广场分为源头广场、跌水瀑布和大水池及水中平台 3 个部分。最北、最高的源头广场为平坦简单的铺地和水景的源头；跌水为折线形、错落排列；跌水最终形成十分壮观的大瀑布倾泻而下，落入大水池之中，跌水部分可以供人们嬉水（图 6-9）。

6）照明设计

广场的照明要求，应根据广场的性质、夜间人流、车流集散活动情况、地面铺装类型、绿化布置情况等分析确定。其照明度基本要求应注意满足场内活动区、通道的使用，并使之照度均匀、视觉良好，尽可能避免眩光。其照明方式有双侧对称照明、四边四侧照明、高杆中心照明、散点照明等，设计中可根据需要安排采用。照明灯具、灯杆式样、光源配置及悬挂高度的设计应注意与周围建筑物协调。

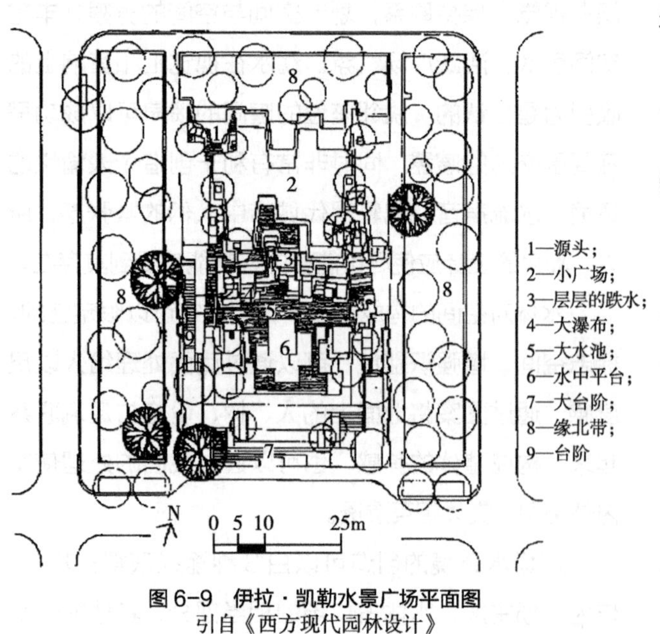

图 6-9 伊拉·凯勒水景广场平面图
引自《西方现代园林设计》

另外，在广场空间环境中的众多建筑小品中，街灯和雕塑所占的分量越来越重。现代生活在伴随快节奏、高效率的同时，人们的业余活动时间也在不断延长。因此设计时除昼间景观外，夜间的景观，特别是广场空间的夜间景观照明尤为重要。在夜间必须考虑街灯发光部的形态及多数街灯发光部形成的连续性景观，在白天则必须考虑发光部的支座部分形态与周围景观的协调对比关系。

6.4 实例分析

6.4.1 意大利威尼斯圣马可广场

圣马可广场形成于公元 830 年，主要由大小 2 个广场组成。在圣马可教堂扩建之前，小广场的作用是主要的，它连接着港口方向和教堂前的空旷绿地，即今天大广场的位置。12 世纪，圣马可教堂扩建并改造了立面，广场上建起了最初的钟楼；14 世纪初开始建设总督宫；16 世纪时建起了旧市政大厦和珊索维诺设计的图书馆，广场的形态基本上形成，但实际上，直到 1805 年主教堂对面的建筑建成，圣马可广场才算是真正完成了整体的封闭（图 6-10、彩图 6-1）。

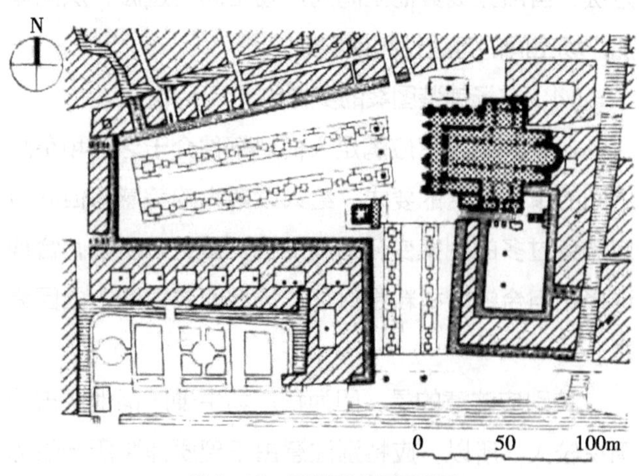

图 6-10 圣马可广场平面图
资料来源：《城市规划资料集第 5 分册》

教堂：圣马可教堂稍突出于广场的其他界面，成为两个广场的连接体，不论从功能上还是美学上都是广场建筑群中最重要的建筑。丰富的立面是大广场明确的界面；同时也起到从小广场进入大广场的视觉引导作用。

钟楼：钟楼在广场上起着轴心的作用，是大小广场的转折点。从过处眺望时，钟楼高于其他建筑，成为整个广场的标志。

石柱：两个著名的花岗岩石柱位于小广场的开口处，为小广场提供了有变化的前景，同时暗示了小广场的边界。

图书馆和总督宫：这两个建筑形成广场连续和统一的侧界面。

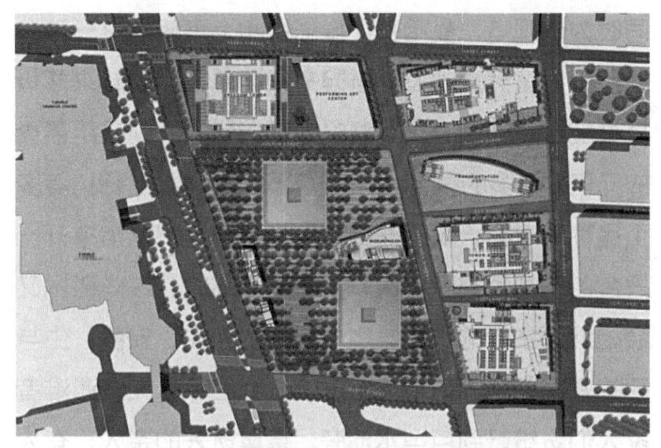
图 6-11　美国 911 国家纪念广场平面图

图 6-12　美国 911 国家纪念广场效果图

6.4.2　美国 911 国家纪念广场设计

美国 911 国家纪念广场位于世界贸易中心遗址场地中，它的建造是为了缅怀在 2001 年 9 月 11 日和 1993 年 2 月 26 日恐怖袭击事件中的遇难者。这处场地被规划成一个用来冥想和沉思的公共空间，中心围绕着两个倒影池，它们被安置在原来世界贸易中心双子塔的位置。每个水池外围的护栏板上都有序的雕刻着遇难者的名字，新广场中的两个倒影池勾画出遗址地面，让人们怀念遇难者，同时也把纪念广场与纪念馆整合进周边城市环境中（图 6-11~图 6-13）。

以色列建筑师迈克·阿拉德（Michael Arad）带着自己入围的 911 纪念馆作品找到景观设计师彼得·沃克时，他一下子就被其中体现的极简风格吸引住了。之后设计确定为最终实施方案，沃克正式加入设计团队。“倒影缺失”的概念，让人强烈地感受到“失去”的感觉。两个下沉式空间，象征了两座大楼留下的倒影，也可以理解为两座大楼曾经存在过的印记。彼得·沃克表示：“广场景观必须让空旷的力量显得更为强大，

图 6-13　美国 911 国家纪念广场局部效果图
资料来源：《城市空间——广场与街区景观》

同时为参观者、曼哈顿下城居民和上班族提供一种公园氛围；虽然景观设计听起来很简单，实现起来却极具挑战性。作为一个景观设计师，我的原则是用最少的元素办最多的事。”他挑选了枫树、洋槐、栎树等多个品种的大树，秋天一到它们将为地下纪念馆撑开一把金色和褐色交织的大伞；春天来临时，这些树木又会相继诞生新的枝叶。树木传达的力量、安静、生与死的紧密关系，与地下纪念馆一脉相承。许多遇难者家人们纷纷赶到巨型水池旁，祭奠逝去的亲人，有人还会在他们的名字上插一朵白色或者黄色玫瑰，或是美国国旗，以表无尽的哀思。

6.4.3 波茨坦广场

波茨坦广场在历史上最初只是柏林的一处十字路口。后来，随着波茨坦火车站在这里建成，交通得到迅速发展，繁华一时。广场建筑面积超过 120 万平方米，硬质铺装多，且地下水位较高，但当地政府希望雨水能够就地消解，因此波茨坦广场采用高效的雨水管理方式。

广场周围的很多建筑都是“绿顶”。由于柏林市地下水位较浅，政府规定商业区域规划设计时应考虑本区域内雨水进行内部处理。因此，开发商通常根据柏林雨水管理的政策要求采用绿色屋顶。在建筑顶层的绿色草坪使客人们置身于景观之中，同时绿色草坪屋顶可满足对雨水收集和处理的渗水面积。

波茨坦广场的水景观由 3 个部分组成：①索尼中心大楼前带有喷泉的水景观；②克莱斯勒公司总部大楼前的人工湖；③柏林电影节“电影宫”前的阶梯状水流。水流上与人工湖、下与水泵相连，组成循环系统，为此片区域内雨水收集储蓄起到关键作用。作为雨水收集利用的另一途径，街道两旁的明沟也发挥着非常重要的作用。

波茨坦广场主要采用屋顶绿化、地下水箱收集雨水、明沟传输，补给广场北侧的狭小湖体、广场上大面积主体水体以及南部水面等组成完整的雨水管理系统。广场水面用地占总面积的仅 19%，却可收纳周边屋面和地面雨水约 1.5 万立方米，实现了建造阶段不降低地下水位、且能够收集建筑雨水的目的。收集的雨水被用作冲厕和绿色空间的灌溉（图 6-14~图 6-16）。

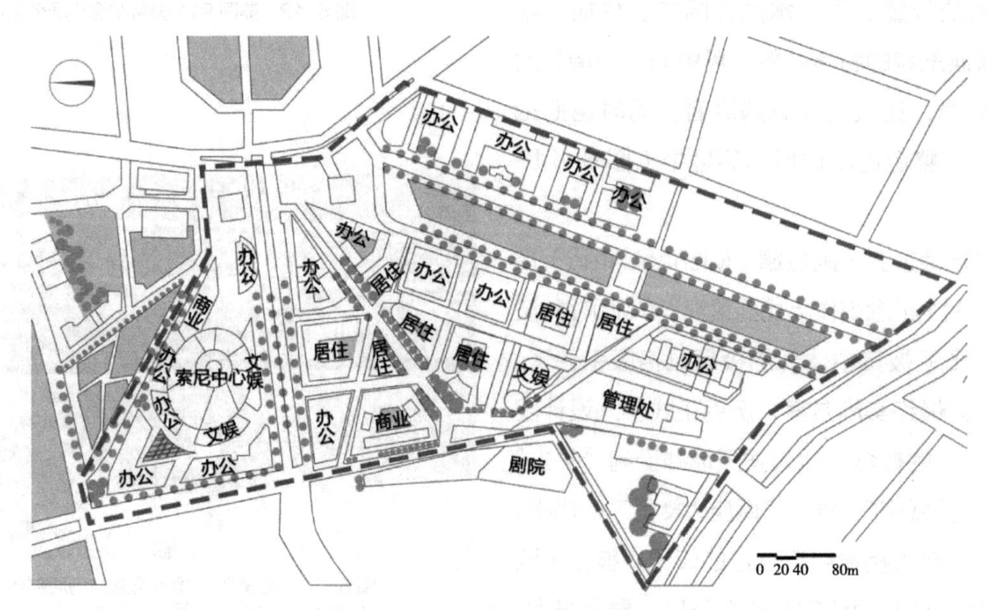

图 6-14 波茨坦广场平面图

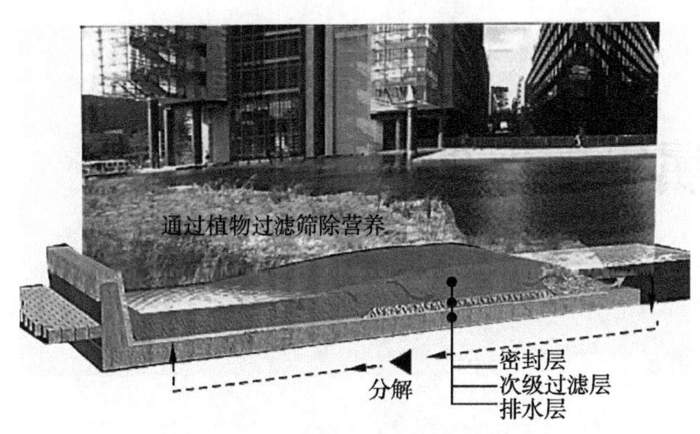

图 6-15　波茨坦广场雨水管理结构图
资料来源：《建筑节能第 45 卷》

图 6-16　波茨坦广场水景观细节图
资料来源：《建筑节能第 45 卷》

思考与练习

1. 简述城市广场的功能。
2. 城市广场按其性质可分为几类？并举例。
3. 城市广场按其空间形态可分为几类？并举例。
4. 比较上升式广场与下沉式广场的特点。
5. 简述现代城市广场的基本原则。
6. 简述交叉口、桥头广场绿化设计的要点。
7. 简述如何利用城市广场进行雨水管理。

第 7 章　单位附属绿地规划设计

单位附属绿地是指机关、学校、部队、企业和事业单位管辖内，由各单位投资建设的绿地。单位附属绿地是城市绿地的重要组成部分，在城市中，以分布广比重大而成为城市绿化的主要类型之一，是城市绿地生态系统中数量多、镶嵌度最丰富的重要组成斑块，在城市生态系统中发挥着重要的作用。

2017 年，国务院发布有关《城市绿化条例》第二次修订，对单位附属绿地给予了明确的指示和要求。此后，各省市均根据本地区的实际制订了相应的《城市绿地条例》，提出了各种性质单位的绿地指标：如苏州市规定：①城市新建区的大专院校、机关团体、部队、公共文化设施、医院、疗养院、宾馆和化工、电子企业等单位附属绿地面积不低于单位总用地面积的 37%；商业和金融等单位附属绿地面积不低于单位总用地面积的 25%；其他单位附属绿地面积不低于单位总用地面积的 35%；②城市古城区的医疗、卫生、教育、科研和设计等单位附属绿地面积不低于单位总用地面积的 30%；行政办公、文化体育娱乐、其他公共设施和工业用地附属绿地面积不低于单位总用地面积的 25%；商业和金融等单位附属绿地面积不低于单位总用地面积的 20%。在《昆明市城镇绿化条例》中规定了城镇规划区范围内单位附属用地的绿地率：①商业、商务用地不低于 20%；②行政办公、文化设施、体育、医疗卫生、教育科研用地不低于 35%。

单位附属绿地的规划设计要在符合城市总规的基础上，充分结合各单位的性质、特点、自然状况和单位文化来进行设计，形成丰富多彩、各有特色的绿地类型，要加大乔木的种植面积，重视垂直绿化，营造较大的绿视率。

7.1　工厂企业附属绿地规划设计

工厂企业绿地因其性质不一样，绿地率标准也有所不同。一般情况下，重工业类为 20% 以上，化学工业类 20%~25%，轻工业和纺织工业类 40%~45%，精密仪器工业类 50% 以上，其他工业类不低于 25%。

7.1.1　工矿企业绿化的意义

工矿企业用地是城市用地中所占比例较大的一类，一般在 20%~30% 之间，甚至更多，提高和改善工矿企业用地，对企业自身和城市建设都具有重要意义。

7.1.1.1　美化自然环境，营造良好的生产氛围

自然环境和人的精神状态有着潜移默化的联通关系。实践证明，一个良好和谐的工厂自然环境，有利于培养工人健康而愉悦的精神面貌，对提高生产质量和效益有着不可忽视的作用。

7.1.1.2　弘扬企业文化，提高企业的社会地位和竞争实力

社会的发展，不仅是事物本身量的增长，同时也需要质的飞跃。工厂生产的是物质产品。一方面，在物质产品日益丰富和齐全的今天，人们对产品本身的选择不再是唯一，隐藏在产品生产全过程中的精神因素往往成为左右人们选择心理的重要因子，就像人们不相信一位个人卫生极差的厨师能烹制出美味佳肴一样，人们不敢相信脏、乱、差的工厂环境能生产什么好产品。另一方面，现代产品的品牌效应是有目共睹的。品牌效应是企业在提供物质产品的同时，提供给人们的精神产品，是产品在生产、销售和服务过程中给用户的安全、信任和认知心理满足，是企业的综合实力表现，是蕴藏在产品中的文化现象。人们不会怀疑，一个重视环境建设的工厂不会不重视产品的质量与信誉。所以，工厂绿化在一定程度上可以说是企业经营的示范窗口，对提高企业的社会地位和竞争实力具有不可低估的作用和影响。当前蓬勃发展的花园式工厂、园林式工厂、生态式工厂就是最好的证明。

7.1.1.3 改善生态环境，形成可持续发展的良性循环

产品的生产离不开一个优质的小环境，重视工厂的生态系统建设，净化空气和水质，降低噪声及污染，避免水土流失，必将保证和提高产品的质量。让用户放心，产品才能有稳定的市场，企业才能得以继续生产和发展。所以说，良好的生态环境是工厂生产和发展的保障，环境建设和产品生产是相得益彰的两个层面，是能相互促进和演变的。

7.1.1.4 呼应内部功能，形成内部良好而安全的生产防护措施

企业内部的生产单元有许多对外部环境的要求。如精密仪器厂需要无飞尘的高纯度空气的环境，食品厂需要无病菌的高净度空气的环境，炼钢厂需要防火和降温，纺织厂需要降低飞絮；而这些要求不是什么机器设备可以完全提供和保障的。植物本身具备的滞尘、杀菌、降噪、防火和降温等功能，是不可比拟和取代的；通过合理的绿化规划，能形成符合工厂内部生产功能需要的外部环境。

7.1.1.5 丰富经营手段，辅导性拓展企业经营渠道

通过工厂内部非生产用地的绿地，能提供一定木材或种养植等林副产品，获得一定的直接经济效益或间接经济效益，也可利用工厂环境来吸引投资，或满足职工的休闲游览需要，为辅导性的开拓企业经营方向和渠道提供可靠的物质基础和精神空间。

7.1.2 工厂企业绿地的特点

工厂企业绿地要以满足和保障工厂的生产活动为前提，同时结合工厂的性质和内部功能进行认真的规划设计。

7.1.2.1 土地紧张，必须具备见缝植绿和灵活多样的绿化设计

工厂企业土地一般紧张，特别其中的生产区。各种生产设备和车间厂房也常把绿地分割成各种大小和形状零碎的地块，绿化设计要因地制宜，见缝植绿，根据各种绿地的功能要求和特点进行针对性的设计。

7.1.2.2 污染严重，必须采用以绿为主的设计方法

工厂环境质量一般都较差，有毒气体含量高、烟尘大、噪声污染严重。因此在绿化设计中，要根据污染的性质，选择适当的树种，进行合理的配置，使用乔、灌、草结合的方法来降低和消除部分污染。

7.1.2.3 功能多样，要求不同，需要科学合理的绿化方案

工厂内部因功能地块的差异，其绿地的功能也有所区别。有需要营造气氛，展示企业精神文化面貌的装饰性绿地；有需要防范或杜绝污染物向外扩散或向内渗透的隔离防护性绿地；还有需要提高安全生产质量的安全绿地或生态绿地；也有需要满足工厂职工休息娱乐需求的游憩性绿地。因此，在厂区内部的绿化

设计中，要针对不同的功能需求，合理运用园林绿化手法，分别设计出不同的绿化方案。如明火高温地段的绿地要选择常绿硬阔叶形的防火树种，厂前区要设计景观标志性强的装饰绿地，而厂内休息绿地则需采用清新宜人的设计手法。

7.1.2.4 工厂性质不一样，需要认真调研，科学合理设计

工厂因所生产产品不一样，对绿化的空间布局和生态作用的需求也不一样。如重工业厂因加工、吊装、厂内运输量大而需要开放的空间和降噪要求，绿化设计要合理保留安全的水平净空和垂直净空；同时，选择适当的地方营造隔离林带，以降低噪声、灰尘的外传。再如，精密仪器厂需要相对幽静的空间，既需要绿化来吸滞空气悬浮，也要抑制花粉、飞絮的二次污染，绿化设计就要进行合理的密植，选择适当的树种。总之，设计前要进行认真的调研，充分围绕工厂的性质和功能要求，从空间上、布局形式及树种选择等多方面综合考虑，进行科学合理的设计，以绿化手法改善和提高生产环境质量。

7.1.2.5 厂内运输量大，绿化设计要注意通透性和防护性相结合

工厂生产必然伴随大量的生产材料等运输过程，工厂内道路众多、叉口频繁，均需满足运输功能。绿化设计既要为运输车辆提供足够的安全行车视线，又要合理配置树木，净化汽车尾气，降低噪声。

7.1.2.6 生产管线和设施复杂，绿化设计确保安全

工厂内天空、地面和地下都不可避免地会出现大量水、电、气等管线，还有许多室外生产设施，因此在绿化设计前要认真调研现场，掌握各种管线和生产设施的安全要求，绿化设计以确保它们的安全为前提。树木配置要认真筛选，种植时与管线及设施保留规定的水平净空和垂直净空距离，既要保证管线及设施的安全空间，又要给予植物以足够的生存空间，并留有余地，避免树木生长对这些设备造成影响甚至损坏。

7.1.3 工厂绿地绿化设计

7.1.3.1 工厂的绿地设计程序

1）认真调查，科学分析

工厂绿地设计的前期调查工作非常关键，要围绕工厂的自然条件、生产性质和规模、工厂总体规划布局和社会文化等方面进行认真调查，并加以科学分析，用于指导绿地设计。

（1）自然条件的调查

现场调查和资料查阅相结合，针对工厂的土壤、地形地势、气候、风向和光照等因素进行认真调查，摸清各部位绿地的生境，为后期设计中的植物配置提供科学依据。

（2）生产性质和规模的调查

走访调查、资料查阅和现场踏勘相结合，完整地了解工厂的生产性质和规模，为后期绿化设计的景观效果体现、生态效益的发挥以及生产的保障提供依据。

（3）工厂总规布局资料的调查

认真阅读工厂总体规划图纸及资料，同时结合现场的考查复核，一方面摸清工厂内部各功能地块和设施的具体位置及功能性质，掌握工厂的建设现状，为绿化设计在工厂内部各功能地块和设施的合理方案提供决策依据。其中，要重视对工厂现状地形和管线布局图纸资料的收集、查阅及分析；另一方面，要摸清工厂发展建设的步骤和方向，分清工厂未来建设的顺序和地块，使绿化设计做到近期与远期相结合。

（4）工厂社会文化资料的调查

认真阅读工厂发展纲要方面的文件，与工厂领导人员就企业文化、经营理念、未来展望、投资计划等方面进行交流，为绿化设计如何结合企业文化和经营理念，寻找创作灵感。为如何合理布局形成符合发展规模的绿化景观，如何在投资计划的框架下进行具有可实施性的绿化设计，如何以最少的投资，产出最大的绿化环境效益、社会效益和经济效益，如何营造好工厂整体景观提供依据。

2）方案的构思、筛选和确定

在前期调查和分析的基础上，从宏观到局部、从整体到个案进行方案的规划构思。本着以适用和经济为根本，筛选并确定科学合理而又美观的设计方案。

3）绘制图纸

根据设计深度要求绘制相应的图纸。一般情况下：

（1）在总规阶段，要绘制现状分析图、总体规划平面图、功能分区图、景观分析图、道路方案图、竖向控制图、植物方案图、管线方案图和必要的景观效果图等。

（2）在详规阶段，要绘制详细规划平面图、道路系统图、竖向设计图、场地横纵剖（断）面图、园林建筑单体平面图和立面图、种植设计图和必要的景观效果图等。

（3）在施工设计阶段，要绘制准确的场地道路施工放样图、植物种植放样图、竖向施工图、场地和道路横纵剖面（断）面图、管线施工图、园林建筑结构图和施工图、水景施工图等。

4）编制规划设计文本

根据设计深度要求，围绕基础资料的收集、分析和评价，并对绿化设计方案的设计思想和原则、功能分区、分区详述、道路设计、场地及竖向设计、植物配置、管线设计及园林建筑和设施设计等方面进行文字描述说明，并绘制必要的设计技术参数图表文件和进行投资的概（预）算。

7.1.3.2 工厂绿化树种的选择

由于工厂性质差异性大，内部污染一般相对严重，功能需求也不一样。所以，工厂的绿化材料选择是至关重要的，它是决定绿地的环境效益、社会效益和经济效益能否最大化发挥的关键。工厂树种选择要遵循以下原则：

1）重视乡土树种的选择

要选择那些适应本地自然条件和长势表现较好的树种；且种苗资源有保障，能体现本地特色。对于外来树种，要慎重引进，只有经试验确认适宜后，才能作大面积推广。

2）选择抗逆性强的树种

工厂绿地环境在各方面都相对较恶劣，树种选择要充分重视这一点，结合工厂环境现状，选择那些对各方面恶劣环境都能适应的树种，以保证配置植物的良好适应和生长。

3）重视功能性树种的选择

针对工厂内部环境对植物的特殊要求，如防火、特殊污染物、降噪、滞尘和防风等需要，有目地的选择合适树种。如在医院、食品厂、制药厂等对空气质量要求较高的单位绿化中，可选择具较强杀菌能力的香樟、柏树、梧桐、香椿等树种；对于精密仪器厂、纺织厂、水泥厂等需要高纯度空气或自身产生粉尘较大的单位，应选择滞尘能力较好的麻栎、槐树、夹竹桃、银杏等；对于钢铁和火电厂，应注意对海桐、棕榈、黄杨、柳树等防火树种的应用；作为防风林使用的树种，深根性树种如竹、棕榈、柏类、女贞等都是不错的选择；在其他污染较重的工厂，应根据污染源的性质有针对性的选择配置树种。

4）重视树种的选择和搭配

工厂环境复杂，由于光照、湿度、土壤、水分和风向等自然因子的差异，对树种有不同的限制；同时结合考虑工厂污染源性质等因子，树种的选择就要多向比较，认真筛选，保证设计中能进行适地适树的配置。

5）重视树种的配置比例

工厂树种的选择要兼顾常绿树和落叶树，乔木和灌木的搭配比例，要合理选择速生树种与慢生树种。一般情况下，在北方，常绿树与落叶树以 3：7 的配置较为合适；而在南方，则考虑为 6：4 较为恰当，乔灌木比一般为 7：3 较为恰当。

7.1.3.3 工厂绿地的空间规划

工厂绿地的空间要有利于工厂生产功能的实现，切实保障各种效益的发挥。工厂绿地的空间规划与工厂的性质、各功能地块的特点以及工厂总面积大小和风向有关；一般情况下，对于废气污染较为严重的工厂，其外围应相对密植树木，形成较密实的隔离防护林，避免工厂内部污染物的大量外排；特别是工厂的常年下风方向，要增加隔离防护林的密度。在工厂内部，要根据内部功能区的性质，形成总体密实、镶嵌疏透空间的方法进行处理；对工厂生产区，既要形成辐射型纵向空间，有利于通风，避免污染物汇集，又要适度地环绕横向空间，逐渐化解污染物。污染源四周是一个外实内虚的渐变空间，临近污染源的厂区空间绿化应相对稀疏，而外侧应相对密实；植物配置应错落有致，凹凸、疏密变化多样。总体呈污染源的上风方向以辐射型带状空间为主，且相对通透；在下风方向以环绕型带状空间为主，并相对密实。这样既有利于通风，又有利于植物对污染物的层层吸收和逐渐化解。

对于精密仪器加工厂，由于需要幽静的空间和高标准的空气质量，其空间的组成恰好与上述情况相反，即上风方向或工厂外围污染较重的方向以密实和横向空间为主，反方向则以相对通透和纵向空间为主；加工车间周围相对密实郁闭，外围则是相对通透和开敞。

工厂的厂前区，一般应开敞明亮、相对规整，有利于展示工厂清新整洁的效果；工厂小游园区域应总体呈现围合空间，有利于形成相对安静的小环境，而内部应根据情况疏密搭配、动静结合；道路绿化空间应以纵深为主，营造浓密的林荫大道、花园大道和景观大道，形成工厂内部的景观序列。

7.1.3.4 工厂的局部绿化设计

工厂的绿化设计要针对不同的部分及其功能要求进行针对性设计，避免千篇一律。

1）工厂防护林的绿化设计

利用植物为材料，通过一定的配置形式，以控制和防治某种区域性自然或人为灾害，或以改善和提高某种区域性环境质量为目的而进行的特殊布置和种植方式叫防护林。防护林根据功能目的不同分为水土保护林 、水源涵养林、卫生防护林、固沙林、防风防护林和防火防护林等。根据使用的地点来分包括农田防护林、海滨防护林、工厂防护林和医院防护林等多种类型。防护林因对环境灾害的隔离阻断和吸附降低效果极为明显，在工厂绿化中具有重要的作用。

根据《工业企业设计卫生标准》GBZ 1—2010 规定：凡产生有害因素的工业企业与生活区之间应设置一定的卫生防护距离，并在此距离内进行绿化。根据《工业企业总平面设计规范》GB 50187—2012 规定：对环境构成污染的工厂、灰渣场、尾矿坝、排土场和大型原、燃料堆场，应根据全年盛行风向和对环境的污染情况设置紧密结构的防护林带。

（1）工厂防护林的形式

工厂防护林因横断面形状不同可分为矩形、三角形、梯形、马鞍形和波浪形等，矩形和三角形多用于防风林和防火林的设计，梯形、马鞍形和波浪形多用于防治粉尘、杀菌和隔离废（毒）气时使用，如图 7-1 所示。

工厂防护林因侧立面结构形式不同分为疏透式、半透式和紧密式 3 种形式，如图 7-2 所示。

①疏透式：全由乔木组成，株行距根据树木情况 3~5m 不等，风和污染物经树冠的干扰，可以得到有效减弱。

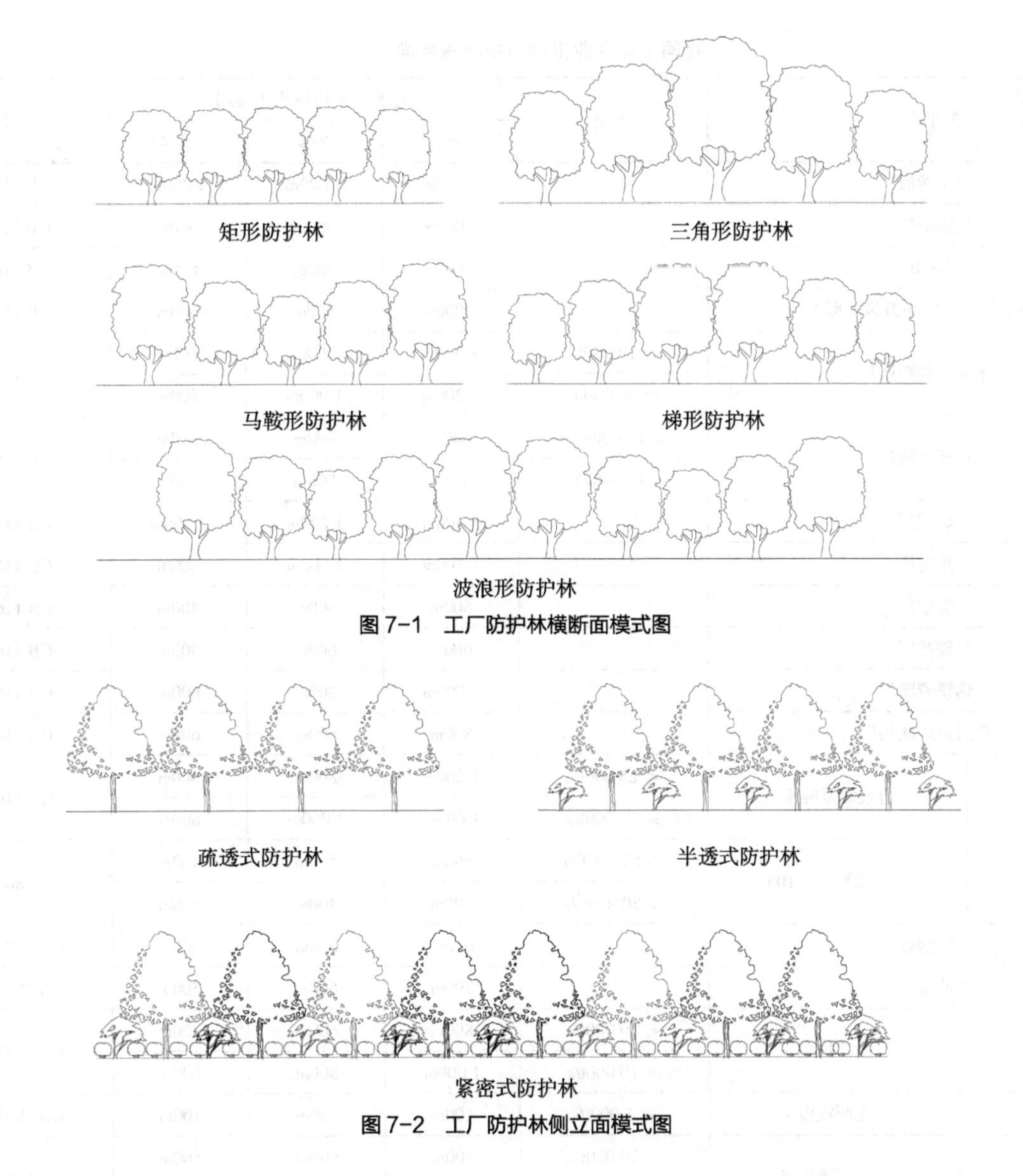

图7-1 工厂防护林横断面模式图

图7-2 工厂防护林侧立面模式图

②半透式：由乔灌间植或间排组成，风和污染物经林带的干扰，得到有效控制，但易在林带后形成旋流空气。

③紧密式：由较为密实的乔灌间植和间排组成，风和污染物经林带的强烈干扰，得到根本性的控制，但也容易在林带后重新汇集。

为发挥较好的防护效果，工厂防护林一般由几种侧立面结构形式分段排列或连续排列形成一定横断面连续形状，组成复合结构。

（2）工厂防护林的设计

根据《工业企业设计卫生标准》GBZ 1—2010要求，工厂防护林带一般需要具有一定的宽度，才能达到防护效果，要参照工厂具体的性质和结合国家的标准并参照一定的自然风力等自然因素进行计算确定，设计中要认真分析工厂现状，综合运用各种防护林形式，进行布局和配置。一般根据工厂的性质和平均风速的不一样，常见工厂的防护宽度见表7-1。

我国工业企业卫生防护距离标准 表 7–1

企业类型		规模	近 5 年平均风速（m/s）			标准
			＜2	2~4	＞4	
氯丁橡胶厂			2 000m	1 600m	1 200m	GB 11655—89
盐酸造纸厂			1 000m	800m	600m	GB 11654—89
黄磷厂			1 000m	800m	600m	GB 11656—89
铜冶炼厂（密闭鼓风炉型）			1 000m	800m	600m	GB 11657—89
聚氯乙烯树脂厂		＜10 000t/a	1 000m	800m	600m	GB 11658—89
		≥10 000t/a	1 200m	1 000m	800m	
铅蓄电池厂		＜10 000kVA	600m	400m	300m	GB 11659—89
		≥10 000kVA	800m	500m	400m	
炼铁厂			1 400m	1 200m	1 000m	GB 11660—89
焦化厂			1 400m	1 000m	800m	GB 11661—89
烧结厂			600m	500m	400m	GB 11662—89
硫酸厂			600m	600m	400m	GB 11663—89
钙镁磷肥厂			1 000m	800m	600m	GB 11664—89
普通过磷酸钙厂			800m	600m	600m	GB 11665—89
小型氮肥厂	合成氨万吨率	＜25 000t/a	1 200m	800m	600m	GB 11666—89
		≥25 000t/a	1 600m	1 000m	800m	
水泥厂	年产水泥，$\times 10^4$t	≥50×10^4/a	600m	500m	400m	GB 18068—2000
		＜50×10^4/a	500m	400m	300m	
硫化碱厂			600m	500m	400m	GB 18069—2000
油漆厂			700m	600m	500m	GB 18070—2000
氯碱厂	生产规模	＜10 000t/a	800m	600m	400m	GB 18071—2000
		≥10 000t/a	1 000m	800m	600m	
塑料厂	生产规模	＜1 000t/a	100m	100m	100m	GB 18072—2000
炭素厂	年产石墨电极	≤10 000t/a	800m	600m	500m	GB 18073—2000
		＞10 000t/a	1 000m	800m	600m	
内燃机厂			400m	300m	200m	GB 18074—2000
汽车制造厂			500m	400m	300m	GB 18075—2000
石灰厂			300m	200m	100m	GB 18076—2000
石棉制品厂			300m	300m	200m	GB 18077—2000
制胶厂	生产规模	＜1 500t/a	600m	300m	200m	GB 18079—2000
		≥1 500t/a	700m	500m	400m	
缫丝厂	缫丝规模	＜5 000 绪	200m	150m	100m	GB 18080—2000
		≥5 000 绪	250m	200m	150m	
火葬厂	年焚尸量	＞4 000 具	500m	400m	300m	GB 18081—2000
		≤4 000 具	700m	600m	500m	

续表

<table>
<tr><th colspan="3" rowspan="2">企业类型</th><th rowspan="2">规模</th><th colspan="3">近 5 年平均风速（m/s）</th><th rowspan="2">标准</th></tr>
<tr><th>< 2</th><th>2~4</th><th>> 4</th></tr>
<tr><td rowspan="2">皮革厂</td><td colspan="2" rowspan="2">年制革</td><td>< 20 万张</td><td>500m</td><td>400m</td><td>300m</td><td rowspan="2">GB 18082—2000</td></tr>
<tr><td>≥ 20 万张</td><td>600m</td><td>500m</td><td>400m</td></tr>
<tr><td rowspan="2">肉类联合加工厂</td><td colspan="2" rowspan="2">班屠宰量</td><td>< 2 000 头</td><td>700m</td><td>500m</td><td>400m</td><td rowspan="2">GB 18078—2000</td></tr>
<tr><td>≥ 2 000 头</td><td>800m</td><td>600m</td><td>500m</td></tr>
<tr><td rowspan="4">炼油厂</td><td rowspan="4">原油含硫量（%）</td><td rowspan="2">年加工原油 ≥ 25 × 10^{5}t</td><td>≥ 0.5</td><td>1 500m</td><td>1 300m</td><td>1 000m</td><td rowspan="4">GB 8195—87</td></tr>
<tr><td>< 0.5</td><td>1 300m</td><td>1 000m</td><td>800m</td></tr>
<tr><td rowspan="2">年加工原油 < 25 × 10^{5}t</td><td>≥ 0.5</td><td>1 300m</td><td>1 000m</td><td>800m</td></tr>
<tr><td>< 0.5</td><td>1 000m</td><td>800m</td><td>800m</td></tr>
<tr><td rowspan="3">煤制气厂</td><td colspan="2" rowspan="3">煤气储存量</td><td>< 100t/d</td><td>2 000m</td><td></td><td></td><td rowspan="3">GB/T 17222—1998</td></tr>
<tr><td>100~300t/d</td><td>3 000m</td><td></td><td></td></tr>
<tr><td>> 300t/d</td><td>4 000m</td><td></td><td></td></tr>
</table>

备注：本表资料根据《工业企业设计卫生标准》GB Z1—2010 整理。

工厂防护林带的设计因工厂的性质和防护的功能目的不一样，设计有所不同。

①卫生防护林：针对污染较严重的工厂一般需要建立卫生防护林带。设计通常采用 3 种防护林带的形式进行组合，形成复合结构，才能达到好的防护效果。具体设计是：本着先疏后密的原理，离污染源较近的地方使用通透式结构，在一定程度上阻滞污染物，然后配置半透式结构，进一步阻滞污染物，在远离污染源的一侧，使用紧密式结构，以最大限度地阻断和吸收污染物。防护林带的平面布局要兼顾疏导和隔离相结合的原则，根据风向和污染源进行疏密有致和横纵配合的平面布局。从整个工厂的全局来看，上风方向应由疏到密进行横向布局，有利于阻挡强风，适当兼顾曲折的纵向布局，适度引入缓风，避免工厂内部空气流通不畅；下风方向应由密到疏兼顾布置横向和纵向林带，既有利于疏导风向，又适合化解和减少污染物外排。从局部来看，针对工厂内部的具体污染源，应该采用从污染源向四周由疏到密的平面布置。

②防风林带：对于工厂风力过大，或是上风方向风沙严重时一般需要建立防风林带。防风林带一般采用半透式设计，设计宽度一般需要达到林带高度的 25 倍为最佳。

③防火林带：在石油加工厂、易燃化学制品厂、冶炼厂等生产场地或车间周围，一般需要设置防火林带。防火林带一般采用疏透或半透式的纯林设计，防火要求一般的林带宽度达 3m 以上，要求较高的情况下可达 40~100m，石油化工厂和大型炼油厂可高达 300~500m。防火林带的设计可辅助一定地面隔离沟和防火障碍物来进行。

2）工厂道路绿化设计

工厂道路一般会有二板三带式和一板二带式，以一板二带式为多。二板三带式由于占地面积大，一般仅在大型工厂中出现；对于中小型工厂，仅在工厂入口处的局部地段会考虑。一些城镇化的大型企业也会出现三板四带式甚至四板五带式的布置。

工厂道路承担着厂内全部交通任务，车型多、任务重而运量频繁，同时也会出现上下班的人流高峰，路旁的建筑设施和管线系统分布密度大，都是工厂道路绿化困难而且必须给予足够重视的原因。其道路设计首先需要满足交通需要，合理分流车流和人流，并保证足够的安全停车视距；其次，既要保证绿化设施对天空、地面和地下的管线系统不造成影响和损坏，留出足够的水平净空和竖直净空距离，同时也要保障树木有合理的生长空间，绿化配置应视道路具体情况合理选择和配置树种；再者，道路绿化应结合工厂内部防护林建设，高矮错落、疏密配合，发挥其防护功能；最后，道路绿化应最大限度为行人和车辆提供遮荫需要，形成富有特色的林荫道、花园道和园林景观道。工厂道路绿化要有主有次地综合考虑以上要求进行绿化设计。

工厂道路出现多板带时，其分车绿带参照城市道路绿带的绿化方法，采用以灌木为主的设计方法，以保证道路交通的通透性和各型车辆的通达性。

工厂道路的行道式绿带应根据人车的交通流量和路旁管线系统布局来灵活设计，道路较窄的路面可采用树池式种植行道树，两侧种植行道树对旁边建筑和设施影响较大时，可种单侧行道树，或单侧行道树配另侧灌木带的方法；单侧行道树要根据道路的走向情况，南北走向的道路是“种西不种东”，东西走向的道路是“种南不种北”，既保证道路的适当遮荫，又避免影响路旁建筑的采光和通风。若路旁管线过于复杂，不具备种植行道树条件时，可以低矮灌木来替代。在路面较宽，对沿线建筑影响不大的情况下，可采用绿带式方式设计行道树绿带，并采用乔、灌、花、草进行多样化种植。

工厂道路大多存在路侧绿带，路侧绿带要结合沿线建筑物的采光和通风需求，距建筑物 6.5m 以内不种植高大冠浓的树种；若需种植时，应选择树冠紧凑的树种，如柱状树冠的榕树柱、尖塔树冠的塔柏或金冠柏。工厂道路的路侧绿带应适当考虑自道路中心向外侧的由低到高种植方式，这样的种植有加宽道路视觉宽度的效果，在工厂道路相对狭窄的空间里，营造较大的视觉空间。路侧绿带的植物原则上应乔、灌、花、草配合，在发挥防护的基础上，提高美化效果。

如图 7-3 所示，在贵州江电葛洲坝水泥股份有限责任公司厂区绿化设计中，针对厂区灰尘较大的具体情况和结合地形的错落，25m 道路北侧采用可修剪成型的紫

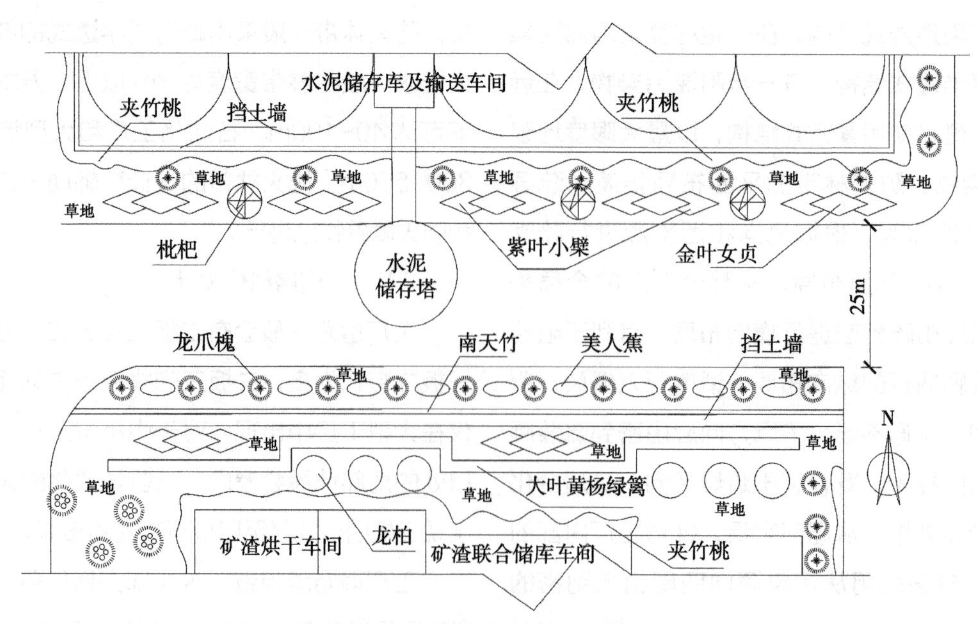

图 7-3 工厂道路绿化设计图

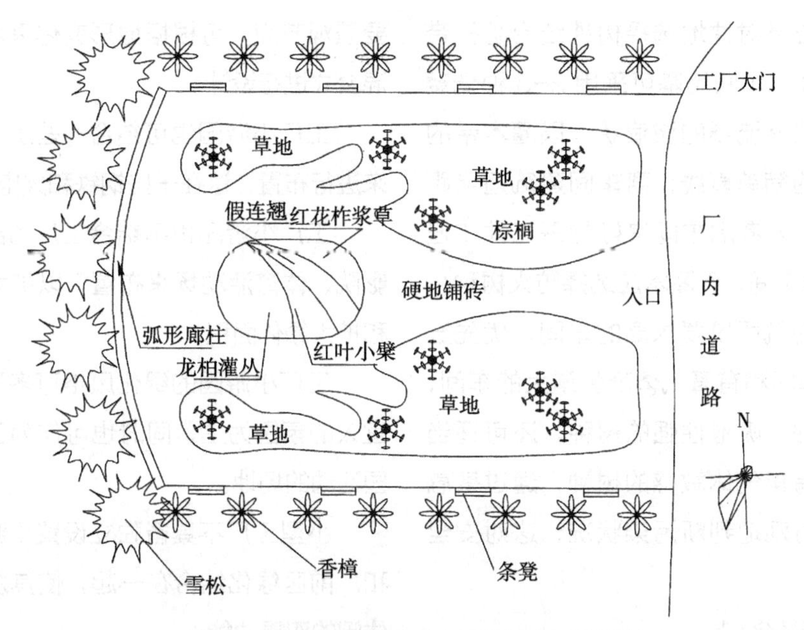

图 7-4 云南某植物药厂大门小游园绿化设计图

叶小檗配合金叶女贞组成高矮错落的菱形种植，间植可吸滞灰尘的枇杷树作为行道树，后排挡土墙前种植龙爪槐和具有吸尘、吸收废气的夹竹桃；南侧采用龙爪槐和美人蕉组成乔灌结合的路旁绿带，后排的挡土墙上下采用波浪形南天竹、规则式菱形绿篱的两种配置，龙柏作为背景树种。道路空间形成外高内低式，拓展了道路的视域空间；乔木断续种植留出了车间必要的采光和通风要求，灌木高低错落、富有层次和对比变化，在发挥吸尘和降噪的作用的同时，展现了道路两侧的规则序列美。

3）厂前区绿化设计

厂前区位于工厂主入口附近，一般常与工厂办公楼等行政、技术和后勤部门相结合，属于装饰性和文化表现性较强的地方。大型工厂的厂前区相对较宽敞，可采用规则对称式设计手法，通过配置模纹花带、草坪、雕塑和水景等，孤植、对植或行植高大乔木，在重点体现装饰性的基础上发挥文化宣传性作用；同时以相对开敞的空间满足人车交通和造景需要。厂前区与内部功能区邻近的地方，或办公楼侧面，可适当以自然式布置小游园，供工厂职工或外来办事人员临时休闲需要，其植物景观也以丰富多彩、树种多样来配置。

办公楼等建筑周围的绿化树种应整齐美观，但又不能影响建筑采光需要。建筑楼南侧乔木应适当加宽种植距离，离建筑 6m 配置落叶乔木；北侧以常绿乔木为主，东侧和西侧也以落叶乔木为宜，保持夏有遮荫，冬能透光。

如图 7-4 所示，云南某植物制药厂利用西边的一块约 620m^2 的空地修建成入口处的标志性广场。接近矩形的广场中间采用国家保护树种马褂木叶片作为造型元素，分解成为两半，对称布置在广场中，形成规则而又弯曲流畅的绿化带，内部采用草坪点缀挺拔秀丽的棕榈；广场中轴线上布置胶囊形模纹花坛，弧形种植四种颜色的灌木，取意植物提炼形成药剂胶囊；西侧设计有坐凳的欧式弧形廊柱，在雪松挺拔向上的衬托下更显雄伟和华丽，总体表现了植物药厂的事业蒸蒸日上的含意。两侧为遮荫效果好的香樟，树下配置条凳供息坐。

4）车间周围绿化设计

车间周围的绿化应根据车间的性质来考虑。对于污染较重的车间应针对性地选择树种结合防护带的配置原理进行设计，车间墙基可采用 2~3 种低矮花灌木分层种植成自然流畅的波浪状，以灌木带的曲线打破建筑墙体的简单直线；离车间建筑适当距离的位置种植乔木，要考虑车间良好的采光性和通风性；有防火需要的车间，乔灌木应选择防火树种；粉尘产生量大或对空气质量要求高的车间，优先选择滞尘树种；化学车间和有毒气体产生量大的车间，植物应选择适应性强，吸附性强的树种，还可适当布置对车间废气或有毒气体敏感的树种，通过敏感植物的指示作用来直观地判断污染状况，这对安全生产是极为有利的。

5）工厂小游园绿化设计

工厂内部结合非生产用地绿化需要，通过营造游步道、布置休闲设施，形成满足工厂职工工间休息和茶余饭后休闲游览为主要目的的休闲性绿地叫作工厂小游园。工厂小游园是园林化工厂和花园化工厂的重要景观节点，可根据地形变化采用规则式、自然式或混合式进行设计。

工厂小游园也可结合一些工厂内部的生产性水体来进行布置，这在一些钢铁和火电厂较为常见。

工厂小游园也可结合工厂内部的工会俱乐部、电影院、体育活动场来布置，以扩大职工文体活动空间和扩大绿化面积。

工厂小游园的绿化风格可多种多样，以营造清新宜人的氛围为主，同时也可作为工厂节庆时间开展游园活动的场地。

小型工厂不具备独立设置小游园的，可将小游园和厂前区绿化结合在一起，使其发挥窗口示范和职工休闲的双重功能。

如图 7-5 所示，云南某植物制药厂，工厂的主要车间为院落式，在车间的中部设计了一个内部的自然式小游园，作为内部职工工间休息使用。小游园设四个出入口，方便周边职工进入；内部采用了药葫芦形

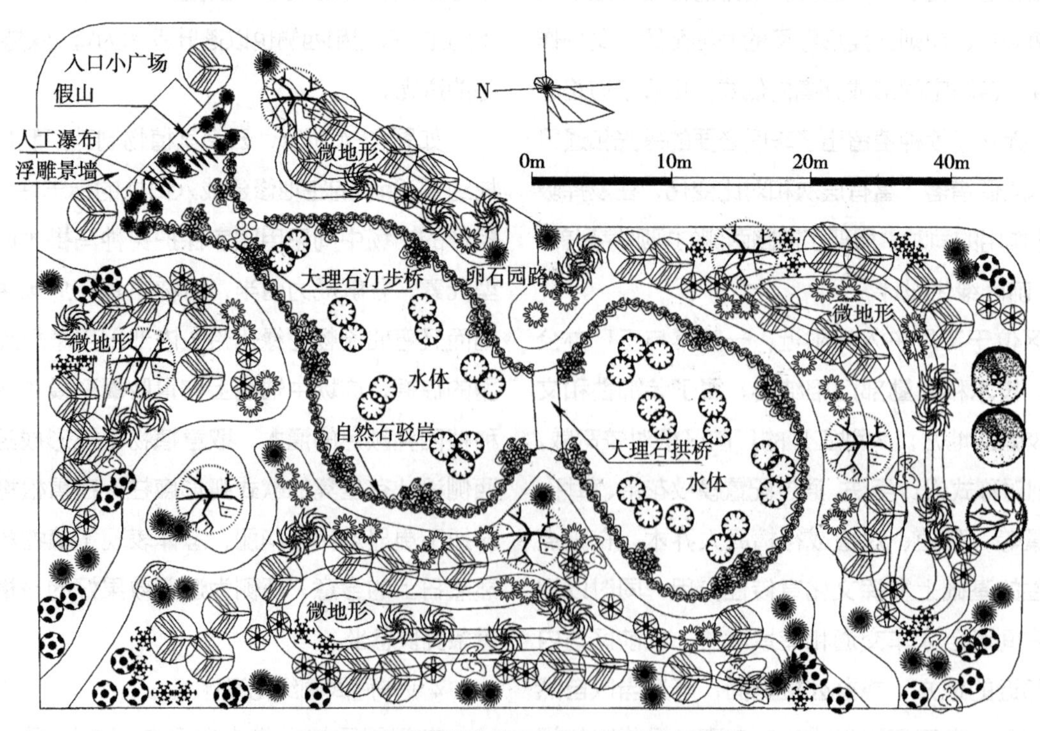

图 7-5 云南某植物制药厂内部小游园绿化设计图

成水体造型，四周堆造微地形形成山环水聚的效果，中间布置汀步桥和拱桥沟通，水岸线外侧设计环水卵石步道；入口小广场处采用一面为浮雕景墙，上刻李时珍采药图，另一面为假山瀑布，形成水体的入口景观。植物采用香樟、榕树和石楠等滞尘树种，配合一定花灌木，水中种植睡莲。

图 7-6 和图 7-7 为云南昆明某污水处理厂内两个地块的绿化设计总平面图。

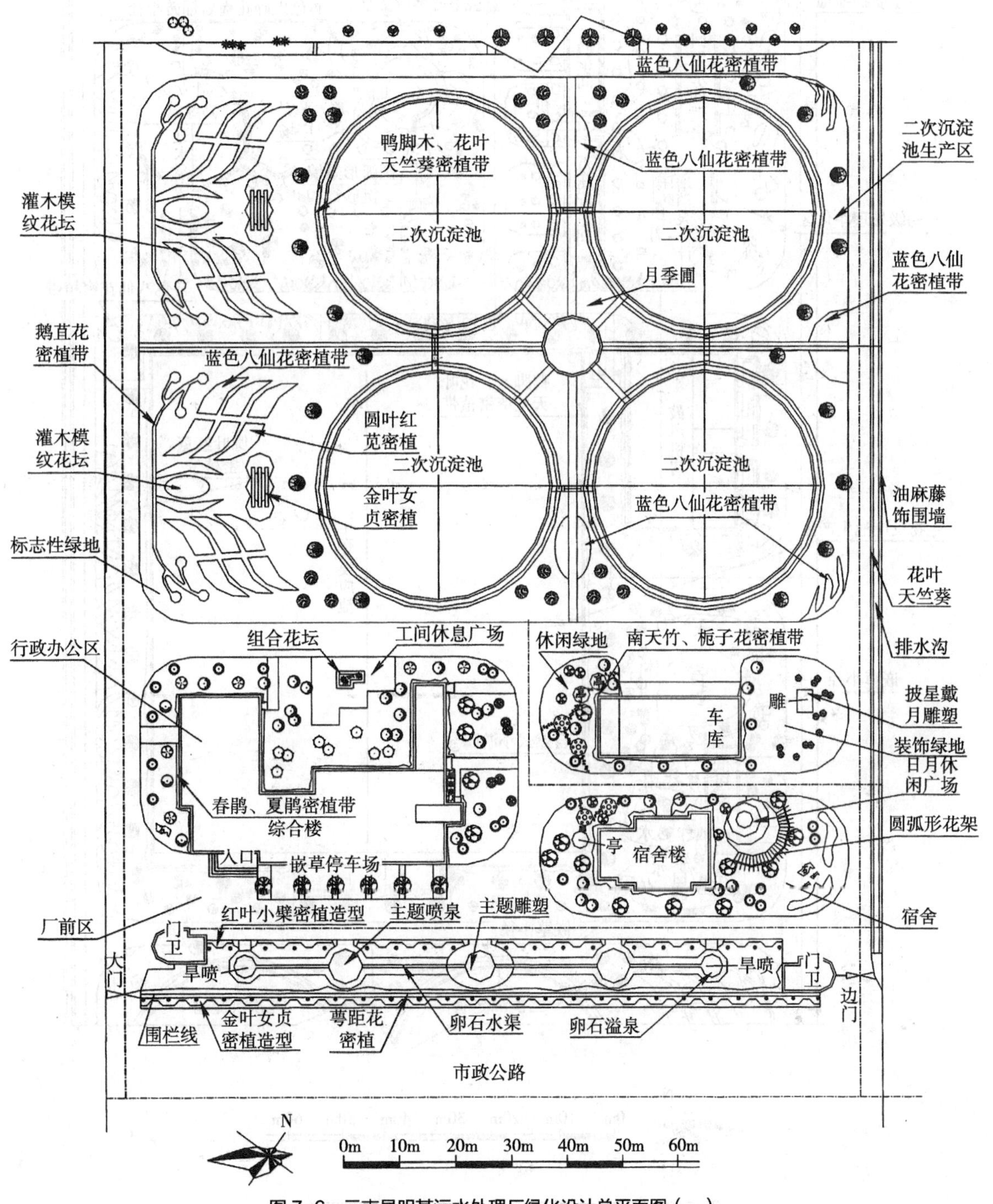

图 7-6　云南昆明某污水处理厂绿化设计总平面图（一）

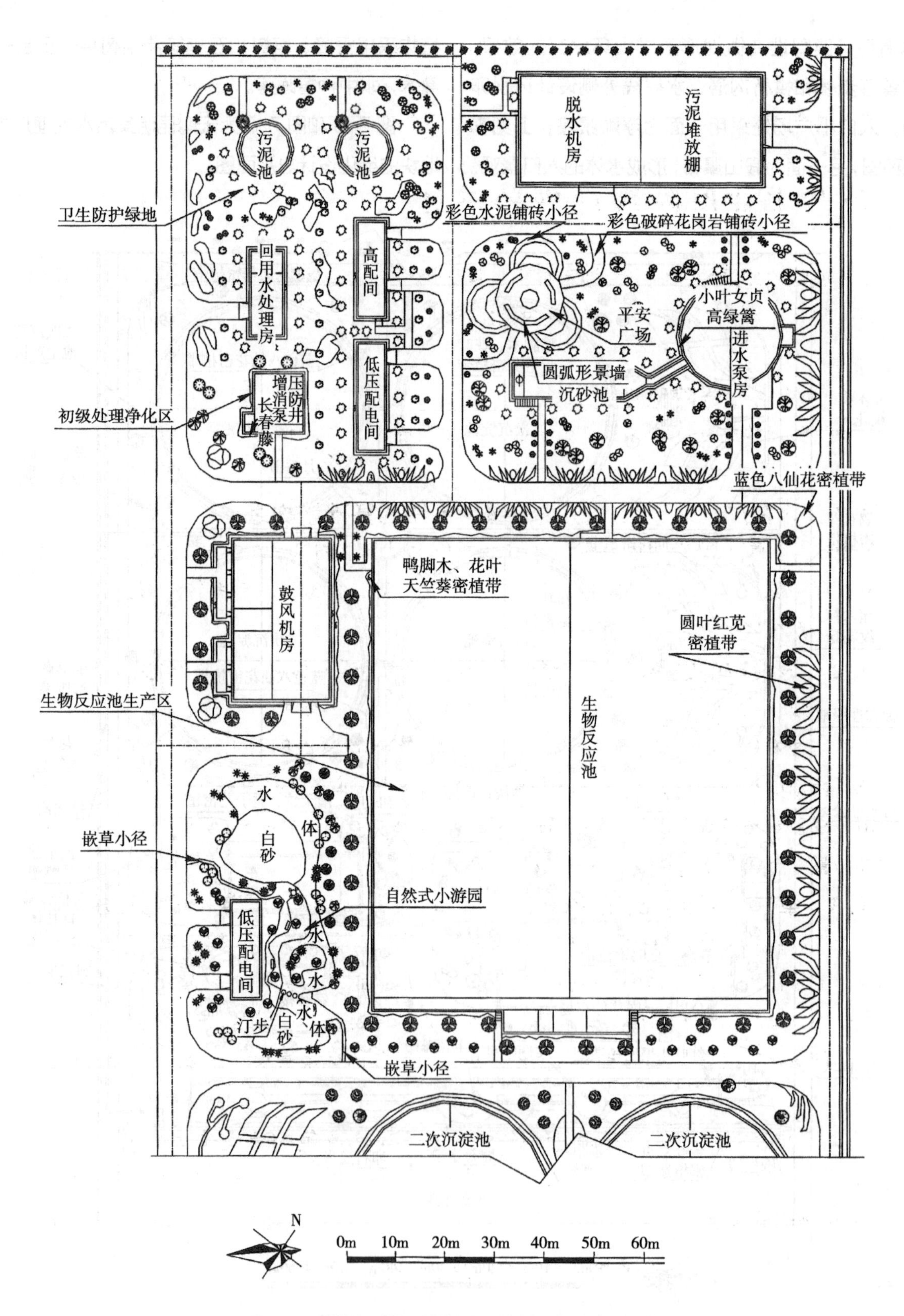

图 7-7　云南昆明某污水处理厂绿化设计总平面图（二）

该污水处理厂绿地占地约 5 万平方米，是一个现代化的环境生态工程，是国家和省政府环境治理工程的重要组成部分。

工厂内部因功能需要自南向北分成五段，分别是厂前区、行政办公区和宿舍区、二次沉淀池生产区、生物反应池生产区和初级处理净化区。

绿化设计首先保证污水处理厂的安全整洁需要，厂内内部简洁清新、在生物反应池和二次沉淀池周围不考虑落叶乔木，避免落叶对水体产生二次污染和影响水体光照；其次，要根据各地块的功能差异，设计与之相适应的绿化景观；最后，通过景观的手法体现污水厂的特色人文内涵。

7.2　其他绿地规划设计

7.2.1　其他绿地的特点

7.2.1.1　分布广、面积大，是城市绿地系统的基础结构之一

城市中其他绿地具有分布广、面积大且分散的特点，成为城市系统中最大的绿色生产斑块，对城市生态系统发挥着巨大的作用。

7.2.1.2　与城市的镶嵌度高、融合性强，对城市公共绿地的补偿性强

其他绿地，一定程度上从城市绿量和街道绿色景观等方面发挥了较强的补充作用。近几年，许多城市开展的对沿街单位实行“拆围透绿”活动，加宽了街道的视线空间，沿街单位附属绿地成为城市街道的“路侧绿带”，对加大城市的绿视率，丰富街道绿色景观的层次感，甚至对提高城市形象品位等方面都发挥了较大的作用，成为城市核心区增加绿量和改善生态环境的主要手段。

7.2.1.3　单一的用地、丰富的功能，具有可行、可望、可游和可居环境要求

其他绿地主要以绿化美化相应建筑为主要目的，相对单一。不仅需要满足工作、学习和生活等需要，同时也应具有相应的功能需求。其他绿地属于既独立又公开的半开放性绿地类型。因此，其他绿地与人的直接亲和性较强，既要为游人创造可游、可居的功能场所；又要展示优雅的可行、可望的环境景观，营造一个功能多样的清新环境。

7.2.1.4　以改善单位环境生态环境为根本，展示各具特色的文化

城市噪声、灰尘相对较大，空气污染指数高，四周是钢筋水泥的“森林”，还有大量刺眼的玻璃幕墙。缓解和消除环境的恶劣影响，改善生态环境，是其他绿地的根本。其他绿地需要既要发挥生态性，又要具有形象展示性，要结合地域文化等特色，有创造性的进行规划设计，使其成为环境优良，功能符合、特色突出的城市绿地，成为城市中的一道又一道精彩的风景点。

7.2.2　其他绿地规划

7.2.2.1　其他绿地生态规划思想

1）执行标准，以建设绿化达标单位促进城市绿地系统建设

2017 年，国务院发布了《城市绿化条例》，根据此条例精神，各省市都制定了相应的法规条例，根据实际情况，明确提出了其他绿地的标准。要认真遵守和执行这些标准，建设合格的其他绿地，以此来推动和促进所在城市的绿地系统建设。

2）因地制宜，建设节约型的园林景观

节约型园林是最近几年提出并得到广泛认同的一种园林设计和管理理念，所谓节约型园林主要是指在设计中要注意协调好绿化与土地资源、环境因素、资金投入、后期管理和生态效益等多方面的关系，通过科学合理的规划手段，以最少的投入产生最大综合效益的低投入、低能耗、高效益的新型园林模式。

3）以绿地为主，强化植物造景手法，以营造清新宜人的空间

其他绿地主要是以改善生态环境为目的的，其绿地建设应以绿色为主，以丰富的植物景观来改善城市嘈杂的恶劣环境，减低污染。要重视植物的造景手法，营造安静的生机盎然的植物景观效果的休闲环境。

4）重视环保材料的应用，建造自然和谐的人居环境

其他绿地与人的关系较为紧密，是工作、学习和生活的场所。因功能的需要，可以建造广场、道路、雕塑小品和休闲设施等硬质景观，这些设施应就地取材，尽量选择环保型材料。如透水地面材料、低反光材料的园建设施等，使之形成自然优美的人居环境。

7.2.2.2 其他绿地人文景观环境营造

其他绿地人文性均较鲜明，规划设计要充分挖掘人文内涵，营造鲜明的人文景观绿地。

1）立足传统文化特色，创新性的营建时代人文景观

传统文化是最有魅力和生命力的，其他绿地规划要善于挖掘传统文化的优秀内涵，并结合时代的需要，设计出既有传统本色、又符合现代人审美需要的新型特色园林。

2）立足表现城市特色，展示各具特色的人文景观

绿地规划要紧紧抓住城市的特点，认真分析城市的人文特色，运用多种多样的园林手法，展示与城市相呼应的人文景观，充分发挥窗口示范作用。如政府机关单位绿地要展示服务的形象，同时兼顾机关的严谨性质；学校绿地要展示环境育人的特色，同时兼顾学校的各种办学方向和特色；医院绿地既要展示幽雅舒心的医护环境和专长等，又要体现医院的历史。

3）立足丰富城市景观，烘托城市人文氛围

其他绿地大都临街建设，属于半开放性质，绿地规划设计在适用、经济的基础上，要强化美观的表现，营造各有特色的城市景观，形成中充满人文气息的景观风景线。

7.2.2.3 其他绿地的布局形式

根据其他绿地性质、功能要求，并结合地形地势等自然条件，其他绿地的布局一般采用规则式、自然式或混合式3种。

在临街一线，是带有对外服务和接待功能的地方，一般采用规则式布局，形成空间宽敞明亮、整洁规整的效果。在以满足休闲需要的地方，一般采用自然式布局，营造幽静清新的自然环境气氛。在特殊功能地块，一般采用规则或自然的布局，形成与之相适应的景观或生态绿地。

7.2.3 其他绿地的绿化植物选择原则

7.2.3.1 乔灌花草兼顾，常绿落叶搭配，花叶果干并赏

其他绿地属于生态性优先的绿地，要通过合理配置乔木、灌木、各种花卉、丰富的藤本植物和草种，大量营造符合植物生态习性的植物群落景观，展示浓荫、繁花的自然美和人工美。不但从平面上，而且从立面空间层次上，增加绿地的绿量和绿视率。

常绿树和落叶树搭配，满足各种建筑的采光需求，营造季节植物景观，采用季相更替的手法，诱发人们对时光流逝的深思和回味，形成具有时间和空间变化的植物美。

7.2.3.2 生态习性多样，观赏特征明显

重视植物的花、叶、果、干、树形等观赏特征，以适应不同氛围的要求。重视植物的色彩美和气味美，加强彩叶树种和馨香植物的选择和使用，运用丰富的植物对比色彩，或营造热闹、或烘托浪漫、或点缀宁静，形成适应人文特征，有视觉冲击力、装饰性强的植物景观；同时使用芳香植物，调整和改善空气品质，营造沁香袭人的人居环境。

7.2.3.3　**重视物种多样性的教育意义，发挥植物拟人化象征的表现**

物种的多样性是营造植物景观的基本要求，特别在中小学校的校园绿化设计中，各种各样的植物景观是学生自然生物知识学习的大课堂，成为相关课程的活素材，也是进行宣传我国物种繁多的爱国主义教育形式的窗口。

植物不但具有各种外在表面形式的生态美，还具有内在道德和品行的拟人化人文美。植物景观的拟人化表现要在公共事业绿地的人文特点表现方面发挥重要的作用。如在政府机关单位使用松类植物可表现高风亮节的人文气息，水景中使用荷花睡莲表现廉洁自爱；在校园中使用竹子比喻教师的超凡脱俗，布置碧桃和紫叶李渲染桃李满天下的含义等。

7.2.3.4　**远近结合、快慢搭配，符合植物的生长发育规律**

绿地树种要适应单位发展的长久需要，既要满足近期绿化的效果，能快捷形成绿色景观和覆盖土地，又要保障远期发展需要，便于管理和经济实用。同时，树种选择还应考虑速生树种和慢生树种的搭配，快速形成景观效果，长久发挥生态效益。

7.2.4　局部环境绿地设计

因功能不一样，不同的地方其绿化设计方案不一样。

7.2.4.1　大门环境绿地设计

大门作为重要地段一般常与市政道路相邻，是重要的人文展示窗口，各种景观元素要始终围绕地方或单位的人文气息来构建。大门地带的绿化，一般以采用规则式为多。总体要求是空间开阔、装饰性较强、能体现城市性质和人文特征。大门地段的绿地一般有 3 种类型：装饰绿地、停车场绿地和临街绿地。

位于单位临街地带的中辅线上的大门，可考虑如室内布置一样的，设置“玄关”装饰绿地。常布置喷水池、雕塑、单位地标、广场、花台、草坪、树阵或兼有分车性质的树带，一般要求装饰性强，能核心发挥“窗口”示范作用，重点体现城市人文特征，具有较强的视觉冲击力和热烈活泼的气氛。空间开敞以保证繁重的人员和车辆出入；视野相对开阔，多使用规则配置的乔木和花灌木，配合图案式片植地被植物。乔木或以绿色为主，或以花形胜出；保持色彩、树形、叶形和花相上的相对统一，色彩鲜艳、对比强烈，但又不可过于杂乱，相对较小的场地，为保证人车的出入通畅，常形成内部交通性小硬地广场，在四周布置树木或在一隅布置装饰性很强的景观小品，以展示城市特色。

为了满足车辆的停放需要，在大门两侧或一边常需要设置停车场。地面采用嵌草砖，四周种植树干通直遮荫面积较大的乔木和绿篱进行分隔；场地较宽的情况下，结合停车位的划分，在车位分隔线上设计 60~100cm 的分隔绿带，种植乔灌木，达到防护和隔离的双重作用。

临街绿带一般结合临街的围栏等隔离措施呈带状设计，注意既要考虑隔离防护来自街道的噪声、尾气，又能具有一定的景观识别性。要结合相邻街道的绿化特点，既有区别又要融合地进行乔灌木配置。空间上的疏密要根据内部功能和环境景观来确定，对私密性要求较高的或内部景观相对较差的适当密植，私密性要求不高的或内部景观相对较好的要适当通透。临街绿带要乔、灌、藤、草配合，有围栏的可适当配置蔷薇、三角梅等藤本花卉，以常绿为主，选择观赏性较高的植物。

7.2.4.2　行政办公区绿化设计

行政办公区是单位不可缺少的功能性建筑区，不仅需要营造适合工作人员工作环境需要的绿地设施，也要考虑单位对社会的接待活动，因而，行政办公区是一个环境展示窗口。

行政办公区可能由一幢建筑也可能由多幢建筑组成，根据建筑自身的形状或建筑群布局的不同，绿地布置一般分为规则式或自然式。单幢矩性建筑楼或行列式布置的建筑群，一般采用规则式手法设计绿地，单幢弧（圆）形或院落式布置的建筑群可以采用规则式或自然式风格设计绿地。

配置方式的差异可以形成不同效果，环境能约束和调整人的心理活动，设计中应予以重视。规则式容易形成整洁有序的理性空间，有利于诱导约束单位职工培养严谨的工作作风和一丝不苟的科学态度，一般常用于政府机关大门和部队的绿化设计，医疗机构和学校的大门绿化设计也可以使用规则式。自然式容易形成轻松活泼的自由空间，有利于营造单位人员及外来办事人员的愉悦心理，感受亲切向上的气氛，在医疗机构、学校和科研院所可结合地形采用此办法。

行政办公区的绿化设计要根据建筑的风格而定。从色彩上，绿地植物的色彩与建筑色彩要有对比，否则既突出不了建筑的形象，也会削弱绿地的观赏；从平面和立面上，绿地布置形状和其他设施的风格要与建筑协调统一，避免出现矛盾和零乱的效果。

行政办公区多结合建筑的形式，设计一定形状的广场和路面，方便人车集散。除此之外，还可设计广场花坛、喷水池、假山、雕塑小品和装饰性绿地等景观元素，呼应和衬托办公建筑。

相对远离办公建筑的绿地植物要注意选择树形高大奇特的树木，如雪松、榕树等；临近建筑的植物要考虑建筑的采光通风需要，一般离墙面6m内，多采用低矮的多种花灌木呈图案式或自然式配置，前者有较高的观赏性，后者能软化建筑墙基的单调乏味。乔木应种植在离墙面6m以外的地方，若距离较近，则应选择树形相对紧凑的树种布置在窗与窗的间隔墙处；如绿地布置成紧邻建筑墙基的狭窄绿带，除配置花灌木外，乔木应选择冠形紧凑的塔柏或稀疏的棕榈类植物，避免影响办公室的自然采光和通风要求。

办公建筑的南侧树种要注意选择阳性树种，南方地区以常绿为好，而北方地区则以落叶树种为佳；办公建筑的北侧树种要注意选择耐阴树种，一般均以常绿树为好，既提供了夏季的适当遮荫，同时也避免冬季的寒风侵扰建筑。

图7-8是云南某武警后勤基地办公大楼前广场的绿化设计方案。设计采用武警战士的肩章为创作元素，大量使用色彩鲜艳的条形和球形灌木种植池，以突出部队的特点；整个广场全采用规则对称式设计，树木也选择形态较为规则的，渲染一种严谨的气氛。

7.2.4.3 小游园绿化设计

小游园属于开放的休闲运动性绿地，是满足单位职工、战士和学生休闲需要的微型园林空间。

占地面积较小的单位，小游园常结合主入口、行政办公区进行布置，主要提供给职工和外来办事人员短暂休息；占地面积较大的单位，常利用建筑间的空地，结合生活区的具体实际来营造，主要满足单位内部人员休闲或运动需要。

小游园的空间一般为围合空间，体现宁静中的舒适明亮。小游园的布置应充分结合场地的形状大小、空间、地形地势、水体和原有植被来考虑，场地道路及设施依势而建；功能设施多种多样，既有乘凉休息，又有运动健身，还可棋牌读书，满足内部人群的不同需求。

小游园的外围应以树丛围合，屏蔽内外干扰；内部利用植物、地形、水体和园建设施来分割空间，既有遮荫树的高大荫浓，也有乔灌花木的观赏景域，形成四季常绿，花繁叶浓的景象（彩图7-1~图7-3）。

7.2.4.4 道路绿化设计

道路因所处位置、路幅宽度不一，绿化设计略有不同，要在满足人车交通需要的前提下，兼顾内部人员散步游览的需求。

主入口的道路应选择高大而观赏价值高的树种，营造花园大道、林荫大道、观叶大道和景观大道，同时也要重视通透性植物配置，满足此地区较大的人车集散。公共事业单位的道路常因具有较高植物观赏价

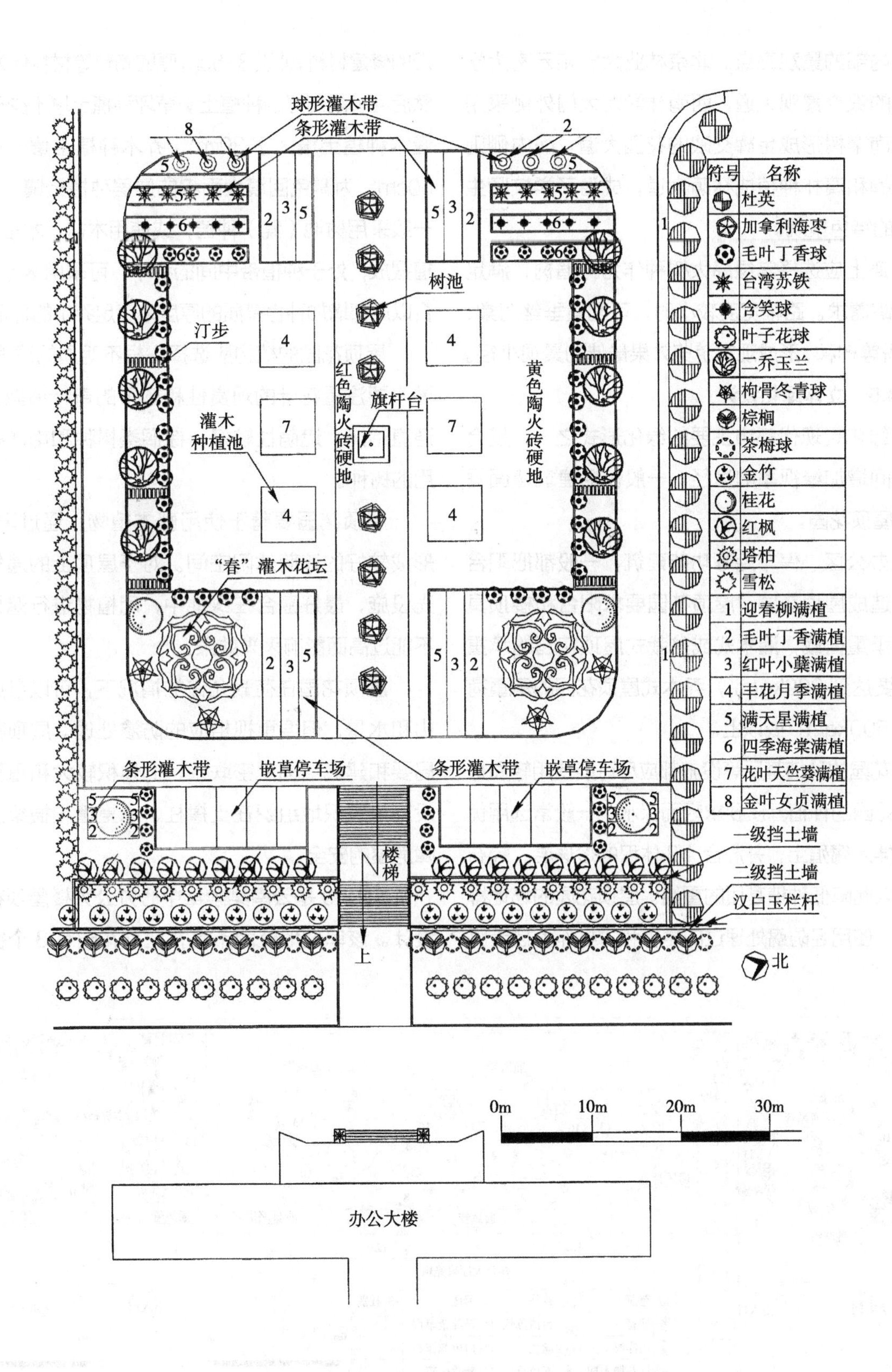

符号	名称
	杜英
	加拿利海枣
	毛叶丁香球
	台湾苏铁
	含笑球
	叶子花球
	二乔玉兰
	枸骨冬青球
	棕榈
	茶梅球
	金竹
	桂花
	红枫
	塔柏
	雪松
1	迎春柳满植
2	毛叶丁香满植
3	红叶小蘗满植
4	丰花月季满植
5	满天星满植
6	四季海棠满植
7	花叶天竺葵满植
8	金叶女贞满植

图 7-8　云南某武警后勤基地办公大楼广场绿化设计

值而成为内部的景观亮点。北京林业大学和云南大学都有壮观的银杏景观大道，西南林学院大门外侧采用黄槐和云南栾树形成金辉交映的花园大道，而内侧则采用滇润楠和滇朴种植成林荫大道，成为了学校师生员工喜爱的特色景观。

主干道上应选择常绿高大树种作为行道树，满足人车的遮荫需求。路幅宽度较小时，可配置垂丝海棠、樱花、枫香等树种，形成观赏游览效果最佳的景观小径。

7.2.4.5 立体绿化设计

立体绿化是现代都市主要的绿化形式之一，是合理利用空间增加绿视率的途径。一般包括建筑墙面垂直绿化和屋顶花园。

行政办公区、停车库等功能建筑，一般都把阳台和楼顶建造成屋顶花园。屋顶花园要求阳台和楼顶具有较高的承重荷载，灌木式或盆栽式屋顶花园的承重荷载一般要达到 300kg/m^2，乔木式屋顶花园的承重荷载需达到 500kg/m^2 或以上。

屋顶花园的种植基质等设施都应尽可能使用轻质材料。屋顶花园的种植基质要求轻而保水，一般常选用优质种植土拌入腐殖土，并混合 1/3 体积的珍珠岩、蛭石等材料，以此降低种植基质的重量。屋顶花园的场地排水要通畅，使用经防腐处理过的木桩和竹桩作为挡土路沿的修建材料，铺设3~5cm厚的陶粒等材料作为滤水层，然后回填配制好的种植土。草坪种植土壤不少于 15cm，灌木种植土壤大于 30cm，乔木种植土壤一般不少于 60cm。为避免回填大面积的厚层种植土壤，乔木种植一般采用树池（凳）种植，或使用木盆、木箱、木桶种植摆放；处于种植带中间的乔木，可采用木（竹）排围合以局部增加种植基质的厚度来满足乔木的种植需要。

屋顶花园的植物应选择主根不明显的浅根性植物，灌木要注重花叶的观赏性和树形的奇特造型，乔木要通直饱满，遮荫性较好，棕榈类树种和南洋杉是常采用的树种。

屋顶花园要善于使用藤本植物，通过配置棚架，形成较好的遮荫休闲空间。对于屋顶上的通气孔和采光设施，最好围合在绿地中，用植物进行遮挡，但又不能过高而影响采光效果。

屋顶花园在荷载允许的情况下，可以考虑设计假山和水景，但要重视相应的防渗处理。屋顶花园的布局要和建筑结构紧密联系，把体积较大和重量较重的设施有意识地组织在支撑柱、承重墙和横梁上面，保障房屋的安全。

图 7-9 是云南某禁毒中心办公大楼屋顶花园绿化设计。该单位地处闹市区，屋顶花园有 3 个彼此分离

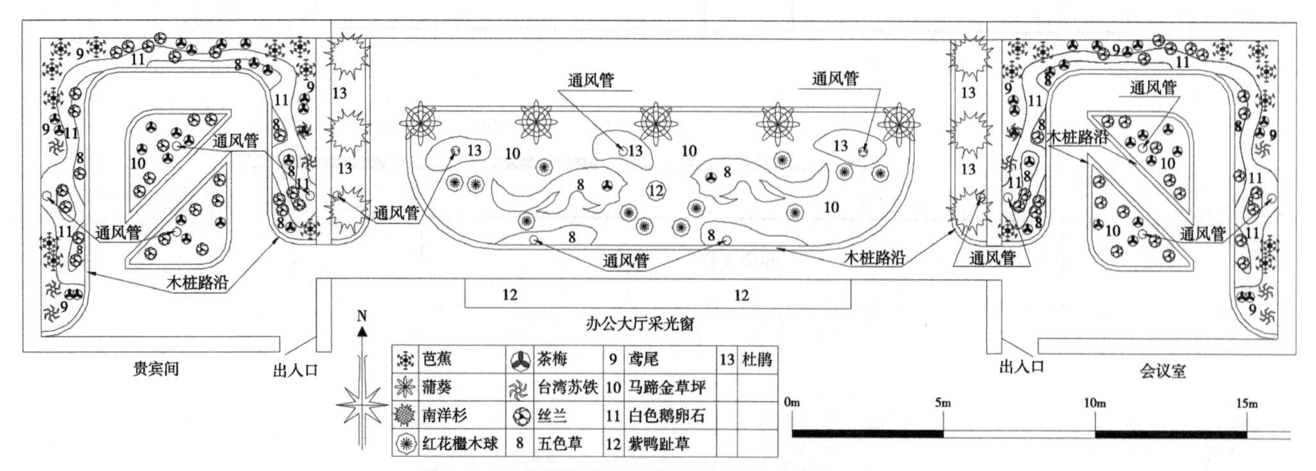

图 7-9 云南某禁毒中心办公大楼屋顶花园绿化设计

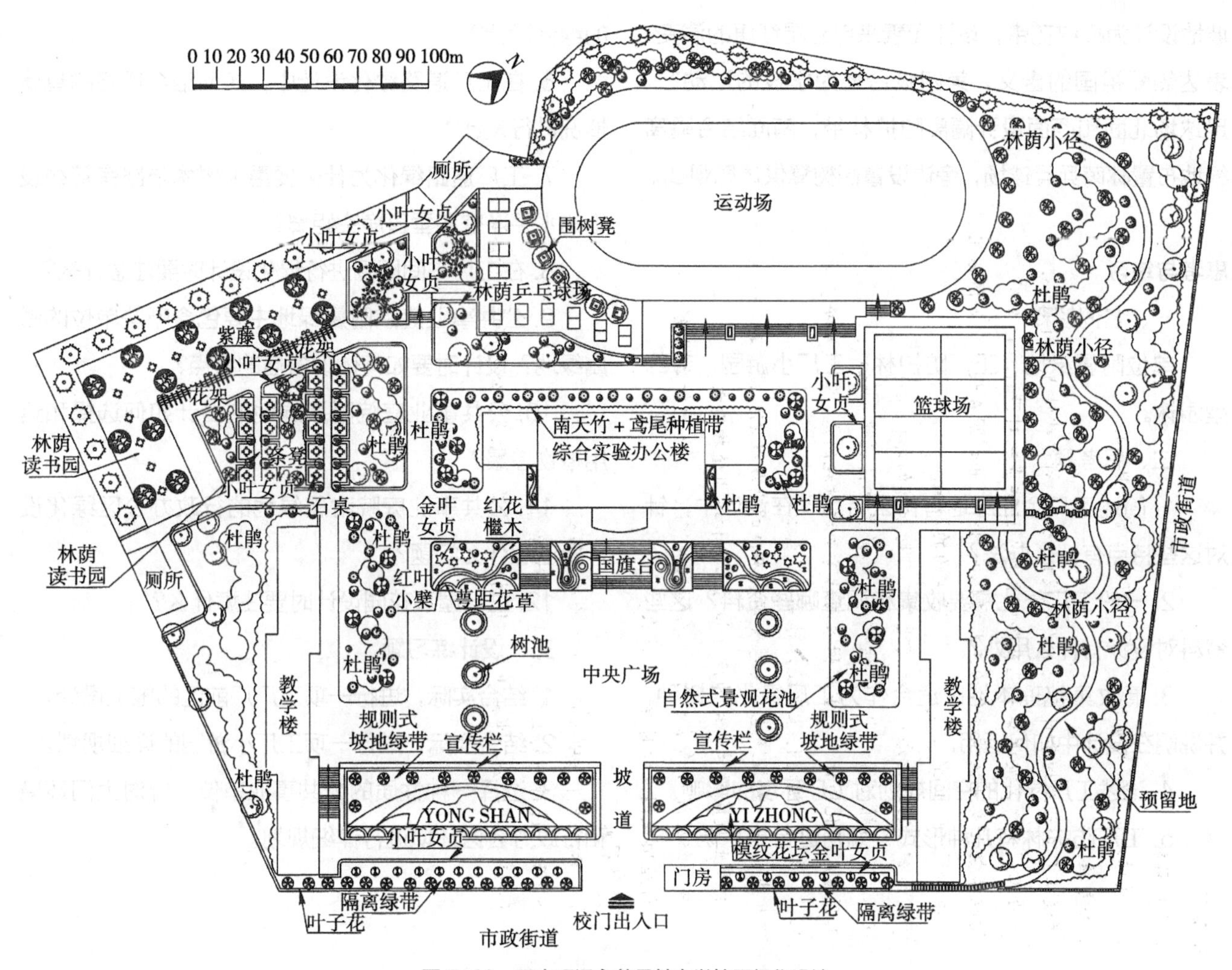

图 7-10　云南昭通永善县某中学校园绿化设计

的阳台组成，中间采用鱼和水的关系进行布置，想通过展示鱼在净水里的自由快活来表达人不沾染毒品的阳光健康。用五色草种植鱼的形状，周围配置球形植物和流畅灌木花带表示水泡和水流，临街的北侧留空作观景使用；两侧阳台采用"6"相对设计绿地，表现一种顺利的含义。将通风孔围合进绿化带中，周围使用低矮的花灌木掩饰；绿化高低搭配，并充分结合南侧办公室的开窗情况，有意识让出相应透光通风空间；道路相对曲折以延长行走的空间，路沿全采用防腐实木桩修造。

图 7-10 为云南昭通永善县某中学校园绿化设计，该中学坐落在山区城市，校区场地坡度较大，总体为四级台地，东南两面为市政街道，西北两面与其他单位接壤。设计充分结合地形的差异，结合校园功能的分级进行绿化布局。校园大门一带设置隔离林带，阻挡街道方向的噪声；进入大门后在第一和第二级台地之间形成较为陡峭的斜坡，设计成规则式坡地绿带，灌木种植组成学校名称和构成升腾的植物彩带，坡地的上坡边缘设计两道宣传栏，可供学校张贴通知和学生开展室外学习及板报活动。中央广场是供学校进行临时集会使用的，两侧树池和自然式景观花池形成对景。综合实验办公楼坐落在第三级台地上，门前利用

坡地设计为模纹花带，设计元素来自五星红旗的演变，表达热爱祖国的含义。第四级台地为学校的运动区，足球场北面和西面设计隔离防护林带，南面结合隔离绿地布置林荫乒乓球场，旁边设置围树凳供休息观战。

思考与练习

一、名词解释

单位附属绿地、工厂防护林、工厂小游园、节约型园林。

二、思考题

1. 简述工厂企业绿地有什么特点？在设计中，针对这些特点有什么办法？

2. 一般工厂绿化需要收集和调查哪些资料？这些资料对设计有什么用处？

3. 请收集整理本地区适合作为工厂绿化的树种，并说明在设计中如何运用。

4. 论述工厂绿化的空间规划对工厂环境的影响。

5. 工厂防护林有几种形式？如何进行工厂防护林的绿化设计？

6. 在工厂道路绿化设计中，如何结合道路的具体情况进行设计？

7. 工厂道路绿化为什么要重视树木与路旁管线设施的水平净空和垂直净空距离？

8. 在工厂车间周围进行绿化设计时要注意什么？

9. 公共事业庭院附属绿地主要包含哪些单位的附属绿地？设计时要如何体现各自的特点？

10. 公共事业庭院附属绿地的设计如何选择和运用植物造景？

11. 公共事业庭院附属绿地的行政办公区绿化设计要注意什么问题？

12. 进行屋顶花园设计时要注意什么？

三、设计练习题

1. 结合实际，进行一项工厂厂前区的施工设计。

2. 结合实际，进行一项工厂小游园的详细规划。

3. 选择一种性质的公共事业单位，针对大门环境和行政办公区环境进行详细规划。

第 8 章　居住区园林绿地规划设计

居住区绿化是城市园林绿地系统中重要组成部分，一般生活居住用地占城市用地 50%~60%，在这大面积范围内的绿地规划设计是城市绿化的重要一环。

居住区园林绿地具有改善居住环境的小气候，创造安静休息的环境，分隔空间，增加层次，遮挡不雅之物，吸引居民到室外活动以及防震、战备等作用。

8.1　居住区用地指标

8.1.1　居住区的分级及结构

居住区根据居住人口规模进行分级，分级的主要目的是配置满足居民基本的物质与文化生活所需的相关设施。居住区按居住户数或人口规模可分为居住区、小区、组团三级（表 8-1）。

各级标准控制规模　　表 8-1

	居住区	小区	组团
户数（户）	10 000~16 000	3 000~5 000	300~1 000
人口（人）	30 000~50 000	10 000~15 000	1 000~3 000

居住区泛指不同居住人口规模的居住生活聚居地和特指被城市干道或自然分界线所围合，并与居住人口规模（30 000~50 000 人）相对应，配建有一整套较完善的、能满足该区居民物质与文化生活所需的公共服务设施的居住生活聚居地。

居住小区（一般称小区）是指被城市道路或自然分界线所围合，并与居住人口规模（10 000~15 000 人）相对应，配建有一套能满足该区居民基本的物质与文化生活所需的公共服务设施的居住生活聚居地。

居住组团（一般称组团）指一般被小区道路分隔，并与居住人口规模（1 000~3 000 人）相对应，配建有居民所需的基层公共服务设施的居住生活聚居地。

居住区的规划布局形式，可采用居住区—小区—组团、居住区—组团、小区—组团及独立式组团等多种类型。相应地，居住区绿地规划也采用居住区—小区—组团、居住区—组团、小区—组团等三级或二级布局，形成完善的居住区绿地体系。

8.1.2　居住区用地构成

居住区通常由住宅用地、公共服务设施用地、道路用地与公园绿地组成，也允许有无害小型工厂用地、市政工程设施用地、水面等其他用地（表 8-2）。

住宅用地是指住宅建筑基底占地及其四周合理间距内的用地（含宅间绿地和宅间小路等）的总称。

公共服务设施用地一般称公建用地，是与居住人口规模相对应配建的、为居民服务和使用的各类设施的用地，包括建筑基底占地及其所属场院、绿地和配建停车场等。

道路用地包括居住区道路、小区路、组团路及非公建配建的居民汽车地面停放场地。居住区级道路是划分小区或街坊的道路，在大城市中通常与城市支路同级。小区（级）路是居住区内部干道，一般用以划分组团的道路。组团（级）路是上接小区路、下连宅间小路的道路。

居住区公园绿地是指满足规定的日照要求，适合于安排游憩活动设施的、供居民共享的集中绿地，应包括居住区公园、小游园和组团绿地及其他块状带状绿地等。其中包括儿童游戏场地、青少年和成年老年人的活动和休息场地。

居住区用地平衡控制指标（%）　　表 8-2

用地构成	居住区	小区	组团
住宅用地（R01）	50~60	55~65	70~80
公建用地（R02）	15~25	12~22	6~12
道路用地（R03）	10~18	9~17	7~15
公园绿地（R04）	7.5~18	5~15	3~6
居住区用地（R）	100	100	100

用地平衡表主要是对居住区用地现状和用地规划的土地使用情况进行计算，检验各项用地的分配是否合理和符合国家规定的指标。通过用地平衡表可以清楚地表明居住区用地现状，表明居住区的环境质量。用地平衡表既是居住区规划设计方案评定和建设管理机构审定方案的依据，也是居住区绿地规划的依据。

8.1.3 居住区建筑的布局形式

受地理、日照、通风及周围环境等因素的影响。居住区住宅建筑布局有行列式、周边式、散点式、混合式的几种。

1）行列式

建筑按一定朝向，一定的间距成排成行布置的形式。行列式布局使绝大多数居室有好的通风和日照条件，便于布置道路、管网。整齐的住宅排列在平面构图上有强烈的规律性。但形成的空间往往比较单调，路旁山墙面的景观比较平淡。总体规划时常常用错落、拼接、成组偏向、墙体分隔以及立面上高低错落等打破空间的单调感。行列式的建筑布局绿地多为长条状，绿地设计可通过构图的多样化以及种植结构的错落有致，改变空间的狭长感。也可通过树种的变化达到一路一景的效果。

2）周边式

建筑沿道路或院落周边布置，形成封闭或半封闭的内院空间的形式。周边式布局有利于布置室外活动场地、小块公园绿地和小型公建等居民交流场所，可节约用地、提高居住建筑面积密度等。但是部分居室朝向较差，通风不良。周边式布局由于形成了完整的院落，绿地布局时精心设计，很有可能创造出具有特色的景观。

3）散点式

散点式住宅布局包括底层独院式住宅、多层式及高层塔式住宅布局，散点式住宅自成组团或围绕住宅组团中心建筑、公园绿地、水面有规律的或自由的布局。其特点是绿地面积大，形状不规整，通过精心构思，往往可结合地形创造出灵活自由的园林景观。

4）混合式

三种基本形式的结合或变形的组合形式。往往是以行列式为主，地形变化大的地段或公共建筑设施旁采用散点式，临街采用周边布置。

8.2 居住区绿地组成及定额指标

8.2.1 居住区绿地的组成

居住区内绿地包括公园绿地、宅旁绿地、配套公建所属绿地和道路绿地，其中包括了满足当地植树绿化覆土要求、方便居民出入的地上或半地下建筑的屋顶绿地。

8.2.1.1 公园绿地

全区或小区内居民共同使用的绿地。其功能主要是给居民提供日常户外游憩活动空间，让居民开展包括儿童游戏、健身锻炼、散步游览和文化娱乐等活动。根据公园绿地大小不同，可分为居住区公园、小游园、组团绿地以及其他公园绿地。居住区公共绿地集中反映了小区绿地的质量水平，一般要求有较高的规划水平和一定的艺术效果（表 8–3）。

（1）居住区公园：服务于一个居民区，具有一定活动内容和设施，为居民区配套建设的集中绿地。服务半径一般为 500~1 000m。居住区公园一般规划面积在 $1hm^2$ 以上，相当于城市小型公园，公园内设施比较丰富，有体育活动场地、各年龄组休息活动设施、画廊、阅览室、茶室等。常与居住区服务中心结合布置，以方便居民活动和更有效地美化居住区形象。

（2）居住区小游园：为一个居住小区居民服务，配套建设的集中绿地。服务半径一般为 300~500m，面积一般在 $4\ 000m^2$ 以上。

（3）组团绿地：结合住宅组团布局，以住宅组团内的居民为服务对象的公共绿地。规划要特别设置老年人和儿童休息活动场所，一般面积在 $1\ 000~2\ 000m^2$，离住宅入口最大距离大约 100m。

除上述三种公共绿地外，根据居住区所处的自然地形条件和规划布局，还有在居住区服务中心、河滨地带及人流比较集中的地段布局的街心花园、河滨绿地、集散绿荫广场等不同形式的居住区公共绿地。

各级中心绿地设置规定　表 8–3

中心绿地名称	设置内容	要求	最小规模（hm^2）
居住区公园	花木草坪、花坛水面、凉亭雕塑、小卖茶座、老幼设施、停车场地和铺装地面等	园内布局应有明确的功能划分	1.00
居住小游园	花木草坪、花坛水面、雕塑、儿童设施和铺装地面等	园内布局应有一定的功能划分	0.40
组团绿地	花木草坪、桌椅、简易儿童设施等	灵活布局	0.04

8.2.1.2　宅旁绿地

宅旁绿地是居住区最基本的绿地类型，包括住宅前后和两幢住宅之间的绿化用地。它只供本幢居民使用，是居住区绿地中面积最大、居民最经常使用的一种绿地形式。

8.2.1.3　配套公建所属绿地

配套公建是指居住区内包括教育、医疗卫生、文化体育、商业服务、金融邮电、社区服务、市政公用和行政管理等在内的各类公共服务设施。这些公共设施的环境绿地都统称为配套公建所属绿地。

8.2.1.4　道路绿地

道路绿地是指居住区主要道路两侧或中央的道路绿化带用地。一般居住区内道路路幅较小，道路红线范围内不单独设绿化带，道路的绿化结合在道路两侧的宅旁绿地或组团绿地中（图 8–1）。

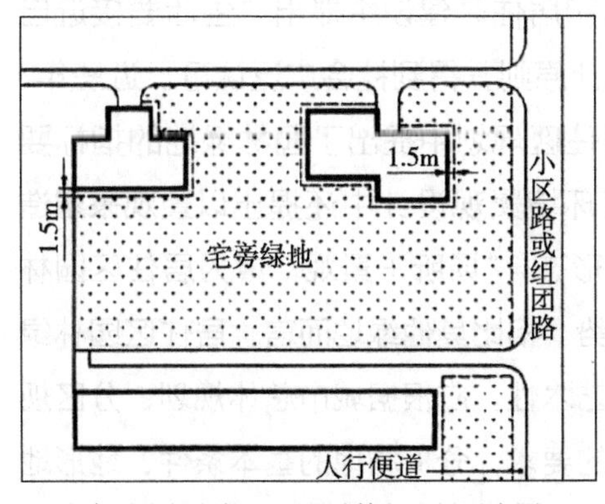

宅旁（宅间）绿地面积计算起止界示意图

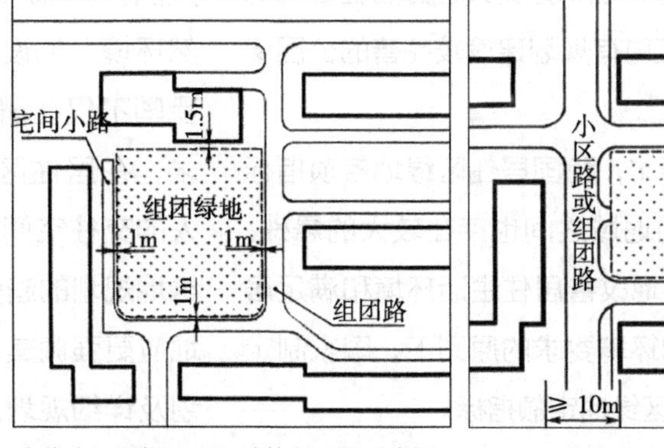

院落式组团绿地面积计算起止界示意图

开敞型院落式组团绿地示意图

图 8–1　宅旁绿地、组团绿地示意图
资料来源：《城市居住区规划设计标准》GB 50180—2018

8.2.2 居住区绿地的定额指标

居住区绿地的定额指标，指国家有关条文规范中规定的在居住区规划布局和建设中必须达到的绿地标准，通常有绿地率、绿化覆盖率、人均公园绿地等。

绿地率指居住区用地范围内各类绿地面积的总和占居住区用地的比率（%）。注意各类绿地的统计不包括屋顶、晒台的人工绿地。

绿化覆盖率指居住区用地范围内各类绿地中植物的总投影面积占居住区用地的比率（%）。覆盖面积只计算一层，不重复计算。

人均公园绿地指居住区公园绿地面积与居住区总人口的比例（m^2/人）。

根据城市气候生态方面的研究，在占城市建成区用地约50%左右的城市居住用地中，居住区绿地的规划面积应占居住区总用地的30%以上，使居民人均有5~8m^2的居住区绿地，居住区内绿化覆盖率达到50%以上时，居住区小气候才能得到全面有效的改善，而与郊区自然乡村环境相接近，从而形成舒畅自然的居住区室外空间环境。

据20世纪60年代统计，欧美国家一般建成区中居住区居民人均绿地达22~28m^2，在高密度市区可降低到人均10~16m^2，在英国人均18~34m^2，澳大利亚人均20m^2，居住区绿地面积达到或超过居住区用地的50%，并且在居住区内有规划建设较完善的公园绿地系统。

与国外发达国家相比，我国居住区绿地各项指标比较低，即使国内不同地域之间也存在较大的悬殊。根据我国国情，在有效地改善居住生活环境和满足居民居住生活必需的空间环境要求的原则下，国家制定了适于我国国情的居住区绿地定额指标。

根据1993年建设部（现住房和城乡建设部）公布的城市居住区规划设计规范规定，居住区内绿地率要求新区建设不应低于30%；旧区改建不宜低于25%。其中公园绿地应占居住区总用地7.5%~18%，占居住小区总用地的5%~15%，占组团用地的3%~6%（表8-2）；按照居住人口规模计算，公园绿地的指标应分别达到：组团不少于0.5m^2/人，小区（含组团）不少于1m^2/人，居住区（含小区与组团）不少于1.5m^2/人，并根据居住区规划布局形式统一安排、灵活使用。其他块状、带状公园绿地应同时满足宽度不小于8 m、面积不小于400m^2的环境要求。

根据上述要求，每一组团应设置一个面积500~1 500m^2以上的组团绿地，满足300~1 000户的需求；小区一级公园绿地应达到10 000~15 000m^2，其中小游园的面积不小于4 000m^2，满足3 000~5 000户的住户需要；居住区总的公园绿地应不低于45 000m^2，应尽量设置具有明确功能分区和较完善的游憩设施的大型居住区公园，规模一般不小于10 000m^2，满足居住区各种层次的居民需要。

8.3 居住区绿地规划和环境景观设计

20世纪70年代，日本率先制定了改善居住环境的方针政策，提出了居住环境设计的基本要求：舒适、优美、安全、卫生、方便。20世纪80年代，英国在新城市和居住区建设中提出“生活要接近自然环境”的设计原则，得到社会广泛认可。近些年，我国不仅在居住区规划中提出了园林绿地的指标要求，在居住区环境景观设计中还提出以景观来塑造人的交往空间形态，“场所＋景观”成为居住区园林绿地规划的趋势。相比其他绿地而言，居住区园林绿地应更强调其艺术性，应根据城市总体规划、分区规划及详细规划的要求，分析场地的基本条件、地形地貌、土质水文、气候条件、动植物生长状况和市政配套设施等方面的具体情况，依据住区的规模和建筑形态，通过适宜的景观层次安排，满足人们精神上、视觉上的多种需要，使住区内外环境协调，形成风格迥异、各具特色的人居环境。

8.3.1 居住区绿地规划的原则

（1）居住区绿地规划应在居住区总体规划阶段同时进行、统一规划，绿地均匀分布在居住区域小区内部，使绿地指标、功能得到平衡。居住区级、小区级及住宅组团级绿地都应该有恰当的服务半径，便于居民使用，并重视宅间绿地的规划设计，形成点、线、面结合的绿地系统。如果居住区规模大或离城市公园绿地较远，就应规划布置较大面积的公园绿地，再与各组群的小块公园绿地、宅旁绿地相结合，形成以中心绿地为中心、道路绿化为网络、宅旁绿化为基础的点、线、面绿地系统，使居住区绿地能妥善地与周围城市园林绿地衔接，尤其与城市道路绿地相衔接，使小区绿地融于城市绿地中。

（2）要充分利用原有自然条件，因地制宜，充分利用地形、原有树木、建筑，以节约用地和投资。尽量利用劣地、坡地、洼地及水面作为绿化用地，并且要特别对古树名木加以保护和利用。

（3）居住区绿化应以植物造景为主进行布局，并利用植物组织和分隔空间，改善环境卫生与小气候；利用绿色植物塑造绿色空间的内在气质，风格宜亲切、平和、开朗，各居住区绿地的植物配置应具有环境识别性，以创造具有不同特色的居住区、居住小区的景观。

（4）居住区绿地建设应以宅旁绿地为基础，以小区公园（游园）为核心，以道路绿化为网络，使小区绿地自成系统，并与城区绿地系统相协调。

（5）居住区内各组团绿地既要保持风格的统一，又要在立意构思、布局方式、植物选择等方面做到多样化，在统一中追求变化。

（6）居住区内尽量设置集中绿地，为居民提供绿地面积相对集中、较开敞的游憩空间和一个相互沟通、了解的活动场所。公园绿地应考虑不同年龄的居民，老年人、成年人、青少年及儿童活动的需要，按照他们各自的活动规律配备设施，并有足够的用地面积安排活动场地，布置道路和种植。

（7）充分运用垂直绿化，屋顶、天台绿化，阳台、墙面绿化等多种绿化方式，增加绿地景观效果，美化居住环境。

8.3.2 居住区环境景观设计的要点

居住区的基本组成要素有自然山水、地形、植物、建筑设施、社会风土人情、伦理道德等。居住区环境景观设计要求在完成园林绿地规划的基础上，通过科学的运用各构成要素，合理利用土地，进一步详细地进行各项用地的空间环境塑造。它涉及居住区园林建筑、广场、道路、景观水体、地形塑造等的综合环境景观设计的过程。

居住区环境景观设计要注意：

1）整体性

居住区环境设计是一种强调环境整体效果的艺术。居住区环境是由各种室外建筑的构件、材料、色彩及周围的绿化、景观小品等各种要素整合构成。一个完整的环境设计，不仅可以充分体现构成环境的各种物质的性质，还可以在这个基础上形成统一而完美的整体效果。没有对整体性效果的控制与把握，再美的形体或形式都只能是一些支离破碎或自相矛盾的局部。

2）社会性

要通过对居住区环境设计中人文、历史、风情、地域、技术等多种元素与景观环境的融合以及多元化空间的设计，赋予环境景观亲切宜人的艺术感召力，倡导公众参与，体现社区文化，促进精神文明建设和人际交往。

3）地域性

应体现所在地域的自然环境特征，因地制宜地创造出具有时代特点和地域特征的空间环境，避免盲目移植。

4）人文性

环境设计的人文性特征表现在室外空间的环境应与使用者的文化层次、地区文化的特征相适应，并满足人们物质的、精神的各种需求。只有如此，才能形成一个充满文化氛围和人性情趣的环境空间。除了关怀人的精神需求外，人文性的内涵还包括在景观设施的设计中，各项设施的设计应处处以人为本，满足住区中老中青少幼、健康者与残疾人等的多种使用需要。

5）艺术性

艺术性是环境设计的主要特征之一。室外空间包含有形空间与无形空间两部分内容。有形空间包含形体、材质、色彩、景观等，它的艺术特征一般表现为建筑环境中的对称与均衡、对比与统一、比例与尺度、节奏与韵律等。而无形空间的艺术特征是指室外空间给人带来的流畅、自然、舒适、协调的感受与各种精神需求的满足。二者的全面体现才是环境设计的完美境界。

6）生态性

应尽量保持现存的良好生态环境，改善原有的不良生态环境。提倡将先进的生态技术运用到环境景观的塑造中，利于人类的可持续发展。

7）科技性

居住区室外空间的创造是一门工程技术性的科学。空间组织手段的实现，必需依赖技术手段，要依靠对于材料、工艺、各种技术的科学运用，才能圆满地实现意图。这里所说的科技性特征，包括结构、材料、工艺、施工、设备、光学、声学、环保等诸方面的因素。现代社会中，人们的居住要求越来越趋向于高档化、舒适化、快捷化、安全化。因此，在居住区室外环境设计中，增添了很多高科技的含量，如智能化的小区管理系统、电子监控系统、智能化生活服务网络系统、现代化通信技术等，而层出不穷的新材料使环境设计的内容在不断地充实和更新。

8.4 居住区公园绿地规划设计

居住区公园绿地，其功能与城市公园不完全相同，它是城市绿地系统中最基本最活跃的部分，是城市绿化空间的延续，又是最接近于居民的生活环境。因此，在规划设计上有与城市公园不同的特点，不宜照搬或模仿城市公园。居住区公园绿地主要适合于居民的休息、交往、娱乐等，有利于居民心理、生理的健康。总的来说，居住区公园绿地的功能有两种：一种功能是构建居民户外生活空间，满足各种游憩活动的需要，包括儿童游戏、运动、健身锻炼、散步、休息、游览、文化、娱乐等。另一种功能是创造自然环境，利用各种环境设施如树木、草地、花卉、水体、建筑、铺路等手段创建美好的户外环境。

公园绿地的位置和规模应根据居住区不同的规划组织结构类型来确定。居住区公园绿地，包括居住区公园（居住区级）、小游园（小区级）和组团绿地（组团级），以及儿童游戏场和其他的块状、带状公园绿地等。

居住区公园绿地的布置应该方便居民到达，至少有一边与相应级别的道路相邻。同时应满足有不少于1/3 的绿地面积在标准日照阴影范围之外。块状、带状公园绿地同时应满足宽度不小于 8m，面积不少于 $400m^2$ 的要求。

8.4.1 居住区公园规划设计

居住区公园是为整个居住区居民服务的居住区公园绿地，布局在人口规模 30 000~50 000 人的居住区中，面积在 10 000m^2 以上。它在用地性质上属于城市园林绿地系统中的公园绿地部分，在用地规模、布局形式和景观构成上与城市公园无明显的区别（表 8-4）。

一般居住区公园规划中的功能分区　　表 8-4

功能分区	设施和园林要素
安静休息区	休息场地、树荫式广场、花坛、游步道，园椅园凳和花架廊等园林小品，亭、廊、榭、茶室等园林建筑，草坪、树木、花卉等组成的植物景观，自然式水体景观
游乐活动区	文娱活动室、喷泉水景广场、景观文化广场和室外游戏场，小型水上活动场，露天舞池（露天电影场），绿化布置、公厕
运动健身区	运动场及设施、休息设施、绿化布置
老人儿童游憩游戏区	儿童乐园及游戏器具，老人聚会活动园林服务建筑和场地，画廊，公厕，绿化布置
公园管理处	公园大门（出入口）、管理建筑、花圃、仓库、绿化布置

居住区公园规划设计可参照城市综合性公园规划设计的手法。但应充分考虑居住区公园的功能特点。居住区公园的游人主要是本居住区的居民，游园时间大多集中在早晚，特别是夏季，游人量较多。规划布局时应充分考虑晚间游人活动所需的场地和设施。要为老年人和残疾人提供活动、社交的场所，设置相应的健身设施和服务设施。道路设计要考虑设置无障碍通道。

8.4.2 居住区小游园规划设计

居住区小游园相对于居住区公园而言，利用率较高，能更有效地为居民服务。在居住区或居住小区的总体规划中，区级小游园常与服务设施相结合，成为居住区中最吸引人的亮点。

8.4.2.1 小游园的位置

1）布置在小区外侧

在规模小区中，小游园常设在小区外侧沿街布置，或设在建筑群的外围。这种公园绿地的布置形式将绿化空间从居住小区引向“外向”空间，与城市街道绿地相连，既是街道绿地的一部分，又是居住小区的公园绿地，其优点是：①既为居住小区居民服务，也面向城市市民开放，因此利用率较高。②由于这类小区绿地位置沿街，不仅为居民游憩所用，而且美化了城市、丰富了街道景观。③沿街布置绿地，以绿地分隔居住建筑与城市道路，具有可降低尘埃、减低噪声、防风、调节温度、湿度等生态功能，使小区形成幽静的环境。

2）布置在小区中心

将小游园设在小区中心，使小游园成为“内向”绿化空间。其优点是：①小游园至小区各个方向的服务距离均匀，便于居民使用。②中心小游园位于建筑群环抱之中，形成的空间环境比较安静，受居住小区外界人流、交通影响小，使居民增强领域感和安全感。③小区中心的绿化空间与四周的建筑群产生明显的“虚”与“实”对比，“软”与“硬”对比，使小区的空间有密有疏，层次丰富而有变化（彩图 8-1、彩图 8-2）。

在规划居住小区公园绿地时，如果有中心小游园，又有沿街绿地，是较为理想的方案。目前许多小区都采用中心小游园与沿街绿地结合方法。在居住区外侧沿街布置公园绿地，公园绿地与步行街结合，不仅提供良好的购物环境，也为小区增加不少风情。

8.4.2.2 小游园设计要点

1）布局紧凑

小区小游园设计应充分考虑景观功能和使用功能的要求。由于小游园面积不大，满足的功能较多，在不大的面积内要照顾各种年龄组的需要，需要注意合理的功能分区。应根据游人不同年龄特点划分活动场地和确定活动内容，场地之间既分隔又紧凑，将功能相近的活动布置在一起。

2）重视地形塑造

利用地形的变化反映自然，使景观更丰富生动，有立体感。根据挖土或堆土的范围、高度，可以制约空间的开敞或封闭程度、边缘范围及空间方向，有助于视线导向和制约视野，突出主要的景观，屏障丑陋物。影响风向，有利通风、防风，改善日照，起隔离噪声的作用。

3）道路组织流畅

道路是各景点的联络，又是分隔空间和散步休息之地，是设计的重点。小游园道路往往和路牙、路边的块石、休闲座椅、植物配置、灯具等，共同构成最基本的景观线。因此，在进行道路设计时，我们有必要对道路的平曲线、竖曲线、宽窄和分幅、铺装材质、绿化装饰等进行综合考虑，以赋予道路美的形式。自然式道路可随地形变化起伏，或随景观布置之需而弯曲转折，在折弯处布局树丛、小品、山石，增加沿路趣味；规则式道路可在道路转折处或轴线上设置景点。地面铺装材料和图案可以根据意境的设计采用多种形式。从生态的角度出发，提倡应用透水性铺装材料。

注意主次道路的布置，主要道路大于3m，次要道路在1.1~2m之间。主道路贯穿全园，次道路贯穿次要小区。

注意设置为残疾人通行的无障碍通道。通行轮椅车的坡道宽度不应小于2.5m，纵坡不应大于2.5%。

4）设计多功能广场

广场作为一种社会活动场所，是居住区中最具公共性和活力的开放空间。广场是多元化的物质载体，应提供多种活动支持，满足广大居民游赏、休憩、交往、健身、娱乐等行为活动，是集多种功能于一身的活动空间。

广场设计应着重强调人的活动参与性。因此，广场活动空间的亲和度、可达性、文化性、娱乐性、景观的优美性等成为广场设计的依据和标准。在规划设计时广场的位置要合理，尺度、形状等要符合使用者的需要和美的原则。广场上可设置座椅、花架、花坛、雕塑、喷泉等，注重装饰和实用相结合。通过广场的地坪高差、材质、颜色、肌理、图案的变化可创造出富有魅力的路面和场地景观。优秀的硬地铺装往往别具匠心，极富装饰美感。广场周围及中央要重视绿化，用植物分隔空间，提供纳荫场所。户外活动场地布置时，其朝向需考虑减少眩光。并应根据当地不同季节的主导风向，有意识地通过建筑、植物、景观设计来疏导自然气流。运动场的设计要根据运动的特点和相关规范进行设计。

5）点缀建筑和其他小品

小游园中设置造型轻巧的建筑小品既起到点景作用，又为居民提供停留休息观赏的地方。如果设置一些趣味性强，与众不同的小品，如雕塑、水景、灯具、桌椅、凳、花架等，既可以给居住生活带来了便利，又给室外空间增添了丰富的情趣。由于小游园周围已有较多的住宅建筑，所以建筑小品的尺度应与小游园用地相协调，小品设置宜少不宜多、宜精不宜粗。另外小品设计时宜避免采用大面积的金属、玻璃等高反射性材料，减少住区光污染。

6）植物设计要有特色

小游园应尽量利用和保留原有的自然地形及原有植物，加强植物配置，种植要有特色。为便于早晚赏景，可种香花植物及傍晚开放或点缀夜景的植物。注意用植物分隔小游园与居住区，减少噪声对周围的影响（图8-2~图8-12）。

8.4.3 居住区建筑组团绿地

组团绿地是建筑组群内部绿化空间，服务对象为组团内的居民。绿化目标是：家家开窗能见绿，户户出门能踏青。

8.4.3.1 居住区组团绿地的特点

（1）用地小，投资少，见效快，易于建设，一般用

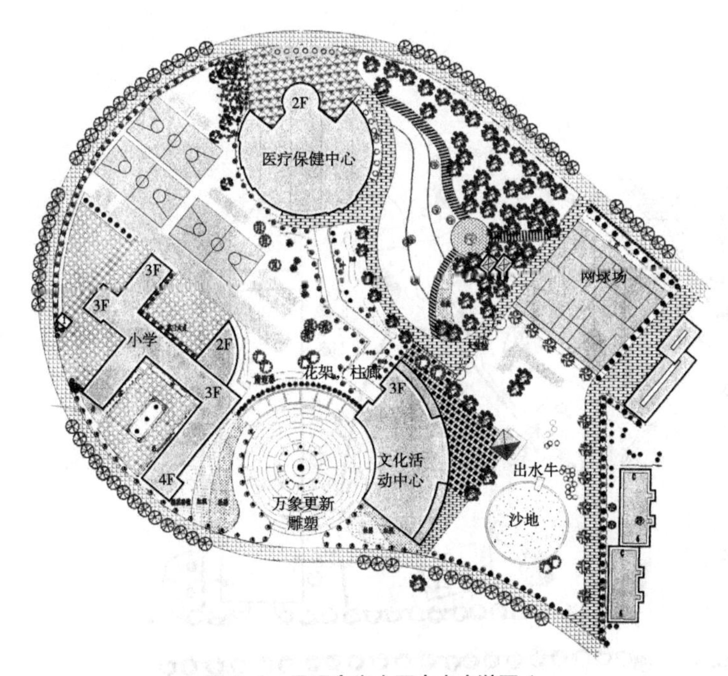

图 8-2　昆明金牛小区中央小游园 1

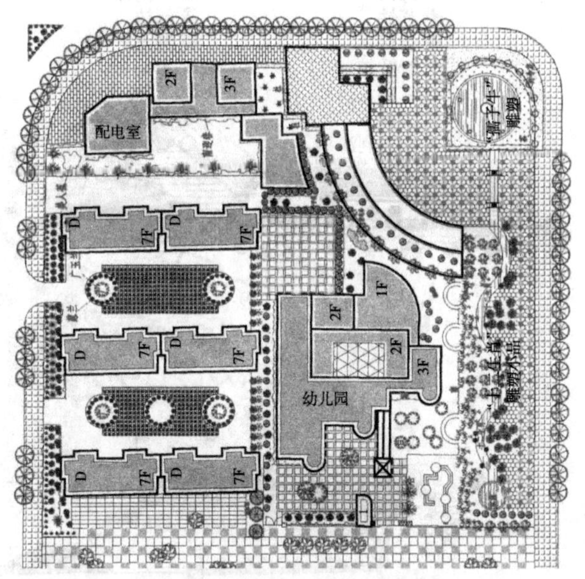

图 8-3　昆明金牛小区中央小游园 2

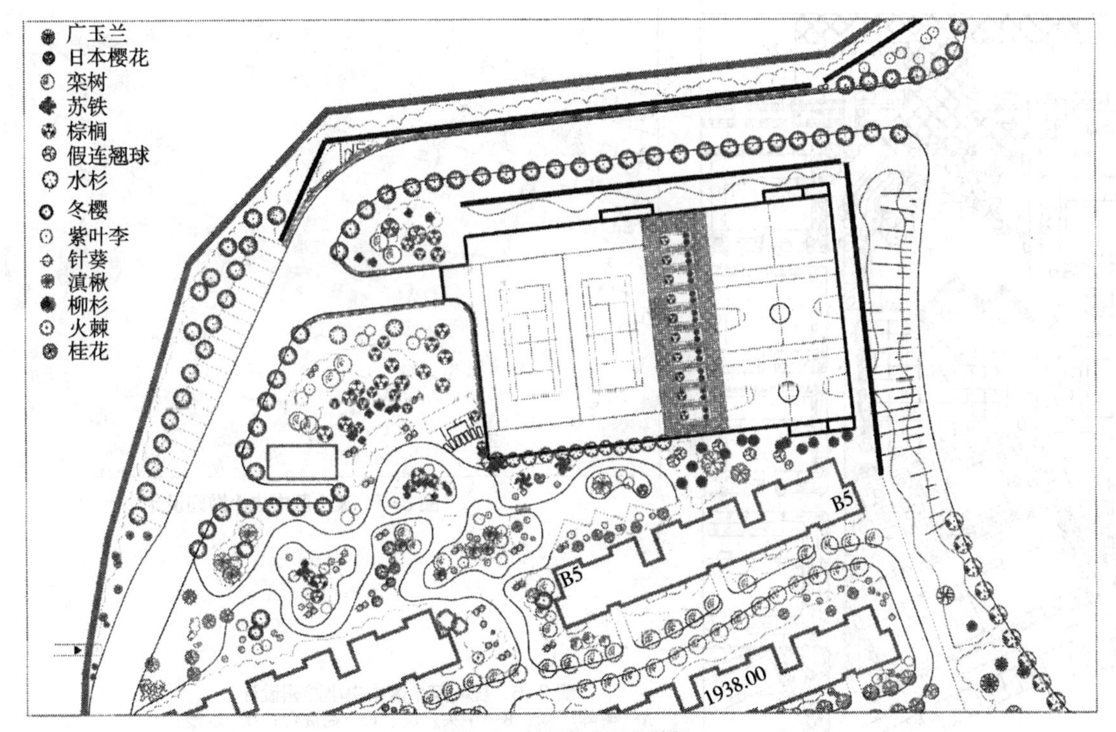

图 8-4　某居住小区小游园

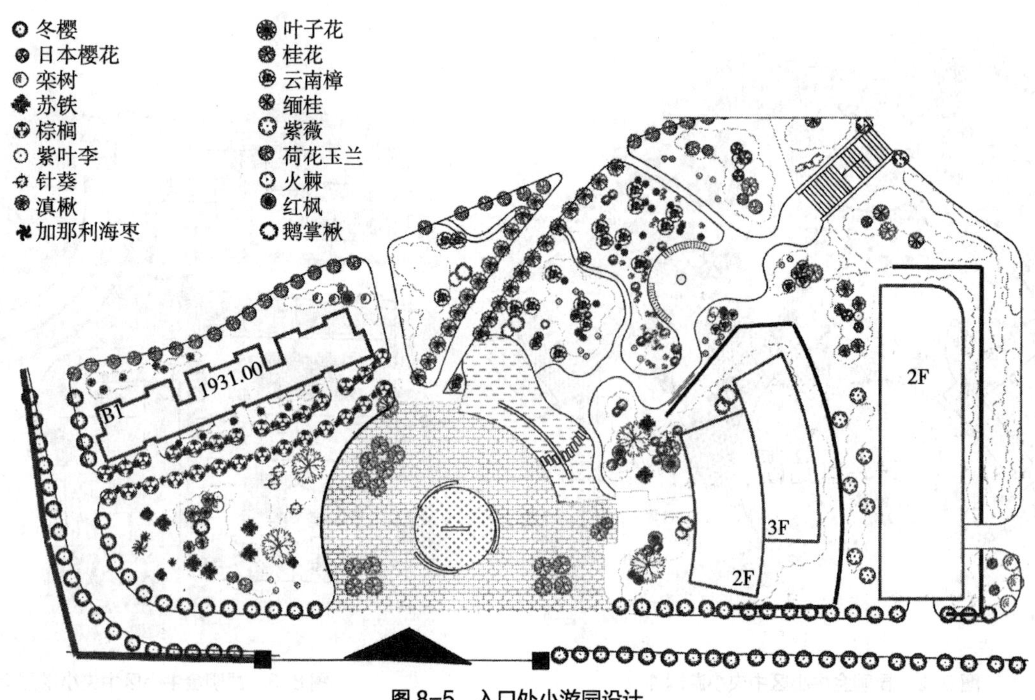

图 8-5　入口处小游园设计

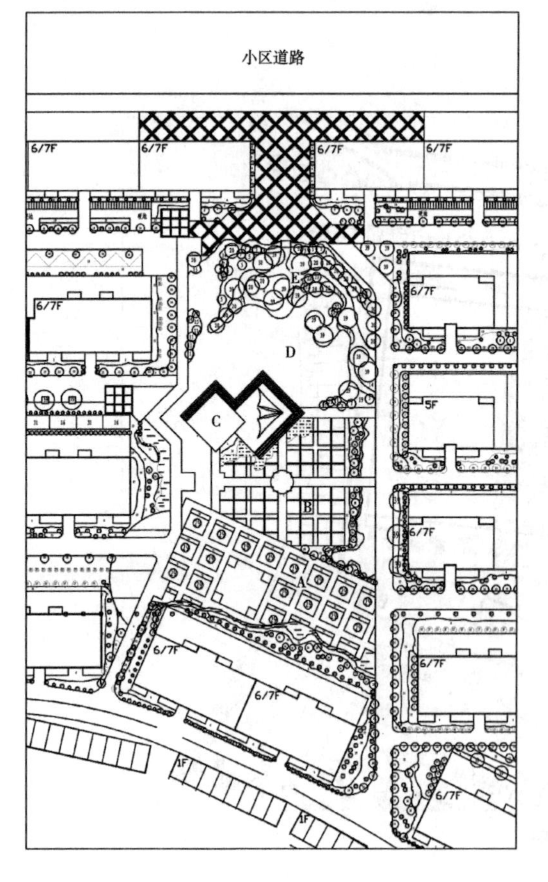

图 8-7　某小区中央小游园设计

图 8-6　昆明某小区中央小游园设计
A—树阵广场；B—中央广场；C—观赏台；D—水池；
E—水边群落式植物种植

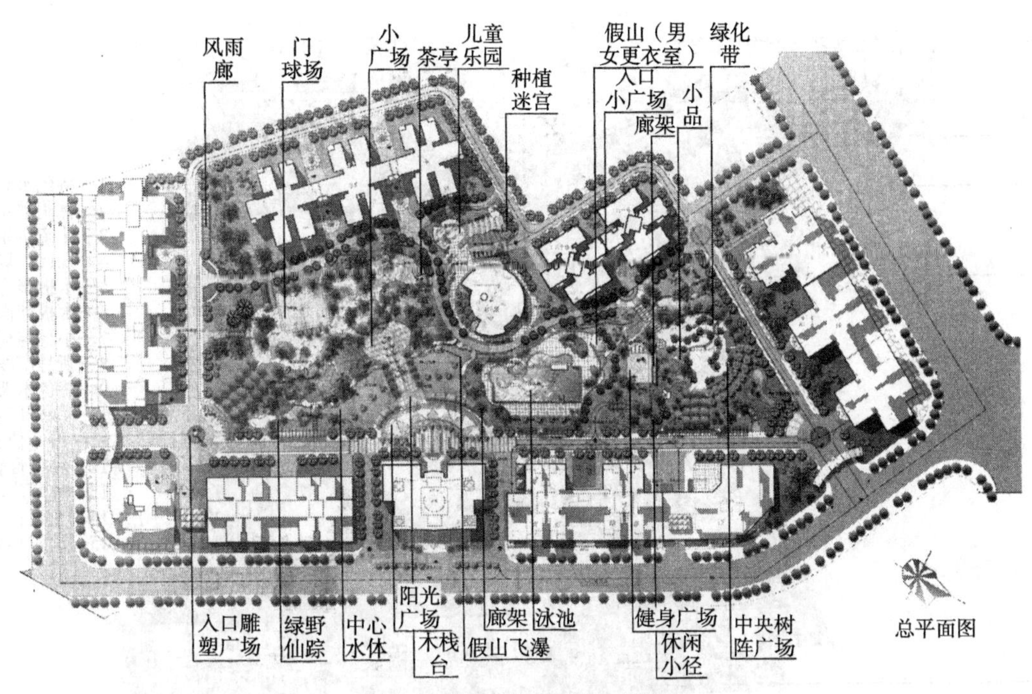

图 8-8　某小区小游园总体规划图

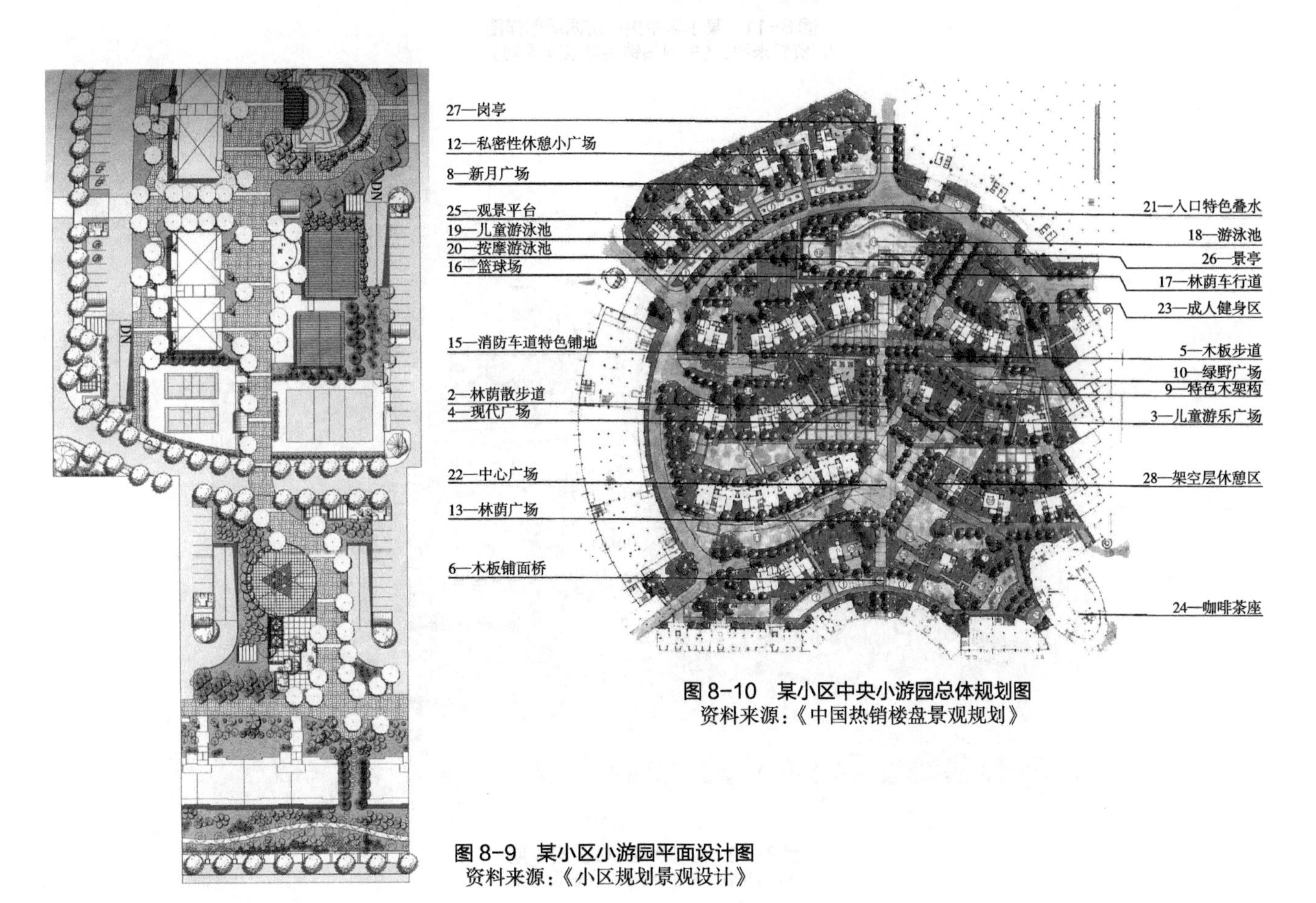

图 8-10　某小区中央小游园总体规划图
资料来源：《中国热销楼盘景观规划》

图 8-9　某小区小游园平面设计图
资料来源：《小区规划景观设计》

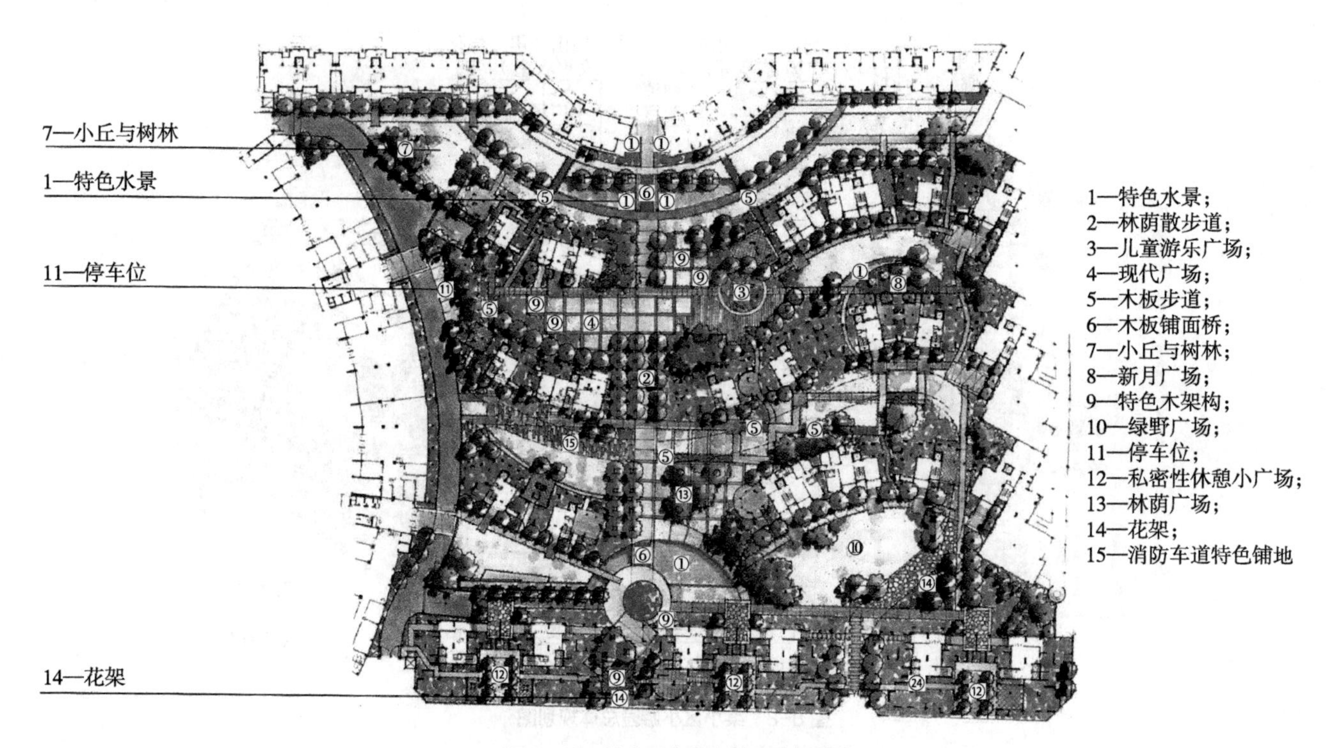

图 8-11　某小区中央小游园局部详图
资料来源：《中国热销楼盘景观规划》

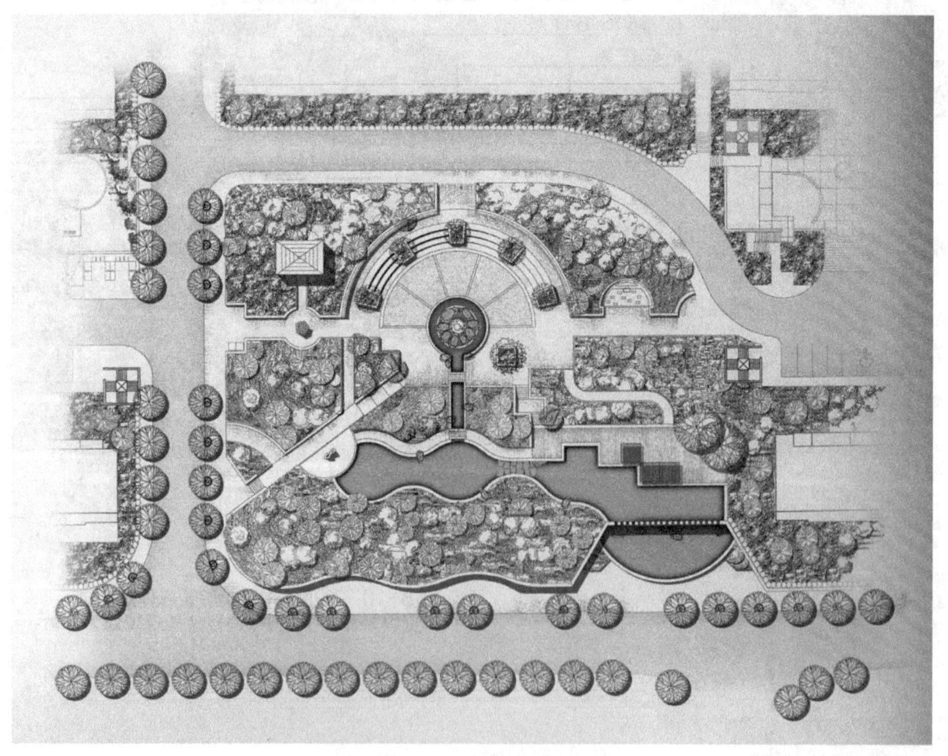

图 8-12　龙仁水地 LG 乡居 1 期
资料来源：《小区规划景观设计》

地规模 0.1~0.2hm^2。由于面积小，布局设施都较简单。

（2）服务半径小，使用率高。由于位于住宅组团中，服务半径小，约在 80~120m 之间，步行 1~2min 可到达，既使用方便，又无机动车干扰，这就为居民提供了一个安全、方便、舒适的游憩环境和社会交往场所。

（3）利用植物材料既能改善住宅组团的通风、光照条件，又能丰富组团建筑艺术面貌，并能在地震时起疏散居民和搭盖临时建筑等抗震救灾的作用。

8.4.3.2 组团绿地规划设计要点

（1）组团绿地应满足邻里居民交往和户外活动的需要，布置幼儿游戏场和老年人休息场地，设置小沙坑、游戏器具、座椅及凉亭等。

（2）利用植物种植围合空间，绿地内部要有足够的铺砖地面，方便居民休息活动，有利于清洁。靠近建筑四周的植物种植要低矮、稀疏，便于采光通风。

（3）一个居住区往往有多个组团绿地，要综合考虑，各有特色。

（4）布置在住宅间距内的组团及小块公园绿地的设置应满足“有不少于 1/3 的绿地面积在标准的建筑日照阴影线范围之外”的要求，以保证良好的日照环境，同时要便于设置儿童的游戏设施并适于成人游憩活动。其中院落式组团绿地的设置还应同时满足表 8-5 的各项要求。

院落式组团绿地设置规定　　表 8-5

封闭型绿地		开敞型绿地	
南侧多层楼	南侧高层楼	南侧多层楼	南侧高层楼
$L \geqslant 1.5L_2$ $L \geqslant 30$m	$L \geqslant 1.5L_2$ $L \geqslant 50$m	$L \geqslant 1.5L_2$ $L \geqslant 30$m	$L \geqslant 1.5L_2$ $L \geqslant 50$m
$S_1 \geqslant 800$m^2	$S_1 \geqslant 1\ 800$m^2	$S_1 \geqslant 500$m^2	$S_1 \geqslant 1\ 200$m^2
$S_2 \geqslant 1\ 000$m^2	$S_2 \geqslant 2\ 000$m^2	$S_2 \geqslant 600$m^2	$S_2 \geqslant 1\ 400$m^2

其中：L——南北两楼正面间距（m）；L_2——当地住宅的标准日照间距（m）；S_1——北侧为多层楼的组团绿地面积（m^2）；S_2——北侧为高层楼的组团绿地面积（m^2）。

（5）组团绿地应根据住宅建筑形式，既考虑户外游赏者的景观感受，又考虑不同楼层的居民俯瞰效果（图 8-13~ 图 8-16）。

8.4.4 儿童活动场设计

儿童活动场地的位置应与主要道路保持一定距离，具有安全感。场地的环境应该清洁卫生，阳光充足明亮。从安全防范的角度出发，活动场应具有一定的开阔性，

图 8-13 万科未来星光示范区组团绿地设计方案
资料来源：由“A&N 尚源景观”提供

图 8-14 釜山佑洞 21 现代王朝居住区总平面图
资料来源：《小区规划景观设计》

图 8-16 万科森林公园 7# 地块设计图
资料来源：由“A&N 尚源景观”提供

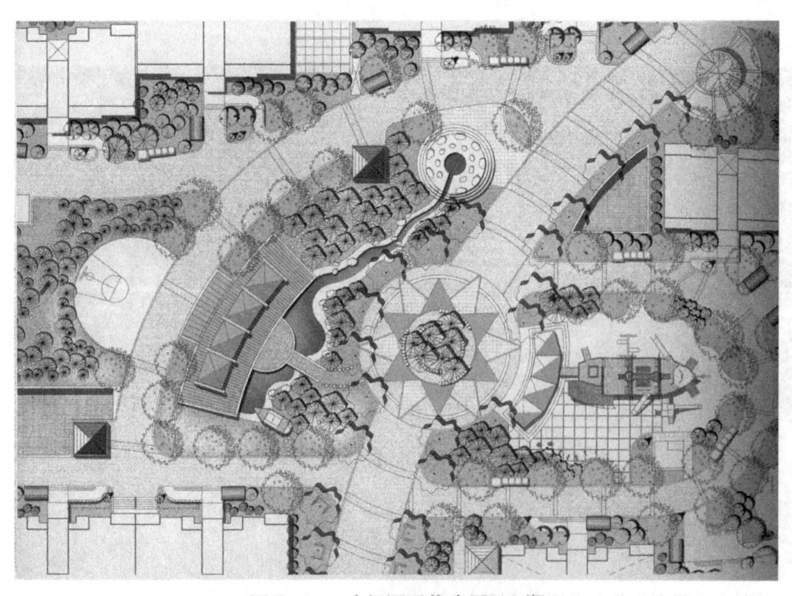

图 8-15 广场洞现代乡园 10 期
资料来源：《小区规划景观设计》

便于陪伴儿童的成人从周围进行目光监护。为了不与小区中其他活动相互干扰，儿童活动场应相对独立，与其他活动设施保持距离。

不同年龄组的儿童户外游乐方式不同，3 岁以下的幼儿，需要家长的保护，常使用沙坑、滑梯、秋千、攀爬梯、游戏墙等游乐设施。学龄儿童、少年多喜欢各种球类运动和其他创造性游戏。根据不同儿童的运动特点，设置不同活动设施。以学龄前儿童为主要对象的活动场地，除安装各种游乐设施外，还可设置藤架、花架、亭廊、大乔木等，既可将年长的孩子隔离开，

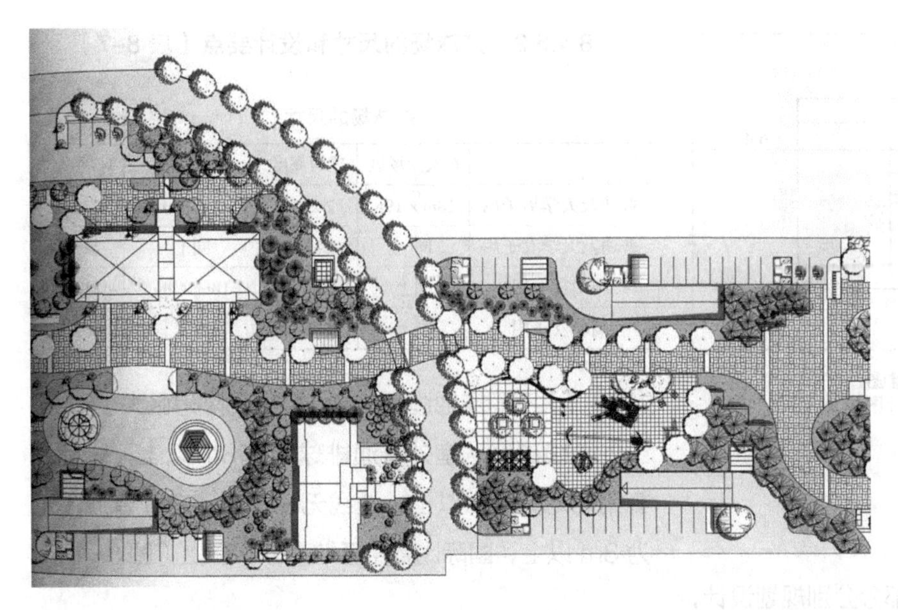

又可为幼儿及家长遮荫蔽日。面积较大的活动场可设计夏可游水、冬可滑冰的涉水池、溪流等戏水设施。活动场内的地面应采用沙地、草地或橡胶地面，避免幼儿自器械上坠落跌伤（图8-17，表8-6）。

图8-17　汉城永登浦区文来洞LG雅园儿童活动场地设计
资料来源：《小区规划景观设计》

儿童游戏场类型与布置特点　表8-6

年龄	类型	场地规模	最小场地规模	每儿童最小面积	布点	服务半径	服务户数	游戏行为特征	器械和设施
3~6周岁的幼儿	住宅组团级以下的幼儿游戏场地	150~450m^2	120m^2	3.2m^2	一般在住宅庭院内，宅前屋后，在住户能看到的位置，结合庭院绿化统一考虑，无穿越交通	≤50m	30~60户 20~30个儿童	这个时期的儿童明显好动，但独立活动能力差，参加结伙游戏同伴增加。游戏时常需家长伴随。排球、掘土、骑车等是常见的游戏活动	草坪、沙坑、铺砌地、桌椅等
7~12周岁的学龄儿童	住宅组团级儿童游戏场	500~1 000m^2	320m^2	8.1m^2	住宅组团的中心地区，多布置在组团绿地内	≤150m	150户 20~100个儿童	户外活动量大大增加，不满足在小空间内游戏，喜欢到比较宽阔的地方活动。如男孩喜欢踢小足球、打羽毛球，女孩喜欢跳橡皮筋、跳绳、跳舞或表演节目等有竞技性、富有创造性的游戏	设有多种游戏器械和设施，沙坑、秋千、绘图用的地面、滑梯、攀登架等
12周岁以上的青少年	小区级少年儿童游戏公园	1 500m^{2}以内	640m^2	12.2m^2	住宅组团之间，多数布置在居住小区级或居住区级的集中绿地内，以不跨越城市干道为原则	≤200m	200户 90~120个儿童	独立活动能力增强，爱好体育的学生参加各项体育运动如溜冰、球类运动等运动型及冒险型的游戏	设有小型体育场地和较多的游戏设备，也可修建少年儿童文娱、体育、科技活动中心

8.4.5　运动健身场设计

随着全民健身运动的开展，居住区绿地规划时常常需要考虑布局各种简单的运动场地满足住户日常健身运动的需要。为了减少夕阳对运动员的影响，应将运动场的长轴布置在南北方向上。运动场周围最好用植物围合成相对独立的区域，使运动与小区其他活动不相互干扰。小区中常用运动场的尺寸和设计要点如下（图8-18）:

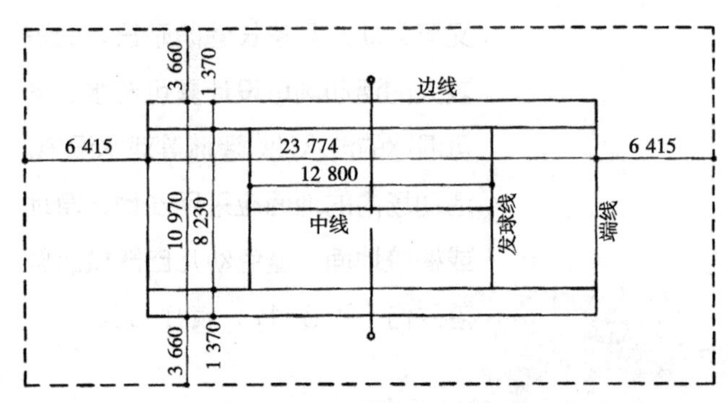

图 8-18　网球场尺寸示意图
资料来源：《风景建筑小品设计图集》

8.4.5.1　网球场的设计要点

（1）设计网球场尽可能按 3 个部分分别规划设计，即带看台且与俱乐部建筑相邻的主场地、普通场地和墙壁练习场地。

（2）应在场地上设置休息用和放置随身用品的长凳。特别是场地数目较多的网球场，最好设置凉亭等庇荫设施，同时，入口附近要设置饮水台。

（3）四周围网的高度一般 3~4m。具体设计时，则应根据相邻地点的具体情况，以球不会飞出的高度为宜。

（4）围网用铁丝网的网眼为菱形，网眼孔径以网球无法穿越的 45mm 为准，且尽量选用强度大、耐久性强的镀铝铁丝（AS 线）。另外，为防止网球从围网底边滚出，应采取预防措施，或缩小围网与地面间的空隙，或在底边再加栏网。

（5）为方便观众看球，同时也美化球场周围景观，尽可能在四周围网外栽种树木，如桧树、杜鹃等。无条件植树的，也可在围网上架设绿色聚乙烯遮光棚。

（6）外围围网的功能可灵活设计，譬如在观光地，不必用围网将场地全部封闭，可以考虑在边线一侧的围网上开设一个约 10m 的缺口，作为开放型网球场。

8.4.5.2　排球场的尺寸和设计要点（表 8-7）

排球场的尺寸　　表 8-7

	6 人制场区	球网高度	9 人制场区	球网高度
普通及大学男子用	18m × 19m	243cm	21.0m × 10.5m	238cm
普通及大学女子用	同上	224cm	同上	225cm
高中男子用	同上	240cm	18m × 9m	210cm
高中女子用	同上	220cm	同上	205cm

（1）不同场地边线与端线外的无障碍区大小不一。线外无障碍区，室外普通排球场为 3m 以上，国际比赛用场地为 8m 以上。边线无障碍区，室外普通场地为 3m 以上，国际比赛用场地为 5m 以上（图 8-19）。

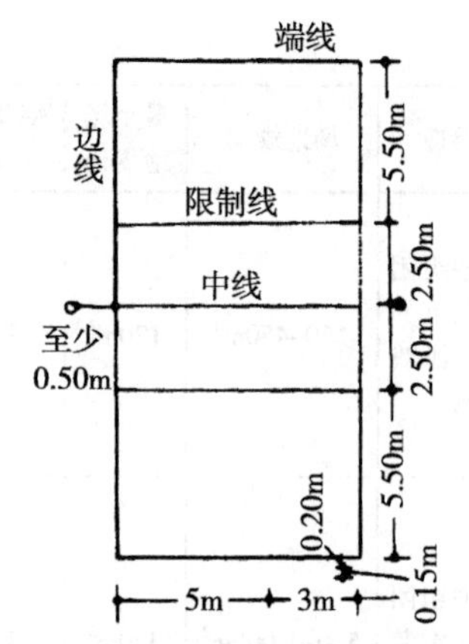

图 8-19　排球场尺寸示意图
资料来源：《风景建筑小品设计图集》

（2）场地地面一般采用黏土铺装，表面作统一整平处理。不用草坪、混凝土铺装。

（3）排球场地长轴放在南北方向上，如易受风力影响，尽可能安装防风设施。

8.4.5.3　篮球场的尺寸与设计要点（表 8-8）

篮球场的尺寸　　表 8-8

	6 人制场区长	6 人制场区宽	篮圈高度
中学—大学用普通场地	24~28m	14~15m	305cm
正式国际比赛场地	28m	15m	305cm

（1）端线与边线无障碍区均 3m 以上。

（2）球篮高 3.05m，篮板宽 1.80m，自篮板下沿向上 15cm 处安装球篮。同时篮板应与距离端线内沿中点 1.2m 的地方垂直，而支柱则应放置在端线外 1.25m 以上地方（图 8-20）。

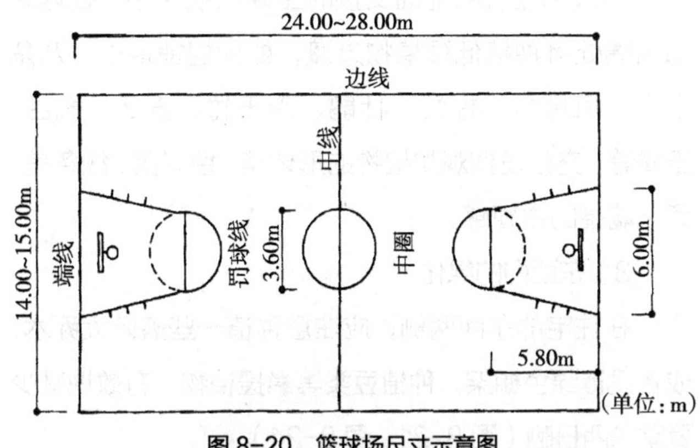

图 8-20 篮球场尺寸示意图
资料来源：《风景建筑小品设计图集》

（3）根据篮球运动的特点，场区地面应采用防滑铺装，同时为解决排水和地面硬度问题，尽可能选用沥青类、合成树脂类地面。

8.4.5.4 门球场尺寸与设计要点

（1）全场尺寸为 22m×27m，比赛场地自身规模为 20m×25m，也可选择宽 15m、长 20m 的尺寸规模。周围尽可能留出 2m 左右的自由区。

（2）地面一般采用黏土或草坪铺装，但全天候型铺砂型人工草坪场地、透水型人工草坪更为合适。

（3）标准地面排水坡度为 0.3%。

（4）洒水栓按每 4 块场地设 1 处的标准设置。

（5）球场方位不必作特别考虑。

（6）应设置凉亭等休息设施，以备老年人使用。

（7）如被指定为正式比赛场地，设计时应注意了解现有与田径运动场标准类似的门球场设计标准。

8.5 宅旁绿地规划设计

宅旁绿地包括住宅前后和两幢住宅之间的用地，它是住宅绿化的最基本单元，虽不像公园绿地那样具有较强的娱乐、游赏功能，但却与居民日常生活起居息息相关。居民可在此进行各种家务活动，休息、邻里交往，以及衣物晾晒等。宅旁绿地是住宅内部空间的延续和补充，也是联系邻里关系、密切人际关系的纽带。

8.5.1 宅旁绿化的形式

1）树林型

以高大的树木为主形成树林。在管理上简单、粗放，大多为开放式绿地，居民可在树下活动。树林型对住宅环境调节小气候的作用较明显。但缺少花灌木和花草配置，需综合考虑速生与慢生、常绿与落叶、不同季相色彩、不同树形等树种的特点进行配置，避免单调。

2）花园型

在宅间以绿篱或栏杆围成一定范围，可布置花草树木和园林设施。在相邻住宅楼之间，可以遮挡视线，有一定的私密性，为居民提供游憩场地。花园型绿地可布置成规则式或自然式，有时形成封闭式花园，有时形成开放式花园。

3）绿篱型

在住宅前后沿道路边种植绿篱或花篱，形成整齐的绿带或花带的景观效果，南方小区中常用的绿篱植物有大叶黄杨、侧柏、小叶女贞、桂花、栀子花、米兰、杜鹃、桂花等。

4）棚架型

住宅入口处搭棚架，种植各种爬藤植物，既美观又实用，是一种比较温馨的绿化形式。但要注意棚架的尺度，勿影响搬家。

5）庭园型

在绿化的基础上，适当设置园林小品，如花架、山石、水景等。根据居民的爱好，设计各式风格的庭院，如日式风格、中式风格、英式风格等。在庭院绿地中还可种植果树，一方面绿化，另一方面生产果品，供居民享受田园乐趣。

6）游园型

在宅间距较宽时（一般需大于 30m），可布置成小游园形式。一般小游园的空间层次可沿着宅间道路展开，可布置各种小型活动场地，场地上可布置各种简单休息设施和健身娱乐设施。

8.5.2 宅旁绿地空间组织和绿地营建

宅旁绿地是最接近居民的绿地，因此绿地应精心规划与设计。宅间绿化空间组织要结合各种生活活动场地规划布局各种休息交往空间、简单儿童活动空间、晾晒空间、小汽车和自行车停放空间等，并注意各种功能设施的应用与美化。其中应以植物为主，使拥塞的住宅群加入尽可能多的绿色因素，使有限的庭院空间产生最大的绿化效应。各种室外活动场地是宅间空间的重要组成，与绿化配合丰富绿地内容相辅相成。为了安静，一般不宜设置运动场、青少年活动场等对居民干扰大的场地。宅旁绿化还应注意既要满足一楼住户住家的私密性，适当用植物遮挡屏障视线，还要注意保证良好的通风和采光。高大的乔木要离窗户 5~7m 以外种植。宅旁绿化要注意处理好以下几个部分：

1）单元出入口

单元出入口对住户来说是使用频率最高的亲切的过渡性小空间，是每天出入的必经之地。规划设计要在这里多加笔墨，使各单元出入口具有识别性。例如栽植攀缘植物形成拱门，使入口亲切温馨；或设置趣味置石小品，使入口具有园林韵味。对于北面出入口，由于光照弱、光线暗，可多采用耐阴的花卉，利用鲜艳的花色和明亮的叶色，增加入口光亮感和温暖感。

2）墙基和角隅

为避免建筑和地面交接时生硬的线条感，在墙基和角隅处可种植低矮植物过渡，如种植铺地柏、八角金盘、凤尾竹、棕竹、杜鹃、南天竹、麦冬、葱兰、玉簪等，充分发挥观赏植物的形体美、色彩美、线条美，柔化墙基的生硬感。

3）东西向的绿化

在住宅的东西两侧，应注意种植一些落叶大乔木，或者设置绿色棚架，种植豆类等攀援植物，有效地减少夏季东西日晒（图 8-21~ 图 8-24）。

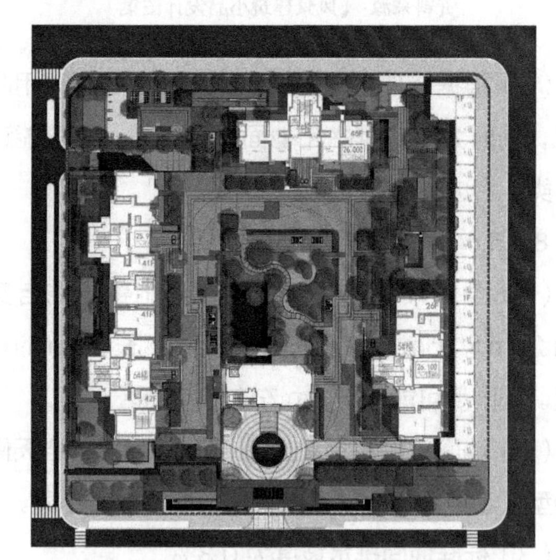

图 8-21 万科御玺滨江小区宅旁绿地设计
资料来源：由“A&N 尚源景观”提供

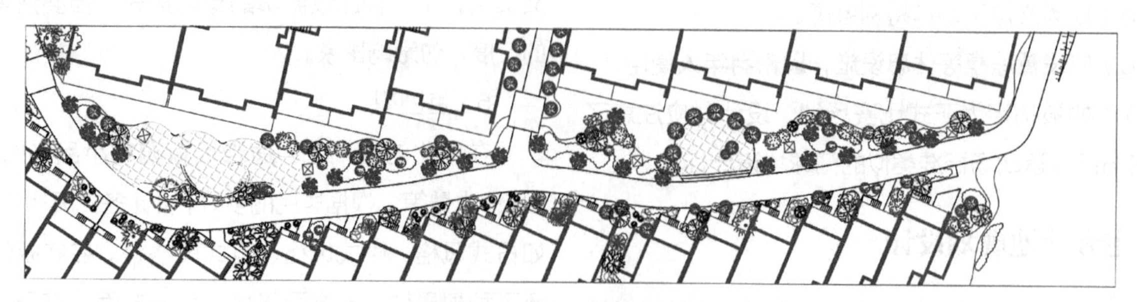

图 8-22 某小区宅旁绿地设计

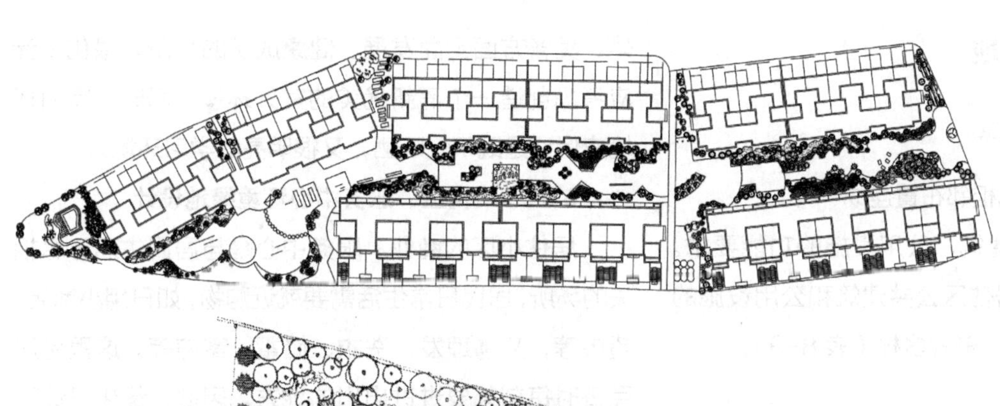

图 8-23　某小区宅旁绿地设计

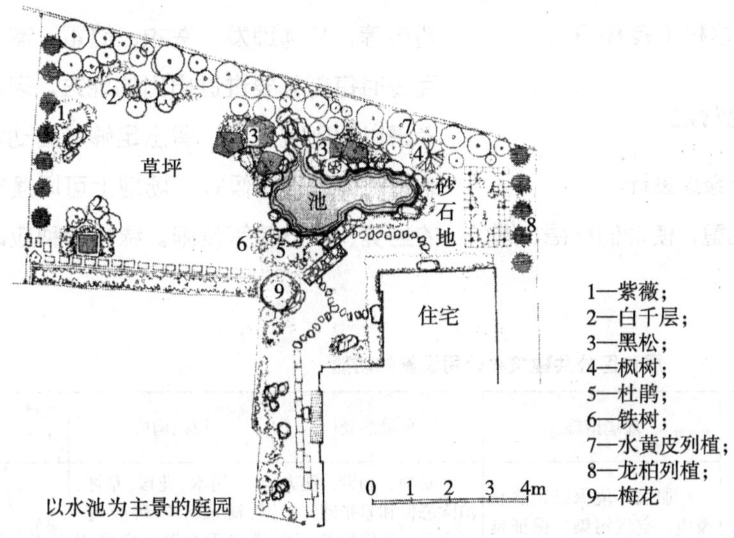

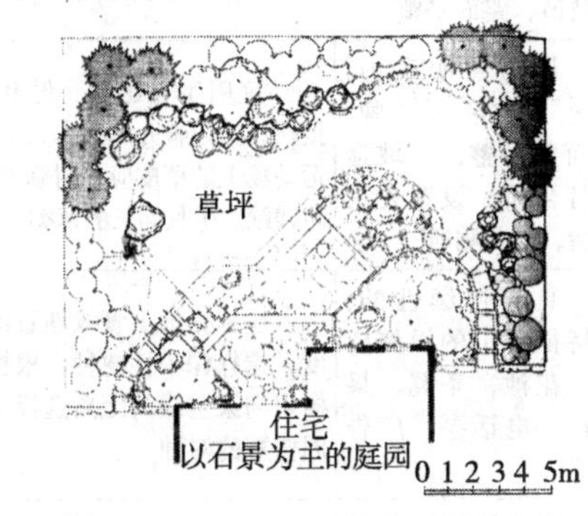

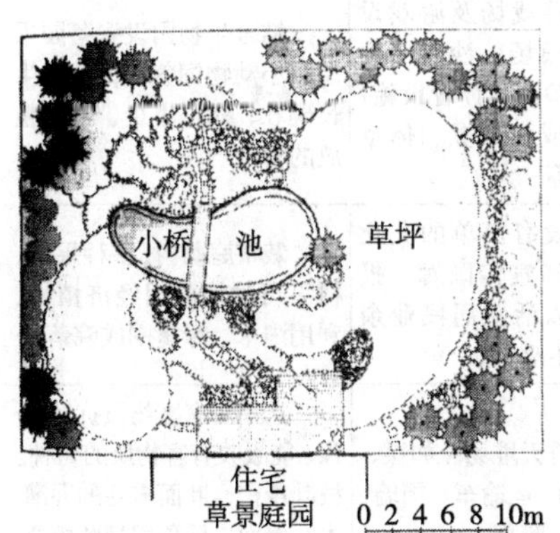

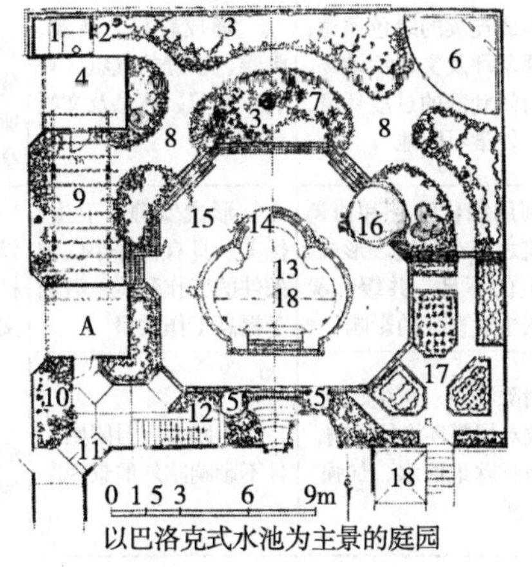

图 8-24　各种风格庭园设计实例
资料来源：《现代庭园设计实录》

8.6 配套公建所属绿地

8.6.1 规划设计要点

（1）与小区公共绿化相邻布置连成一片。

（2）保证各类公共建筑，公用设施的功能要求。居住区专用绿地应根据居住区公共建筑和公用设施的功能要求而进行绿地设计，形式多样（表8-9）。

8.6.2 配套公建所属绿地营建

8.6.2.1 中小学及幼儿园的绿地设计

小学及幼儿园是培养教育儿童，使他们在德、智、体、美各方面全面发展、健康成长的场所。绿化设计应考虑创造一个清新优美的室外环境。同时，室内环境应保证是既不受曝晒，又很明亮的学习环境。

8.6.2.2 商业、服务中心环境绿地设计

居住小区的商业、服务中心是与居民生活息息相关的场所，居民日常生活需要就近购物，如日用小商店、超市等，又需理发、洗衣、储蓄、寄信等。这里是居民每时每刻都要进进出出的地方。因此，绿化设计可考虑以规则式为主。留出足够的活动场地，便于居民来往、停留、等候等。场地上可以摆放一些简洁耐用的坐凳、果皮箱等设施。绿化树种应以冠大荫浓的乔

居住区公共建筑和公用设施的功能 表8-9

类型＼设计要点	绿化与环境空间关系	环境措施	环境感受	设施构成	树种选择
医疗卫生 如：医院门诊	半开敞的空间与自然环境（植物、地形、水面）相结合，有良好隔离条件	加强环境保护，防止噪声、空气污染，保证良好的自然条件	安静、和谐，使人消除恐惧和紧张感。阳光充足、环境优美，适宜病员休息、散步	树木、花坛、草坪、条椅及无障碍设施，道路无台阶，宜采用缓坡道，路面平整	宜选用树冠大、遮荫效果好、病虫害少的乔木、中草药及具有杀菌作用的植物
文化体育 如：电影院、文化馆、运动场、青少年之家	形成开敞空间，各建筑设施呈辐射状与广场绿地直接相连，使绿地广场成为大量人流集散的中心	绿化应有利于组织人流和车流，同时要避免遭受破坏，为居民提供短时间休息的场所	用绿化来强调公共建筑的个性，形成亲切、热烈的交往场所	设有照明设施、条凳、果皮箱、广告牌。路面要平整，以坡道代替台阶，设置公用电话、公共厕所	宜用生长迅速、健壮、挺拔、树冠整齐的乔木为主。运动场上的草皮应是耐修剪、耐践踏、生长期长的草类
商业、饮食、服务 如：百货商店、副食菜店、饭店等	构成建筑群内的步行道及居民交往的公共开敞空间。绿化应点缀并加强其商业气氛	防止恶劣气候、噪声及废气排放对环境的影响；人、车分离，避免相互干扰	由不同空间构成的环境是连续的，从各种设施中可以分辨出自己所处的位置和要去的方向	具有连续性的、有特征标记的设施树木、花池、条凳、果皮箱、电话亭、广告牌等	应根据地下管线埋置深度，选择深根性树种，根据树木与架空线的距离选择不同树冠的树种
教育 如：托幼所、小学校、中学校	构成不同大小的围合空间，建筑物与绿化、庭园相结合，形成有机统一、开敞而富有变化的活动空间	形成连续的绿色通道，并布置草坪及文化活动场，创造由闹到静的过渡环境，开辟室外学习园地	形成轻松、活泼、幽雅、宁静的气氛，有利于学习、休息及文娱活动	游戏场及游戏设备、操场、沙坑、生物实验园、体育设施、座椅或石桌凳、休息亭廊等	结合生物园设置菜园果园、小动物饲养园，选用生长健壮、病虫害少、管理粗放的树种
行政管理 如：居委会、街道办事处、物业管理	以乔灌木将各孤立的建筑有机地结合起来，构成连续围合的绿色前庭	利用绿化弥补和协调与建筑之间在尺度、形式、色彩上的不足，并缓和噪声及灰尘对办公的影响	形成安静、卫生、优美、具有良好小气候条件的工作环境，有利于提高工作效率	设有简单的文化设施和宣传画廊、报栏，以活跃居民业余文化生活	栽植庭荫树，多种果树，树下可种植耐阴经济植物。利用灌木、绿篱围成院落
其他 如：垃圾站、锅炉房、车库	构成封闭的围合空间，以利于阻止粉尘向外扩散，并利用植物作屏障，控制外部人员的视线	消除噪声、灰尘、废气排放对周围环境的影响，能迅速排除地面水，加强环境保护	内院具有封闭感，且不影响院外的景观	露天堆场（如煤、渣等）、运输车、围墙、树篱、藤蔓	选用对有害物质抗性强、能吸收有害物质的树种。枝叶茂密、叶面多毛的乔灌木；墙面、屋顶用爬藤植物绿化

木为主，如选用槐树、栾树、悬铃木、枫树等作行列式栽植。花木可以整齐的绿篱、花篱为主。

8.6.2.3 锅炉房、垃圾站环境的绿地设计

居住小区中的锅炉房、垃圾站是不可缺少的设施，但又是最影响环境清新、整洁的部位。绿化设计主要应以保护环境、隔离污染源、隐蔽杂乱、改变外部形象为宗旨加以设计。在保护运输车辆进出方便的前提下，在周边采用复层混交结构种植乔灌木。墙壁上用攀援植物进行垂直绿化，示人们以整洁外貌。

8.6.2.4 小区停车场及存车库的绿地设计

小区停车设计可以从如下两方面进行考虑：①可将宅间绿地的背阴面道路扩大为 4~5m 宽的铺装小广场，在小广场上划出小汽车停车位。这样的设计解决了宅间绿地背阴面由于管线多、探井多、光照差、土壤过于贫瘠、人为损坏较严重等因素造成的绿化保存率极低的问题。②建地下、半地下车库。将车库设计为地下或半地下式。车库顶层恰好作为集中绿地的小广场，供居民游憩之用（图 8-25）。

8.7 居住区道路绿化

8.7.1 居住区道路分级

居住区道路分为居住区级道路、居住小区级道路、组团级道路和宅前小路四级。

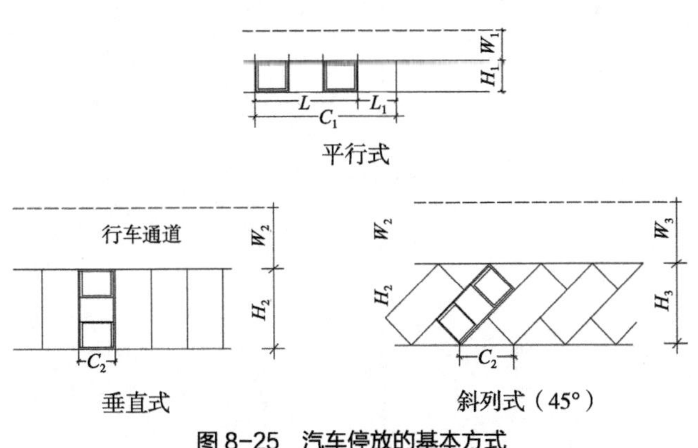

图 8-25 汽车停放的基本方式
资料来源：《居住区环境景观设计与营造》

居住区级道路是整个居住区内的主干道，是居住区与城市道路网相衔接的道路，最小红线宽度不小于 20m，车行道宽度不小于 9m，除车行道和人行道外往往还设置一定宽度的绿地。

居住小区级道路是居住区的次干道，是居住小区的主路，一般仅考虑小区内部机动车和人行交通，不允许公交车进入，路面宽度一般为 6~8m，道路红线的宽度根据小区交通组织规划要求而定。

组团级道路是居住小区的支路，建筑组团对外联系的主要通道，路面宽度一般 3~5m。

宅前小路是进出住宅及庭院空间的最末一级道路，平时主要是自行车及人行交通，但要满足清运垃圾、救护、消防、搬家以及临时私人小汽车的出入需要。路面宽度为 2.5~3m。

8.7.2 居住区道路绿化的要点

（1）以树木花草为主，多层布置，提高覆盖率。在种植乔灌木遮荫的同时，可多种宿根及自播繁衍能力强的花卉，美人蕉、一串红等，丰富绿地的色彩。

（2）考虑四季景观及早日普遍绿化的效果，注意常绿与落叶、乔木与灌木、速生与慢生、重点与一般相结合。

（3）种植形式多样化，以丰富的植物景观创造多样的生活环境。

居住区主要道路的绿化树种的选择应不同于城市街道，形成不同于市区街道的气氛，配置方式上可更多地采用乔木、灌木、绿篱、草地、花卉相结合的方式。要考虑行人的遮荫与交通安全，在交叉口及转弯处要符合视距三角形的要求，如果路面宽阔，可选体态雄伟、树冠宽阔的乔木，在人行道和居住建筑之间可多行列植或丛植乔灌木以起到防尘、隔声的作用。小区道路树种的选择多用小乔木、开花

灌木和叶色变化的树种。各小区道路应有个性、有区别，选择不同树种、不同断面种植形式，每条路上以一二种花木为主，形成合欢路、樱花路等。各住宅小路从树种选择到配置方式注重多样化，形成不同景观，便于识别家门。

（4）选择生长健壮、管理粗放、少病虫害及有经济价值的植物。

（5）注意与地下管网、地上架空线、各种构筑物和建筑物之间的距离，符合安全规范要求。

思考与练习

一、基本名词和术语

城市居住区、居住小区、居住组团、居住区用地、公共服务设施用地、道路用地、道路红线、公共绿地、宅旁绿地、配套公建所属绿地、道路绿地。

二、思考题

1. 简述居住景观规划设计的原则。

2. 简述居住区绿化的要点。

3. 以某一居住区为例，尝试进行该小区园林景观规划设计。

第9章 公园绿地规划设计

公园是随着近代城市的发展而兴起的，是城市发展建设的组成部分，是城市文明和繁荣的象征。对于城市来说，公园犹如一颗明珠镶嵌在其中，点缀着城市的美丽，使之锦上添花，风光旖旎，魅力无穷。城市公园不仅为城市居民提供了文化休息以及其他活动的场所，也为人们了解社会、认识自然、享受现代科学技术带来了种种方便。同时在平衡城市生态环境、调节气候、净化空气等方面具有积极的作用。因此，在作为城市基础设施之一的园林建设中，公园占有最重要的位置。

9.1 公园的发展概述

9.1.1 中国现代公园发展

公园的起源，最早应追溯到周文王时期的“囿”。据诗经记载，公元前1171—公元前1122年，周文王的“囿”，方七十里，开放于庶民共享，与民同乐，这是历史上关于“公园”的最早记载，中国开启了世界造园史上公园之先河。

中国近代城市公园的发展历史，是在西方造园思想指导下进行殖民形式的园林创作、为少数殖民统治者服务的历史。1868年上海建造的黄浦公园是最早的一个“公园”。1908年复兴公园建立，1919年中山公园建成，这些时期公园多为规则式和英国自然风景式，都是为少数统治者开放的公园。1906年，我国自己建造的、对国人开放的近代公园“锡金公花园”建成；辛亥革命后，广州越秀公园（图9-1）、中央公园等城市公园陆续建成，这一时期的造园手法大多直接来自于欧洲的造园实践。

1949年中华人民共和国的成立，是我国城市公园发展史上近代和现代的分界点。然而中国现代公园的发展是非常曲折的。先是在发展国民经济、营造大众乐园的思想指导下跃进了10年，又在“文革”动荡中沉沦了10年。在这20年中，全国各城市以恢复、改造旧园为主，仅于20世纪50年代中期，新建了部分公园，如：杭州的花港观鱼（图9-2）、北京的陶然亭、东单、宣武等公园，南京的绣球、太平、午朝门、栖霞山等公园，武汉的解放公园，哈尔滨的斯大林公园等都是在这个时期建造的。总体来讲，这一阶段由于各种历史和政治原因，加上自然灾害等因素，全国城市公园的建设速度很慢，工作重心是强调普遍绿化和园林结合生产。在造园理论上主要学习苏联的园林绿地规划模式，在功能上主要是重视文化休息和文化教育。

1977—1984年，全国城市公园数量有所增加，全国城市公园面积达到19 626hm^2，公园数量增加到904个，造园手法丰富多彩，新的公园形式开始出现。

1989—1999年是我国公园建设大发展阶段。在改革开放第二个“十年”期间，城市公园建设也更加趋于规范化。城市公园作为城市生态和景观的有机组成部分，被纳入城市绿地系统规划。城市公园的类型

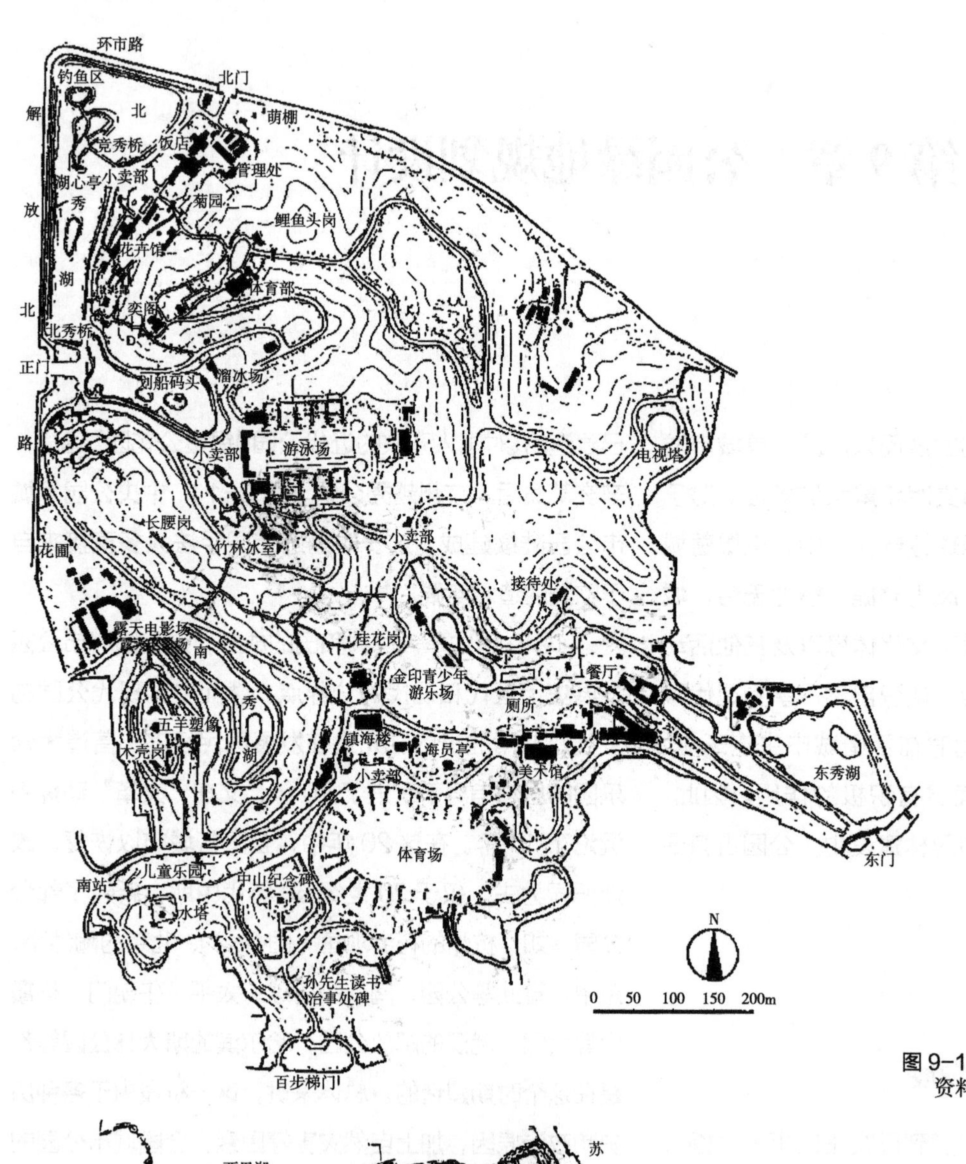

图 9-1 广州越秀公园平面图
资料来源：《园林设计》

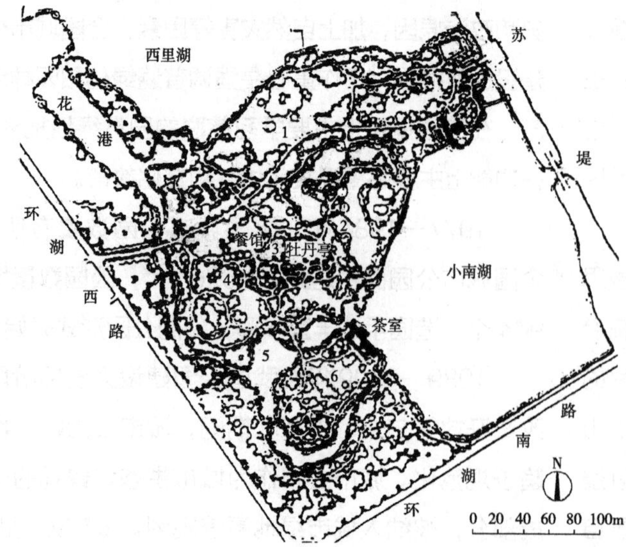

图 9-2 杭州花港观鱼公园总平面图
1—草坪区；2—鱼池景区；3—牡丹园景区；
4—丛林景区；5—花港景区；6—疏林草地景区
资料来源：《风景园林景观规划设计实用图集》

不断丰富，除建设了多功能、综合性公园外，还加强了主题公园、专类公园等各式特色公园的建设，如无锡三国城、深圳的世界之窗等富有特色的文化主题公园不断涌现。

2000 年至今，我国公园建设进一步发展和完善。2001 年我国政府发出了《国务院关于加强城市绿化建设的通知》，并指出要加强城市生态环境建设，创造良好的人居环境，和以促进城市可持续发展为中心，努力建成总量适宜、分布合理、植物多样、景观优美的城市绿地系统。

由此，我国公园数量迅速上升，我国公园数量走势如图 9-3、图 9-4 所示，2009 年时中国的公园数量为 9 050 个，至 2016 年时已经增长至 15 370 个，2017 年增速放缓，为 15 633 个，2018 年约为 16 038 个。

我国景观市场的强大潜力，正吸引着越来越多的国际景观建筑大师的目光。国外景观公司的介入，对我国公园的规划设计是一个极大的促进，为城市公园的大发展注入了新的力量。1992 年，我国相继出台了《城市绿化条例》（2017 年修订）和《公园设计规范》GB 51192—2016，对公园的功能、设施、规模、总体设计、地形设计、道路系统布局、种植设计、建筑布置及其他设施等的设计提出了相应的要求。同时推出了园林城市、花园式单位或园林式单位等的评比活动，大大促进了我国园林绿化建设的发展。由于我国城市化进程加快，城市人口激增，由此带来的许多环境恶化、景观不佳等问题更加突出。因而这一时期我国城市公园的功能除了提供优美的游览休息环境外，更是注重了其生态功能。1999 年，第 20 届 UIA 大会在北京举行，吴良镛先生在《北京宪章》中提出了“建筑—景观—规划”三位一体的观点和“大地景观”的宏伟构想，这进一步促进了城市公园的发展。具有现代景观意识和时代气息的城市公园不断出现，如俞孔坚的中山岐江公园景观设计，结合旧船厂的景观改造，形成具有现代景观特色的城市公园。随着中西方景观设计行业的频繁交流与不断融合，西方现代景观设计的一些理论正逐渐影响着我国的景观设计师，一些新思想和方法结合我国的国情，正被逐渐应用到景观实践中。系统论、可持续发展理论、人本主义、后现代主义、极简主义及解构主义等设计理念的应用，为我国城市公园的规划设计提供了很好的理论依据和指导思想，必将大大加快我国现代城市公园的发展。

随着时代的发展，我国城市公园面临着一些新的问题。首先，公园数量不足，分布不合理，质量偏低，且种类不够丰富，公园内活动内容贫乏，不能满足现代居民、游客的需求和形势的发展。其次，城市公园

图 9-3　近年来我国公园数量的变化
资料来源：国家统计局

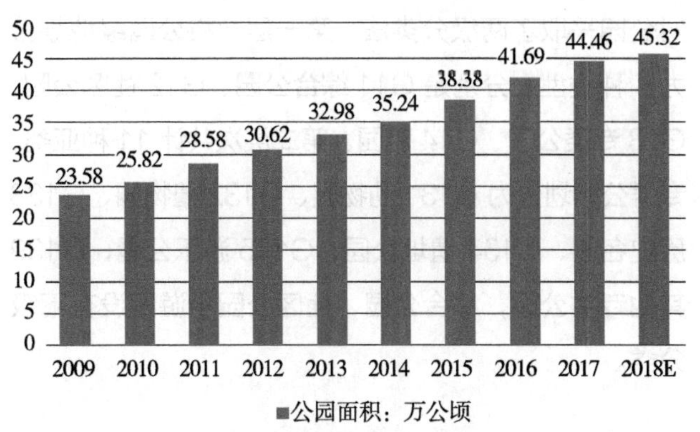

图 9-4　近年来我国公园面积的增长
资料来源：国家统计局

的建设、维护资金不足。最后，行业管理跟不上公园的发展，法制不够健全。1994 年 12 月，中国公园协会（CAP）的成立，对我国城市公园的管理有重要意义。但是这个群众性的行业组织，还不能解决公园建设与发展过程中面临的许多问题。

9.1.2 公园体系和类型

目前，对公园的解释有多种，我国在 2017 年实施的《公园设计规范》GB 51192—2016 可将公园解释为：由政府或公共团体建设与经营，向公众开放，以游憩为主要功能，有较完善的设施，且兼具生态、美化等作用的绿地。而公园体系指由若干类型的公园相互联系而构成的一个有机整体，主要内容包括公园的基本类型、规模、等级和比例等，是城市绿地系统的重要组成部分，也是最能够反映城市绿地和公共空间建设质量的绿地体系类型。它的数量、面积、空间布局等直接影响到城市环境质量的改善和城市居民游憩活动的开展，并且对城市景观文化的塑造和城市风貌特色的形成具有重要的影响。

对于城市公园的分类，目前世界上还没有形成统一的分类系统，中国的城市绿地分类标准目前依据《城市绿地分类标准》CJJ/T 85—2017 对城市绿地进行系统分类，这是目前中国城市公园分类的唯一国家标准，如表 9-1 所示，其中 G1 公园绿地是分类重点。对公园采取了两级分类法。第一层次将公园绿地划分为 4 种类型，分别是 G11 综合公园、G12 社区公园、G13 专类公园、G14 游园。第二层次共计 11 种亚类，专类公园划分为 G131 动物园、G132 植物园、G133 历史名园、G134 遗址公园、G135 游乐公园、G139 其他专类公园，综合公园、社区公园和游园没有下级分类。

公园绿地分类　　表 9-1

类别代码			类别名称	内容	备注
大类	中类	小类			
G1			公园绿地	向公众开放，以游憩为主要功能，兼具生态、景观、文教和应急避险等功能，有一定游憩和服务设施的绿地	—
	G11		综合公园	内容丰富，适合开展各类户外活动，具有完善的游憩和配套管理服务设施的绿地	规模宜大于 10hm²
	G12		社区公园	用地独立，具有基本的游憩和服务设施，主要为一定社区范围内居民就近开展日常休闲活动服务的绿地	规模宜大于 1hm²
	G13		专类公园	具有特定内容或形式，有相应的游憩和服务设施的绿地	—
		G131	动物园	在人工饲养条件下，移地保护野生动物，进行动物饲养、繁殖等科学研究，并供科普、观赏、游憩等活动，具有良好设施和解说标识系统的绿地	—
		G132	植物园	进行植物科学研究、引种驯化、植物保护，并供观赏、游憩及科普等活动，具有良好设施和解说标识系统的绿地	—
		G133	历史名园	体现一定历史时期代表性的造园艺术，需要特别保护的园林	—
		G134	遗址公园	以重要遗址及其背景环境为主形成的，在遗址保护和展示等方面具有示范意义，并具有文化、游憩等功能的绿地	—
		G135	游乐公园	单独设置，具有大型游乐设施，生态环境较好的绿地	绿化占地比例应大于或等于 65%
		G139	其他专类公园	除以上各种专类公园外，具有特定主题内容的绿地。主要包括儿童公园、体育健身公园、滨水公园、纪念性公园、雕塑公园以及位于城市建设用地内的风景名胜公园、城市湿地公园和森林公园等	绿化占地比例宜大于或等于 65%
	G14		游园	除以上各种公园绿地外，用地独立，规模较小或形状多样，方便居民就近进入，具有一定游憩功能的绿地	带状游园的宽度宜大于 12m；绿化占地比例应大于或等于 65%

9.1.3　西方近、现代公园介绍

西方的近、现代公园是伴随着西方国家近现代城市化及市民文化的产物，是随着社会生活的需求而产生、发展并逐步成熟起来的。世界造园已有 6 000 多年的发展历史，沉淀了各种类型的古代公共园林形式，奠定了城市公园产生的基础。

公元前 9 世纪到公元前 5 世纪，古希腊出现了向公众开放的、园林化的体育馆，已初具现代公园的雏形。17 世纪，资产阶级革命胜利后，在“自由、平等、博爱”的旗帜下，新兴的资产阶级统治者把许多宫苑和私园都向公众开放，并通称为“公园”(Public Park)。19 世纪，大部分皇家猎园已成为公园，许多城垣也被改建成公园。19 世纪 30 年代后，欧洲各大城市大量建造新公园，如伦敦海德公园、摄政公园（图 9-5）、巴黎的杜乐丽公园、罗马的波给塞别墅公园等。1858 年，美国政府通过了由奥姆斯特德（Frederick Law Olmsted，1822—1903 年）规划设计的纽约中央公园设计方案，

图 9-5　伦敦摄政公园平面
1—玛丽女王花园；2—动物园
资料来源：《风景园林景观规划设计实用图集》

标志着真正意义上的公园形式的出现。该园占地面积约 340hm²，以田园风光和自然布置为特色，成为纽约市民游憩、娱乐的场所，利用率非常高。

9.1.3.1　美国近、现代公园的发展及经典园林介绍

1）发展历史

19 世纪，美国城市公园的发展取得了惊人的成就。一大批城市公园的出现，为人们提供了进行户外活动、欣赏和谐宁静的田园风景的都市自然空间。1851 年，第一部公园法的通过，使得公园有了真正的含义。1858 年，纽约的中央公园成为世界上最早的真正意义上的公园。受其影响，在全美掀起了一场城市公园运动，从而推动了公园的发展。1900—1925 年，美国公园定义为“Public Park”,其目的是为市民提供安静、优美的休息或户外娱乐的场所。第二次世界大战以后，美国政府由于财政及用地的紧张，对于公园建设的投入更加明智和谨慎。不再用财政拨款为公众提供新的绿地，而是利用一些行之有效的方法来增加公众绿地，如通过区划（Zoning）的方法让私人拥有的空间对公共开放，把公路转变为公园，利用停车场的创收来支付公园发展费用等。

2）分类

美国的公园类型非常丰富，包括：①儿童公园或儿童游戏场(Children’s Playground)；②近邻娱乐公园或近邻运动公园（Neighborhood Playfield Parks or Neighborhood Recreation Parks）；③运动公园或特殊运动场（Playfield Parks），包括运动场、田径场、高尔夫球场、海滨游泳馆、营地等；④教育公园（Educational-Recreational Areas），包括动物园、植物园、标本园、博物馆等；⑤广场公园（Ovals Triangles and Other Odds and Ends Properties）；⑥近邻公园（Neighborhood Parks）；⑦市区小公园（Downtown Squares）；⑧风景眺望公园（Scenic Outlook Parks）；⑨水滨公园（Waterfront

Landscaped Rest，Scenic Parks）；⑩综合公园（Large Landscaped Recreation Parks）；⑪林荫大道与公园道路（Boulevards and Park Ways）；⑫保留地（Reservation）。

3）纽约中央公园简介

被誉为“镶嵌在纽约皇冠上的绿宝石”的纽约中央公园，占地 341.15hm^2，位于曼哈顿岛的中央，是一个长 4 000m、宽 800m 的长方形，覆盖了 153 个街区。1857 年始建，由设计师和 3 000 位工人历时 16 年建设完成，共耗资约 2.6 亿美元。在公园建成以后的 15 年里，曼哈顿地价增长了 1 倍，城市中心逐步北移，“纽约绿洲”成为钢筋混凝土都市丛林中的一个人造奇迹。1980 年开始了公园的复兴与保护。目前，公园共有 2.6 万棵树木、275 种鸟类、60.7hm^2 的湖面和溪流、93.34km 的人行漫步道、9.66km 的机动车道、近 8.05km 的骑马专用道、30 个网球场、1 个游泳池、2 座小动物园以及大量休闲娱乐公共设施。每年吸引游客多达 2 500 万人次。它不但为人们提供游憩和公共生活场所，同时还具有天然调节器和自然生态保护区的功能，成为城市孤岛中各种野生动物最后的栖息地。这块巨大的城市绿心所发挥出的环境生态效能和社会价值是难以度量的。

由奥姆斯特德（F. L. Olmsted）和助手沃克斯（Calvert Vaux）提出的“绿草地”方案是中央公园的构思要点，方案表达了设计者渴望传递“民主思想进入林木和泥土之中”的创新思想。中央公园的设计理念主要体现为以下几点：①人性化设计。中央公园的设计贯彻了初创的理念——“一个属于民众的公园”。因此，在设计中充分考虑人的需要，满足人对环境的需求，提出公园应为人们提供优美的环境以及各类娱乐活动的需要。②恢复和保护性设计。在设计中强调自然景观，并对某些自然景观加以恢复。中央公园是一个完全的人造自然景观，而从其 150 多年的发展历程中，逐渐从纯粹性物理景观发展成具有多样化自然风貌、野生动植物赖以生存的自然栖息地，并在历史与现代、技术与自然、生存与发展等方面始终保持着相对的均衡。③自然式设计。在设计中，尽量使用自然式，如道路系统的规划采用流畅的弯曲线，公园中间采用大面积的草坪和草地等。早期的中央公园明显带有英国自然风景园的特点。④在植物配置中，讲究适地适树，多用乡土树种。采用当地的乔木和灌木，用于营造公园周边稠密的栽植带，以便形成公园内相对安静的休息区。⑤对公园进行了分区规划。全园利用道路系统划分为不同的区域。⑥公园内设置大量的体育活动和文化娱乐设施，供市民进行活动锻炼或组织一些比赛；同时，丰富的文化娱乐活动吸引着广大市民。⑦在中央公园的规划设计中，最突出的设计创意是有预见性地提出了分离式交通系统，即人行道、跑马道以及观光车道自成体系；同时结合城市未来发展趋势和需要，设计了 4 条下沉式穿行车道，以防止对田园式自然景观的破坏（图 9-6）。总之，中央公园在规划设计上的构思与理念，以及设计师的远见卓识，对于 150 多年后的今天仍具有很好的借鉴和参考价值。

9.1.3.2 英国近、现代公园的发展保护

1）发展历史

英国的城市公园多，有市级、镇级、社区级的，大小不等，面积也各不相同。英国公园的设计手法看似未经过规划设计，显得随意、自然、少人工痕迹，多以大森林、大草坪结合自然地形变化为主，类似于国内的生态公园、体育公园等形式。

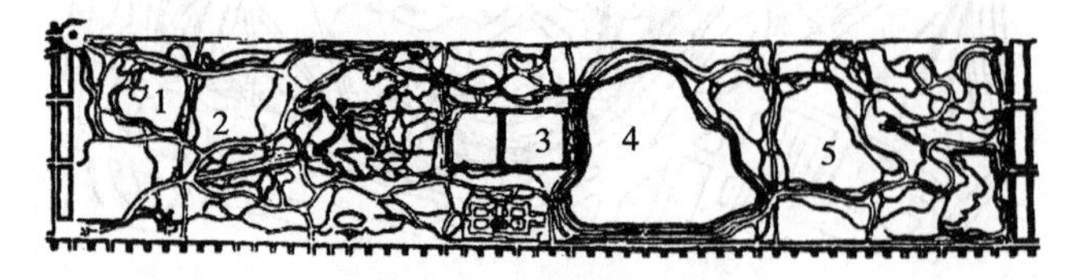

图 9-6 纽约中央公园
1—球场；2—草地；3—贮水池；4—新贮水池；5—北部草地
资料来源：《园林设计》

英国的公园有着悠久的历史。早在中世纪，许多城镇都有自己的公地（Commons），也称开敞地，供当地居民集体使用。18 世纪，英国发展出了一种娱乐公园（Pleasure Garden），但主要是出于商业的需要，要收取门票，还不是现代意义上的公园。从 1833 年开始，英国议会颁布了一系列的法案，开始准许动用税收来建造城市公园。1838 年，政府要求必须留出足够的开敞空间，为当地居民的锻炼和娱乐之用。1843 年，英国利物浦市动用税收建造了公众可免费使用的伯肯海德公园（Birkinhead Park）。1849 年，《公众保健法》（The Public Health Act.）规定，居住区绿地（Village and Town Greens）应作为附近市民的娱乐场所（Recreation Grounds）。1859 年，通过《娱乐地法》允许地方当局为建设公园而征收地方税，从而开始了公共造园运动。英国的大多数公园都是这个时期建造的。

2）伯肯海德公园介绍

伯肯海德公园可以说是世界园林史上第一个城市公园（图 9-7）。1843 年，由帕克斯顿（Joseph Paxton）负责设计，1847 年工程完工。公园内人车分流是帕克斯顿最重要的设计思想之一。公园由一条城市道路（当时为马车道）横穿，方格化的城市道路模式被打破，同时大大方便了该城区与中心城区的联系。蜿蜒的马车道构成了公园内部主环路，沿线景观开合有致、丰富多彩。步行系统则时而曲径通幽，时而极目旷野，在草地、山坡、林间或湖边穿梭。四周住宅面向公园，但由外部的城市道路提供住宅出入口。公园水面按地形条件分为“上湖”和“下湖”。开挖水面的土方在周围堆成山坡地形。水面自然曲折，窄如溪涧，宽如平湖。湖心岛为游人提供了更为私密、安静的空间环境。公园绿化以疏林草地为主，高大乔木主要布局于湖区及马车道沿线，公园中央为大面积的开敞草地。公园内的建筑采用地方材料，建筑风格为“木构简屋”（Compendium Cottage）。公园中大面积疏林草地的安排，一直为人们所赞赏。它不仅为当地居民提供了板球、曲棍球、橄榄球、草地保龄球、射箭运动的场地，还提供了军事训练、学校活动、地方集会、展览及各种庆典场所。帕克斯顿通过规划设计成功地赋予了伯肯海德公园一种能力——参与新世纪发展、适应功能变化的能力。该公园于 1977 年被英国政府确立为历史保护区（Conservation Area）。作为世界园林史上的第一个城市公园，伯肯海德公园不仅具有历史文物价值，而且其美学价值、社会价值、环境价值，特别是其经济上的成功，留给了世界一个永久的启迪。

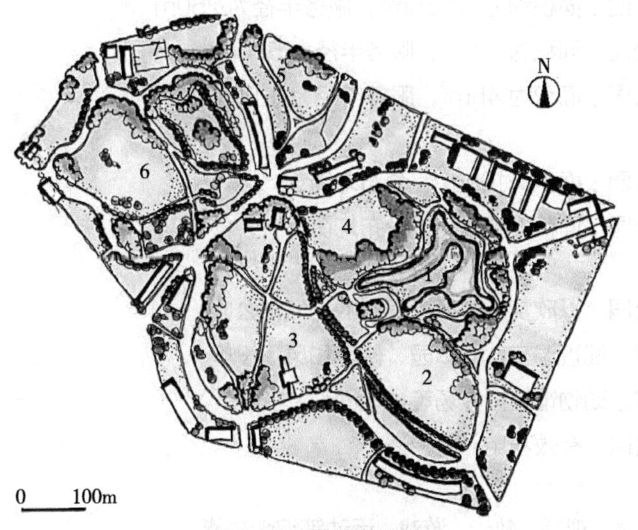

图 9-7 伯肯海德公园

1—下湖；2—牧场；3—板球运动场；4—足球场；5—网球场；6—疏林草地；7—橄榄球场

资料来源：根据网络资料自绘

9.1.3.3 日本近、现代公园的发展

1）发展历史

日本的公园绿地制度是 19 世纪从西方国家引进的。19 世纪中叶，应来日居住的国外人的要求，设立了专用游园；随后，在神户设立了加纳町游园、海岸游园、前町公园等公共休闲场所，在横滨、札幌、岩国等地也设立了山手公园、横滨公园等公共游园。这些公共地成为了日本城市公园的前身。明治维新之后，日本政府从欧洲正式引进了公园制度。1873 年，政府发

布的太政官布告第16号通告，被认为是日本近代公园的出发点。根据这个公告，日本各地开始设置公园，全国共建公园60多处。1889年，东京建造了日比谷公园、坂本町公园、水谷公园、汤岛公园、白山公园等。1919年颁布了第一部全国统一的城市规划法规《都市计划法》，规定在施行区域面积的3%以上应作为公园用地保留，从而促进了新市区小公园的诞生。1933年，公布了公园规划标准，在这个标准中，提出了公园的分类系统，并对每种公园的定义、功能、面积、服务半径、配置与设施等进行了详细规定。这是第一个明确的城市公园规划标准，在日本公园史上具有划时代的意义。战后，日本公园绿地遭到很大损失，公园绿地面积大幅度减少。1956年颁布的《都市公园法》重新确定了战后公园管理体制、都市公园的分类、面积以及配置标准等。1957年，东京共规划了5处大公园、356处小公园和14处绿地，共占地约6 088hm^2。20世纪70年代以后，日本公园绿地的建设并没有取得实效。1972年《都市公园整备紧急措施法》，开始了阶段性的公园5年规划的实施，至今已实施了6个“建设城市公园计划”。1973年在《城市绿地保全法》中把建设城市公园置于“防灾系统”的地位。1993年，把公园提到了“紧急救灾对策所需要的设施”的高度，第一次把发展灾害时作为避难场所和避难通道的城市公园称为“防灾公园”。1998年，就防灾公园的定义、功能、设置标准及有关设施作了详细规定。随着日本人口密度的不断增加，建筑密度增大，土地价格提高，新建大规模公园的成本极高，从而出现了大量的城市小公园。据2000年统计，仅东京城区，共建造街区公园2 794处、近邻公园96处。这两种公园形式虽规模和服务半径小，但主要服务于近邻住区的居民，因而使用率非常高。

2）分类

日本现行的公园分类体系如下：

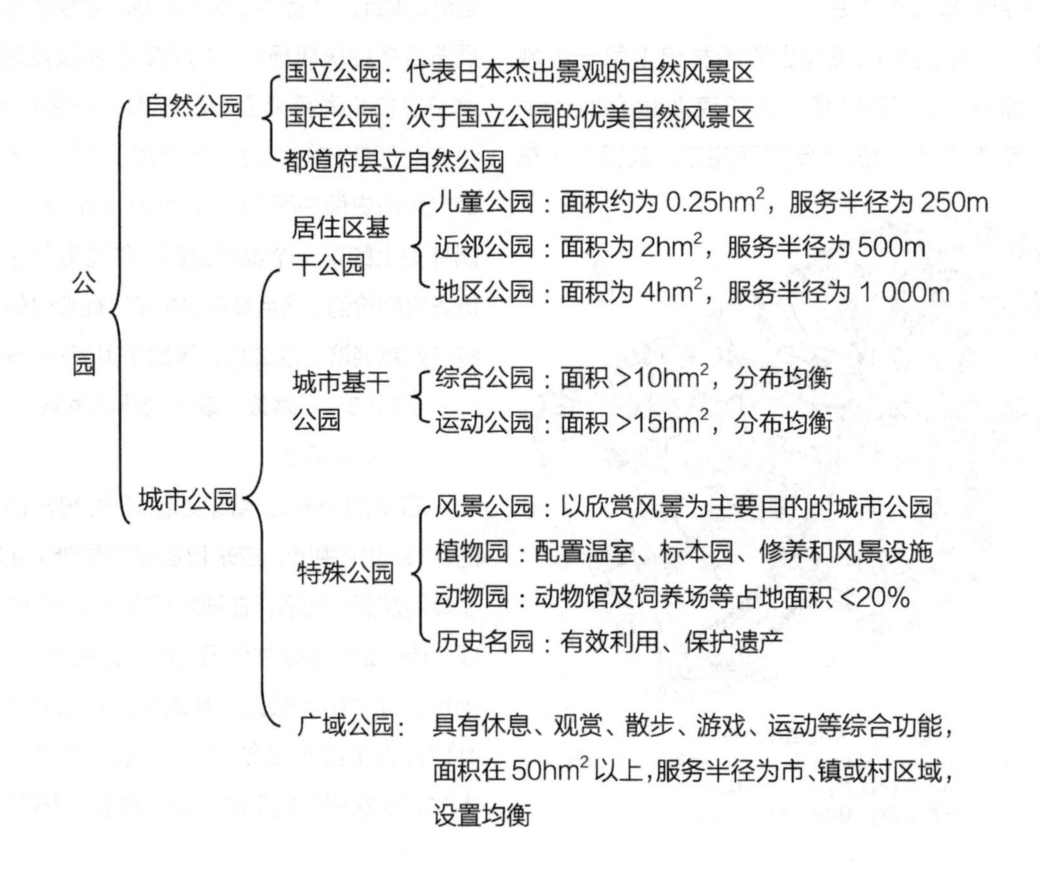

3）东京都日比谷公园介绍

建于 1903 年，占地 16.5hm^2，是日本最早的西洋风格公园，被称为“东京都中心绿洲”。园内设有运动场、室外音乐亭、公会堂和图书馆等，是市民经常举行集会的场所（图 9-8）。

9.1.3.4 德国近、现代公园的发展

1）发展历史

德国的公园在战前一般以英、美为典范。战后，德国市民可以占用建设生产用地，以享受土地、阳光和空气。并制定了相应的法律，使其永久化，在园中设置游戏场、俱乐部、运动场、露天剧场、日光浴场等，具有完整的公园特性。20 世纪 50、60 年代，德国园林展主要着重于设计一个公园的环境。20 世纪 60 年代末至 70 年代，公园的休闲功能进一步突出，并进一步强调保护环境、改善城市生态的观念。德国公园的发展是随着园林展的发展而发展的，历届园林展留下的园林形成了下列几大类公园。首先是风景园，在展览结束后恢复成自然风景园，公园不设围栏，游人自由出入，园内多是开阔的大草坪及湖泊景观。第二类是休憩园（Erholungs Park），这类公园在展览后，除了恢复自然风景外，还在园内添加了大量的活动场地和体育设施，主要功能是供游人休息与娱乐。

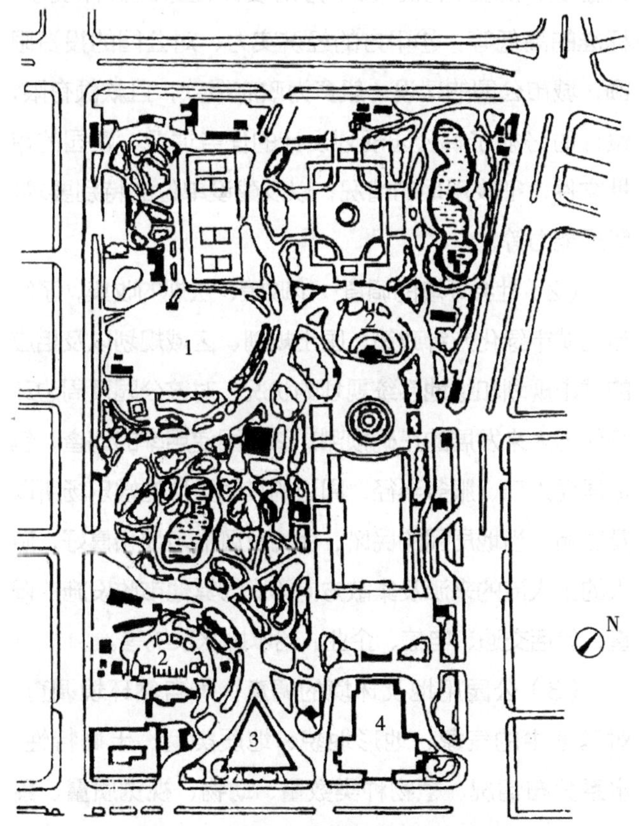

图 9-8 日本东京都日比谷公园平面图
1—广场；2—音乐堂；3—图书馆；4—公众聚会厅
资料来源：《风景园林景观规划设计实用图集》

最能代表德国当代景观设计特征的是后工业时代生态景观设计。如彼得·拉茨（Peter Latz）设计的杜伊斯堡景观公园，将庞大的钢铁厂蜕变为一个以自然再生为基础的生态公园和工业纪念地，保留下来的鼓风炉、冶炼厂、煤矿、仓库和铁轨被改造成娱乐、体育和文化设施与场所。当代德国景观设计师们不仅以生态设计理念和实践享誉世界，更在建造材料、技术上引领欧洲潮流，用玻璃、钢、木材、石头等创造出了很多自然亲切和简洁丰富的作品。

2）分类

德国的公园的类型包括：①郊外森林公园及森林公园；②国民公园（Volkspark）；③运动场及游戏场；④各种广场（Plaza）；⑤郊外绿地；⑥蔬菜园或小菜园（Kleingarten）；⑦运动公园或有运动设施的绿地；⑧花园路或有行道树装饰的道路。

3）杜伊斯堡景观公园介绍

杜伊斯堡景观公园由德国慕尼黑工业大学教授、景观设计师彼得·拉茨设计（图 9-9），占地约 200hm^2。公园位于杜伊斯堡市北部，原址是一个具有百年历史的钢铁厂，停业后留下很多庞大的建筑和鼓风炉、烟囱、矿渣堆、起重机等。1989 年，政府决定将工厂改造成公园；1990 年，开始了规划设计工作；1994 年，公园部分对外开放。设计师采用生态的手法进行了整个公园的规划设计。首先，保留工厂中的构建物，并尽量赋予其新的功能。如把高炉改造成遥望塔，

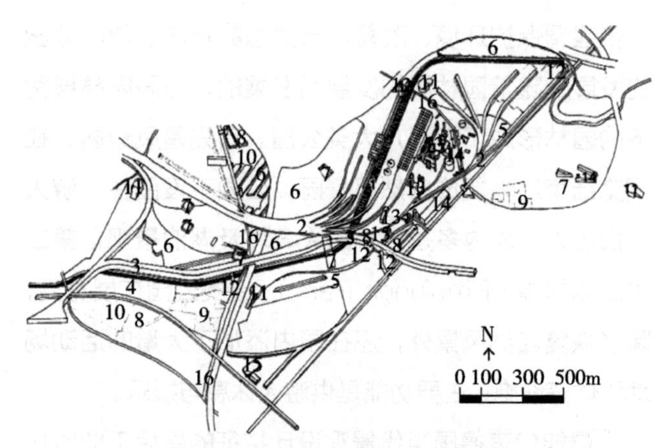

图 9-9　杜伊斯堡景观公园平面图

1—大水渠；2—铁路与环境；3—路堤式道路；4—地被；5—灌木；6—密林；7—主题园；8—现有公园；9、10—运动区；11—观景园；12—主要景色园；13—工业博物馆；14—文化建筑；15—商业建筑；16—步道

资料来源：《西方现代园林设计》

可以让游人攀登和远眺；废弃的高架铁路改造成公园中的游步道；混凝土墙变成了攀岩训练场等。这些建筑、构建物都是历史的见证，设计师的目的是让人们去感受历史、感叹或追忆那流逝的岁月。其次，保留工厂中的植被。最后，循环利用水源，工厂原有的冷却槽和沉淀池被用来净化水体，污水、雨水引入其中，净化后流入埃姆舍河。

独特的设计思想为杜伊斯堡景观公园带来了具有有极大震撼力的景观效果。目前，该公园已成为一个吸引各类人群的游乐场。彼得·拉茨的全新的生态设计理念，不仅对工业后时代的景观设计具有重要指导意义，同时也启发了人们对现代公园的含义、作用与设计手法的重新思考。

9.2　公园规划设计的程序

公园的规划设计是由浅入深、从粗到细、逐步完善的过程。首先，设计者须对基地进行详细调查，熟悉基地的物质环境及人文和视觉条件，明确公园的功能和目的，然后对调查结果进行总结和分析，最后提出合理的方案，完成设计并进行施工。这个过程一般包括调查研究阶段、编写任务书阶段、总体规划阶段、技术设计阶段和施工阶段。

9.2.1　调查

这是进行公园设计前的前提阶段，必须对影响该公园规划设计的所有因素作认真仔细的调查。具体包括建设公园的目的、功能，公园范围内的一切影响因子，最后须根据调查结果提出解决问题的方法。

9.2.1.1　调查的内容及资料的收集

（1）甲方的调查：①明确建立此公园的目的，了解公园的主要功能。公园不仅是提供人们休息、观赏的场所，还应具有城市环境保护的生态功能等，现代的公园应是一个多功能的城市绿地。②了解建设单位的性质、历史情况。③甲方对设计任务的具体要求，标准的高低等。④甲方的经济实力、对公园的投资限额，城市公园的建设一般多为政府拨款，且款额有限，设计时必须了解公园规划设计的任务情况、建园的审批文件、征收用地的情况，以及建设单位的特别要求、管理能力等。

（2）社会环境的调查：①政策、法规的收集，了解当地城市绿化方针政策、国土规划、区域规划以及相应的城市规划和绿地系统规划的状况，对该公园及周边环境作出未来发展的正确预测。②公园使用率的调查，包括居民人口、服务半径、周边的其他类型的娱乐场所以及影响，当地居民的民风、民情及风俗习惯和喜好，游人的主人流的来源及集散方向等。③其他市政设施的调查，包括交通、电信、企业、给水排水系统等。

（3）公园用地及环境的调查：①自然环境调查，对基地中的气象、地形地貌、地质类型、土壤特性、水系分布情况、植物种类数量、动物、视觉质量、景观个性等进行调查。②人文环境调查，主要是对基地及周边的历史文物进行调查，包括各种文化古迹以及历史文化遗址等。③用地现状调查，主要明确用地范围，边界线、土地所有权，基地中现存建筑物、植物及其他市政设施的位置等。

（4）设计参考资料的搜集：了解相似的优秀公园设计的实例，可以开阔设计思路，提高设计能力。目前国内外有很多优秀的公园，学习其经验与不足之处，多参考公园建设水平较高的国家同类公园的设计手法。

9.2.1.2　资料的分析、评价与利用

对调查所收集到的各类资料进行归纳、整理，最好做出图表的形式，然后进行分析判断，并从功能和造景两方面进行科学、合理的评价。把最突出、效果好的资料整理出来，以便利用。如观赏价值高的古树名木、历史悠久的名胜古迹、富有地方特色的建筑形式等，都可以在设计时加以保留或强化。

9.2.1.3　调查阶段所得图纸

调查阶段所得图纸包括：①现状分析图纸，根据已掌握的全部资料，经分析、整理后，对现状作综合评述，可用文字或图解来分析公园设计中有利或不利因素。图中可包括要保留使用的主要建筑物的位置及平、立面图；现状树木分布位置，并注明品种、胸径、生长情况及观赏特点等。②地形图，从甲方获得。③地下管线图，包括平面和剖面图，亦可从甲方获得。

9.2.2　编写任务书

计划任务书是进行公园设计的指示性文件。设计者将收集到的资料，经过分析、研究，定出总体设计的原则和目标，提出公园设计的要求和说明，汇编成文件，即为设计任务书。内容包括：①明确公园规划设计的原则。②公园在城市绿地系统中的地位与作用，公园的主要功能，近期和远期发展的目标。③公园所处地段的特征及周边的环境状况，公园面积，游人容量。④公园总体设计的艺术风格和特色，园区内的功能分区和活动项目的类型。⑤在公园细部设计中，确定建筑物的项目、面积、风格、结构和材料等的要求；地形设计对山体、水体等的要求；园内公用设备、卫生要求、照明设施、工程管线等的要求。⑥拟出分期实施的程序和投资预算。⑦任务分工落实的规定，如园林规划负责公园的总体规划（包括功能分区、道路系统、绿化规划等），园林工程负责公园的各项工程（排水、供电、广播通信、驳岸等），园林植物负责公园的绿化规划和种植设计等。

9.2.3　总体规划阶段

与甲方一起制定好规划设计任务书后，就可以按照任务书中的要求进行总体规划。

1）立意构思，挖掘公园主题内涵

在设计开始阶段，设计者要进行一定的酝酿，对方案有一个明确的意图，即“立意”。

2）功能分区

功能分区是从实用的角度来安排公园的活动内容，简单明确，实用方便。为了获得较好的功能分区，可将同一个方案分配予数人同时进行设计，经讨论，再形成新的更合理的方案。

3）全园规划

确定整个公园的总布局，对公园内各部分作全面的安排。具体包括：①确定公园活动内容，需设置的项目和规模；②确定出入口的位置、数量，并进行停车场、出入口广场等的位置安排；③道路系统、广场的布局及导游线的组织；④景点的设置，划分景区和确定景点类型及景点取名；⑤地形处理、竖向规划，包括公园内水系的规划、水底标高、驳岸处理；⑥植物种植设计；⑦园林工程项目的规划；⑧土方平衡计算，工程概预算。

4）绘制各种图纸或制作模型

根据所作的规划，绘制各类图纸，主要包括公园

规划设计的总平面图、平面分析图纸以及主要景点的效果图。

5）书写设计说明书

设计说明书主要用于解释说明设计的意图，全面解释设计者的构思、设计要点等。具有包括：①公园的位置、现状、面积；②公园的性状和定位；③公园设计的依据和原则；④设计的主题、立意与构思，这是设计的创新点和特色；⑤功能分区，介绍各功能区的具体功能及活动项目的设施等；⑥公园景区和景点介绍；⑦设计主要内容，通常结合平面分析类图纸分项说明，包括地形设计、水系处理、道路系统安排、建筑布局、园林小品设置、植物种植设计等；⑧工程管线设计；⑨工程概预算及分期实施的进程安排。

在完成方案的总体规划设计后，把说明书连同图纸或照片，交于甲方审核。

在总体规划时，所需的图纸有：

（1）位置图或区位图：用于表示该公园在城市范围内的区域位置。其实可直接采用当地地图，进行修饰调整即可。

（2）总体规划平面图：本图应包括公园范围及周边局部环境、公园出入口的位置、地形总体规划、道路系统规划、水系分布、全园建筑的布局情况、植物种植设计等内容。

（3）平面分析类图纸：①功能分区图，根据不同年龄段游人的活动需要，确定不同分区，划分出不同空间以满足不同的功能需求。②景区及景点分布图，在总规及功能分区基础上，确定景点，划分出不同的景区。③道路系统规划图，主要表示公园主入口、次入口及专用入口的位置、大小，道路的分级系统、宽度、及游览线路的组织安排，广场的位置、面积等。④竖向设计图，要求反映出全园的地形结构变化，标出制高点、山峰、水体水位线、主要建筑物、道路等的高程；用等高线来表示自然式地形的起伏变化。⑤种植设计图，内容包括不同种植类型的安排，如密林、草坪、疏林、花坛、花境等，确定全园的基调树种、骨干树种，在图纸中适当标出所栽种的植物种类、数量和大小。

（4）工程类图纸：①管线总体设计图，包括水源的引进方式、总用水量、消防、生活、造景、管理及管网的大致分布；雨水、污水的排放方式；供暖方式等。②电气规划图，规划总用电量、电缆的铺设、各景区的照明设施、广播通信等。

9.2.4 技术设计阶段

技术设计阶段也称详细设计阶段。方案设计完成后，与委托方共同协商，根据商讨结果对方案进行修改和调整。在方案确定以后，即开始对整个方案的各个方面进行详细设计，包括确定各造景元素的准确的位置、形状、尺寸、色彩、材料等。完成各局部详细的平、立、剖面图和景观详图、透视效果图以及鸟瞰图等。这一阶段的主要工作内容有：

1）局部放大平面图

此类图要求比例为（1∶500）~（1∶100）。根据不同功能区或景区，划分成几个局部，对每个局部进行详细设计。按照比例准确地把公园中的各造景元素在平面图中表现出来。如：地形，通常用0.5m等高距的等高线来表示；建筑及园林小品，要表明建筑物的平面大小、位置、标高、剖立面图、主要尺寸、结构、形式以及所用的材料等，如有必要，还需放大比例绘制更细致的图纸来说明；水体，主要要确定水体类型、水岸线位置、水面积大小、驳岸类型、水生植物的种植情况、水底土质处理、水体最低、最高和常水位的标高等；植物，主要确定准确的种植位置、大小、种类、数量以及种植的形式等。

除了造景元素以外，在公园平面图中还有一些必不可少的部分。如编制图例说明，通常建筑、小品及主要景点可以以编号“1、2、3……”或“A、B、C……”

等来说明。另外还需绘制比例尺、指北针或风玫瑰。若局部放大平面图纸是作为总体规划图纸的详图，则必须标出索引和详图符号。

2）剖、立面图

剖、立面图主要为了说明竖向设计或地形变化。通常沿着公园或某景区中最重要的设计部位进行剖切，绘制出剖、立面图。一般比例为（1∶500）~（1∶200）。设计中，剖、立面图有很重要的作用，它可以用来分析说明景观立面的视线关系，强调各造景要求的空间立面关系，有效地表达设计景观的气氛，显示平面图中无法显示的一些设计元素，也可分析设计优越地点的景观及视野，对研究的地貌、地形作环境分析。在施工图中尤为重要，可用于展示设计细部的结构。剖、立面图纸数量不限，主要包括建筑及景观小品的平、立、剖面图，地形变化丰富的设计区域的剖、立面图，主要景点或景区的剖、立面图等。

公园规划设计的程序可根据公园面积的大小、工程复杂程度进行增减。如公园面积不大，工程较为简单，则可将公园的总体规划和详细设计结合进行。

9.2.5 施工阶段

在完成局部详细设计的基础上，与甲方商量工程开工时间及工程进度安排，然后着手进行施工设计，绘制各类施工图纸。在施工放样时，对规划设计结合地形的实际情况需要校核、修正和补充；在施工完成后还需进行地形测量，以便复核整形。在施工过程中可能还需根据现场实际情况，对原设计方案进行调整。

施工图属于工程性图纸，要求尽量做到符合《建筑制图标准》GB/T 50104—2010 的规定；图纸大小要规范；图纸要求字迹清楚、整齐、用长仿宋体书写；图纸中各要素齐全，图例、指北针、比例尺不得缺失，标题栏、会签栏填写完整；图面要求清晰、整洁；图线使用正确，要分清楚线型。

在施工设计阶段要绘制的图纸主要有：

1）施工总图（施工放线总图）

主要表明各设计坐标因素之间具体的平面关系和准确位置。用来作为施工的依据，标出放线的网、基点、基线的位置。图纸中的内容包括：保留的建筑物、构筑物、树木、地下管线、设计的地形等高线、标高点及高程数字、水体、驳岸、山石、建筑物、构筑物的位置、道路、广场、雕塑、桥梁、植物种植点、园灯、园椅、广播等全园设计内容。

2）竖向设计图

此类图用以表明设计要素间的高差关系。包括：

（1）平面图。在此图中应确定全园制高点，山峰、丘陵、台地、缓坡、平地、微地形变化、溪流、湖、池、岸边、岛、池底等的具体标高，另外还要标出各区的排水方向、雨水汇集点及各景观建筑、广场的高程。在平面图中还应标出地形改造过程中的填方、挖方数量，写出进园土方或运出土方的数量、挖填方之间土方调配的问题，一般要求园内尽量做到挖填方取得平衡。

（2）剖面图。此类图用于表示主要部位的山形、丘陵、坡地的轮廓线及高度、平面距离等。注明剖面的起讫点、编号，注意与平面图配套一致。

3）道路广场施工图

此类图主要表明园内各种道路、广场的具体位置、宽度、高程、坡度、排水方向等；路面的做法、结构、材料；广场的交接、铺装大样、停车场等。包括：

（1）平面图。根据道路系统规划，在施工总图基础上，用粗细不同的线条画出各级道路广场、台阶、蹬道的位置，并注明相应的高程及纵坡的坡度和坡向。一般园路分主路、次路和小路三级，也有一些公园设专用道路。园路最小宽度为 0.9m，主路宽度一般为 5m，支路宽度在 2~3.5m，可根据公园面积的大小适当改变道路的宽度。

（2）剖面图。比例一般为 1：20，首先画一段平面大样图，表示路面尺寸和材料铺设方法，然后在其下方作剖面图，表示出路面的宽度及具体材料的结构（面层、垫层、基层等）厚度、做法。需注意与平面图的配套。

4）种植设计图（植物配置图）

植物种植设计图上应表现树木花草的种植位置、品种、种植类型、种植距离、水生植物等内容。一般比例尺为 1：500~1：200。

（1）种植设计平面图。根据树木规划，在施工总图的基础上，用正确图例画出常绿树、阔叶落叶树、常绿灌木、开花灌木、绿篱、花卉、草地等具体位置，以及品种、数量、种植方式、距离等。保留树种及新栽的树种应有区别。树冠尺寸大小以成年树为标准，如大乔木一般以 5~6m，小乔木 3~5m，花灌木 1~2m，绿篱宽 0.5~1m。树种名、数量可在图纸上注明，如图纸比例小，可用编号的方式来进行标注。

（2）大样图。大样图可用 1：100 比例尺绘制，以便准确地表示出重点景点的设计内容。重点树群、树丛、林缘、绿篱、花坛、花卉及专类园等，在总平图中无法具体显示，可附大样图进行说明，以便施工参考。

5）水系设计图

（1）平面图。应表明水体的平面位置、水体形状、大小、深浅及工程做法。同时按照水体形状画出各种水体的驳岸线、水底线和山石、汀步、小桥等的位置，并分段注明岸边及池底的设计高程。

（2）水池循环管道的平面图。将循环管道走向、位置画出，注明管径、每段长度、标高以及潜水泵型号和编号，确定所选管材及防护措施。

（3）大样图。包括进水口、溢水口、泄水口的大样图，应画出暗沟、窖井、厕所粪池等，还有池岸、池底工程的做法图等。

（4）剖面图。水体平面及高程有变化的地方都要画出剖面图，通过这些图表示出水体的驳岸、池底、山石、汀步及岸边处理的关系。

6）园林建筑施工图

此类图表示各景区园林建筑的位置及建筑本身的组合、尺寸、式样、大小、颜色及做法等。以《建筑制图标准》GB/T 50104—2010 为准来绘制该图纸，以施工总图为基础画出建筑的平面位置、建筑底面平面、建筑各方向的剖面、屋顶平面、必要的大样图、建筑结构图及建筑庭院中的活动设施工程、设备、装修设计图。

7）管线及电信施工图

在管线规划图的基础上，表现出上水、下水、暖气、煤气等各种管线的位置、规格、布置等。在电气规划图的基础上，将各种电气设备、绿化灯具位置及电缆走向位置等表示清楚，注明各路用电量、电缆选型铺设、灯具选型及颜色要求等。

8）各类园林小品施工图

假山、雕塑、栏杆、踏步、标牌等园林小品是造景中的重要因素，一般最好做成山石施工模型或雕塑小样。在本图中，主要提出设计意图、高度、体量、造型构思、色彩等内容。为了有利于施工，除了平面图，还可绘制出立面图、剖面图。

9）苗木表及工程量统计表

苗木表包括编号、品种、数量、规格、来源、备注等，工程量统计表包括项目、数量、规格、备注等。

10）工程预算

工程预算包括土建和绿化两部分。

9.3 公园规划规范介绍

为全面地发挥公园的游憩功能和改善环境的作用，确保设计质量，由北京市园林局主编的《公园设计规范》经建设部审查，确定为公园规划的行业规范，编号为 GB 51192—2016。本规范适用于全国新建、扩建、改建和修复的各类公园设计。

9.3.1　一般规定

公园规划设计应在批准的城市总体规划和绿地系统规划的基础上进行。应正确处理公园与城市建设之间，公园的社会效益、环境效益与经济效益之间以及近期建设与远期建设之间的关系。

9.3.1.1　公园规划设计的内容和规模

公园设计必须以创造优美的绿色自然环境为基本任务，并根据公园类型确定其特有的内容。不同类型的公园其设计的内容、规模各异。

综合公园应设置游览、休闲、健身、儿童游戏、运动、科普等设施，规划新建的单个公园面积一般不小于 10hm^2。

儿童公园应有儿童科普教育内容和游戏设施，全园面积宜大于 2hm^2。

动物园应有适合动物生活的环境；游人参观、休息、科普的设施；安全、卫生隔离的设施和绿带；饲料加工场以及兽医院。检疫站、隔离场和饲料基地不宜设在园内。全园面积宜大于 20hm^2。

专类动物园应以展出具有地区或类型特点的动物为主要内容。全园面积宜在 5~20hm^2。

植物园应创造适于多种植物生长的立地环境，应有体现本园特点的科普展览区和相应的科研实验区，全园面积宜大于 40hm^2。

专类植物园应以展出具有明显特征或重要意义的植物为主要内容。全园面积宜大于 2hm^2。

盆景园应以展出各种盆景为主要内容。独立的盆景园面积宜大于 2hm^2。

风景名胜公园应在保护好自然和人文景观的基础上，设置适量游览路和休憩、服务、公用等设施。

历史名园的内容应具有历史原真性、还原传统文化的延续性，并体现传统造园艺术与技艺，修复设计必须符合《中华人民共和国文物保护法》的规定。为保护或参观使用而设置防火设施、值班室、厕所及水、电等工程管线，也不得改变文物原状。

其他专类公园，应有名副其实的主题内容。全园面积宜大于 2hm^2。

居住区公园和居住小区游园，必须设置儿童游戏设施，同时应照顾老人的游憩需要。居住区公园陆地面积随居住区人口数量而定，宜为 5~10hm^2。居住小区游园面积宜大于 0.5hm^2。

带状公园，应具有隔离、装饰街道和供短暂休憩的作用。园内应设置简单的休憩设施，植物配置应考虑与城市环境的关系及园外行人、乘车人对公园外貌的观赏效果。

街旁游园，应以配置精美的园林植物为主，讲究街景的艺术效果并应设有供短暂休憩的设施。

9.3.1.2　公园主要用地比例规范

公园内部用地应根据公园类型和陆地面积确定。规范对公园中园路、铺装场地、管理建筑、绿化的用地及游览、休息、服务、公用建筑的用地作了较为详细的规定。一般情况下，各类公园的绿化用地应占公园陆地面积的 65% 以上。

9.3.1.3　公园常规设施规定

公园中应设置常规的服务性设施项目，如服务设施类（餐厅、小卖部、摄像部、售票房等）、休息设施类（条凳、座椅、美人靠等）、游览服务建筑类（亭、廊、榭、码头、园路、园桥、铺装场地、出入口、停车场等）、管理设施类（管理办公室、垃圾站、广播室、仓库、生产温室等），以及一些照明设施等。这些项目的设置应与公园中游人容量相适应，并根据公园中陆地面积的大小有选择性地进行设置。一般，公园陆地面积越大，上述各项设施越齐全。

9.3.1.4 公园综合防灾要求

城市公园应该充分发挥绿地的减灾、避灾功能，但并非所有公园都适合做应急避难场所。根据《地震应急避难场所场址及配套设施》GB 21734—2008 的规定，应选择远离安全隐患，有平坦开阔场地的公园作为城市的减灾、避灾场所。其次，根据相关规划确定公园作为避难场所的等级，按照相关标准、规范确定其可容纳的避灾人数及应配备的避灾设施的规模和类型。公园里避灾设施设置应以“平灾结合”为原则，即部分避灾设施灾时可由公园游憩设施、服务设施转换而来。部分避灾设施平时隐藏于公园内部，不影响公园整体景观效果，并方便灾时启用。具有较高资源保护价值的公园，如历史名园原则上不能承担应急避险功能。公园内避灾区域的选择也应避让文物保护单位及古树名木保护范围。

9.3.1.5 公园的雨洪管理要求

绿地具有渗蓄雨水的天然优势，对缓解城市内涝，消减城市径流负荷，保护和改善城市生态环境都起到重要作用。在设计公园时，应根据区域的径流总量控制目标和上位规划对公园确定的分解指标及功能要求，并结合公园的景观要求和自然立地条件，确定公园的雨水控制目标，以指导具体的专项设计。作为应急避险功能的公园，还要考虑承担调蓄雨洪功能时避灾场地的安全性。历史名园应在遗产保护的基础上综合考虑雨水的控制利用。

9.3.2 其他规定

9.3.2.1 总体设计

公园的总体设计应根据批准的设计任务书，结合现状条件对公园功能、景区划分、景观构想、景点设置、出入口位置、竖向及地貌、园路系统、河湖水系、植物布局以及建筑物和构筑物的位置、规模、造型和各专业工程管线系统等作出综合设计。

1）公园的游人容量计算

公园规划设计必须确定公园的游人容量。市、区级公园游人人均占有公园面积以 30~60m^2 为宜，居住区公园、带状公园和居住小区游园以 20~30m^2 为宜；近期公共绿地人均指标低的城市，游人人均占有公园面积可酌情降低，但最低游人人均占有公园的陆地面积不得低于 15m^2。风景名胜公园游人人均占有公园面积宜大于 100m^2。水面和坡度大于 50% 的陡坡山地面积之和超过总面积的 50% 的公园，游人人均占有公园面积应适当增加。

2）布局

公园的功能或景区划分，应根据公园性质和现状条件，确定各分区的规模及特色，并进行景观构想和景点设置。

（1）出入口设计：应根据城市规划和公园内部布局要求，确定游人主、次和专用出入口的位置，如需要设置出入口内外集散广场、停车场、自行车存车处，应确定其规模要求。

（2）园路系统设计：应根据公园的规模、各分区的活动内容、游人容量和管理需要，确定园路的路线、分类分级和园桥、铺装场地的位置和特色要求。主要园路应具有引导游览的作用，易于识别方向。游人大量集中地区的园路要做到明显、通畅、便于集散。通行养护管理机械的园路宽度应与机具、车辆相适应。通向建筑集中地区的园路应有环行路或回车场地。生产管理专用路不宜与主要游览路交叉。

（3）河湖水系设计：应根据水源和现状地形等条件，确定园中河湖水系的水量、水位、流向；水闸或水井、泵房的位置；各类水体的形状和使用要求。游船水面应按船的类型提出水深要求和码头位置；游泳水面应划定不同水深的范围；观赏水面应确定各种水生植物的种植范围和不同的水深要求。

（4）建筑布局：应根据功能和景观要求及市政设施条件等，确定各类建筑物的位置、高度和空间关系，并提出平面形式和出入口位置。

（5）植物配置：全园的植物组群类型及分布，应根据当地的气候状况、园外的环境特征、园内的立地条件，结合景观构想、防护功能要求和当地居民游赏习惯确定，应做到充分绿化和满足多种游憩及审美的要求。

（6）工程管线及服务类设施：公园管理设施及厕所等建筑物的位置，应隐蔽又方便使用。需要采暖的各种建筑物或动物馆舍，宜采用集中供暖。公园内水、电、燃气等线路布置，不得破坏景观，同时应符合安全、卫生、节约和便于维修的要求。电气、上下水工程的配套设施、垃圾存放场及处理设施应设在隐蔽地带。公园内不宜设置架空线路。公园内景观最佳地段，不得设置餐厅及集中的服务设施。

3）竖向设计

竖向设计应根据公园四周城市道路规划标高和园内主要内容，充分利用原有地形地貌，提出主要景物的高程及对其周围地形的要求，地形标高还必须适应拟保留的现状物和地表水的排放。竖向设计应包括下列内容：山顶；最高水位、常水位、最低水位；水底；驳岸顶部；园路主要转折点、交叉点和变坡点；主要建筑的底层和室外地坪；各出入口内、外地面；地下工程管线及地下构筑物的埋深；园内外佳景相互因借观赏点的地面高程。

9.3.2.2 地形设计

公园中的地形设计应以总体设计所确定的各控制点的高程为依据。

1）地表排水

地形的设计应同时考虑园林景观和地表排水，各类地表的排水适宜坡度如表9-2所示。

各类地表的排水适宜坡度（%） 表9-2

地表类型		最大坡度	最小坡度	最适坡度
草地		33	10	1.5~10
运动草地		2	0.5	1
栽植地表		视地质而定	0.5	3~5
铺装场地	平原地区	1	0.3	—
	丘陵地区	3	0.3	—

2）水体外缘的规定要求

水体的进水口、排水口和溢水口及闸门的标高，应保证适宜的水位和泄洪、清淤的需要；非观赏型水工设施应结合造景采取隐蔽措施。硬底人工水体近岸2.0m范围内的水深不得大于0.7m，达不到此要求的应设护栏。无护栏的园桥、汀步附近2.0m范围以内的水深不得大于0.5m。溢水口的口径应考虑常年降水资料中的一次性最高降水量。护岸顶与常水位的高差，应兼顾景观、安全、游人近水心理和防止岸体冲刷。

9.3.2.3 园路及铺装场地设计

各级园路应以总体设计为依据，确定路宽、平曲线和竖曲线的线形以及路面结构。园路宽度宜符合表9-3所示的规定。另外，经常通行机动车的园路宽度应大于4m，转弯半径不得小于12m。

园路宽度 表9-3

园路级别	陆地面积（hm^2）			
	<2	2~<10	10~<50	>50
主路（m）	2.0~3.5	2.5~4.5	3.5~5.0	5.0~7.0
支路（m）	1.2~2.0	2.0~3.5	2.0~3.5	3.5~5.0
小路（m）	0.9~1.2	0.9~2.0	1.2~2.0	1.2~3.0

1）园路线形设计

公园园路的设计应在总体规划设计的基础上，全面考虑与地形、水体、植物、建筑物、铺装场地及其他设施的有机结合，创造连续展示园林景观的空间或欣赏前方景物的透视线，以形成完整的风景构图。园路的转折、衔接通顺，符合游人的行为规律。

2）园路的坡度设计

一般的主路纵坡宜小于8%，横坡宜小于3%，粒料路面横坡宜小于4%，纵、横坡不得同时无坡度。山地公园的园路纵坡应小于12%，超过12%应作防滑处理。主园路不宜设梯道，必须设梯道时，纵坡宜小于36%。

支路和小路，纵坡宜小于18%。纵坡超过15%路段，路面应作防滑处理；纵坡超过18%，宜按台阶、梯道设计，台阶踏步数不得少于2级，坡度大于58%的梯道应作防滑处理，宜设置护栏设施。

3）铺装场地

根据公园总体设计的布局要求，确定各种铺装场地的面积。铺装场地应根据集散、活动、演出、赏景、休憩等使用功能要求作出不同设计。如内容丰富的售票公园，主出入口的外集散广场的面积下限指标应以公园游人容量为依据，通常按500m²/万人计算。安静休憩型场地应利用地形或植物与喧闹区隔离。场地大小应根据设计需要进行综合安排。演出型场地应有方便观赏的适宜坡度和观众席位。

4）园桥的设计要求

园桥的设计应根据公园总体设计确定通行、通航所需尺度并提出造景、观景等项具体要求。一般而言，通过管线的园桥，应同时考虑管道的隐蔽、安全、维修等问题。通行车辆的园桥在正常情况下，汽车荷载等级可按汽车——10级计算。非通行车辆的园桥应有阻止车辆通过的措施，桥面人群荷载按3.5kN/m²计算，作用在园桥栏杆扶手上的竖向力和栏杆顶部水平荷载均按1.0kN/m²计算。

9.3.2.4 植物种植设计

公园的绿化用地一般应全部被绿色植物覆盖，建筑物的墙体、构筑物可进行垂直绿化，以提高绿化面积和绿化率。种植设计应以公园总体设计对植物组群类型及分布的要求为根据。

1）植物种类选择的要求

公园内植物种类的选择应符合下列要求：①选用当地适生树种，并应适应公园内局部小环境的需要；②具有较强的生命力，能适应栽种地的养护管理条件，并能在栽种地正常生长；③具有一定的抗性；④能进行大树移栽，目前，在公园的建设中，大树移栽由于易成景、见效快等特点，被广泛采用。

2）活动场地的植物配置要求

在游人较多的活动范围易选用高大乔木，避免使用有毒、有挥发物或花粉的植物种类。另外，枝叶有硬刺或枝叶形状呈尖硬剑、刺状以及有浆果或分泌物坠地的植物种类也不易适用。一般的集散场地种植设计的布置方式，应考虑交通安全视距和人流通行，场地内的树木枝下高应大于2.2m。

儿童游戏场的植物配置宜选用高大荫浓的乔木种类，夏季庇荫面积应大于游戏活动范围的50%；活动范围内的灌木宜选用萌发力强、直立生长的中高型种类，树木枝下高应大于1.8m。

露天演出场观众席范围内不应布置阻碍视线的植物，观众席铺栽草坪应选用耐践踏的种类。在观众席周边可设置密林或隔声带，以形成良好的欣赏演出的环境氛围。

停车场的种植设计应符合下列规定。首先，树木间距应满足车位、通道、转弯、回车半径的要求。另外，庇荫乔木枝下高的标准为大、中型汽车停车场大于4.0m，小汽车停车场大于2.5m，自行车停车场大于2.2m。场内种植池宽度应大于1.5m，并应设置保护设施。

成人活动场的植物种类应选用高大乔木，枝下高不低于2.2m，夏季乔木庇荫面积宜大于活动范围的50%。

园路两侧的植物种植要考虑到车辆的通行。一般的机动车道，行道树的枝下高应大于 4.0m。

9.3.2.5 **建筑物及其他设施设计**

公园中建筑物的位置、朝向、高度、体量、空间组合、造型、材料、色彩及其使用功能，应符合公园总体设计的要求。

1）游览、休憩、服务性建筑物的设计

与地形、地貌、山石、水体、植物等其他造园要素统一协调；层数以一层为宜，起主题和点景作用的建筑高度和层数应服从景观需要；游人通行量较多的建筑室外台阶宽度不宜小于 1.5m；踏步宽度不宜小于 30cm，踏步高度不宜大于 16cm；台阶踏步数不少于 2 级；侧方高差大于 1.0m 的台阶，设护栏设施；在建筑的内部和外缘要考虑安全性的需要，凡游人正常活动范围边缘临空高差大于 1.0m 处，均设护栏设施，其高度应大于 1.05m；高差较大处可适当提高，但不宜大于 1.2m；护栏设施必须坚固耐久且采用不易攀登的构造。

亭、廊、花架、敞厅等供游人坐憩之处，不采用粗糙饰面材料，也不采用易刮伤肌肤和衣物的构造。游览、休憩建筑的室内净高不应小于 2.0m；亭、廊、花架、敞厅等的楣子高度应考虑游人通过或赏景的要求。

2）驳岸与山石

河湖水池必须建造驳岸并根据公园总体设计中规定的平面线形、竖向控制点、水位和流速进行设计。一般常用的驳岸类型有：素土驳岸、人工砌筑或混凝土浇筑的驳岸、草岸等。驳岸的设计应根据造景的需要进行选择。

堆叠假山和置石，体量、形式和高度必须与周围环境协调，假山的石料应提出色彩、质地、纹理等要求，置石的石料还应提出大小和形状的要求。叠山、置石和利用山石的各种造景，必须统一考虑安全、护坡、登高、隔离等各种功能要求。

3）护栏

公园内的示意性护栏高度不宜超过 0.4m。各种游人集中场所中容易发生跌落、淹溺等人身事故的地段，应设置安全防护性护栏；各种装饰性、示意性和安全防护性护栏的构造做法，严禁采用锐角、利刺等形式。

9.4 综合性公园规划设计

综合性公园是中国最早建设的现代城市公园形式，是城市公园系统的重要组成部分，是城市居民文化生活不可缺少的重要场所。它在改善城市面貌、环境保护中起重要作用，适合于各年龄层和各职业的城市居民进行户外游憩活动。

我国的综合性公园最早起源于苏联的文化休息公园。中华人民共和国成立初期，我国在学习和参考苏联文化休息公园规划设计的基础上，建造了大量公园，如北京陶然亭公园、上海西郊公园及哈尔滨的斯大林公园等，成为了现代综合性公园的前身。

综合性公园的规划设计应遵循以下几点原则：第一，要符合国家、省、市（区）的有关园林绿化方面的方针政策；第二，要继承和发扬我国造园艺术的传统，表现出地方特色和风格；第三，充分利用现状及自然地形，有机地组织公园的各个部分；第四，规划设计要切合实际，尽可能地满足游人游览、活动的需要，设置类型丰富的各种游乐活动设施；第五，正确处理好近期规划与远期规划的关系，充分考虑公园的社会效益、环境效益与经济效益的和谐统一。

依照住房和城乡建设部 2019 年颁布的《城市绿地规划标准》GB/T 51346—2019，公园绿地分为综合公园、社区公园、专类公园和游园。公园绿地中，综合公园主要服务对象为城市居民，规模大于 50hm^2 时服务半径应大于 3 000m；规模在 20~50hm^2 时，服务半径为 2 000~3 000m；规模在 10~20hm^2 时，服务半径为 1 200~2 000m。社区公园主要服务对象为居住区居民，规模在 5~10hm^2 时，服务半径为 800~1 000m；规模在 1~5hm^2 时，服务半径为 500m。游园主要服务对象为居住小区居民，规模在 0.4~1hm^2 时，服务半径为 300m；规模在 0.2~0.4hm^2 时，服务半径为 300m。

9.4.1 综合性公园的功能分区

综合性公园的主要功能是为城市居民提供游览、社交、娱乐、健身和文化学习的活动场所。在 1992 年《公园设计规范》CJJ 48—92（现已被 GB 51192—2016 替代）中要求综合性公园的内容应包括多种文化娱乐设施、儿童活动区和安静休息区，也可设置游戏区或体育活动区。但由于公园自身的特殊性及所处周边环境的不同，其功能分区亦可进行相应变化。

功能分区理论是 20 世纪 50 年代受苏联文化休息公园的规划理论的影响，结合我国的具体实际而逐步形成的一种公园规划理论。这种理论强调宣传教育与游憩活动的完美结合。因此公园用地是按照活动内容来进行分区规划的。通常分为 6 个功能区，即公共设施区（演出舞台、公共游艺场等）、文化教育设施区（包括剧场、展览馆等）、体育活动设施区、儿童活动区、安静休息区及经营管理设施区。功能分区是从实用的角度来安排公园的活动内容，简单明确、实用方便。一个好的公园规划应当力求达到功能与艺术两方面的有机统一。

9.4.1.1 功能分区的规划依据

功能分区的目的是为了满足不同年龄、不同爱好游人的游憩和娱乐要求，合理、有机地组织游人在公园内开展各项游乐活动。根据公园所在地的自然条件，如地形、土壤状况、水体、原有植物、保留建筑或历史古迹、文物、不同游人的兴趣、爱好、习惯、游园活动规律等来进行功能分区规划，如杭州花港观鱼公园（图 9-10）及广州越秀公园的功能区规划（图 9-11）。

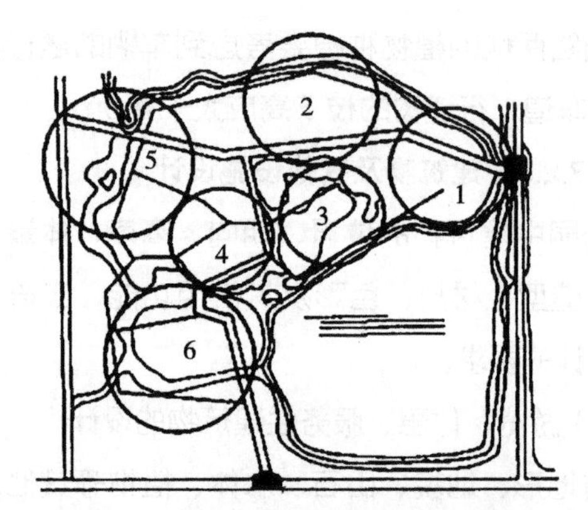

图 9-10 杭州花港观鱼景公园分区示意图
1—鱼池古迹区；2—大草坪；3—红鱼池；4—牡丹园；5—密林区；6—新花港

资料来源：《公园绿地规划设计》

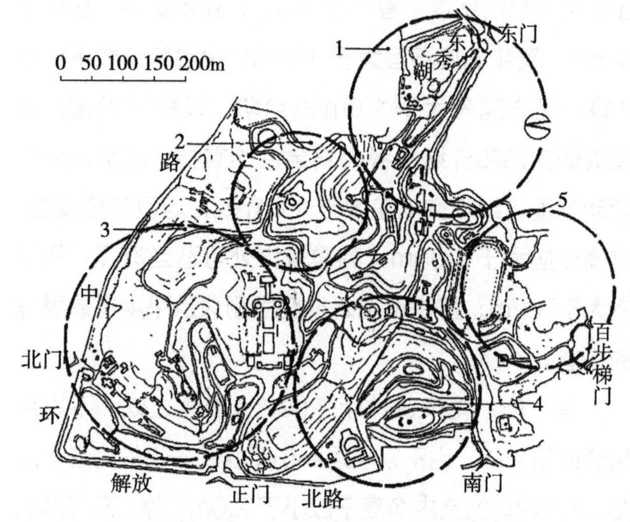

图 9-11 广州越秀公园功能区划图
1—东秀湖区：青少年娱乐场；2—蟠龙岗炮台区；3—北秀湖区：文体活动、游泳、溜冰、划船；4—南秀湖区：露天电影场等；5—古迹纪念区

资料来源：《园林设计》

9.4.1.2 综合性公园设置的主要内容

（1）观赏游览设施。在城市公园中，观赏山水风景、奇花异草，游览名胜古迹，欣赏建筑以及盆景假山等内容。

（2）文化娱乐设施。以建筑为主，通常有露天剧场、展览厅、游艺室、音乐厅、画廊、阅览室等。

（3）儿童活动设施。儿童是公园中主要游人之一，约占 1/3。儿童活动设施包括少年宫、迷宫、障碍游戏、小型趣味动物角、少年体育运动场、少年阅览室、科普园地等。

（4）老年人活动设施。我国老年人的比例将不断增加，城市老人需在公园中进行体育锻炼，开展各种老年人活动，因此在公园中规划老年人活动区是十分必要的。

（5）体育活动设施。结合公园的具体环境，在不同季节可开展游泳、溜冰、旱冰活动等；另外还可设置体育馆、游泳馆、足球场、篮球场等球类运动场地。

（6）公园管理设施。包括办公楼、花圃、苗圃、温室、仓库、食堂等。

（7）公园服务类设施。一般而言，公园中应配套有以下设施：餐厅、茶室、小卖部、公用电话、园椅、园灯、厕所、卫生箱等。

9.4.1.3　功能分区

综合性公园的功能分区一般有观赏游览区、科普及文化娱乐区、体育活动区、儿童活动区、安静休息区、老人活动区、公园管理区等。不同的每个功能区的用地比例，如表 9-4 所示。

综合性公园功能分区及占地比例（%）　　表 9-4

分区名称	占用地比例	分区名称	占用地比例
科普及文化娱乐区	5~7	安静休息区（含老人活动区）	60~65
儿童活动区	7~9		
体育活动区	16~18	公园管理区	2~4

1）科普及文化娱乐区

科普及文化娱乐区是公园的闹区。该区的功能主要是向广大游人开展科学文化教育，通常成为整个公园的中心。主要设施有展览馆、展览画廊、露天剧场、文娱室、阅览室、音乐厅、舞场、青少年活动室以及一些茶座等。该区通常位于主入口附近，有着方便的交通。本区内主要是以建筑为主，配置适当的室外活动场地。为防止区内各项活动之间的相互干扰，可使各活动区间保持一定的距离，或利用树木、建筑、山石等加以空间上的隔离。总之，科普文化娱乐区的规划应尽可能巧妙地利用原有地形特点，创造出景观优美、环境舒适、投资少、效果好的景点和活动场地。

2）安静休息区

安静休息区内要求游人所占用地比例较大，以 $100m^2$/ 人为好，因此本区是公园中的重要部分。本区的主要功能是供人们游览、休息、赏景，或开展轻微的体育活动，如打拳、练气功等。

安静休息区可选择在离主要出入口较远处，可分散布置与公园的各处，应与体育活动区、儿童活动区等进行适当分隔，但可以把老人活动区建于本区内，或紧邻本区。

该区在造景上要求做到丰富多彩，以自然景观为主，利用原有树木和原有的自然起伏变化的地形来进行景观的营造。配置以素雅的小型建筑或景观小品，起到很好的点景和烘托主景的作用。同时，结合自然风景，设置亭、榭、花架、廊等，可让游人流连忘返。

3）儿童活动区

据测算，公园中儿童占游人量的 15% ~30%。因此，在综合性公园中，通常设有专门的儿童活动区，如深圳中山公园、大连市大港公园等（图 9-12）。其主要任务是使儿童在活动中锻炼身体、增长知识、热爱自然、热爱科学、热爱祖国，培养良好的社会风尚。若公园周边已有儿童公园或相关的儿童活动场地，则可不必开设本区。

一般在儿童活动区内设置有秋千、滑梯、跷跷板和一些电动游乐设施等，同时还能提供涉水、攀爬、吊绳、障碍跑等活动项目。同时还要为家长、老人提供休息、等候的休息性建筑。

儿童活动区的规划要点：首先，尽可能地按照不同年龄儿童使用比例、心理及活动特点进行空间的划分。其次，要注意创造优良的自然环境，要求有较高的绿化面积及绿化覆盖率，并注意有良好的通风和日

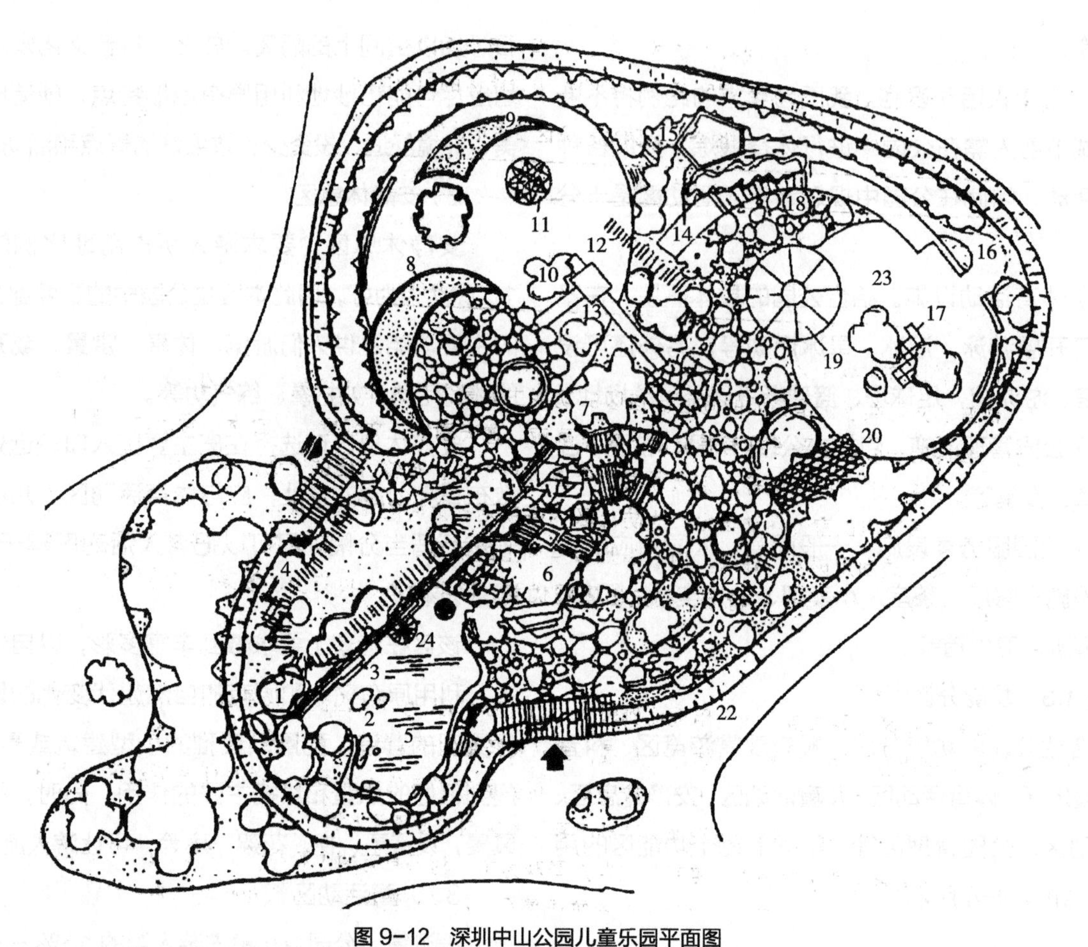

图 9-12 深圳中山公园儿童乐园平面图

1—秋千；2—哪吒闹海；3—石壁浮雕；4、17—攀登架；5—儿童嬉水池；6、7、10—雕塑；8、9—花台；11—儿童攀登架；12—地卷龙；13—滑梯；14—售票、小卖部；15—洞天；16—地道；18—花架；19—电动游戏；20—蹦床；21—跷跷板；22—绿篱；23—电动车；24—藤菇亭

资料来源：《风景园林景观规划设计实用图集》

照条件。再者，儿童活动区内的建筑及各种景观小品应根据儿童的喜好和特点，宜选择造型新颖、色彩鲜艳的作品，以引起儿童对活动内容的兴趣。最后，在植物种植设计上，要注意选择无毒、无刺、无异味的树木和花草，以保证儿童的安全。通常在儿童活动区的周边，用树林或树丛和外界环境隔离。

4）体育活动区

体育活动区的设置应根据公园周边环境来定，若公园周边已有大型的体育馆或体育场，则可不规划本区。该区主要功能是为广大青少年开展各项体育活动服务，因而一般在本区内应设有体育馆、体育场、游泳池及各种球类活动场地，并能提供部分健身器材。另外，还可在本区中举行一些专业体育竞赛。

本区规划要点：选址应尽量靠近城市主干道，或为本区开设专门出入口。结合林间用地，开设简易活动场地，以便进行武术、太极拳、或一些球类的运动。在植物配置上，注意采用高大荫浓的大乔木，利于开展林下活动，避免使用一些有刺或硬角等易伤人的植物。

5）老人活动区

老人活动区是近年来才开始出现在公园中的一种新的功能分区形式。目前，在大多数的城市综合性公园中，设有老人活动区。由于老人有着其独特的心理特征及娱乐要求，因此老人活动区的规划设计就应根据老人的特点，进行相应的环境及娱乐设施的设计。

规划要点：第一，选址宜在背风向阳处，自然环境较好，地形较为平坦，交通比较方便。第二，根据活动内容的不同可建立活动区、聊天区、棋艺区、园艺区等几大区域，各区域根据功能的不同设立一些活动场地或景观建筑；活动区主要是为老人提供体育锻炼，多以广场为主，配置简单的体育锻炼设施和器材。棋艺区可设长廊、亭子等建筑设施供爱好棋艺的老人使用，也可在树林底下设置石凳、石桌凳可进行象棋、跳棋、围棋等的活动。聊天区可设置茶室、亭子和露天太阳伞等设施，为老人提供谈天说地、思想交流的场所。在园艺区设置遛鸟区、果园、垂钓区等，可为爱好花鸟的老人提供一显身手的机会。第三，本区内的建筑要讲究造型别致，取名要有深度，如杭州西湖的老人活动区的“爱晚亭”等。第四，在植物配置上应选择一些姿态优美、色彩鲜明的植物，尽量多使用常绿树。

6）公园管理区

本区主要功能是管理公园的各项活动，通常包括管理办公、生活服务、生产组织等。因而本区内通常设置办公楼、车库、食堂、宿舍、仓库等办公、服务建筑。根据公园面积的大小还可安排苗圃、花圃、生产温室、大棚等生产性建筑。

本区规划要点：该区属公园内部专用，规划时易适当隐蔽，最好能用高大的树木进行遮挡与隔离。本区多设置在专用出入口附近，要求与公园内外的交通均比较方便。

9.4.2　出入口设计

公园出入口的规划设计是公园规划设计中的一项重要工作，直接影响着游人是否会来游览。它不仅影响着城市街道的交通组织，同时对公园内部规划和分区也起着很重要的作用。

公园出入口一般分为主要入口、次要入口和专用入口三种。主要入口是公园大多数游人出入公园的地方，一般直接或间接通向公园的中心区。它的位置要求面对游客入园的主要人流方向，直接与城市主干道或街道相连，位置明显。次要入口是为方便附近居民入园使用，为园内局部地区或某些设施服务的。专用入口是为园务管理需要而设的，不供游览使用，其位置可偏僻些，以方便管理且不影响游人活动为原则。

主要入口的设施一般包括大门建筑（售票房、小卖部、休息廊等）、入口前广场（汽车停车场、自行车存放处等）、入口后广场。入口前广场的大小要考虑游人集散量的大小，并和公园规模、设施及附近建筑相适应。目前大多数公园的入口前广场的大小变化较大，常以（30~40）m×（100~200）m 居多。根据公园周边的情况配备适当的停车场。入口后广场位于大门入口以内，面积可小些。它是从园外到园内集散的过渡地段，常与主干道相连，在广场中常设有导游图、游园须知等。

公园出入口是公园给游人的第一印象，因此在其设计中，应做到方便适用，美观大方，使之具有能反映该园特色的形象特征，并应具有独特的风貌。公园大门常采用的设计手法有：①先抑后扬式，在入口处多设置些障景，使园中景观不外露，等游人入园后则豁然开朗，造成空间上的强烈对比。②开门见山式，入园后即可见公园的主要景观。外场内院式，即以大门为界，大门外为交通场地，大门内为步行内院。③“T”字形障景，进门后广场与主要园路“T”字形相连，并设障景以引导。以上列举的是一些常用的大门布置形式，在具体布置时，还需根据公园场地及其周边的环境进行综合考虑。另外，公园大门建筑还应注意在造型、比例、尺度、色彩等方面与周边环境相协调。

9.4.3 竖向设计（地形设计）

地形设计最主要的是要解决公园为造景的需要所要进行的地形处理。一般地，规则式的地形设计主要是应用直线和折线，创造不同高程的平面面层，水体、广场等的性状多为长方形、正方形、圆形或椭圆形，其标高基本相同。自然式的地形设计，要根据公园用地的地形特点，创造地形多变、起伏不平的山林地或缓坡地，即按照《园冶》中的“高方欲就亭台，低凹可开池沼”的挖湖堆山法。

公园中的地形有平地、山丘、水体等。平地为公园中的平缓用地，适宜开展各类活动。也可为游人提供交流、休息、野餐的场所。平地应铺设草坪，种植树木，以防止雨水冲刷。创造地形应同时考虑园林景观和地表排水。

公园内的山丘可分为主景山、配景山两种，其主要功能是供游人登高远眺、遮挡视线、分隔空间和组织交通等。主景山常与次景山、平地、水景组合，创造出公园的主景或局部主景。一般主景山高可达10~30m，体量较大。山体要求自然稳定，面向游人方向设置，形成视线的交点。配景山主要功能是分隔空间，组织导游和交通，创造景观，其大小、高低以遮挡视线为宜，高约1.5~2m。

公园中的水体除了具有很好的造景效果外，还起着蓄洪、排涝、卫生及改善环境气候等功能。另外，公园中大面积的水体还可为游人提供划船、游泳等水上运动项目。公园中水体的处理要充分考虑现状条件，选好位置，注意造园的经济节约；另外，在水源的安排上要有明确的来源和去脉。

9.4.4 交通组织

公园道路是公园的组成部分，它联系着不同的功能分区、建筑物、活动设施、景点，起着组织空间、引导游览等作用。同时也是公园景观、骨架、脉络、景点纽带、构景的要素。

9.4.4.1 园路的分类

公园的道路系统一般为三级分类，通常包括下面几种类型：

（1）主干道：或称主路，是全园主要道路，联系着各大景区、功能区、活动设施集中点以及各景点。通过主干道对园内外的景色进行分析安排，以引导游人欣赏景色。一般公园主干道一般路宽4~7m，满足大量人流通行和双向通车的要求，根据公园面积大小和游人流量的多少而定。

（2）次干道：它是公园各区内的主要道路，联系着各个景点，引导游人进入各景点、专类园。对主干道起辅助作用。宽度一般为2~3.5m。

（3）步行道：为方便游人散步及游览观景的需要而设，提供给游人“边走边看，边走边聊”的享受，宽度约为2m。游步道是步行道中，为引导游人深入景点，寻胜探幽而设的道路。一般设在山坳、峡谷、山崖、小岛、丛林、水边、花间和草地上，宽度一般为0.9~1.2m。

（4）专用道：专为园务管理使用，在园内与游览路线分开，并避免交叉，以免影响游览。

9.4.4.2 园路的布局形式

公园道路系统的布局应根据公园绿地内容和游人量大小来定。要求做到主次分明、因地制宜，和地形及周边环境密切配合。

在布局时应注意：首先，回环性。公园中的道路应是一个循环系统，是环形路，游人从任何一点出发都能游遍全园，切忌走回头路。其次，疏密有致。园路的疏密与公园的大小、性质有关，园路面积大约占公园用地的10%~12%。最后，因景筑路，形式多样。公园中的道路形式应是多样的，根据不同景观可设置成不同类型的路面形式。如在林间或草地上，可设置踏步；与建筑结合可设立廊架；当有较大地形变化时，可采用蹬道、石级、盘山道等；与水结合时，可选择汀步、桥、堤等形式。

9.4.4.3 园路的系统规划

公园中道路系统的规划应以公园的总体规划为依据，根据地形地貌、功能分区、景色分区、景点以及风景序列的展开形式等进行规划。一般来说，公园中的道路宜曲不宜直，贵乎自然，要求追求意趣、依山就势、回环曲折。在道路的弯曲处，设置石组、假山、林丛或大树等障碍物，使园路弯曲符合自然。游步道应多于主干道，景幽则客散。老人活动区内的道路，路面坡度宜小于12°。随地形的需要可设立台阶，每级台阶的高度一般为12~17cm，宽度应为30~38cm，可根据造景的需要适当改变这些数值，但不可超出人体经常活动的适宜范围。台阶不可连续使用，每8~10级应设一平台。

9.4.5 建筑布局

公园中的建筑形式要与其性质、功能相协调，全园的风格应保持一致。公园中建筑是为开展文化娱乐活动、创造景观、防风避雨而设的；也有一些建筑可构成公园中的主景，虽占地面积小，仅占全园陆地面积的1%~3%，但却可成为公园的中心、重心。

公园中的建筑类型很多，因其使用功能与游赏要求的不同，可分为几种类型：①服务类建筑，如茶馆、饭店、厕所、小卖部、摄影服务部、冷饮室等；②休息游赏类建筑，包括亭、台、楼、阁、观、榭、廊、轩等；③专用建筑，通常包括办公楼、仓库等。

公园的建筑设计可根据自然环境、功能要求选择建筑的类型和基址的位置。不同类型的建筑在规划设计上有不同的要求。如专用建筑、管理附属服务建筑在体量上要尽量小，位置要隐蔽，且保证环境的卫生。在设计时，应全面考虑建筑的体量、空间组织关系以及建筑的细部装饰等，做整体性的设计。同时还需注意与周围环境的协调，并满足景观功能的各项要求。建筑布局要相对集中，组成群体，尽量做到一房多用，有利管理。如遇功能较为复杂、体量较大的建筑物时，可按照不同功能分为厅、室等，再配以廊相连、院墙分隔，组成庭院式的建筑群，可取得功能景观两相宜的效果。

公园中的建筑既要有浓郁的地方特色，又要与公园的性质、规模、功能相适宜。古典园林的修复、改建应以古为主，尽可能地表现出原来的风貌。而新建公园要尽可能选用现代建筑风格，多用新材料、新工艺，创造新形式，营造具有现代景观特征及时代特色的新景观。

9.4.6 给水排水设计

9.4.6.1 给水设计

根据植物灌溉、喷泉水景、人畜饮用、卫生和消防等需要进行供水管网布置和配套工程设计。给水以节约用水为原则，设计人工水池、喷泉、瀑布。喷泉应采用循环水，并防止水池渗漏。取用地下水或其他废水，以不妨碍植物生长和污染环境为前提。给水灌溉设计应与植物种植设计配合，分段控制。饮用站的饮用水和天然游泳池的水质必须保证清洁，符合国家规定的卫生标准。

9.4.6.2 排水设计

污水应接入城市活水系统，不得在地表排泄或排入湖中。雨水排泄应有明确的引导去向，地表排水应有防止径流冲刷的措施。

9.4.7 种植设计

植物是构成公园绿地的基础材料，占地比例最大，可达到公园陆地面积的70%，是影响公园环境和面貌的主要因素之一。全园的植物组群类型及分布，应根据当地的气候状况、园外的环境特征、园内的立地条件，结合景观构思、防护功能等要求来决定。

9.4.7.1 植物种植设计的原则

（1）植物的种植设计首先要满足功能要求，并与山水、建筑、园路等自然环境和人工环境相协调。

（2）公园植物规划设计要以乡土树种作为基调树种。同一城市的不同公园可根据公园性质选择不同的乡土树种。以乡土树种为主，以外来珍贵的驯化后生长稳定的树种为辅。另外，植物配置要充分利用现状树木，特别是古树名木。规划时，充分利用和保护这些古树名木，可使其成为公园中独特的林木景观。

（3）植物配置应注意全园的整体效果。应做到主体突出，层次清楚，具有特色。如杭州花港观鱼公园以常绿大乔木广玉兰为基调树种，来统一全园景色；而在各景区中布置有特色的主调树种，如金鱼园中以海棠为主调，牡丹园中以牡丹为主调，大草坪区则以樱花为主调等。

（4）植物配置应充分利用植物的造景特色。植物具有明显的季相特点，是个有生命力的园林素材，会随着季节变化产生不同的风景艺术效果。利用植物的季相特点，可配合不同的景区、景点形成四季分明的景观。如南京雨花台烈士陵园以红枫、雪松树群作为主题群雕的背景，寓意明确且富有景观变化，起到了很好的烘托主题的作用。

（5）植物配置还应对各种植物类型和种植比例作出适当的安排。一般公园中，对不同植物种类的用量和比重有一个大致的规定。通常，密林占40%，疏林和树丛占25%~30%；草地为20%~25%，花卉占3%~5%。常绿树和落叶树比例则应不同地区而有所不同，华北地区常绿树占30%~50%，落叶树占50%~70%；长江流域常绿树和落叶树比值约为1：1；而华南地区的常绿树占到70%~90%。由于公园的大小、性质及环境不同，上述比例会有所不同，看具体情况而定。

9.4.7.2 公园绿化种植布局

公园绿化种植是根据当地气候条件、城市特点、游人喜好、风俗习惯，进行植物种类的选择。应做到乔、灌、草的合理配合，以创造优美的植物景观。同时还要考虑公园内功能分区、景点、活动场地的类型等具体环境进行合理的植物配置设计。

首先，选用2~3种树种作为基调树种，以形成公园内的统一与协调的景观效果。但在出入口、建筑周边、儿童活动区、园中园，可进行适当的变化。

另外，在人流量较大的文化娱乐区、儿童活动区，为了创造热烈的气氛，可选择色彩鲜艳的暖色调树种。以观花类乔、灌木为主，并配以大量的草花。尤其在节假日或一些庆典活动时，可选用大量的一、二年生或宿根、球根类花卉，进行林下地被、林下花地的营造，起到很好的渲染气氛的作用。而在一些安静休息区或纪念活动区，为了营造安静、肃穆的气氛，常采用一些冷色调树种或草花。

总的来讲，公园内的植物配置，应形成一年四季季相不同的动态景观。尽量做到春有繁花似锦，夏有绿树浓荫，秋有果实累累，冬有丛林雪景。

9.4.7.3 公园分区绿化

在公园中，不同功能区、不同景点或环境，其绿化的侧重点不同。根据不同的自然条件，结合功能分区，将公园出入口、园路、广场、建筑小品等设施环境与绿化植物相结合形成景点。

1）科普及文化娱乐区

本区人流量大，节日活动多，四季人流不断，要求绿化能达到遮荫、美化、季相明显等效果。在建筑室外广场，采用种植槽或种植穴等形式，栽种大乔木。除了配置庭荫树外，还可考虑在建筑前广场配以大量的花坛、花台，以方便游人集散。在建筑附属绿地中，充分利用花境、草坪，配置适量的开花类灌木来进行绿化，尽可能提高公园的绿化率。在提供参观或活动的建筑室内，根据环境需要布置一些室内绿化装饰植物。

2）儿童活动区

本区植物要求奇特，色彩鲜艳，无毒无刺；在活动场地中，以种植槽种植高大乔木，以提供遮荫。在本区四周，可用浓密的乔灌木种植成树丛或高篱等形式，与周边环境相隔离。在儿童活动区的出入口可设立具象植物雕塑，如做成一些可爱的动物形象等，配以体形优美、色彩鲜艳的灌木和花卉，以增加儿童的活动兴趣。

3）安静休息区

本区的植物种植要求季相变化多种多样，有不同的景观。通常以生长健壮的几种树种为骨干，根据地形的高低起伏和天际线的变化，合理配置植物。在林间空地可设草坪、花地、亭、廊、花架、坐凳等休息设施。也可根据需要在本区内设立园中园，主要是以植物配置为主，如设立月季园、牡丹园、竹园、杜鹃园等。

4）体育活动区

本区宜选择生长快，高大挺拔、冠大荫浓的树种，忌用落花落果严重、有飞毛的植物种类。球场四周的绿化应离场地 5~6m，选择的树种可相对一致，能形成统一协调的背景即可。树木叶片不能太光太亮，以防反光影响运动员的正常运动。在游泳池附近可设置廊架、花架等休息设施。日光浴场周围应铺设柔软耐践踏的草坪。

5）园路的绿化

公园中的道路绿化可形成公园内优美的线状景观。在具体设计中，可合理划分路段，做到空间开合与周围环境相协调。植物配置以乔木为骨干树种，结合部分灌木疏密相间，以体现生态性和生物多样性。行道树采用统一的形式和树种，体现道路的连续景观，强调道路的整体效果。主干道的行道树采用高大、荫浓的大乔木，在配置上注意不能影响交通和视线。小路深入到景区内部，其绿化更加丰富多彩，达到步移景异的效果。

6）广场绿化

广场绿化既不能影响交通，又要能形成景观。如休息广场，四周可密植乔、灌木，中间配置花坛、草坪等，以形成安静的空间。停车场铺装广场，应留出树穴，种植高大的乔木类，枝下高应达到 4m 以上，既能提供夏季遮荫，又不影响停车。

7）建筑及园林小品与绿化

在建筑和园林小品附近可设置花坛、花台、花境等。在主要建筑门前可种植高大乔木或布置花台；沿墙可设置花境、花带或成丛布置花灌木。植物配置是为建筑服务的，要能突出建筑的主题和风格，且与周边环境相协调。

8）水体绿化

公园中的大水面适宜开展一些水上活动，不易种植大面积的水生植物。通常沿着水际线布置适量的植物。水生植物的种植设计应按照水面的大小和深度以及植物本身的形态、生理特征来进行设计。较大湖面可布置荷花、王莲等，小水面宜采用睡莲、鸢尾等形态优美、色彩鲜艳的植物；而在港汊水湾处，可利用茭白、菖蒲、芦苇等营造一种野趣的水景。在种植设计时应注意，首先，水生植物的种植面积不易超过水面的 1/3。另外，为了控制水生植物的生长范围，一般在水下用混凝土建造各种栽种槽（池），限定栽种范围；或用水缸种植等。

9.4.8 综合性公园平面图（图 9-13~ 图 9-17）

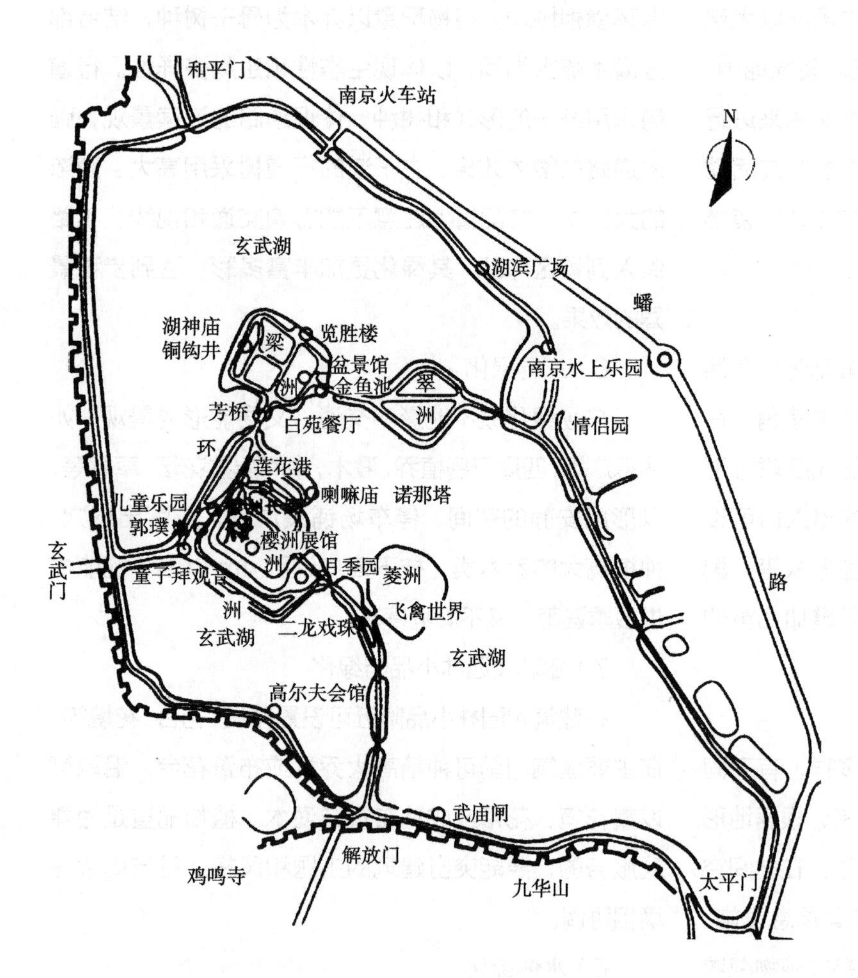

图 9-13 南京玄武湖公园示意图
资料来源：《风景园林景观规划设计实用图集》

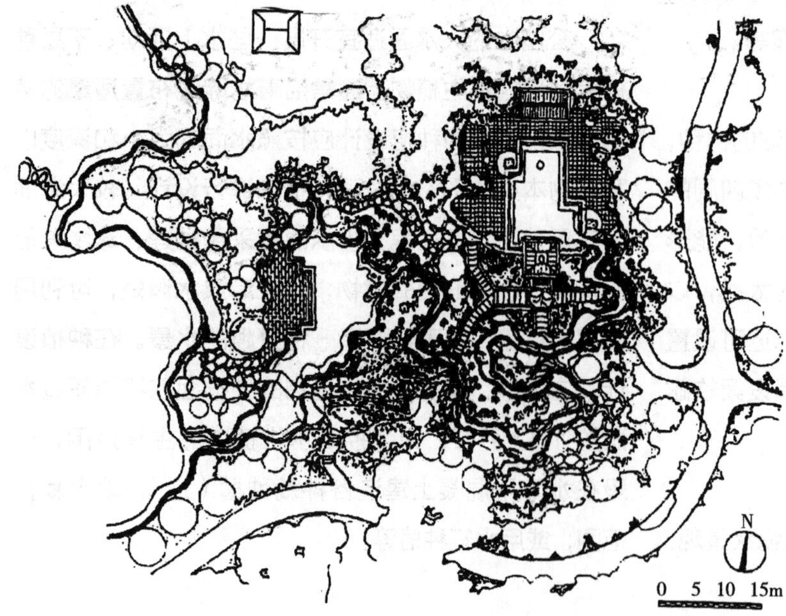

图 9-14 北京陶然亭公园兰亭平面图
资料来源：《风景园林景观规划设计实用图集》

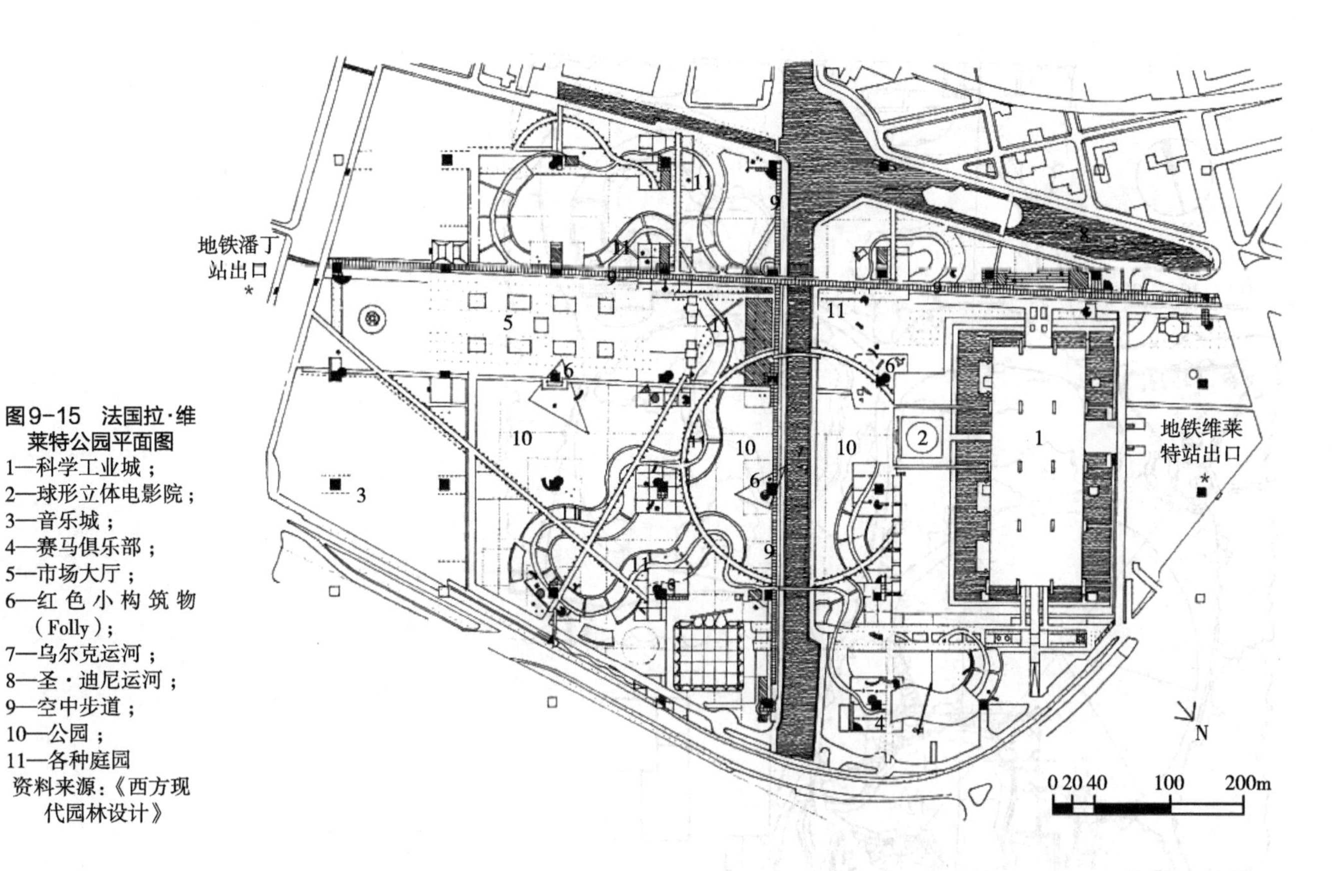

图9-15 法国拉·维莱特公园平面图
1—科学工业城；
2—球形立体电影院；
3—音乐城；
4—赛马俱乐部；
5—市场大厅；
6—红色小构筑物（Folly）；
7—乌尔克运河；
8—圣·迪尼运河；
9—空中步道；
10—公园；
11—各种庭园
资料来源：《西方现代园林设计》

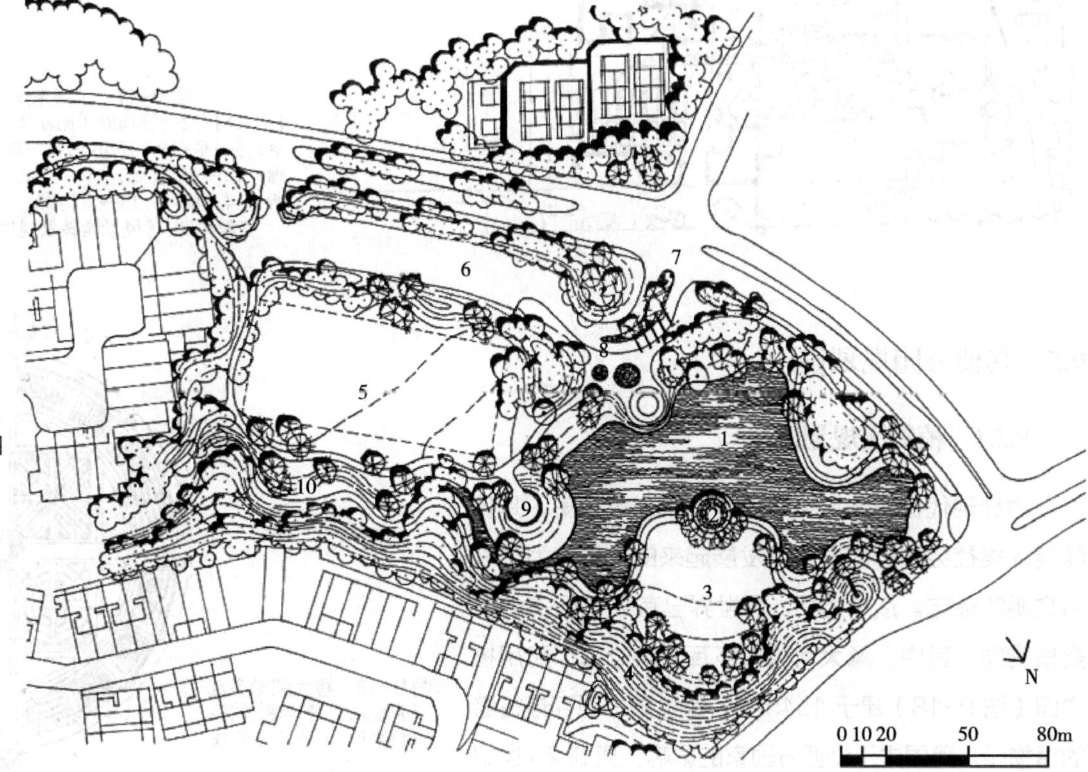

图9-16 美国瑞弗基奥谷地公园平面图
1—大水面；
2—穹顶亭；
3—大草坡看台；
4—桉树林；
5—大草坪；
6—停车场；
7—主入口；
8—入口庭园；
9—儿童游戏场；
10—野炊场地
资料来源：《西方现代园林设计》

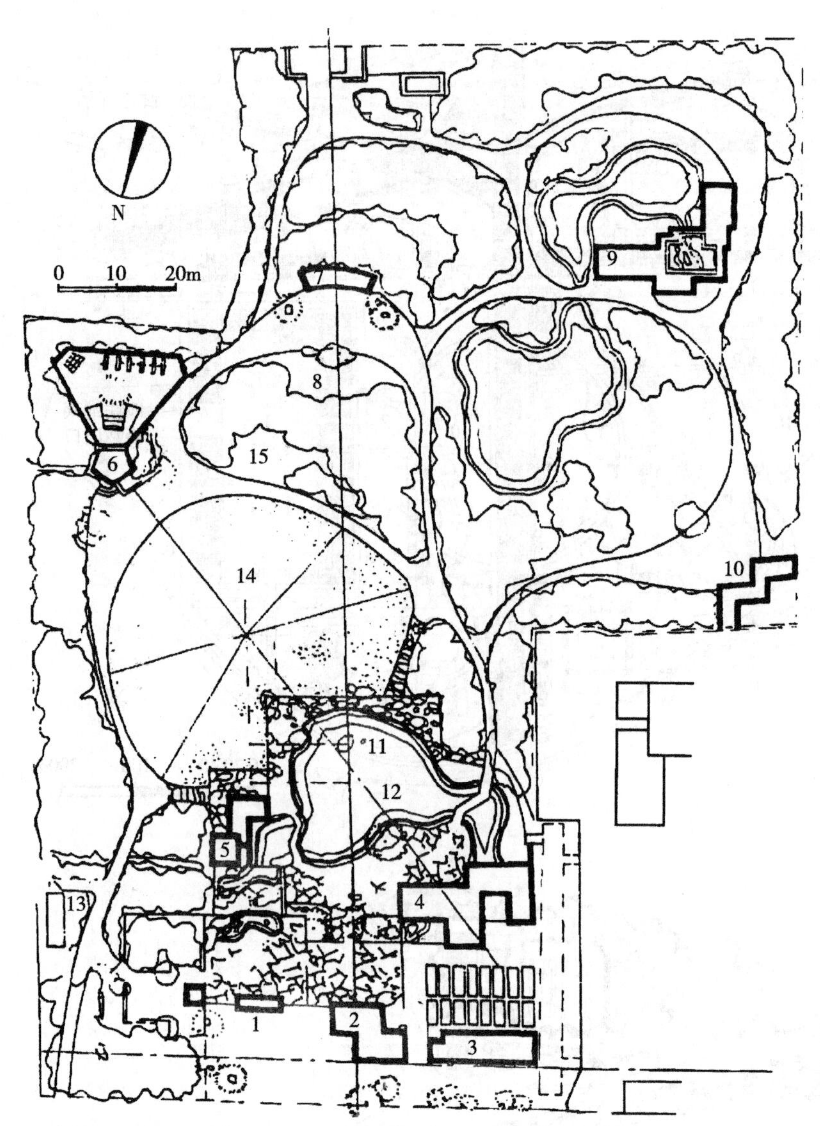

图 9-17　上海东安公园平面图

1—大门；2—管理处（附小卖部）；3—温室；4—茶室；5—亭；6—五角亭；7—廊；8—雕塑；9—娱乐廊；10—休息廊；11—景石；12—莲池；13—厕所；14—草坪；15—宣传廊

资料来源：《风景园林景观规划设计实用图集》

9.5　其他公园规划设计

9.5.1　植物园规划设计

世界现代植物园具有 200 多年的发展历史，是伴随着人类社会生产的发展而发展起来的，已成为了城市文明的标志。迄今为止，全世界已有 2 000 多个各类植物园，其中，意大利的帕多瓦（Padua）药用植物园（图 9-18）建于 1545 年，是世界上现存最古老的植物园。我国由于受西方国家的影响，直到 20 世纪

图 9-18　意大利帕多瓦（Padua）药用植物园

资料来源：《公园绿地规划设计》

初才开始陆续发展植物园事业。

植物园是收集保护并展示各种植物、提供科学研究、科普教育和游憩娱乐的理想场所。植物园最初只是实用性或观赏用的，而后随着时代的发展逐步向人们开放，开展科普教育，让人们能在充满自然植物的优美环境中进行轻松而舒适的游憩活动，从而认识植物与人类的依存关系。植物园发展至今，对人类已有深刻的影响，现代植物园常具有多方面的综合功能，主要包括植物研究、教育、游憩、保育及与植物资源相关的生产活动五个方面，其中每一个方面都有着十分丰富的内容。因此，不可能每个植物园都包罗万象，全面发展。大部分植物园将是各有侧重，即使是在同一功能方面起作用，也要突出各自的特点。但创造美好的植物景观环境，为公众的科普游憩服务，是现代每一个植物园都不可缺少的。借鉴国内外著名的植物园的做法，现代植物园中除了供研究之外，还重视休闲游憩空间的创造。外部绿色空间的开放，让游人在活生生的植物中去自由地了解多姿多彩的植物世界。游人可近距离仔细品味植物的姿态、枝、杆、花、叶、果等，认识植物对人类的贡献。植物园中设置各种景观设施及休憩服务设施，并以模拟生态的方式展示及配置植物，游人能观赏到当地通常无法见到的植物种类。同时，通过各种专业的解说设施，对植物的特征及整体生态特性作深入浅出、生动有趣的解释，让游人在参观、认识植物之余也能一目了然地感悟植物生态的奥秘，以达到寓教于乐的目的。

9.5.1.1　植物园的分类

世界上的植物园种类很多，也有各种不同的分类方法，本书介绍两种分类方法。

1）根据植物园主要功能的不同进行的分类

（1）以科研为主的植物园

19 世纪及其以前建立的植物园多属于此类。目前，世界上已建立了许多专业性很强、研究深度与广度很大的研究所与实验基地。植物园的工作内容多趋向于收集丰富的野生植物种类，提供科研素材。纯粹以科研为主的植物园已经很少。侧重于科研的植物园大多是历史悠久、附属于大学或研究所的植物园。

（2）以科普为主的植物园

此类植物园数量较多，主要任务是为广大群众开展植物学的普及知识教育。有不少植物园专门设立展览室，派专业人员对中小学生进行讲解。

（3）为专业服务的植物园

这类植物园展出的植物侧重于某一专业的需要，如药用植物、竹藤本植物等。有些独立成园，有些成为植物园的一个园中园。

（4）属于专项收集的植物园

此类植物园，从事专项搜集的植物较多，如美国加州一个森林遗传研究所，附属于埃迪树木园，专门收集松属植物，是世界上最大的松柏类收集园。

2）根据植物园从属关系、研究重点的不同来分类

（1）属于国家科学院系统的植物园

此类植物园主要从事重大理论课题和生产实践中攻关课题的研究，是以研究为中心的植物园。

（2）属于各部门的公立植物园

如国立、省立、市立以及各部门所属的植物园，服务对象广泛。主要功能是研究和科学普及并重。

（3）属于高等院校附设的植物园

如农林院校的树木园、大学生物系的标本园等。主要任务是以教学示范为主，兼作少量科研。

（4）属于私人经办或公私合营的植物园

此类植物园大多以收集和选育观赏植物为目的。

9.5.1.2　植物园规划设计的原则

总的原则是在城市总体规划和绿地系统规划的指导下，体现科研、科普教育、生产的功能；因地制宜地布置植物与建筑，使全园具有一定的科学性和艺术性。

1）功能性原则

植物园有科研的内容、教育的功能，有保护植物

的功能，也有提供人们认识和利用植物的功能。一般而言，植物园科普教育区的面积较大，内容也很丰富。在规划上应对植物园的基础设施和综合服务体系提出更多、更高的要求。

2）科学性原则

科学性原则体现为科学布局、科普教育和科学研究三个方面。无论是何种植物园，均以科学性作为布局的基本理念。另外，植物园还应对公众进行科学知识、科学思想和科学方法的普及和教育。

3）艺术性原则

艺术、功能和科学是现代景观设计追求的三个目标，在植物园的设计中也应充分考虑景观的艺术性。

9.5.1.3 分区规划

植物园的分区规划方法很多，有的根据工作任务和自然条件分为很多个区，有些则只进行大概的分区。但一般的植物园中均包括以下几个功能区。

1）科普展览区

这是植物园均具备的、最重要的功能区之一。在本区主要展示植物界的自然规律，人类利用植物和改造植物的最新知识。本区中通常建有温室、各专类园等，为了提高植物园的休息游览功能，还需建立一些点景的休息类建筑和园林小品。根据其展出内容的不同，又可有以下几种类型：

（1）属于理论植物学的展区：通常包括树木园、植物分类区、植物地理区、植物生态区、水生、湿生、沼泽、岩生植物区等。

（2）属于应用植物学的展区：通常包括经济植物区、药用植物区、果树植物区、野生植物区等。

（3）属于城市园林植物的展区：通常包括有绿篱植物区、花园、庭院示范区、花期不断示范区、草坪植物区、专类花园、花灌木收集区等。

（4）属于新的分支学科的展区：如植物遗传进行区、栽培植物历史区、民族植物展览区等。

（5）属于植物保护性研究的展区：也称珍稀及濒危植物区，主要是收集和保护国家珍稀濒危植物，并进行相关的植物遗传学、生物多样性等方面的研究。

2）科研试验区

这是研究植物引种驯化理论与方法的主要场所。一般不向游人开放，仅供专业人员参观学习。如建立专供引种驯化、杂交育种、植物繁殖使用的温室，还设有专门的试验苗圃、原始材料圃、大棚、人工气候室、冷库、储藏室等。

3）标本馆、图书室

在全园安静的地域建立图书馆、标本馆等，供学术交流使用。

4）生活区

需在园内设立相对隔离的职工生活区，包括宿舍、食堂、商店等。

9.5.1.4 植物科普展览区的布局方式

植物园展览区是把植物界的客观自然规律和人类长期以来认识自然、利用自然、改造自然和保护自然的知识展示出来，供人们参观、游赏、学习。

1）按照植物进化系统和植物科、属分类进行布局

这是根据植物界发展由低级到高级进化的过程而设的。这种布局形式对于学习植物分类学、植物进化科学、认识不同植物提供了良好场所。

2）按照植物原产地的地理分布或植物区系分布进行布局

在植物地理学的研究指导下，根据植物园的实际条件，按植物的地理分布进行种植，可以增进人们对各地植被类型及植物种类的认识，了解各地的植物资源。

3）按照植物生态习性与植被类型进行布局

这类展览区是按照植物的生态习性、植物与外界环境的关系以及植物相互作用而布置的。

（1）按照植物生态型布置的展览区。根据植物生态型分为乔木区、灌木区、藤本植物区、多年生植物

区等。

（2）按照植被类型布置的展览区。所谓植物类型，即根据植物与植物、植物与环境之间的相互关系而构成的植物群落。植被类型作为植物园展览区的布置方式是十分重要的，在进行植物园的规划设计时，设计师应与植物学家合作，探讨植物群落的构成、结构、稳定性等方面的问题，作为植物园植物群落规划的依据。

（3）按照植物对环境因子要求而布置的展览区。植物的环境因子主要包括水分、光照、土壤和温度四个方面。一般而言，植物园在选址基础上，选择较为容易实现的因素进行规划。如丽江高山植物园，主要展览高山植物，由于其位于低纬度、高海拔地区，被誉为世界上最高海拔的植物园。新疆吐鲁番沙漠植物园、银川植物园等都布置有百沙园、沙漠植物标本园、沙生植物展览区、大漠风景区等干旱荒漠的气候条件下所特有的沙漠植物景观展览区。

9.5.1.5 规划设计要点

（1）功能分区与用地比例。展览区面积最大，可占全园总面积的 40% ~ 60%，苗圃及试验区占 25% ~ 35%，其他用地占 25% ~ 35%。

（2）展览区是对群众开放的，用地应选择地形富有变化、交通联系方便的区域。展览区的布局可根据具体情况，采用合理的布局方式。

（3）苗圃是科研、生产用地，一般不对外开放，应与展览区有适当的隔离。

（4）建筑设施。植物园中的建筑包括展览建筑、科研用建筑、服务性建筑等。展览性的建筑如展览温室、植物博物馆、宣传廊等，可布置在出入口附近、主干道轴线上，要求比较醒目，富有特色；科研用建筑，如标本室、试验间、工作室、繁殖温室、工具房等，应与苗圃、试验田靠近，与展览性建筑在风格上可进行一定区分，并要求位置较为隐蔽，防止游人进入影响干扰试验；服务性建筑包括办公室、招待所、小卖部、亭、廊、花架、停车场等，根据需要选择合理的建筑类型和风格。

（5）排灌系统工程主要是为了满足植物灌溉、园内生活用水以及水生植物园区的用水需要。在规划设应计时，保证做到旱可浇、涝可排。

（6）植物种植设计。在植物园的规划设计中，植物是最重要的因素。在全园规划中，应在满足其性质和功能的前提下，形成较为稳定的植物群落。在设计形式上，多以自然式为主，创造密林、疏林、树群、草地、花丛等景观。

9.5.1.6 植物园规划实例

1）英国皇家植物园（丘园）（图 9-19）

始建于 1759 年，占地面积 121.4hm^2。目前共收集植物 5.5 万多个种和品种，标本馆收藏植物标本达 600 万份，图书馆藏书 7.5 万册，是世界上植物界文献最丰富的专业图书馆。

丘园的建园目的，首先是为了科学研究，主要是对植物进行分类和命名，同时也考虑植物的经济用途和园林景观的营造。丰富的植物景观配置以温室、博物馆、宝塔及希腊和罗马式的寺院，形成了丘园中的独特的风景。

功能分区有岩石园、水生园、树木园、温室等。

2）北京植物园（北园）（图 9-20）

始建于 1956 年，占地面积 500hm^2，拥有植物数千个种和品种，是集科研、观光游览于一体的综合性植物园。园内按植物种类进行分区，共分有专类园、树木园、古迹游览区、森林游览区、科研实验区及办公区等。近年来，相继建成了牡丹园、丁香碧桃园、集秀园、绚秋苑、树木园中的银杏松柏区及月季园等。

3）上海植物园（图 9-21）

上海植物园现有植物 5 000 种。主要任务是为城市绿化提供新的材料和栽培技术，运用植物标本、图表、

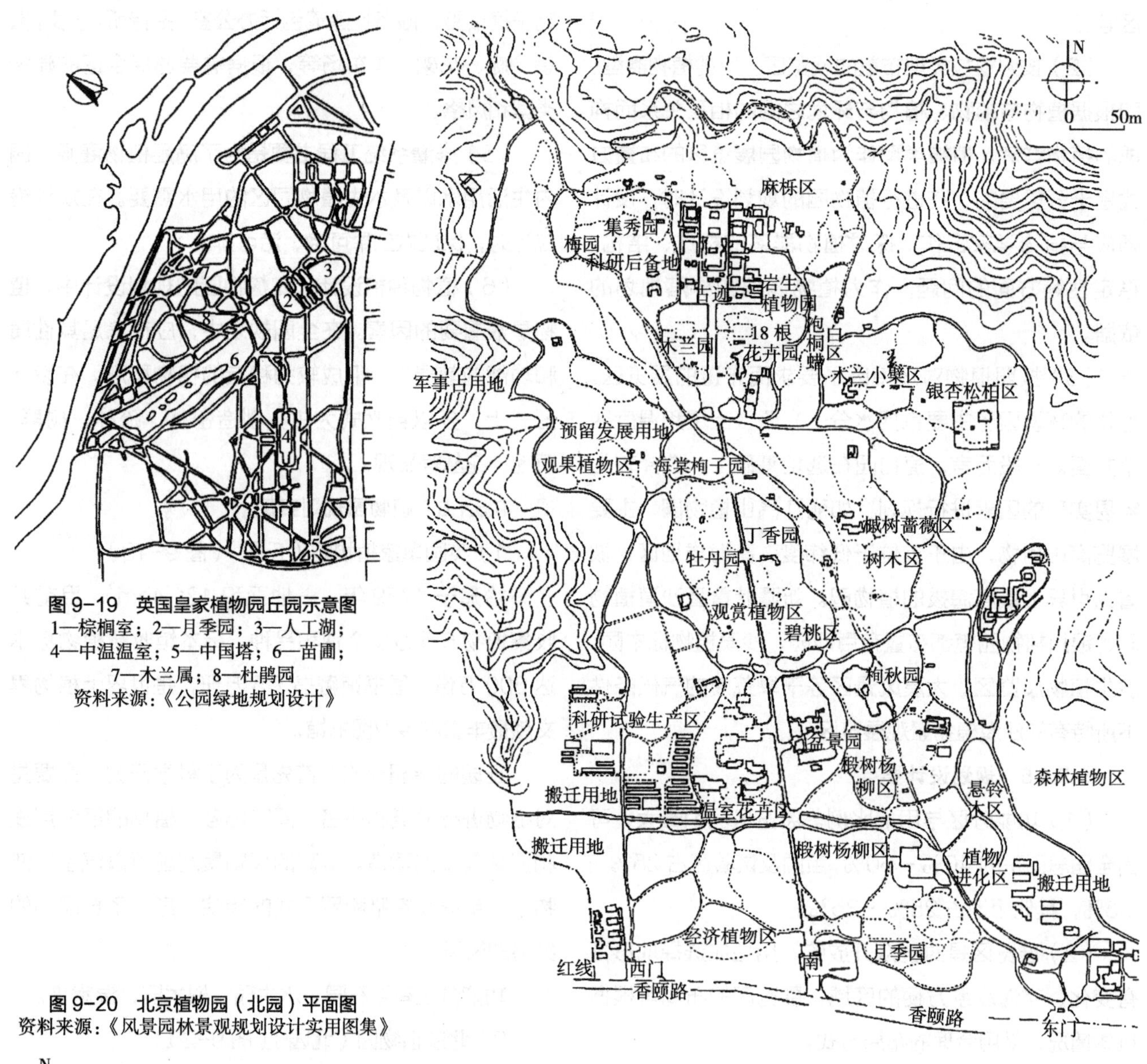

图 9-19　英国皇家植物园丘园示意图

1—棕榈室；2—月季园；3—人工湖；4—中温温室；5—中国塔；6—苗圃；7—木兰属；8—杜鹃园

资料来源：《公园绿地规划设计》

图 9-20　北京植物园（北园）平面图

资料来源：《风景园林景观规划设计实用图集》

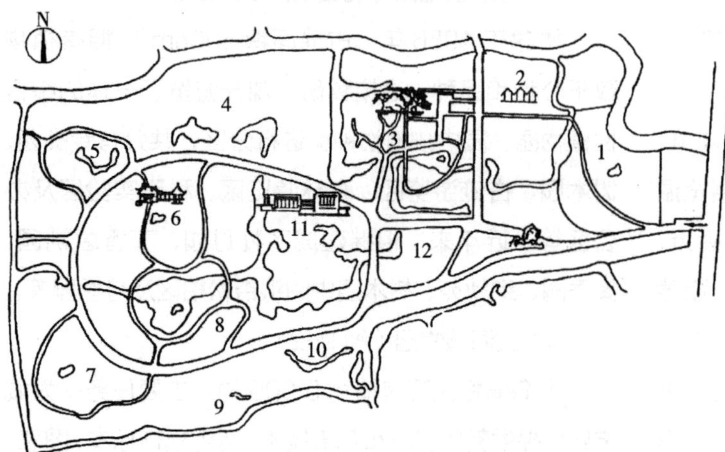

图 9-21　上海植物园示意图

1—草药园；2—温室群；3—盆景园；4—松柏园；5—杜鹃园；6—牡丹园；7—槭树园；8—蔷薇园；9—桂花园；10—竹园；11—植物学馆；12—环境保护植物区

资料来源：《风景园林景观规划设计实用图集》

文字和讲课等形式向群众普及园林绿化知识，同时为各级学校提供专业教学的实习场地。

该园主要收集我国中亚热带地区有观赏价值的植物，适当引进国内外重要观赏植物。其分区有植物进化区（包括松柏园、牡丹园、杜鹃园、蔷薇园、槭园、桂花园、竹园）、环境保护植物区、药草园、盆景园、果园、展览温室区、植物大楼及植物引种试验场等。

9.5.2 动物园规划设计

随着工业化的发展和城市化的进程，人们越来越注重生态旅游，渴望接近自然、亲近动物，有着强烈的“回归自然”的野趣追求，喜爱“蓝天碧水，鸟语花香”的境界。动物园，作为人类实现接近自然，亲近动物的愿望的一个媒体，越来越受到人们的重视，其在城市中的作用和地位也日益提高。在发达国家，动物园已成为城市经济、文化、科技、社会发展以及现代化水平的重要标志之一，功能也逐步由单纯的娱乐性场所发展成集娱乐、教育、科研与自然保护为一体的综合性场所。

作为一个现代化的动物园，不仅应该为人们提供观赏动物、接近自然的机会，还应通过实地观察、现场讲解和文字介绍，使游人增加动物生态方面的知识。同时，动物园也应该提供动物、人才、场地和设备，以推进动物学研究并且对濒危绝种的动物予以收容、饲养、繁殖和保护。

9.5.2.1 动物园的分类

依据动物园位置、规模、展出方式的不同，将我国动物园分为 4 种类型。

（1）城市动物园：一般位于城市近郊区，面积应大于 20hm^2，展出方式以人工兽舍结合动物室外运动场地为主。

（2）人工自然动物园：展出方式以群养、敞放为主，富有自然情趣和真实感。这是目前动物园建设的发展趋势之一。

（3）专类动物园：面积较小，一般为 5~20hm^2。动物品种较少，但富有地方特色。如蝴蝶公园、鳄鱼公园等。

（4）自然动物园：一般位于自然环境优美且野生动物资源丰富的森林、风景区或自然保护区。面积大，园中动物以自然状态生存，游人通过指定的路线、方式，在自然状态下欣赏野生动物，富有野趣。

依据动物园的规模、隶属关系及动物数量的不同，又可分为：全国性动物园、地区性动物园、特色性动物园、大型野生动物园和小型动物展区（动物角）五种类型。

9.5.2.2 动物园规划设计的原则

（1）动物园的规划和建设必须符合城市总体规划及城市园林和绿化规划，并进行统筹安排、协调发展。

（2）动物园的规划设计应坚持环境优美、适于动物栖息、生长和展出，保证安全，方便游人的原则。

（3）应由园林规划人员、动物学家、饲养管理人员共同讨论，制定切实可行的总体规划方案。

9.5.2.3 动物园的分区规划

（1）科普区。本区主要进行宣传教育、科学研究，是科普、科研活动的中心，一般由动物科普馆组成。馆内可设立动物标本室、解剖室、化验室、研究室、宣传室、阅览室、录像放映厅等。本区一般布置在动物园的出入口附近，交通方便。

（2）动物展览区。本区占地面积最大，由各种笼舍或动物分布活动区组成，展览区的设计顺序是体现动物园设计主题的关键。

（3）服务休息区。本区主要是为游人而设置的区域，包括休息亭廊、饭馆、茶室、小卖部等。在设置时可灵活利用园中的地块进行安排。

（4）办公管理区。本区包括行政办公室、饲料站、兽疗室、检疫站等。一般设在园内较隐蔽偏僻处，用绿化与展区、科普区相隔离，但交通要求便利。此区可开设专用出入口，以方便与园外的运输与联系。

（5）职工生活区。动物园一般位于城市近郊区，为方便职工生活，需在园内设立相应的生活服务设施，如宿舍、食堂等。

9.5.2.4 动物展区的展出布局方式

动物展区的展出布局方式有下列几种类型：

（1）按照动物的进化顺序布局。我国大多数动物园是以动物的进化顺序为主，即从低等动物到高等动物，即无脊椎动物→鱼类→两栖类→爬行类→鸟类→哺乳类动物。再结合动物的生态习性、地理分布、游人喜好等作局部调整。这种方式的优点是具有科学性，使游人具有较清晰的动物进化概念，便于识别动物。

（2）按照动物的地理分布布局。即按照动物原产地，如欧洲、亚洲等，结合原产地的自然风景、人文建筑来展出动物。其优点是便于了解动物原产地、动物的生活习性，具有较鲜明的景观特色。

（3）按照动物生态习性进行布局。即按照动物生活环境，如水生、高山、疏林、草原、沙漠、冰山等。这种布局方式有利于植物的生长，园貌也显得生动自然，能让游人更加仔细地了解动物的生态习性。

（4）按照游人参观的形式进行布局。大型的动物园可以按照游人的参观形式分为车行区和步行区。

（5）按照游人喜好、动物珍贵程度、地区特产动物布局。

（6）按照动物的食性、种类布局。这种布局方式的优点是在动物管理饲养方面非常方便经济。根据需要可设立小哺乳兽区、食肉动物区、鸟禽区、食草动物区、两栖爬行动物区等。

9.5.2.5 规划设计要点

动物园的规划设计应当包括下列内容：①全国总体布局规划；②饲养动物种类、数量，展览分区方案；③分期引进计划，展览方式、路线规划；④动物笼舍和展馆设计；⑤游览区及设施规划设计，动物医疗、隔离和动物园管理设施设计；⑥绿化规划设计；⑦基础设施规划设计；⑧商业、服务设施规划设计；⑨人员配制规划，建设资金概算及建设进度计划等；⑩建成后维护管理资金估算。具体要求有：

1）要有明确的功能分区

既不互相干扰，又有联系，以方便游人参观和工作人员的管理。

2）动物笼舍的建设

动物笼舍建筑主要由3个部分组成：①动物活动部分，包括室内外活动场地，串笼及繁殖室；②游人参观部分，包括进厅、参观厅或参观走廊及露天参观道路等；③管理与设备部分，包括管理室、储藏室、饲料室等。

动物笼舍建筑可分为建筑式、网笼式、自然式和混合式几种布置方式。建筑式主要适用于不能适应当地生活环境，饲养时需特殊设备的动物。网笼式是将动物活动范围以铁丝网或铁栅栏相围合，适宜于终年室外露天展览的禽鸟类或作为临时过渡性的笼舍。自然式笼舍即在露天布置室外活动场地，其他房间做隐蔽处理，并模仿动物自然生态环境，布置山水、绿化，考虑动物不同的弹跳、攀援习性，设立不同的围墙、隔离沟、安全网，将动物放养其中，自由活动。自然式笼舍是大型野生动物园最为常见的展览方式。混合式笼舍是上述3种笼舍建筑的不同组合。

目前，动物笼舍的设计更加趋于生态型、散放型和馆舍化，尽量把动物的一切活动展现在游人面前。笼舍在设计时应注意：①应以实用、美观、轻巧为主，并逐步朝科学化、实用化、生态化、艺术化发展；②必须满足动物的生态习性、饲养管理和参观展览等方面的要求；③保证人与动物的安全；④因地制宜，创造动物原产地的环境气氛，同时还要考虑建筑造型应符合被展出动物的性格。

3）道路系统规划

动物园的道路一般有主干道、次干道、小径和专用道路。主要道路和专用道路要能通行机动车，便于与园外的交通。大型动物园根据动物参观内容，可设置车行区与步行区，有的还可以设置空中缆车。

道路系统的规划可根据不同的分区和笼舍布局形式采用合适的道路形式。一般动物园的道路系统有 4 种形式：①串联式，建筑出入口与道路一一连接，在参观动物时没有灵活性，适宜于小型动物园。②并联式，建筑位于道路两侧，需次级道路联系，便于车行、步行分工和选择参观，较适宜于大中型的动物园。③放射式，从入口起可直接到达园内各区的主要笼舍，适于目的性强、游览时间较短的游人。④混合式，是以上 3 种方式根据实际情况的结合，既能很快到达主要动物笼舍，又具有完整的布局联系。

4）绿化设计

动物园绿化首先要维护动物生活，结合动物生态习性和生活环境，创造自然的生态模式。其次，可提供部分饲料，并具有结合生产和保持水体等功能。另外，还要为游人创造良好的休息环境。

动物园的绿化设计应服从动物展览的需要，配合动物的特点和分区，充分利用植物来营造各个展区的特色，尽可能地创造动物原产地的地理景观。动物园的绿化应达到一定的量，要求有一定的遮荫效果，可布置成林荫道的形式。在动物园的外围应设置宽 30m 的防风、防尘的防护林带。在休息游览区，可结合道路、广场，种植庭荫树，布置花坛、花架等，创造良好的游览景观。在大面积的生产区，可结合生产种植果树、林木，提供动物饲料。

9.5.2.6　动物园规划设计实例

1）上海动物园（图 9-22）

上海动物园占地面积大，动物种类丰富。设计者从动物的习性、珍贵程度、饲养方式等方面综合考虑，

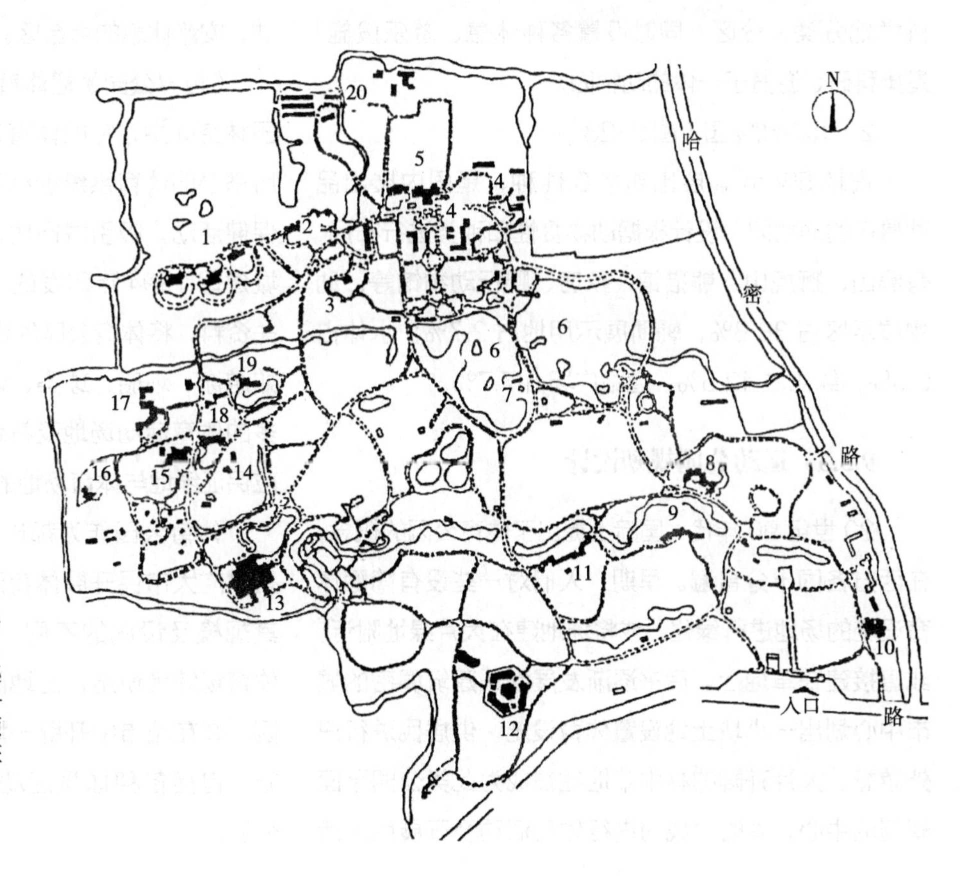

图 9-22　上海动物园平面示意图
1—狮虎；2—熊猫；3—熊；4—鸣禽、猛禽；5—中型猛兽；6—水禽、涉禽；7—企鹅；8—金鱼；9—爬虫；10—办公室；11—休息廊；12—猴类；13—象；14—鹿；15—长颈鹿；16—野牛；17—河马；18—斑马；19—海狮；20—饲养管理室
资料来源：《风景园林景观规划设计实用图集》

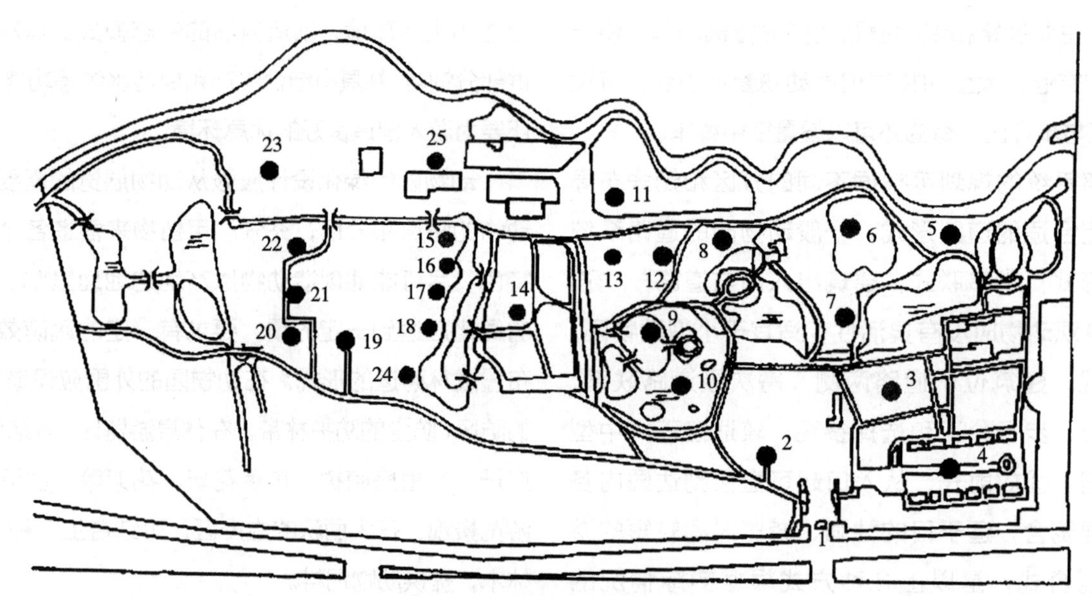

图 9-23 北京动物园平面示意图

1—大门；2—熊猫馆；3—儿童运动场；4—小动物园；5—猛兽室；6—狮虎山；7—猴楼；8—猛禽馆；9—鸣禽馆；10—水禽；11—麋鹿；12—河马馆；13—犀牛馆；14—鹿苑；15—野牛；16—牦牛；17—野猪；18—扭角羚；19—海兽池；20—海兽馆；21—猩猩；22—长臂猿；23—华北鸟；24—爬行动物馆；25—长颈鹿馆

资料来源：《公园绿地规划设计》

科学地分类、分区，同时设置各种休息、游乐设施，是集科研、游览于一体的动物园。

2）北京动物园（图 9-23）

占地 56hm^2，展出动物 631 种，是国内展出品种最多的动物园。设计根据动物食性和种类进行布局，有熊山、狮虎山、熊猫馆、象房、爬行动物馆等。动物展示区占 38.8%，辅助展示用地占 2.7%；水体占 9.0%，绿化占 42.5%，道路广场占 7.7%。

9.5.3 运动公园规划设计

20 世纪 90 年代，国际上提出了体育公园的概念，在西方各国十分普遍。早期，人们对一些设有简陋体育设施的场地进行绿化，或将场地建在大片绿地附近，或直接建在草地上。后来逐渐发展到从建筑稠密的城市中心划出一小块土地设置体育设施，供居民进行户外游憩。大片开阔的林中草地往往成为此类公园平面规划的中心，同时也成为进行体育活动及开展民间活动、安静休息的综合区。

《世界公园》把体育公园定义为：设在景色如画的园林空间中，它的体育设施、运动场以及在这些场地所举办的体育系统训练活动、体育表演和竞技比赛及保健活动，吸引城市居民来此休息。我国根据建设部城建司 1994 年印发的《全国城市公园情况表》和有关资料，将体育公园的定义为：以突出开展体育活动，如游泳、划船、球类、体操等为主的公园，并具有较多的体育活动场地及符合技术标准的设施。该类公园应保证绿地与体育场地的平衡发展。

体育公园作为都市园林中最大的健康运动空间，是供广大市民开展体育活动、锻炼身体的公园。按照其规模及设施的不同，可分为 2 类：①具有完善的体育场馆等设施，占地面积较大，可以开运动会的公园；②在城市中开辟一块绿地，安排一些体育活动设施，包括各种球类活动场地及一些群众锻炼设施的公园。

9.5.3.1　规划设计的原则

体育公园将绿地与运动场所有机地融为一体，在创造出优美而内涵充实的自然景观的同时，也建成了体育健身场地。体育公园的规划设计应向融合多种活动的生态绿地的方向发展，强调活动多样、内容丰富，以维护居民身心健康和再生自然的高度发展，使人与自然之间的关系更趋和谐。

1）主题要突出

体育公园即以体育锻炼为主，其他一切服务、设施、环境均以此为中心开展，并且使其在一年四季都能得到充分的利用。因此要室内、露天设施相结合。

2）通用化设计

即普遍、全体、共有的意思。满足各年龄层使用者的大众要求，尤其考虑学龄前儿童、老人和残疾人的使用。

3）科学性和可操作性原则

以大众健身为目的，做到科学健身、合理收费、方便管理。并应使其为体育竞赛、训练以及休息和文化教育活动创造良好的条件。

4）安全性原则

体育公园是运动的场所，相对于一般公园来说，安全性尤为重要。首先，医疗设施要全面，医护人员要专业，以备突发事件的紧急处理。其次，运动设施要勤检勤修，不能再使用的一定要及时更换，暂时不能更换的要有明显的警告标志。再次，考虑儿童、老人以及残疾人使用的合理尺度甚至专门设计，但又不能孤立设置，而是要与正常使用者相融，做到人性化设计。最后，材料要环保卫生，可以废物利用，吸引活动者。

5）技术性原则

要求配备专业化锻炼设施、专门健身教练，为每位参与者制定符合自身需要的锻炼计划。

9.5.3.2　功能分区规划

1）室内体育活动场馆区

此区占地面积约为全园的 5%~15%。主要包括体育馆、室内游泳馆等大型建筑。为方便群众活动，应在建筑旁边或附近安排面积较大的停车场。

2）室外体育活动区

占地面积较大，约为 50%~60%。以各类运动场为主。在场内设置各类球类运动场馆，根据公园面积的大小，可在运动场周边设立看台，可以提供群众观看体育比赛。

3）园林区

园林区的面积约占 10%~30%。在不影响公园主要活动内容的前提下，应尽量提高园林区的面积。在本区内，一般可安排些小型的体育锻炼设施，如单、双杠等。同时也可为老年人提供一些简单的娱乐活动设施。

9.5.3.3　体育公园的绿化设计

体育公园的绿化应为创造良好的体育锻炼环境服务，绿化尽量做到简单、生态，应具有较好的隔离效果，根据不同功能区进行植物种植设计。

园林区是体育公园中绿化设计的重点，对整个公园的环境起到美化和改善小气候的作用。选择具有良好观赏价值和遮荫效果的庭荫树，营建层次分明的疏林，林下设立老年活动区或布置少量的健身器材，为老人提供良好的活动氛围。同时，还可结合少量的景观建筑，如亭、廊、花架等，栽种花灌木或藤本植物，形成立体绿化，以提高体育公园的绿化率。

出入口的绿化应简洁、明快，具有一定的标示性。可设置一些花坛和草坪，结合停车场进行布置。在花坛或花境的色彩设计上，要做到色彩鲜艳，具有强烈的运动感，创造一种欢快、活泼、轻松的气氛。

体育场馆周边的绿化与一般建筑附属绿地的绿化类似。需注意不能影响游人的集散。

体育运动场面积较大，场地内铺设耐践踏的草坪。在场地四周，可适当种植一些高大乔木，为游人提供遮荫的场所。同时，还可密植乔、灌木，形成防护隔离带。

9.5.3.4 体育运动公园规划设计实例

1）日本茨城县笠松运动公园（图 9-24）

笠松运动公园建于 1972 年，全园占地面积为 2.8hm²，是为 1974 年举行的日本全国秋季运动会而建立的。该园在设计之初就充分考虑到运动会结束后的使用情况，因此在设计时，除了布置满足运动会需要的各种运动场地和设施外，还充分考虑到公园景观环境的营造，在园中设置了庭院、喷水广场、绿荫广场、花坛等富有特色的园林小品。同时，为了能充分体现地方特色，在植物配置方面多应用乡土树种，全园以梅树、榉树为基调树种，塑造了优美的、供游人观赏的园林空间。

2）北京奥林匹克体育中心（图 9-25）

该中心 1990 年建成，占地约 66hm²，是为第 11 届亚运会的召开而建的一组综合性体育场馆。运动场馆包括体育馆、游泳馆、田径场、曲棍球场、垒球场和球类练习场，并配套有医疗检测中心、体育博物馆和武术研究院。

该体育中心绿化面积较大，占总面积的 34.8%，真正创造了“绿荫包围的花园式运动场”的景观效果。在绿化设计上，以植物造景为主，运用了大量的植物，种类丰富，如毛白杨、泡桐、垂柳、银杏、白皮松、油松、丰花月季、望春玉兰等，栽植方式以自由式为主。另外，在所有花坛的设计中，均以突出色彩美和图案美为主，种植的植物有鸡冠花、雁来红、月季等。

9.5.4 纪念性公园规划设计

纪念性公园是指在历史名人活动过的地区或著名历史事件发生地附近建设的具有一定纪念意义的公园。它既具有一定的纪念教育意义，同时也可以为城市居民提供休息、游览的场所。

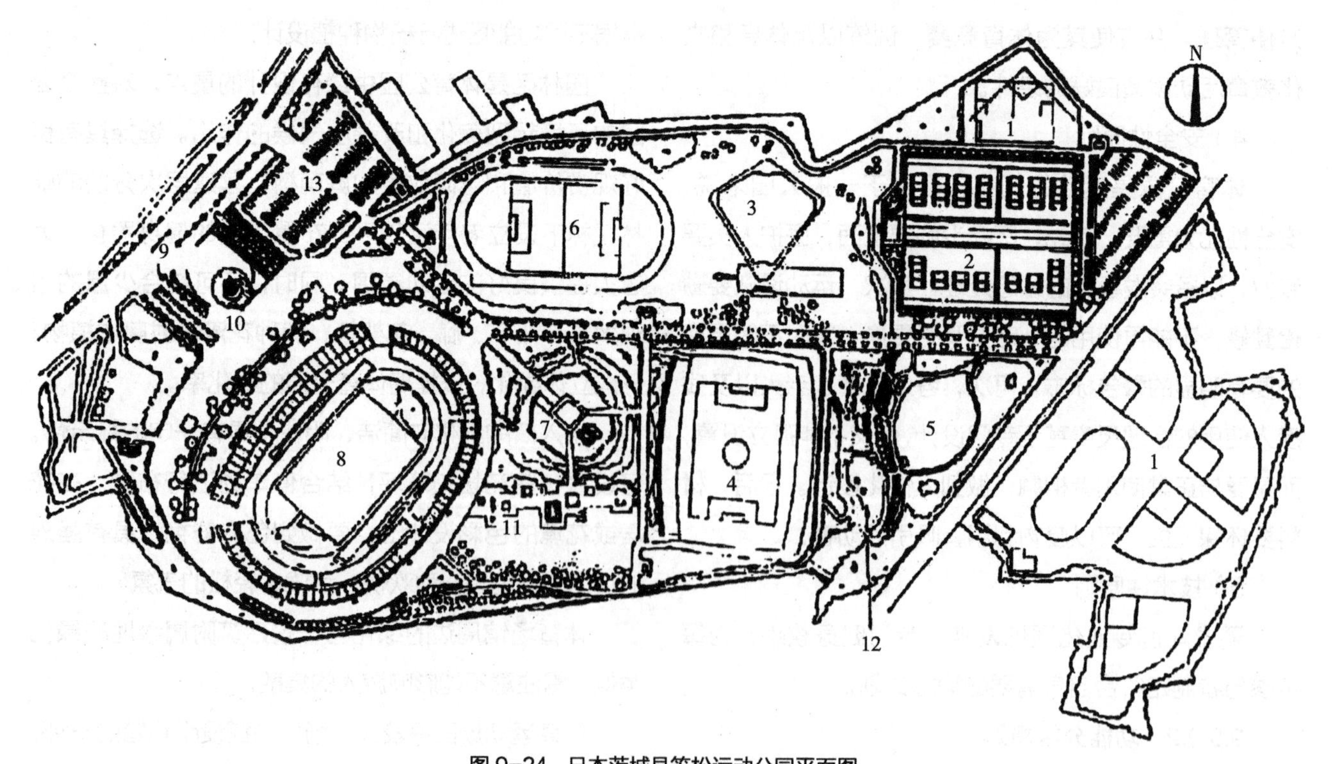

图 9-24 日本茨城县笠松运动公园平面图

1—运动广场；2—网球场；3—体育馆；4—足球场；5—绿荫广场；6—副跑道；7—喷水广场；8—比赛场；9—前庭广场；10—主题雕塑；11—花坛；12—日本庭院；13—停车场

资料来源：《风景园林景观规划设计实用图集》

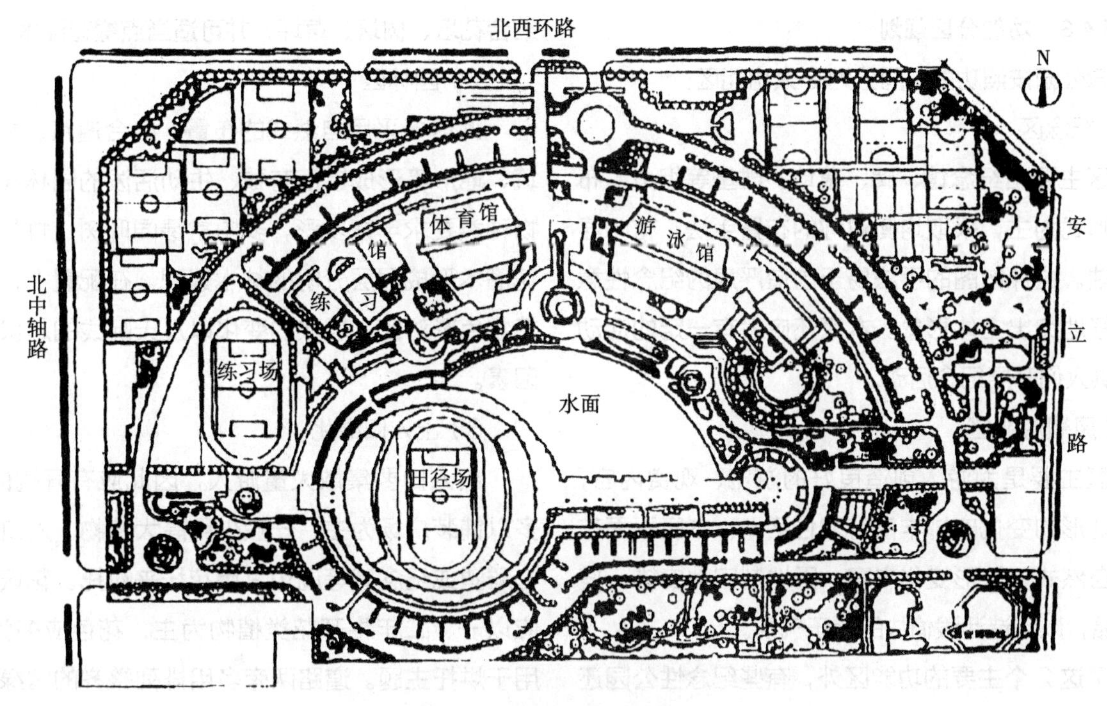

图9-25 北京奥林匹克体育中心
资料来源：《风景园林景观规划设计实用图集》

9.5.4.1 类型

1）烈士陵园（公园）

烈士陵园是为纪念革命缅怀先烈，在烈士牺牲或就义地建造的公园，如南京雨花台烈士陵园、广州烈士陵园等。

2）纪念性公园

纪念性公园是为纪念历史名人、历史事件而建造的具有纪念性的公园，或是在历史古迹遗址上建造的文物古迹公园，如上海虹口公园等。

3）墓园

墓园是在名人的墓地建造的供人瞻仰、缅怀的园林，如南京中山陵，美国罗斯福纪念园等。

4）小型纪念性园林

此类园林常附属于某综合性公园，如长沙岳麓公园的蔡锷、黄兴墓庐等。

9.5.4.2 规划设计的要点

纪念性公园的建造常以纪念性为主，结合环境效益和群众的休息游憩要求。设计时应考虑以下几点：

（1）纪念性公园多以纪念性的雕塑或建筑作为主景，以此来渲染突出主题。雕塑形式多为具象雕塑，如人物雕像或某一历史事件的群雕等。建筑物一般是展览馆、陈列室或是纪念堂等，常用来陈列和展示相关历史材料，让游人进一步了解英雄人物的性格、作风及伟大的品德。

（2）纪念公园的平面布置多为规则式，具有明显的主轴线、轴线，形成左右或两侧对称，而主题建筑、雕塑等布置在端点上，以突出纪念性的主题。但也有采用自然式布局的纪念园，如罗斯福纪念园。

（3）以纪念性活动和游览休息等不同功能特点来划分不同空间。

（4）地形多选用山岗丘陵地带，并要有一定的平坦地面和水面，在地形处理上多用逐步上升的形式，以台阶的形式抬升纪念主景，使游人产生仰视的观赏效果，更加突出主体。

9.5.4.3 功能分区规划

纪念公园按照功能不同分为 2 大功能区：

1）纪念区

此区主要由纪念馆、碑、墓地、雕塑等组成。布局以规则式为主，采取均衡对称的布置手法，有明显的对称轴。这种构图的手法易于创造严肃的纪念性意境，更好地突出主体形象。本区还应设有一定的活动场地，供人们开展纪念活动。

2）风景游憩区

该区主要是为游人创造良好的游览、观赏内容，可结合地形的变化安排丰富游憩性活动。本区平面布置多用自然式，地形变化丰富，因地制宜地安排一些景观小品，以创造活泼愉快的游乐气氛。

除了这 2 个主要的功能区外，有些纪念性公园还设有办公管理区或生产区等，可根据公园面积大小来进行规划。

在公园的总体规划中，由于这 2 个区之间的环境、气氛、功能各不相同。因此在规划时要充分考虑两区空间的过渡及处理。一般利用地形的变换，结合植物配置从一个空间逐步过渡到另一空间。如长沙烈士公园在两区之间利用大面积的纯松林加以过渡，使得空间转换较为自然。

9.5.4.4 植物种植设计

纪念性公园的绿化设计应与不同的功能区相适应。

1）纪念区绿化

纪念区的绿化设计应以规则式为主，如规则式的草坪、花坛、对称布置的行道树等，以营造庄严肃穆的气氛。在树种选择上，多以常绿的松、柏等树形规整、枝条细密、色泽暗绿的树种作为背景树林。背景林前可点缀红叶树或红色的花卉，寓意革命烈士的鲜血换来了今天的和平幸福生活，象征烈士的爱国主义精神永垂不朽。

纪念馆的绿化多采用庭院式，应与建筑风格、主题保持一致，并能烘托这一纪念主题。以常绿树为主，结合花坛、树坛、草坪，并可适当点缀花灌木。

2）园林区

此区多采用自然式的布置，结合道路、水面、建筑、地形等形成错落有致、生动活泼的园林景观。植物种类要求丰富多彩，多由常绿阔叶树、竹林、各种花灌木形成层层分明的林木景观。在配置上，要注意植物色彩对比、层次的变化以及天际线的起伏变化等因素。

3）出入口绿化

出入口要集散大量游人，因此应有开阔的空间，多以铺装广场为主，一般少用高大植物。入口广场中心雕塑或纪念碑等周边宜用花坛来衬托。花坛内植物应以一、二年生开花类植物为主，花色应多为红色，用于烘托主题。道路两旁多用排列整齐的常绿乔、灌木配置，创造庄重的气氛。

9.5.4.5 纪念公园规划设计实例

1）广州起义烈士陵园（图 9-26）

陵国始建于 1954 年，全园占地面积为 21.98hm^2。该园共分为 3 个功能区，一是陵墓、纪念碑区，包括大门、博物馆、纪念碑、墓包等；二是中苏血谊亭、中朝血谊亭区，展示中苏、中朝之间的用血肉之躯换来的友谊，用于激励后人，缅怀烈士；三是园林区，即以观赏游览为主，包括人工湖、湖心亭、花圃等。在植物配置方面，陵园主干道以高大整齐、烘托庄严肃穆气氛的南洋杉、龙柏、松树等常绿树为主，道路两侧布置了 20 个以红花为主的花坛，象征着烈士精神之永垂不朽；在园林游览区则以轻快活动的棕榈属植物为主，形成了良好的以自然风景为主的休息场地。

2）罗斯福纪念园（图 9-27）

1975 年，L.Halprin 提出了罗斯福纪念公园的设计构思：纪念内容应充分反映罗斯福总统作为一个人的朴实性，纪念性应该明确地表达出来，且纪念性是包含有意义的空间体验的一种结果。这种设计构思最终

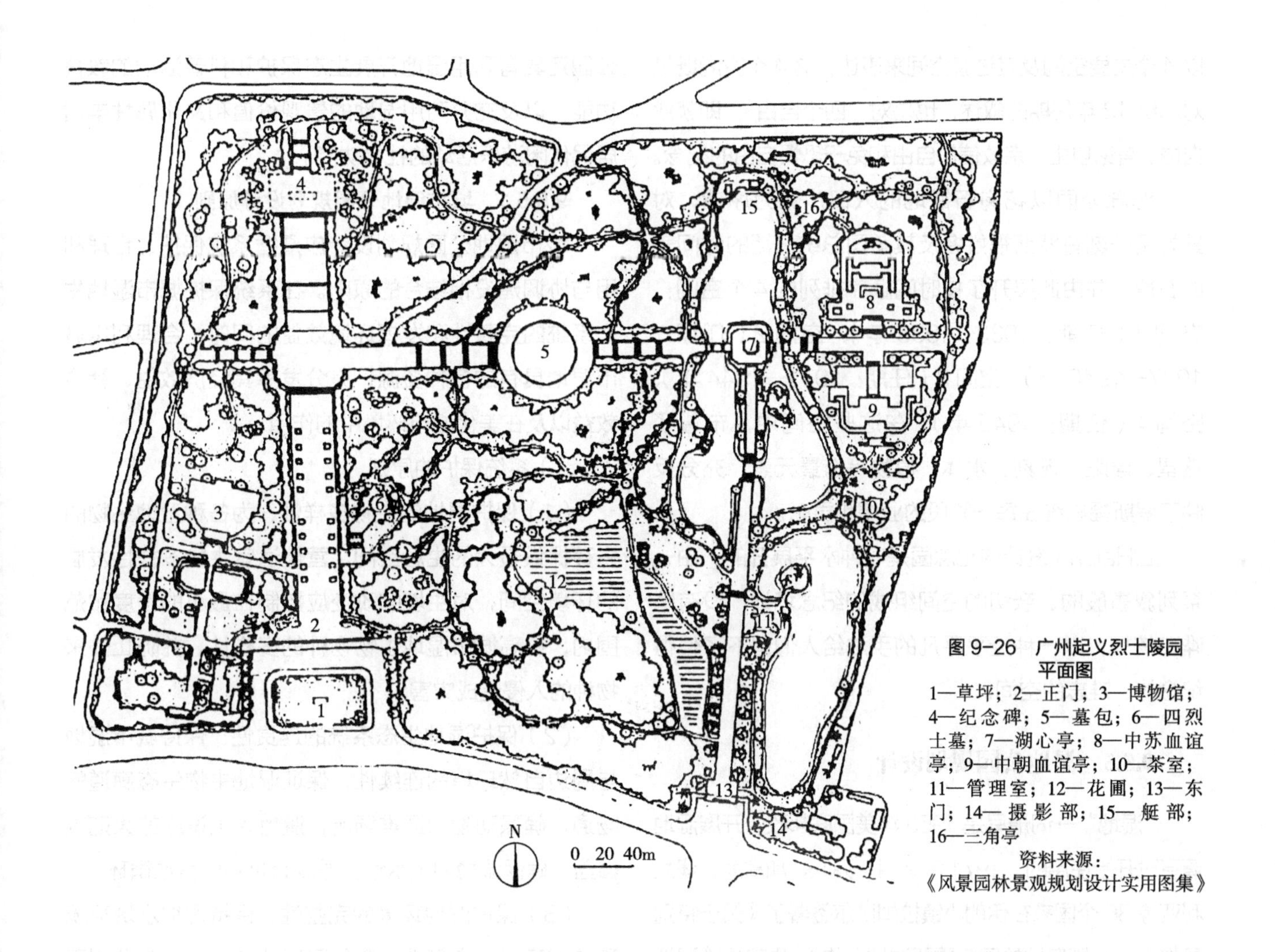

图 9-26　广州起义烈士陵园平面图

1—草坪；2—正门；3—博物馆；4—纪念碑；5—墓包；6—四烈士墓；7—湖心亭；8—中苏血谊亭；9—中朝血谊亭；10—茶室；11—管理室；12—花圃；13—东门；14—摄影部；15—艇部；16—三角亭

资料来源：《风景园林景观规划设计实用图集》

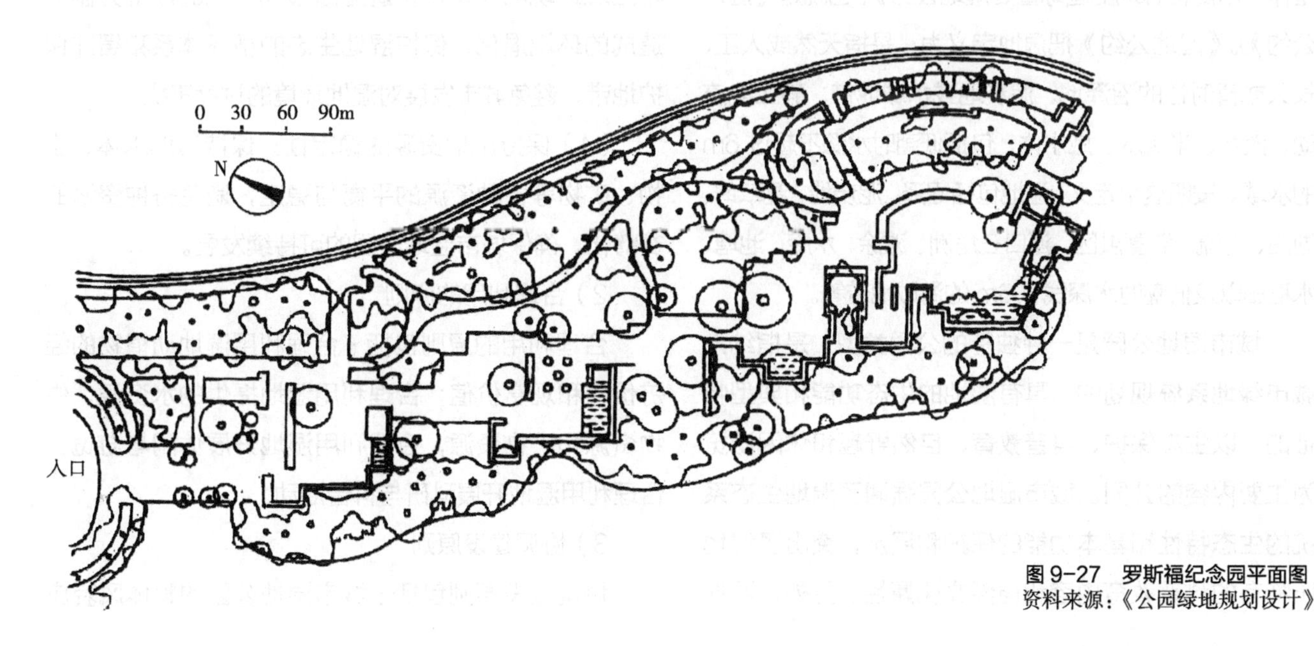

图 9-27　罗斯福纪念园平面图

资料来源：《公园绿地规划设计》

以4个主要空间及其过渡空间来表达，这4个空间既是对总统12年任期的叙述，也是对“四个自由”，即就业自由、言论自由、宗教信仰自由和免于恐惧自由的纪念。

纪念公园以花岗石铺地的入口广场为序曲，对景处是一刻有罗斯福姓名及其美国总统任期的时间表的石墙，并由此展开了按时间顺序排列的4个空间：空间1（任期：1933—1936年）、空间2（任期：1937—1940年）、空间3（任期：1941—1944年）、空间4（任期：1945年）。在这些空间中，布置了雕塑、浮雕、雕刻、水体、植物等造景元素，充分反映了罗斯福总统在每一阶段的业绩和贡献。

L.Halprin设计的纪念园是一种水平展开的，由一系列叙事般的、亲切的空间组成的纪念场地，没有喧哗和炫耀，以一种近乎平凡的手法给人们留下了值得纪念的、难忘的空间。

9.5.5 湿地公园规划设计

“湿地”一词最早是1956年美国联邦政府开展湿地清查时开始使用的。1971年2月，苏联、加拿大、澳大利亚等36个国家在伊朗小镇拉姆萨尔签署了《关于特别是作为水禽栖息地的国际重要湿地公约》（也就是《湿地公约》）。《湿地公约》把湿地定义为：是指天然或人工、长久或暂时性的沼泽地、泥炭地或水域地带、静止或流动、淡水、半咸水、咸水体，包括低潮时水深不超过6m的水域。按照这个定义，湿地包括沼泽、泥炭地、湿草甸、湖泊、河流、滞蓄洪区、河口三角洲、滩涂、水库、池塘、水稻田以及低潮时水深浅于6m的海域地带等。

城市湿地公园是一种独特的公园类型，是指纳入城市绿地系统规划的、具有湿地的生态功能和典型特征的、以生态保护、科普教育、自然野趣和休闲游览为主要内容的公园。城市湿地公园强调了湿地生态系统的生态特性和基本功能的保护和展示，突出了湿地所特有的科普教育内容和自然文化属性。另外，湿地公园还具有利用湿地开展生态保护和科普活动的教育功能，以及充分利用湿地的景观价值和文化属性丰富居民休闲游乐活动的社会功能。

9.5.5.1 城市湿地公园规划设计原则

城市湿地公园规划设计应遵循系统保护、合理利用与协调建设相结合的原则。在系统保护城市湿地生态系统的完整性和发挥环境效益的同时，合理利用城市湿地具有的各种资源，充分发挥其经济效益、社会效益以及在美化城市环境中的作用。

1）系统保护的原则

（1）保护湿地的生物多样性：为各种湿地生物的生存提供最大的生息空间；营造适宜生物多样性发展的环境空间，对生境的改变应控制在最小的程度和范围内；提高城市湿地生物物种的多样性，并防止外来物种的入侵造成灾害。

（2）保护湿地生态系统的连贯性：保持城市湿地与周边自然环境的连续性；保证湿地生物生态廊道的畅通，确保动物的避难场所；避免人工设施的大范围覆盖；确保湿地的透水性，寻求有机物的良性循环。

（3）保护湿地环境的完整性：保持湿地水域环境和陆域环境的完整性，避免因湿地环境的过度分割而造成的环境退化；保护湿地生态的循环体系和缓冲保护地带，避免城市发展对湿地环境的过度干扰。

（4）保持湿地资源的稳定性：保持湿地水体、生物、矿物等各种资源的平衡与稳定，避免各种资源的贫瘠化，确保城市湿地公园的可持续发展。

2）合理利用的原则

合理利用的原则包括：合理利用湿地动植物的经济价值和观赏价值；合理利用湿地提供的水资源、生物资源和矿物资源；合理利用湿地开展休闲与游览；合理利用湿地开展科研与科普活动。

3）协调建设原则

协调建设原则包括：城市湿地公园的整体风貌应

与湿地特征相协调，体现自然野趣；建筑风格应与城市湿地公园的整体风貌相协调，体现地域特征；公园建设优先采用有利于保护湿地环境的生态化材料和工艺；严格限定湿地公园中各类管理服务设施的数量、规模与位置。

9.5.5.2 城市湿地公园规划设计程序

1）编制规划设计任务书

2）界定规划边界与范围

城市湿地公园规划范围的确定应根据地形地貌、水系、林地等因素综合确定，应尽可能的以水域为核心，将区域内影响湿地生态系统连续性和完整性的各种用地都纳入规划范围，特别是湿地周边的林地、草地、溪流、水体等。

城市湿地公园边界线的确定应以保持湿地生态系统的完整性，以及与周边环境的连通性为原则，应尽量减轻城市建筑、道路等人为因素对湿地的不良影响，提倡在湿地周边增加植被缓冲地带，为更多的生物提供生息的空间。

为了充分发挥湿地的综合效益，城市湿地公园应具有一定的规模，一般不应小于 $20hm^2$。

3）基础资料调研与分析

基础资料调研在一般性城市公园规划设计调研内容的基础上，应着重于地形地貌、水文地质、土壤类型、气候条件、水资源总量、动植物资源等自然状况，城市经济与人口发展、土地利用、科研能力、管理水平等社会状况，以及湿地的演替、水体水质、污染物来源等环境状况方面。

4）规划论证

在城市湿地公园总体规划编制过程中，应组织风景园林、生态、湿地、生物等方面的专家针对进行规划设计成果的科学性与可行性进行评审论证。

5）设计程序

城市湿地公园设计工作，应在城市湿地公园总体规划的指导下进行，可以分为以下几个阶段：方案设计；初步设计；施工图设计阶段等。

9.5.5.3 城市湿地公园规划设计内容

城市湿地公园总体规划包括以下主要内容：

根据湿地区域的自然资源、经济社会条件和湿地公园用地的现状，确定总体规划的指导思想和基本原则，划定公园范围和功能分区，确定保护对象与保护措施，测定环境容量和游人容量，规划游览方式、游览路线和科普、游览活动内容，确定管理、服务和科学工作设施规模等内容。提出湿地保护与功能的恢复和增强、科研工作与科普教育、湿地管理与机构建设等方面的措施和建议。

对于有可能对湿地以及周边生态环境造成严重干扰、甚至破坏的城市建设项目，应提交湿地环境影响专题分析报告。

城市湿地公园一般应包括重点保护区、湿地展示区、游览活动区和管理服务区等区域。

1）重点保护区

针对重要湿地，或湿地生态系统较为完整、生物多样性丰富的区域，应设置重点保护区。在重点保护区内，针对珍稀物种的繁殖地及原产地应设置禁入区，针对候鸟及繁殖期的鸟类活动区应设立临时性的禁入区。此外，考虑生物的生息空间及活动范围，应在重点保护区外围划定适当的非人工干涉圈，以充分保障生物的生息场所。

重点保护区内只允许开展各项湿地科学研究、保护与观察工作。可根据需要设置一些小型设施，为各种生物提供栖息场所和迁徙通道。本区内所有人工设施应以确保原有生态系统的完整性和最小干扰为前提。

2）湿地展示区

在重点保护区外围建立湿地展示区，重点展示湿地生态系统、生物多样性和湿地自然景观，开展湿地科普宣传和教育活动。对于湿地生态系统和湿地形态相对缺失的区域，应加强湿地生态系统的保育和恢复工作。

3）游览活动区

利用湿地敏感度相对较低的区域，可以划为游览活动区，开展以湿地为主体的休闲、游览活动。游览活动区内可以规划适宜的游览方式和活动内容，安排适度的游憩设施，避免游览活动对湿地生态环境造成破坏。同时，应加强游人的安全保护工作，防止意外发生。

4）管理服务区

在湿地生态系统敏感度相对较低的区域设置管理服务区，尽量减少对湿地整体环境的干扰和破坏。

9.5.5.4 城市湿地公园规划设计实例

1）杭州西溪国家湿地公园

西溪国家湿地公园位于杭州市区西部，距西湖不到5km，是罕见的城中次生湿地。这里生态资源丰富、自然景观质朴、文化积淀深厚，曾与西湖、西泠并称杭州“三西”，是目前国内第一个也是唯一的集城市湿地、农耕湿地、文化湿地于一体的国家湿地公园。

西溪是一个有着悠久人类活动踪迹的次生湿地，拥有较为独特的水生陆生植被和野生动物。水中生长着芦、菱、萍、莲；两岸茂盛着梅、柿、樟、竹；溪中游动着鲤鱼、草鱼、虾、黄鳝；天空水面翻飞着白鹭、翠鸟、绿头鸭、银鸡等稀有鸟类，形成了独特的湿地生态景观。

西溪湿地的生态恢复和保护工程坚持“生态优先、最少干预、修旧如旧、注重文化、以民为本、可持续发展”的六大基本原则，全面加强湿地及其生物多样性保护，维护湿地生态系统的生态特性和基本功能，保护和最大限度的发挥湿地生态系统的各种功能与效益，实现湿地资源的可持续发展。在建立湿地生态保护区的同时，还设立了西溪生态展示馆和青少年生态教育基地，西溪将成为我国一个生态研究和科普教育的重要场所。

2）江苏省溱湖国家湿地公园

溱湖国家湿地公园位于江苏省中部的里下河地区，首期规划面积为1 200hm^2，湖泊面积为210hm^2。该地区是江苏省著名的三大洼地之一，是生物多样性比较集中和候鸟大量聚集的地带。园内现有植物113种，野生动物73种，其中包括麋鹿、丹顶鹤、扬子鳄等三类国家一级保护动物。该湿地公园的总体布局是：环湖建植被林地核心区；在浅滩及沼泽地建立野生动物保护区和生态林；在缓冲区设置管理站、管护点、科研中心、宣教中心等；在环湖大堤及周边干道建设景观生态林；在核心区大面积种植耐水湿树种；在水域范围内建设水生植物生态园，促进植被的恢复和保护。

思考与练习

一、基本名词和术语

公园、城市公园、综合性公园、植物园、体育运动公园、纪念性公园、城市湿地公园。

二、思考题

1. 简述我国现代城市公园的发展历史及类型。

2. 简述西方现代公园的发展历史。

3. 公园规划设计一般分哪几个阶段，各阶段的主要任务是什么？

4. 综合性公园的规划设计应遵循哪些原则？

5. 综合性公园一般有哪些功能分区，各功能区规划的要点是什么？

6. 植物园的主要任务是什么？有哪些类型？

7. 植物园一般分为哪些功能区，各区规划的要点是什么？

8. 动物园的主要任务是什么？动物园有哪些类型？

9. 在动物园的规划设计中，动物展区的展出布局方式一般有哪些类型？

10. 简述体育运动公园规划设计的原则及分区规划。

11. 试述纪念性公园的功能分区及规划要点。

12. 城市湿地公园规划设计的主要内容有哪些？

第 10 章　城市新农村绿地规划

由于城市建设的急剧扩张，许多邻近城市的村落面临被城市吞没的危险。在社会主义新农村建设高潮即将来临之际，城市边缘的村落和中国广袤大地的众多村落，其大地生命的景观正面临着前所未有的挑战和冲击。如何使农村乡土景观与城市风貌有机结合，建设具有特色的城市新农村，是目前许多城市正在探索的问题。

10.1　城市边缘的农村概况

10.1.1　农村布局的基本模式

广大乡村是中华大地生态与文化生命系统的基本细胞，每一个这样的细胞都与中国大地上的山水格局和自然过程紧密相连，是国土生态安全网络的基本单元。也正因为这种人与自然的紧密联系，使大地充满了文化含义，大至龙山龙脉、江河湖海，小至一石一木、一田一池，无不意味深长。分布于中国乡村的乡土文化景观是中国草根信仰的基础，是一家、一族、一村人的精神寄托和认同基础，是和谐社会的根基。

根据江苏省住房和城乡建设厅的研究，农村按照布局的形式可分为集中式布局模式、开敞式布局模式。按照自然地理条件可分为平原地区模式、水网地区模式、丘陵地区模式（图 10-1）。

10.1.2　城市边缘的农村面临的危机

城市边缘的农村在区位上处于城市的边缘，有的甚至已被城市包围，处于城市核心区，成为“城中村”。按中国“城中村”的发展来看，“城中村”主要分为 3

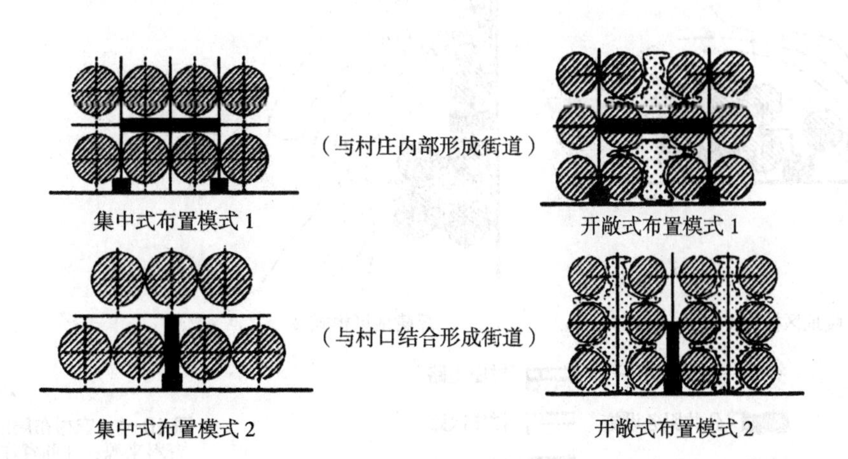

图 10-1　农村布局的基本模式

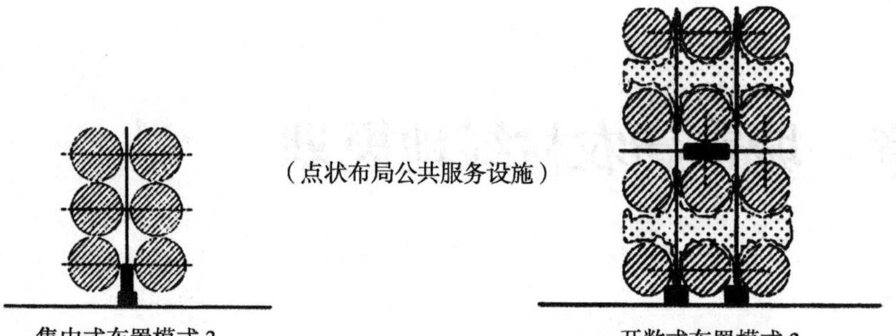

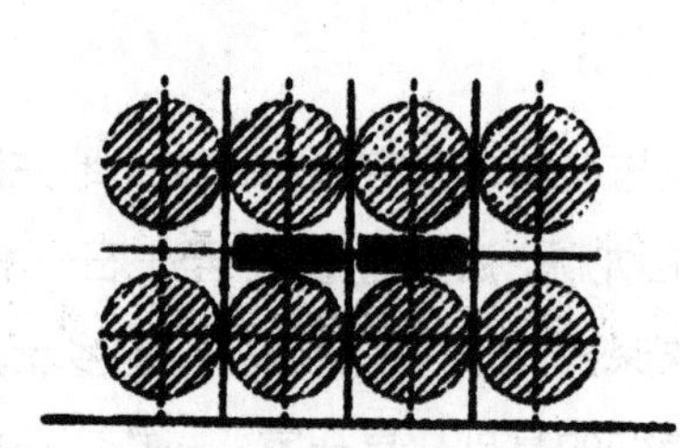

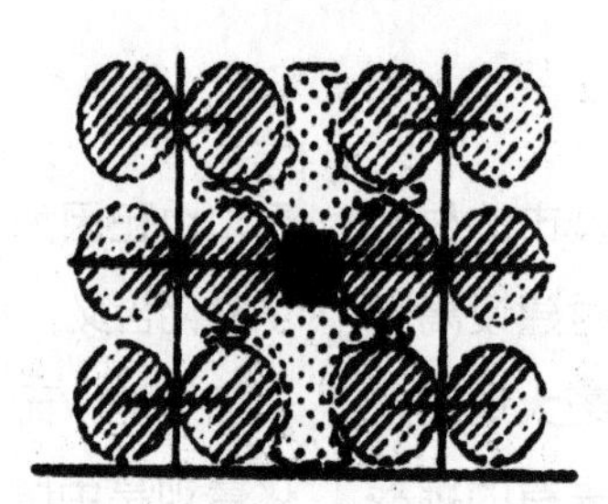

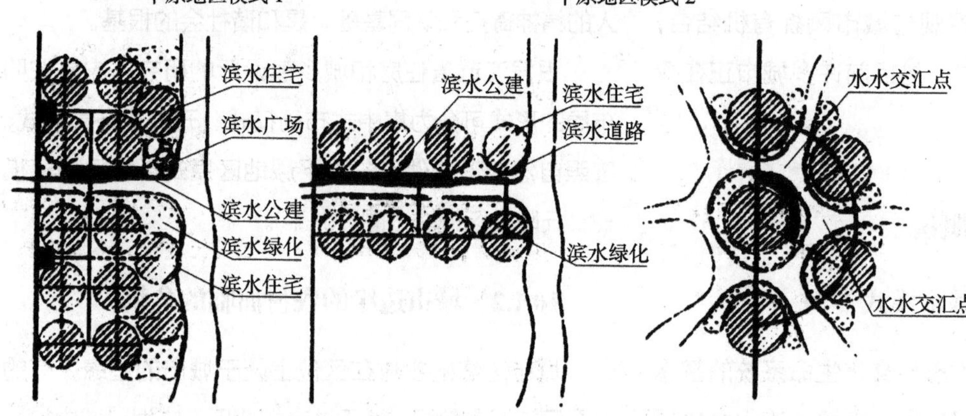

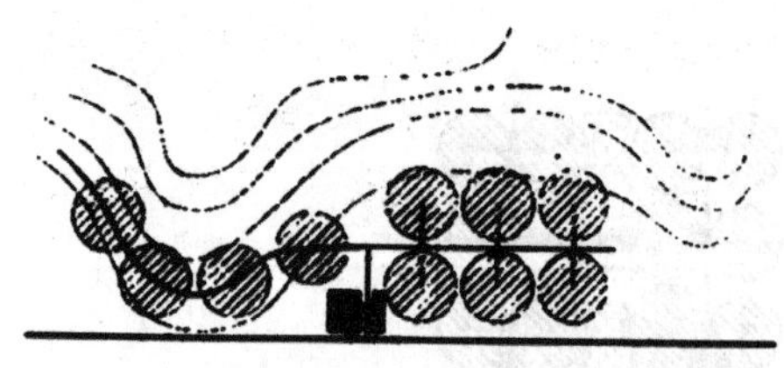
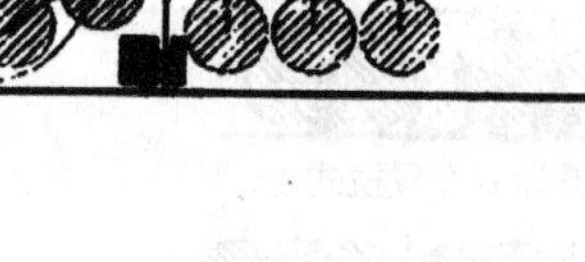

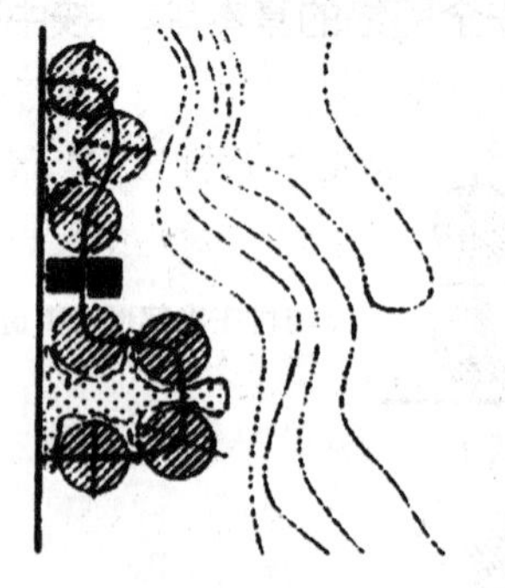

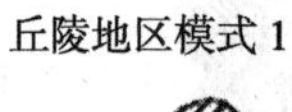

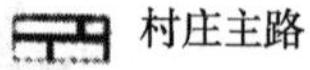

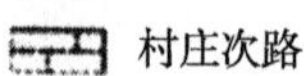

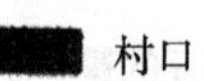

图 10-1 农村布局的基本模式（续）
资料来源：江苏省住房和城乡建设厅《江苏村庄建设规划导则》

种类型：①处于繁华市区，已没有农业用地的村落，具有广义的城市边缘带特性。②位于城市边缘地带，尚有少量农业用地的村落，具有城市边缘区的特征。③处于远郊，拥有较多农业用地的村落，具有更多的农村地域的特点。无论哪种类型，城市边缘的农村都面临以下危机。

（1）乡村生态系统极其脆弱，并面临严重破坏。村落从选址开基，经过几百年甚至上千年与环境的适应和发展演化，已经成为大地生命肌体的有机组成。山水格局，沟渠阡陌，护坡池塘，林木坟茔等景观元素，都使乡村生态系统维持在一个非常微妙的平衡状态。但长期超饱和状态的耕作和人口压力，使这种平衡变得非常脆弱。面对城市的迅速发展，这样一个脆弱的乡村生命更是面临被破坏的危险。

（2）乡土文化遗产景观将面临严重破坏，中华民族几千年来适应自然环境而形成的乡土景观和文化认同感将丧失。所谓乡土文化遗产景观，是指那些到目前为止还没有得到政府和文物部门保护的，对中国广大城乡的景观特色、国土风貌和民众的精神需求具有重要意义的景观元素、土地格局和空间联系，如祖坟，村头的“风水树”“风水林”“风水池塘”等。受现代城市文化的冲击，传统村落形态与格局正逐渐消失，传统生活方式逐渐消失，归宿感和凝聚力逐渐丧失，村落呈现千村一面、缺少乡土特色的趋势。

（3）草根社会结构和信仰体系的破坏。随着乡土遗产景观的消失，民间的草根信仰体系将随之动摇。每一条小溪，每一块界碑，每一条古道，每一座龙王庙，每一座祖坟，都是一村、一族、一家人的精神寄托和认同的载体。它们尽管不像官方的、皇家的历史遗产那样宏伟壮丽，也没有得到政府的保护，但这些乡土的、民间的遗产景观，与他们祖先和先贤的灵魂一起，恰恰是构成中华民族草根信仰的基础，是一个国家一个民族稳定的基础，是和谐社会的根基。如果现在大张旗鼓地把新农村建设理解成为农村的物质空间建设，就很可能把城市的模式带到乡村大地上：“风水林”被砍掉，弯蜒曲折的河道被填掉或被截弯取直，有上千年故事的祠堂被拆掉，只要稍不注意，所有这些草根信仰的基础都会被彻底毁掉。

10.2 新农村规划

10.2.1 新农村规划建设的基本原则

1）城乡统筹的原则

合理促进城市文明向农村延伸，形成特色分明的城乡空间格局，促进城乡和谐发展。

2）因地制宜的原则

结合当地自然条件、经济社会发展水平、生产方式等，切合实际的部署各项建设。

3）保护耕地、节约用地的原则

应充分利用丘陵、缓坡和其他非耕地进行建设；应紧凑布局各项建设用地，集约建设。

4）保护文化、注重特色的原则

有效保护和合理利用历史文化，尊重健康的民俗风情和生活习惯，突出地方特色。

5）村庄田园化的原则

保护村庄自然肌理，突出乡村风情，保护和改善农村生态环境，美化村貌，提高村民生活质量。

6）尊重民意的原则

充分听取农民意见，尊重农民意愿，积极引导农民健康生活。

7）循序渐进的原则

正确处理近期建设和长远发展，推进新农村建设。

10.2.2 农村空间环境构成

农村空间环境由精神空间和物质空间两方面组成。精神空间通常由一些祭祀场所、图腾崇拜物、吉祥门、护佑神树、打跳台或戏台等组成，反映民族精神生活特色，是一个村中具有内聚力的场所。

物质空间有建筑、街道、绿化、广场、河流、生产用地等组成。

农村环境具有其特殊性，规划时应依据自然条件，合理安排各类用地，结合村民生产生活方式，本着有利农业生产、突出地方文化内涵和特色的原则，避免农村布局呈现城市小区化。

10.3　城市新农村的绿化景观规划

10.3.1　绿化景观规划原则

1）以人为本的原则

规划应尊重当地村民的社交、宗教活动、生产活动等的需要，结合不同功能空间进行绿化设计。

2）乡土化原则

尊重地方文脉，结合民风民俗，展示地方文化，体现乡土气息，营造有利于形成村庄特色的景观环境。绿化景观材料应简朴、经济，并以本地、乡土材料为主，与乡村环境氛围相协调。

3）可持续发展原则

根据农村自然条件，利用河道和山坡植被，提高村庄生态环境质量；利用人工湿地进行理水，保护村中的河、溪、塘等水面，发挥其防洪、排涝、生态景观等多种功能作用。

4）经济与美观结合的原则

结合农村实际情况，做好适宜农村绿化的树种规划，注意选择经济价值高的树种，使生产与绿化相结合，在绿化美化村庄的同时，为村民带来一定经济效益。

10.3.2　农村绿化中的植物文化

人除了利用植物为生存与生活服务外，还人为地赋予植物许多来自人类自身思维活动的文化内涵，使植物成为文化的载体，这就是所谓的文化植物。这种赋予植物独特内涵的文化普遍存在于广大的农村之中。

文化植物大的类别可分为以下几种。

（1）历史文化植物：指在历史上既具有植物本身实用价值，又有历史文化价值的植物。

（2）神话与传说植物：有可分为宇宙树、生命树与拟人植物几种。

（3）宗教植物：主要含宗教崇拜植物与宗教礼仪植物。

（4）信仰植物：主要有神灵植物与神树、神林及图腾植物。

（5）延生植物：指维护人类身体健康的植物中，具有超出实用范围而有文化价值的植物。长生不老药信仰即为其例。

（6）民俗植物：含吉祥植物、禁忌植物、镇恶驱邪植物、礼仪植物。

（7）象征与表意、暗示植物：源于万物有灵的古老观念，一些植物被赋予了特殊含义。虽然这些植物有的包含着迷信思想，本质上却反映出宣扬动、植物与人同源的思想。随着人们文化素质的提高，迷信的思想可以逐渐被科学思想替代，而健康丰富的植物文化却能更多地反映出农村草根文化的特色。

10.3.3　绿地和景观规划

村落是一个具有历史的完整生命体，这个生命有机体不应该在城市化新农村建设过程中被消灭，而是应该继续生存，或将其融入到新的城市肌体中。村落文化遗产在城市化和社会主义新农村建设进程中不应该成为负担和累赘。相反，这些遗产都是新社区建设的催化剂，是为城市化社区提供草根信仰的基础，为新社区的文化和社会和谐作出贡献，并为城市的发展创造休闲和旅游的机会。

10.3.3.1 村口景观

村口景观风貌应能较好地体现村庄特色和民族特色。

多数农村由于农耕文化对自然的崇拜，很多村口常有粗壮的树木或茂密的树林。在许多人心目中，树木的茂盛意味着村落的兴盛，一些村落的村民在精神生活中将森林视为命根子，把森林和土地、人、万物放在一个共生的生态系统中，在世代文化的传承下，人们的心灵深处都形成了“森林情结”。因此村寨周围常有大片风水林，不管出现什么情况，风水林都不曾被破坏。除大片风水林外，村口常种植象征村落昌盛的树木。村口树木和周围风水林常作为神树、神林被很好地保护，形成独特的村口绿化景观。如云南大理的一些农村，有的村口处的“大青树”已有几百年的历史，它们经历漫长的历史岁月，盘根错节，根深叶茂，郁郁葱葱，成为大理村寨悠久的历史见证，也是大理村落生态文化的象征。新农村绿化景观规划应根据本村村落文化的特征，充分保护原有村口树木和风水林；对于已被破坏的村口景观，可在村口布局孤植树或成片树林，恢复并营造亲切宜人的村口景观（图10-2）。

图10-2 白族村口树木景观

在云南一些民族村落，除有茂盛的树木，村口处往往还有其他景观小品。如哈尼族村入口都设有寨门，哈尼族对寨门极为崇敬，每年都要由村寨头人主持祭祀，并立一道新寨门。立新寨门并不废弃旧寨门，只在其后加立新门，天长日久，形成一道寨门的长廊，甚为别致。因而寨门的多少也就意味着该寨历史的长短。傣族村口有寨门、水井等。寨门是家园的象征，而水井是村寨的公共设施，它在傣族人民心目中是圣洁之地，被小心地保护，水井上常建盖井亭或井塔，并多做彩绘、雕刻等装饰，成为村寨中亮丽的景观。在白族村口有照壁、牌坊等。比例适度、形式优美的照壁，既是村与村的界限，又有风水物的标志特征（图10-3、图10-4）。

图10-3 哈尼族寨门

图10-4 白族村口的照壁

10.3.3.2 农村公共活动空间

农村公共活动空间以公共服务为主要功能。这些公共活动空间往往由祠堂、佛庙、神坛、神树、戏台、广场、风水塔等组成，同时也包括了一些运动和娱乐的设施（图 10-5）。

公共活动空间绿地和景观设计要注意以下几个方面。

（1）尊重不同民族风俗习惯，设计符合民俗乡情的公共空间和景观小品。

不同民族有不同民俗活动，这些活动，构成了村庄生命和活力最重要的方面。景观设计应根据不同民俗，进行不同设计。如傣族村落常有寨心，寨心是稳定生活和固定家园的象征。寨心形态因寨而异，有的似地涌金莲的形象，有的是木桩、老树等；寨心周围通常都留有小广场，是村民祭祀的场所，也是节庆活动的主要活动空间。又如，白族村落常有戏台。戏台是村民们节日歌舞娱乐的公共场所，也是村民平日邻里交往的空间。根据不同的民俗乡情进行的景观设计，不仅极大地丰富着乡村的景观风貌，对于维持乡土景观的安全格局也是十分重要的。

（2）充分了解村落的植物文化，选择合适植物反映村落文化和民族特色。

图 10-5 昆明官渡古镇公共活动空间

不同的民族和不同的村落，往往赋予植物不同的文化内涵。例如梅、兰、竹、菊并称“四君子”。从古至今，无论园林庭院还是农舍宅旁，常有翠竹寒梅点缀；菩提树、高山榕是傣族人民心目中圣洁的树，也是村落中不可缺少的植物；彝族对马樱花有深厚感情，马缨花插在田间地头、屋门、厩门上，可祈求五谷丰登、六畜兴旺。

（3）绿化应以落叶树种为主，做到夏天有树荫、冬天有阳光。

（4）结合现代生活需要，布置休闲娱乐设施。

如适当安排老年人休息和健身设施，适当安排儿童活动设施等。

10.3.3.3 水体景观

水体景观设计要注意以下几个方面。

（1）按照水景设计经验，沿驳岸任意一点都不应全部看到水面，因此可利用水生植物遮挡驳岸线，丰富水面景观。

（2）河道坡岸应随岸线自然走向，宜采用自然斜坡形式，并与绿化、建筑等相结合，形成丰富的河岸景观。

（3）利用人工湿地技术，净化和美化水环境。

生物—生态污水处理技术是受污染水体生态修复技术之一，也是当前水环境技术的研究开发热点。其基本的原理是在一定的填料（如土壤、卵石等）上种植特定的植物，从而建立起一个人工生态湿地系统。人工湿地应结合园林理水设计，通过对水的路径的曲折设计，延长污水以及雨水在填料缝隙中以及填料床上流动时间，通过瀑布、涌泉、跌水等动态水景设计的方法，完成补充氧气的作用，促进生物膜的形成，在床体表面种植具有处理性能好的水生植物，从而达到充分净化改善水质促进水循环的作用。

（4）满足大众亲水需求，重视生态驳岸设计。

水是园林造景的重要景观元素，一般人都有亲水近水的心理需求。水道不仅具有组织水流、蓄水、泄洪等作用，更具有景观、游览、生态等功能。农村水道景观规划应尽量保留现有河道水系，并进行必要的整治和疏通，在与周边环境相协调的同时，满足生态的要求。实践证明，曲折的水道设计，有利于减少河水对驳岸的冲刷破坏，也有利于污染物的沉淀。从视觉上来说，曲线驳岸柔美的线条与蜿蜒的水流常常给人柔和流畅的美感。驳岸设计还应该充分考虑枯水期和丰水期不同水位变化的景观效果和生态效果，根据不同的水位情况，可采用不同的断面形式。例如，植草砖护坡（在水流湍急的河道浇注嵌草砖种植植物的方法）、种植袋嵌石驳岸（在较陡坡岸把种植带嵌入石岸中的方法）、台阶式驳岸、多层式驳岸、自然式斜坡护岸、栈桥式亲水生态护岸等。

植物景观是变化最丰富的景观元素。不同植物的组合，带来不同的视觉效果。由于不同的生长环境，适宜的湿地植物是不同的，因此应根据不同的立地条件，不同的污染负荷，选择恰当的植物种类和种植形式。陆地上种植设计应重视乔、灌、草多层次的配置，通过树木、灌木和草本覆盖，固定土壤，抑制因暴雨排水产生的坡面流。水生植物种植应选择能忍受较大变化范围内的水位、含盐量、温度和pH值，并对污染物有较好的去除效果的植物。如香蒲、芦苇、灯心草、竹叶眼子菜、海菜花、黑藻、浮萍、水葱、石菖蒲、鸢尾等。

10.3.3.4 道路景观

道路景观设计要注意以下几方面。

（1）道路两侧绿化以自然设计手法为主，绿化配置错落有致，以乔木种植为主，灌木点缀为辅，避免城市化的绿化种植模式和模纹色块形式。

（2）道路路面以乡土化、生态型的铺装材料为主，保留和修复富有特色的石板路和青砖路等传统街巷道。

（3）保护和利用现有村庄良好的自然环境，采取灵活自然的绿化布局，如村口和道路转折处采用孤植树，滨河区采用群植或林植，零星破碎的地段可采用丛植形式。植物品种宜选用具有地方特色、多样性、经济性、易生长、抗病害、生态效应好的品种。

10.3.3.5 其他空间景观

其他空间景观设计要注意以下两点。

（1）村庄宅旁空间以小尺度绿化景观为宜，充分利用空闲地和不宜建设地段，做到见缝插绿。

（2）提倡应用各种果树及观赏园艺作物，维持乡村景观特色。

10.3.3.6 建筑景观

建筑景观设计要注意以下几方面。

（1）充分利用地形、地貌、气候条件等地理特征，塑造具有地域特点的建筑形态。

（2）应就地取材，优化传统建筑技术，利用地方资源，形成具有地方特色和时代感的建筑风格。

（3）建筑的体量、尺度、色彩及风格应协调统一，注重建筑组群的整体风貌。

（4）避免单调雷同的建筑造型，创造出丰富、愉悦的建筑形象。

新农村建设是一个崭新的课题。在社会主义新农村建设中，旧的村落不应被彻底铲平，也不应完全被城市化，当然也绝非完全保留或自生自灭，而是应有机地再生。这种再生依赖于建立一种景观安全格局，通过这种关键性的景观格局来使村落的生态、历史、文化和社会的生命过程得以延续和再生。所以，景观安全格局是一种历史和未来的桥梁，是新生与旧体的脐带，也是自然与人文的纽带，更是通向新和谐社会的路径。

思考与练习

简述城市周边新农村绿地规划设计与一般城市绿地规划设计的区别。

第 11 章　城市绿地规划设计实践

11.1　规划设计的过程

对于刚刚接触园林规划设计的同学而言，面对一项设计任务，往往有不知从何下手的感觉，很多同学常常专注于某个局部的景点设计而忽视了整体的把握。其实，设计是一个由整体到局部的过程，如果方案总的构思立意和总体规划不理想的话，局部景点设计再好，这个设计方案也是有缺陷的。

园林规划设计的过程一般如图 11-1 所示：

11.1.1　构思和立意

规划设计的第一步，是在充分了解设计项目背景的基础上，根据用地的特征、规划设计的目标等进行构思。构思阶段要考虑的是如何通过规划设计赋予作品一定的文化内涵。好的园林作品，必定是构思巧妙、立意深远，令人回味无穷的。

晋代顾恺之在《论画》中说：“ 巧密于精思，神仪在心。”明代恽向也在《宝迁书画录》中谈到：“ 诗文以意为主，而气附之，惟画亦云。无论大小尺幅，皆有一意，故论诗则以意逆志，而看画者以意寻意。”

造园和作诗绘画一样，须“意在笔先”。好的构思和立意是园林的“魂”。缺少主题思想的园林设计就仿佛写文章没有中心思想一样。因此设计的第一步关键是选好主题，而不是考虑某个局部如何布局。

11.1.2　构思的表达——构图

有了好的构思，接着就考虑如何表达。设计师设计意图的表达是通过图纸完成的。如何围绕构思进行构图是设计的第二步。

构图阶段主要思考的一个问题就是如何将已有的构思很好地表达出来，通过哪些构图符号反映怎样的意境。另一个要解决的问题就是拟设计的作品要承担哪些功能，如何合理组织安排这些功能空间。

11.1.2.1　意境的表达

思考如何通过平面构图、立面构图较好地反映构思和立意，较好地创造独特的意境。

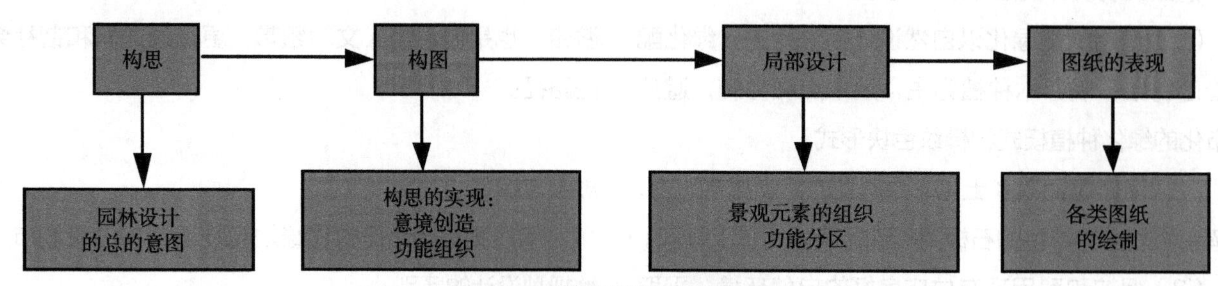

图 11-1　园林规划设计过程示意图

意境表达的方法常常有以下 3 种。

（1）因地制宜，构园得体。

（2）巧妙利用各种景观元素。

①选取典型的地貌、乡土植物等反映场所特征。

②选取独特的建筑、生活小品、图腾崇拜物等反映场所的文化特质。

③关注综合使用功能，将各种功能结合景观进行布局。

（3）以现代环境科学研究成果为指导，创造优美的环境。

11.1.2.2　功能的组织

园林是一个能够使用的艺术品。构图除了能反映构思和立意外，还必须合理组织各种功能空间，满足使用者多种需要。各种功能空间的组织需开合变化、纵横穿插、动静结合。“以人为本”即以方便使用者使用为原则。

11.1.3　局部设计

大的构图完成后，接着可就各个局部进行仔细的推敲和考虑。这个阶段主要考虑各局部景观特色和功能分区，并根据各景色分区和功能分区考虑选用哪些元素进行造景。这个阶段应仔细推敲每一个细节，如空间的尺度是否合适、比例是否恰当、元素的组合是否有特色等。

11.1.4　图纸的表现

通过以上 3 个步骤，完成园林的设计。为了使方案能较好的实施，需绘制各类园林图。不同设计阶段，园林图表达的内容不同（图 11-2、图 11-3）。

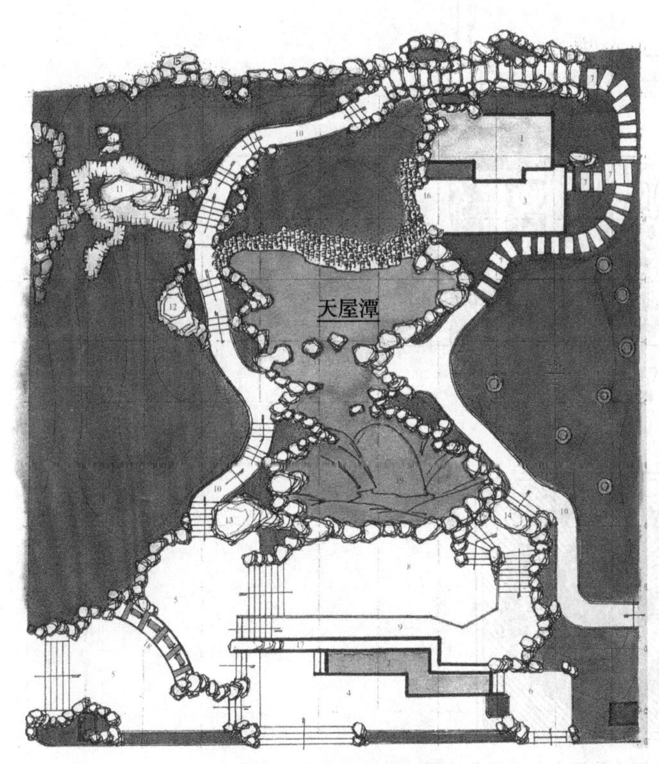

贵州黔山秀水园总平面图

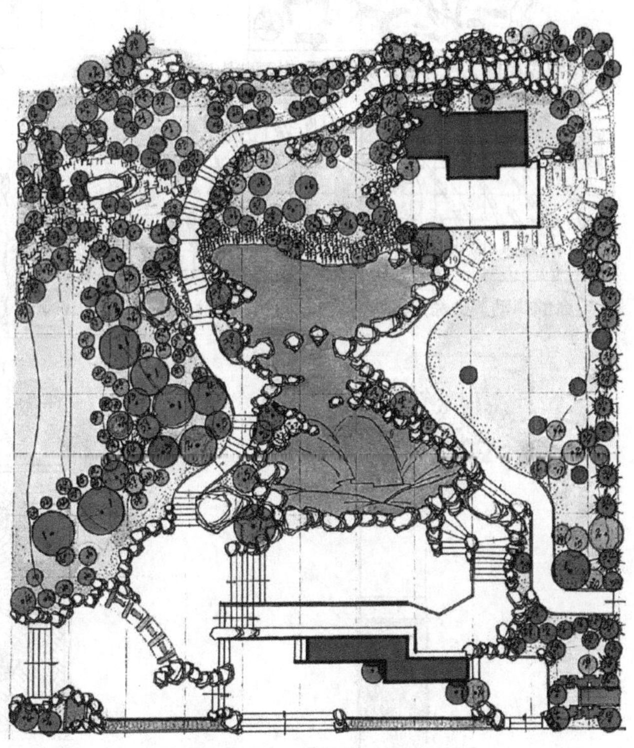

贵州黔山秀水园绿化种植图

图 11-2　贵州黔山秀水园总平面与绿化种植设计图
资料来源：《锦绣园林尽芳华 世博园中国园区设计方案集》

贵州黔山秀水园隐秀轩总平面图、立面图

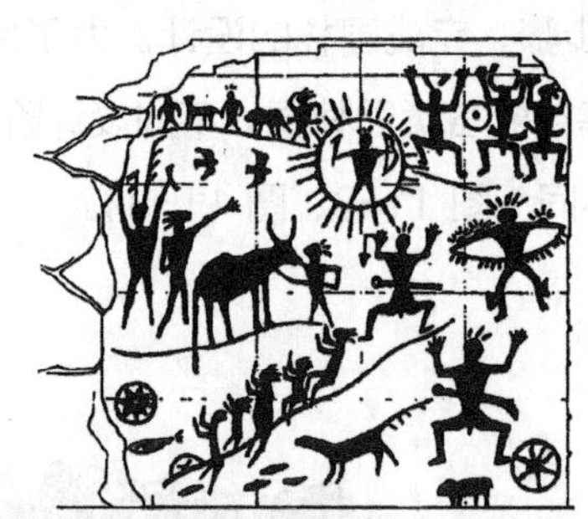

《洋河先民图》浅浮雕反光材料仿岩画装饰壁画

牛头木瓢装饰垂花门

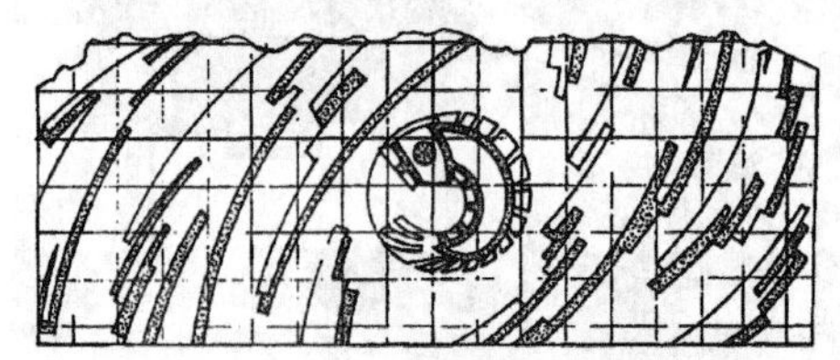

《生命的律动》生命广场多彩花岗岩嵌铜线铺装

民族风情石雕柱系列

仿砂陶装饰片大样

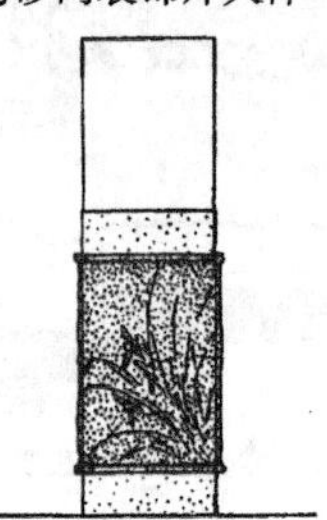

仿砂陶装饰园灯

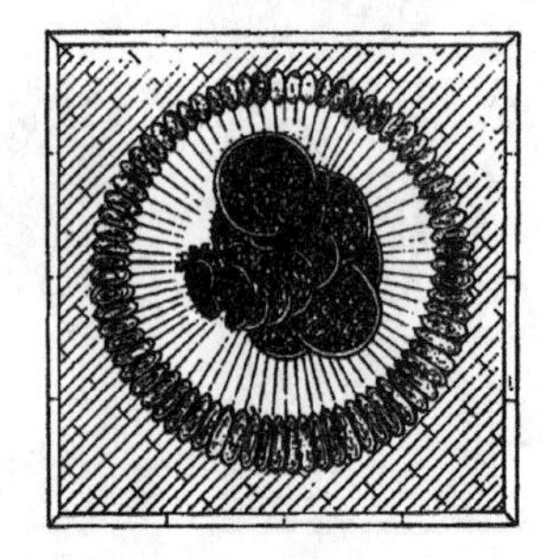

《圆融》隐秀轩木屋原木艺术拼花地板

贵州黔山秀水园园林小品大样图

图 11-3 贵州黔山秀水园各类园林设计图
资料来源：《锦绣园林尽芳华 世博园中国园区设计方案集》

1）按作图步骤分

（1）现状图：将需要规划设计范围内的实际情况，如水塘、山石、植物、建筑、电缆、供水、道路等，如实测绘标注在图上。

（2）规划图：将构思和设想绘制在平面图上。

（3）设计图：根据规划图，进行各部分具体设计。

（4）施工图：根据设计图，详细设计各设施的施工尺寸、结构等。

2）按图面效果分

（1）地形图：反映地形起伏变化的图，用等高线表示。

（2）总平面图：建筑、堆山、植物等的平面投影图。反映建筑、山埠、河湖、道路、广场等的位置和平面形状以及平面尺寸。

（3）平面图：假想将顶揭开看到的平面投影图。

（4）立面图：地上部分水平方向可见到的立面投影图。

（5）剖面图（断面图）：假想将建筑垂直剖开看到的立面情况。

（6）大样图：详细绘制某个局部或部件尺寸。

（7）效果图：将建成后的效果反映出来。

11.1.5　实例介绍

11.1.5.1　韩国延新内水光公园

（1）构思：以太极纹样为设计理念，象征万物的根源与组合（图 11-4）。

（2）构图：通过太极图案的水流图和回纹样水池以及红日造型，表达构思（图 11-5）。

（3）设计：景观与功能相结合（图 11-6）。

11.1.5.2　易道公司、中国建筑设计研究院有限公司：奥林匹克公园森林公园及中心区景观规划设计方案

（1）构思：以中国龙、阴阳哲学、两千年古建筑长廊以及中国传统五行元素为设计理念，反映博大精深的中国传统文化（图 11-7）。

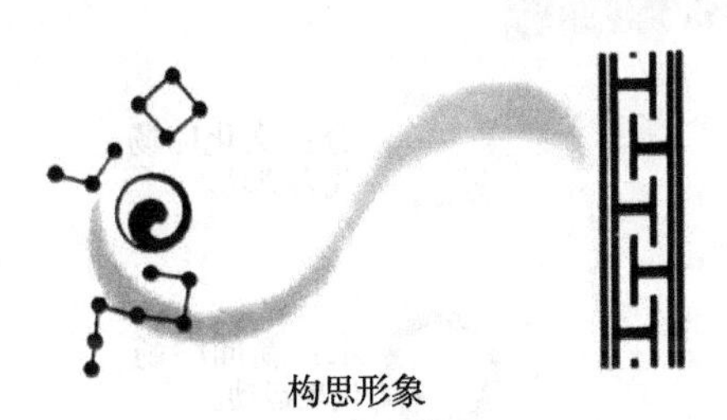

图 11-4　设计第一步：构思

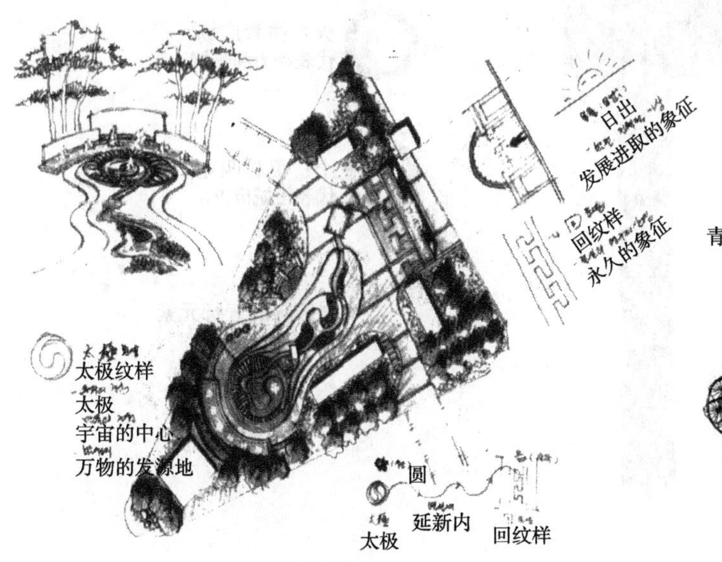

图 11-5　设计第二步：构图

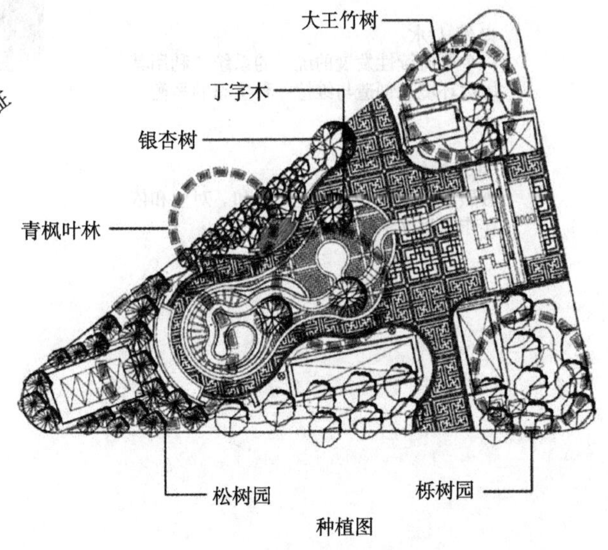

图 11-6　设计第三步：具体设计

（2）构图及设计：水体用龙形图案。各元素之间的平衡代表阴阳平衡。奥林匹克中心以其密集活动、高昂的氛围，代表设计中的“阳”；而森林公园，以其安静、悠闲、低密集的人群代表设计中的“阴”；平面图上具有季节性变化的生态环境（阳）与稳定而较少变化的植栽区（阴）之间对话与共存。中轴线由5个广场区域组成，每个广场都用一个元素作为该广场的中心主题（图11-8）。

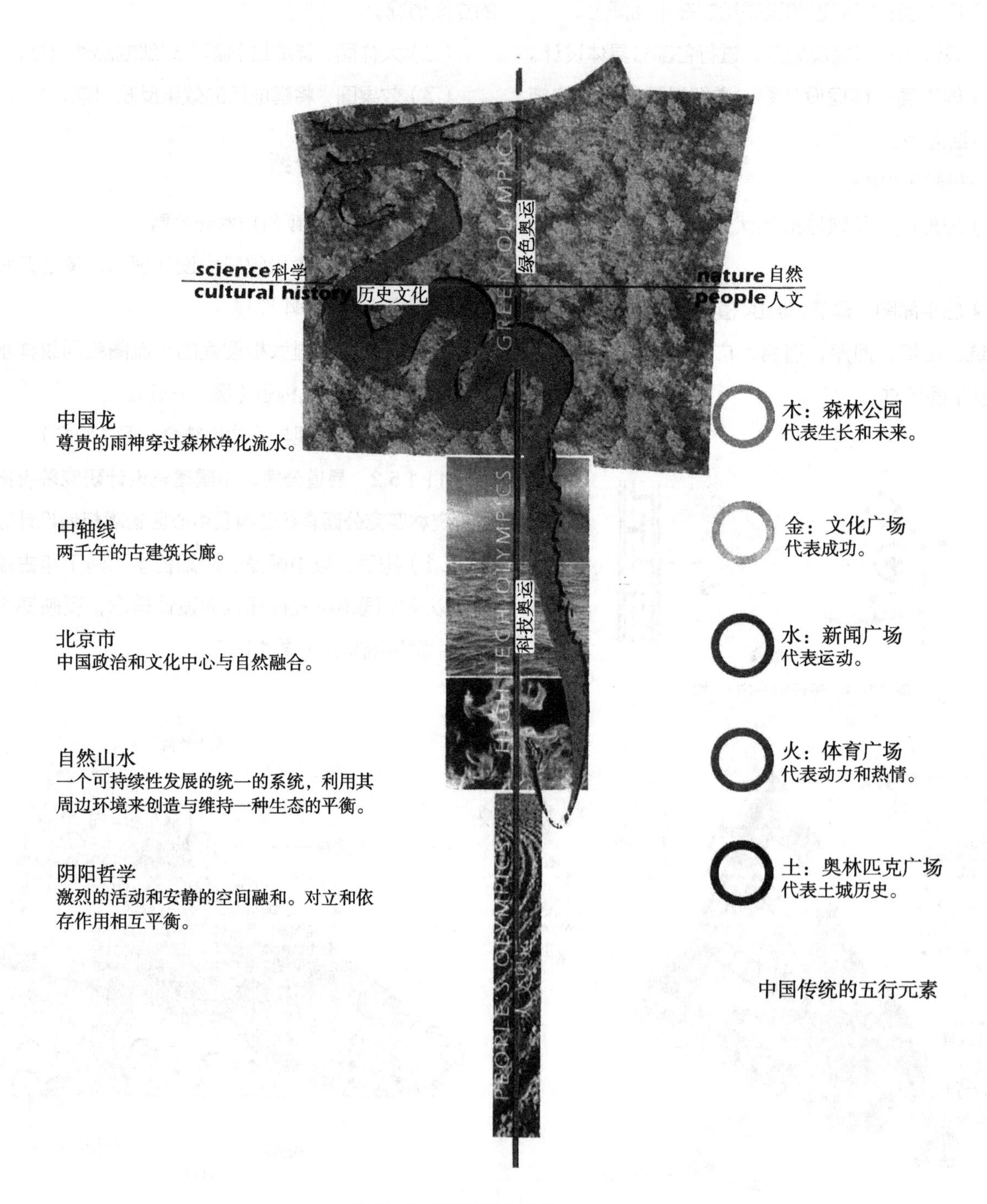
science科学
cultural history 历史文化
nature 自然
people 人文
GREEN OLYMPICS
绿色奥运
HIGH-TECH OLYMPICS
科技奥运
PEOPLE'S OLYMPICS
中国龙
尊贵的雨神穿过森林净化流水。
中轴线
两千年的古建筑长廊。
北京市
中国政治和文化中心与自然融合。
自然山水
一个可持续性发展的统一的系统，利用其周边环境来创造与维持一种生态的平衡。
阴阳哲学
激烈的活动和安静的空间融和。对立和依存作用相互平衡。
木：森林公园
代表生长和未来。
金：文化广场
代表成功。
水：新闻广场
代表运动。
火：体育广场
代表动力和热情。
土：奥林匹克广场
代表土城历史。
中国传统的五行元素

图11-7 构思以龙为主题

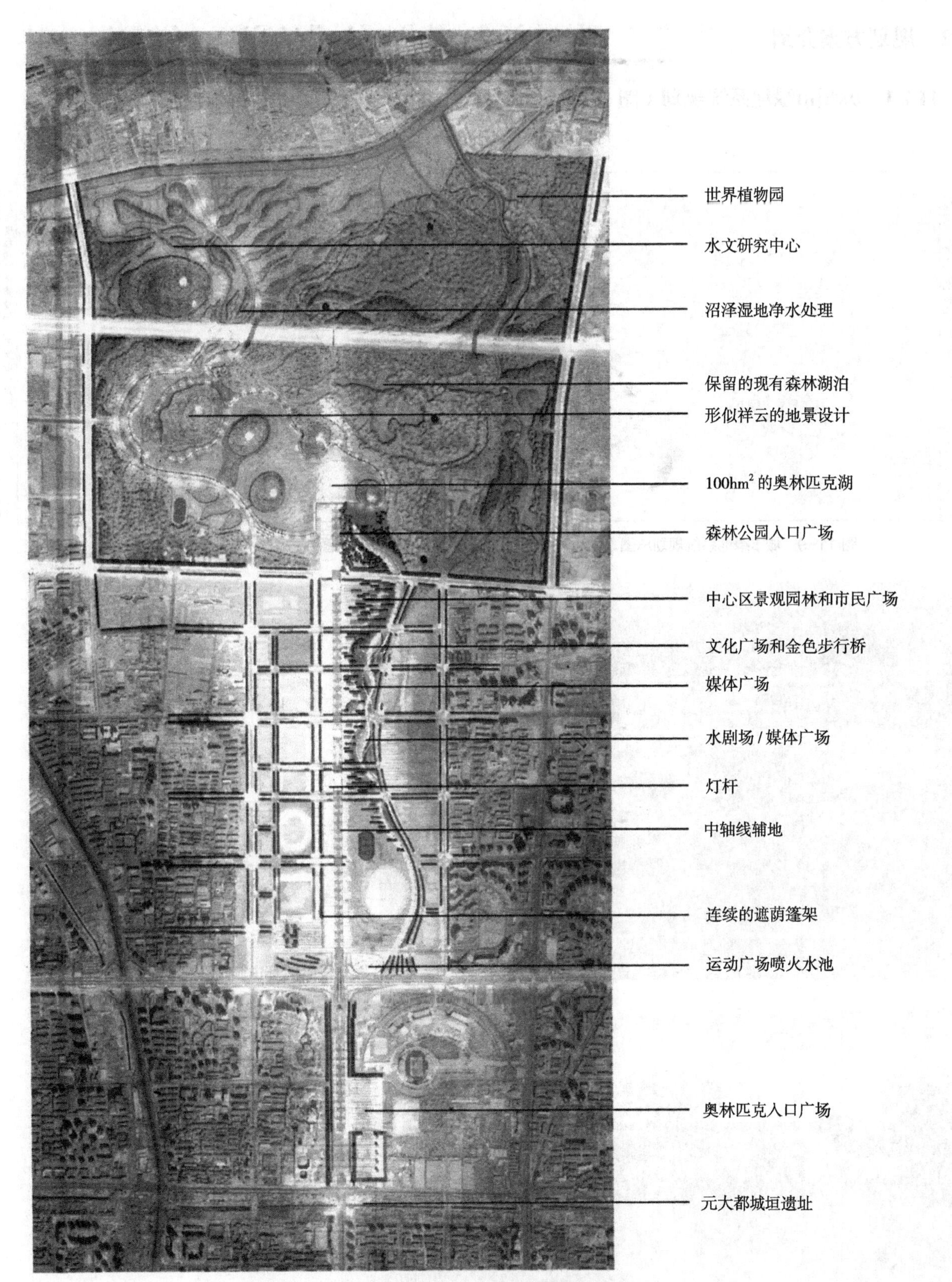

图 11-8 通过构图和具体设计表达主题并满足使用功能

11.2 规划方案介绍

11.2.1 苏州市绿地系统规划（图 11-9~ 图 11-12，资料来源：苏州园林设计院有限公司）

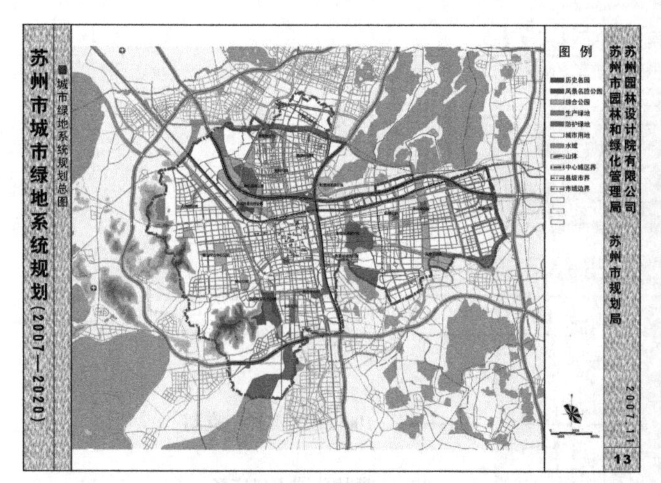

图 11-9 城市绿地系统规划总图

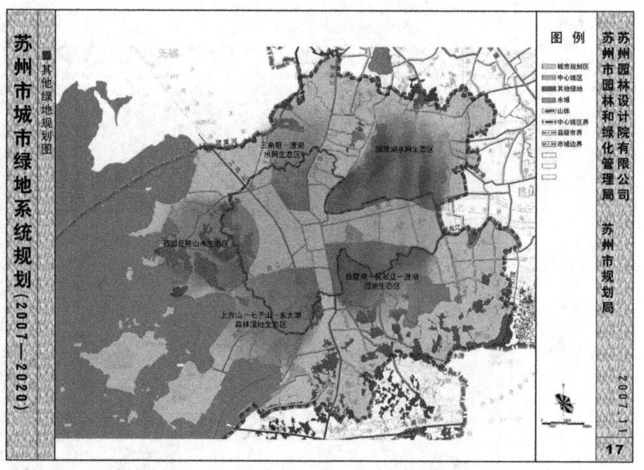

图 11-10 其他绿地规划图

图 11-11 环古城南段效果图

图 11-12 环古城南段效果图

11.2.2　黄果树城绿地系统规划（图 11–13~ 图 11–15，资料来源：马建武教授）

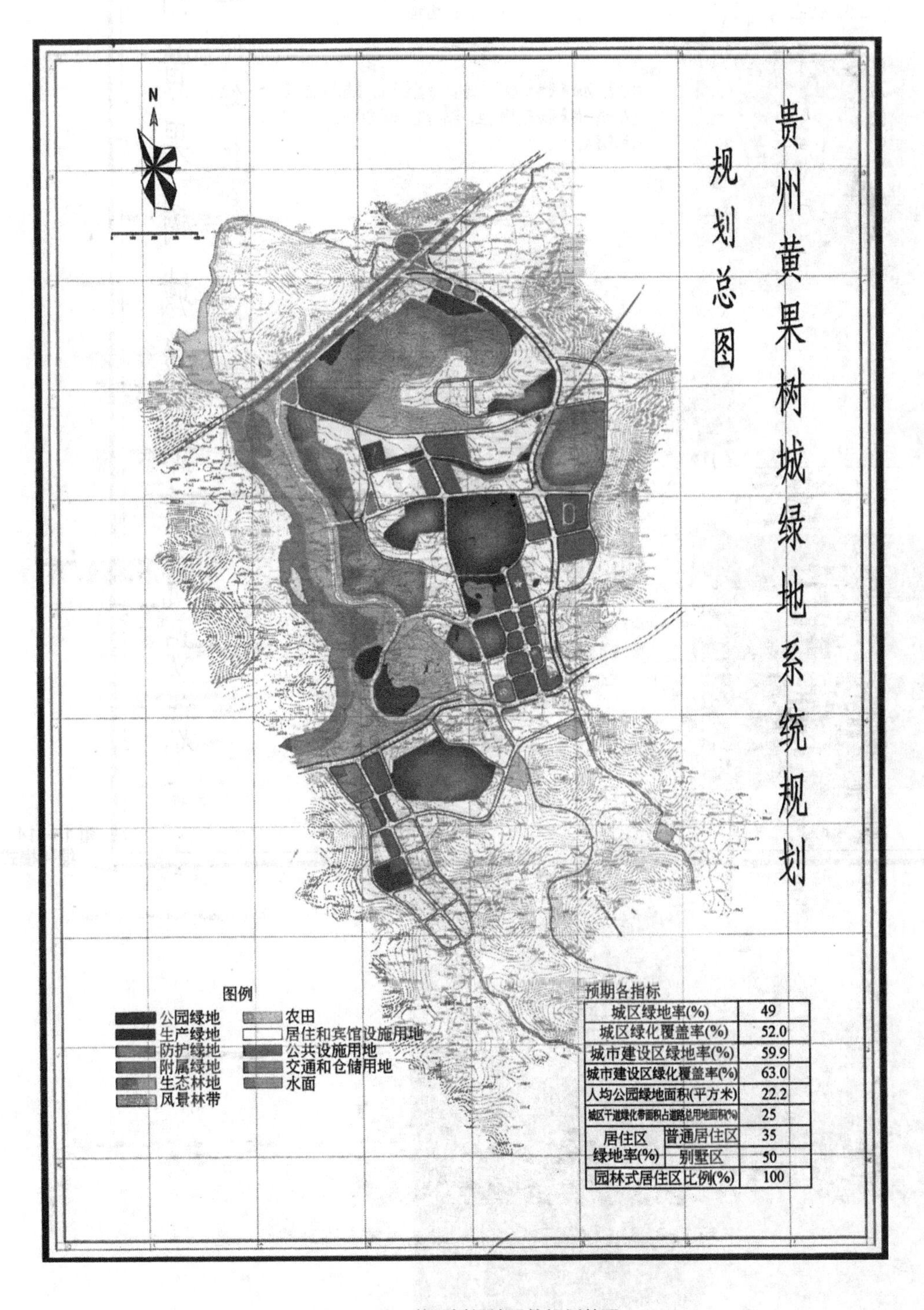

预期各指标		
城区绿地率(%)		49
城区绿化覆盖率(%)		52.0
城市建设区绿地率(%)		59.9
城市建设区绿化覆盖率(%)		63.0
人均公园绿地面积(平方米)		22.2
城区干道绿化带面积占道路总用地面积(%)		25
居住区绿地率(%)	普通居住区	35
	别墅区	50
园林式居住区比例(%)		100

图 11–13　黄果树绿地系统规划总图

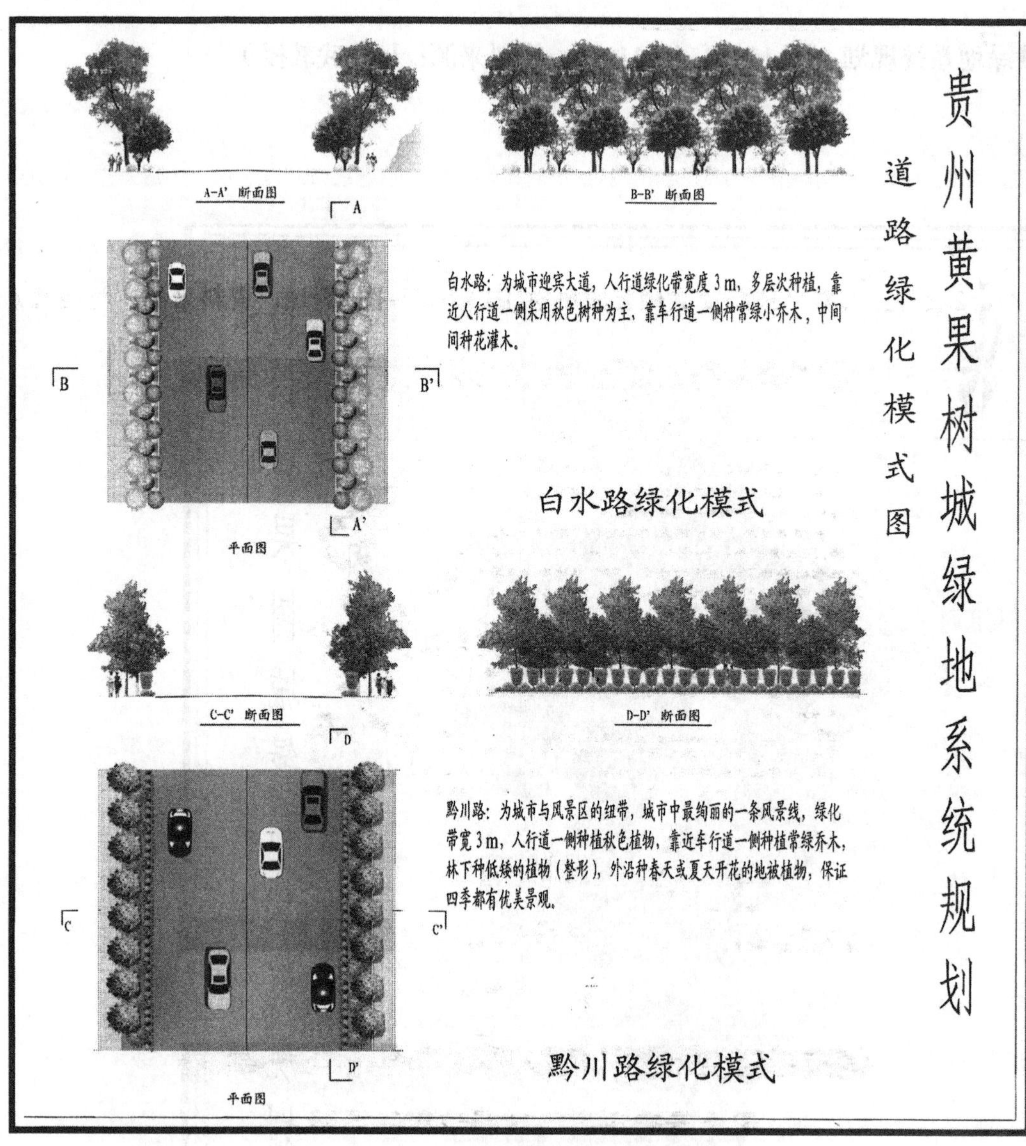

贵州黄果树城绿地系统规划
道路绿化模式图
A-A' 断面图
B-B' 断面图
白水路：为城市迎宾大道，人行道绿化带宽度3m，多层次种植，靠近人行道一侧采用秋色树种为主，靠车行道一侧种常绿小乔木，中间间种花灌木。
平面图
白水路绿化模式
C-C' 断面图
D-D' 断面图
黔川路：为城市与风景区的纽带，城市中最绚丽的一条风景线，绿化带宽3m，人行道一侧种植秋色植物，靠近车行道一侧种植常绿乔木，林下种低矮的植物（整形），外沿种春天或夏天开花的地被植物，保证四季都有优美景观。
平面图
黔川路绿化模式

图 11-14 黄果树城道路绿化模式（主干道）

图 11-15 白陡路与贵黄路交叉口绿化效果图

11.2.3　云南罗平县群众文化公园规划（图 11-16~ 图 11-18，资料来源：马建武教授）

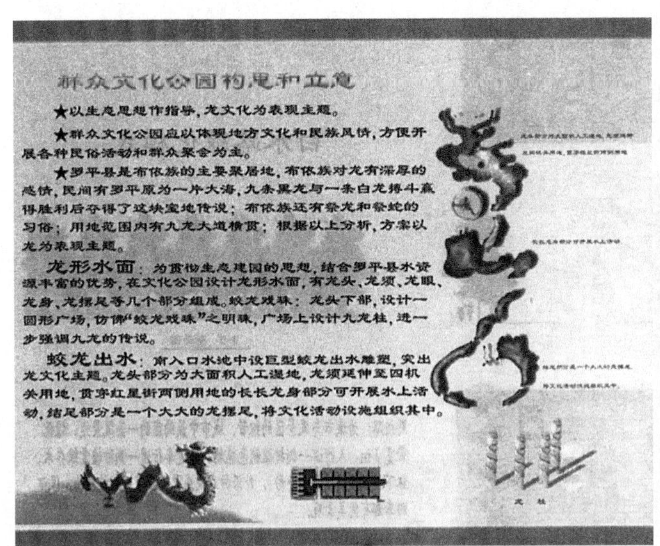

图 11-16　构思和立意

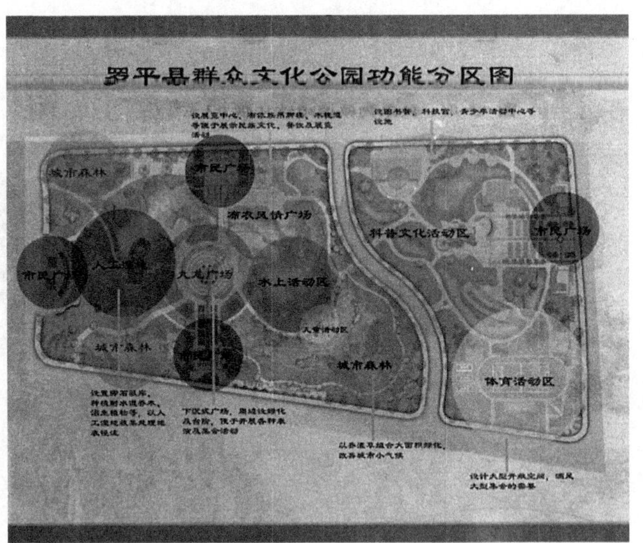

图 11-17　功能分区图

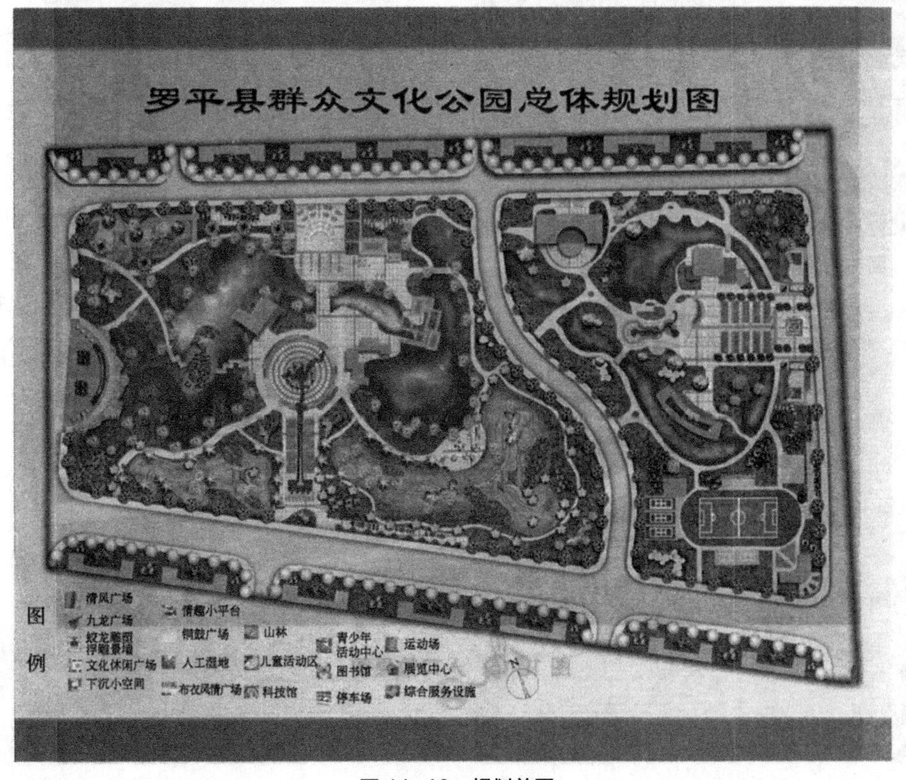

图 11-18　规划总图

11.2.4 昆明世纪城中央公园规划设计（图11-19~图11-21，资料来源：马建武教授）

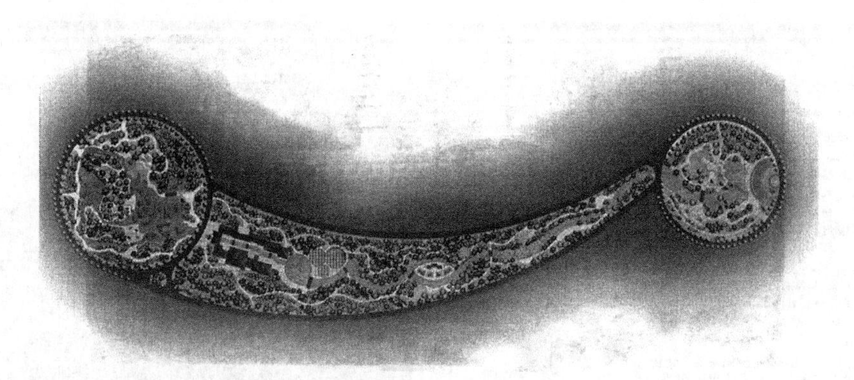

图 11-19 总体规划图

图 11-20 入口效果图

图 11-21 中段白族园效果图

11.2.5 南京金港科创园绿地规划设计（图11-22~图11-27，资料来源：马建武教授）

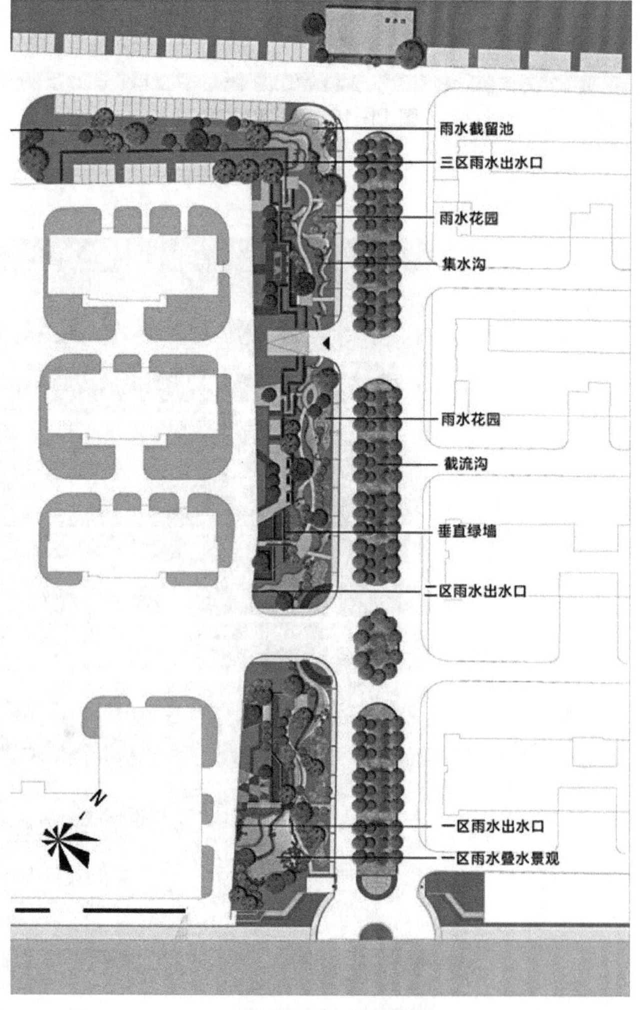

图 11-22 总平面图

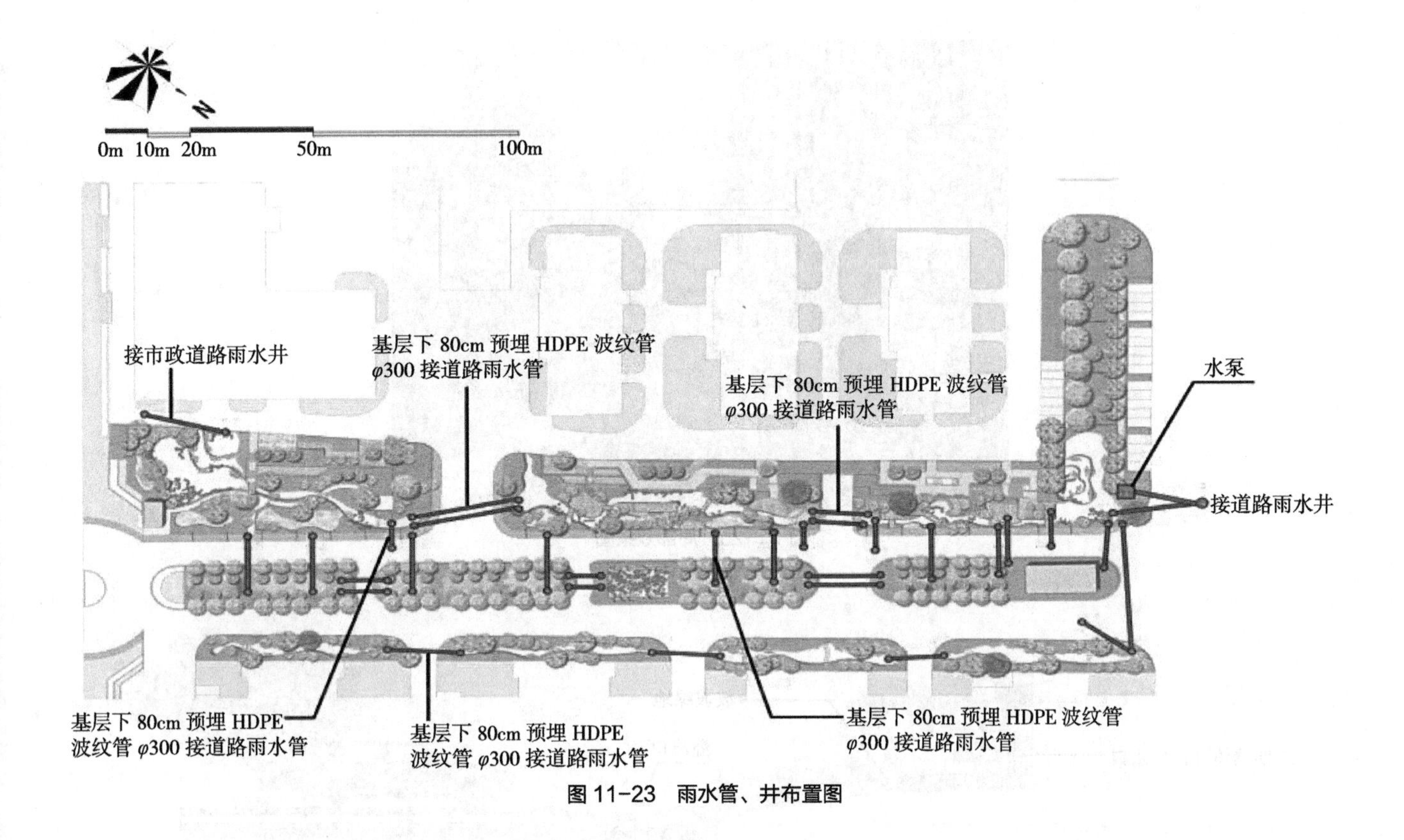

图 11-23　雨水管、井布置图

图 11-24　雨水口跌水景观

图 11-25 局部效果图

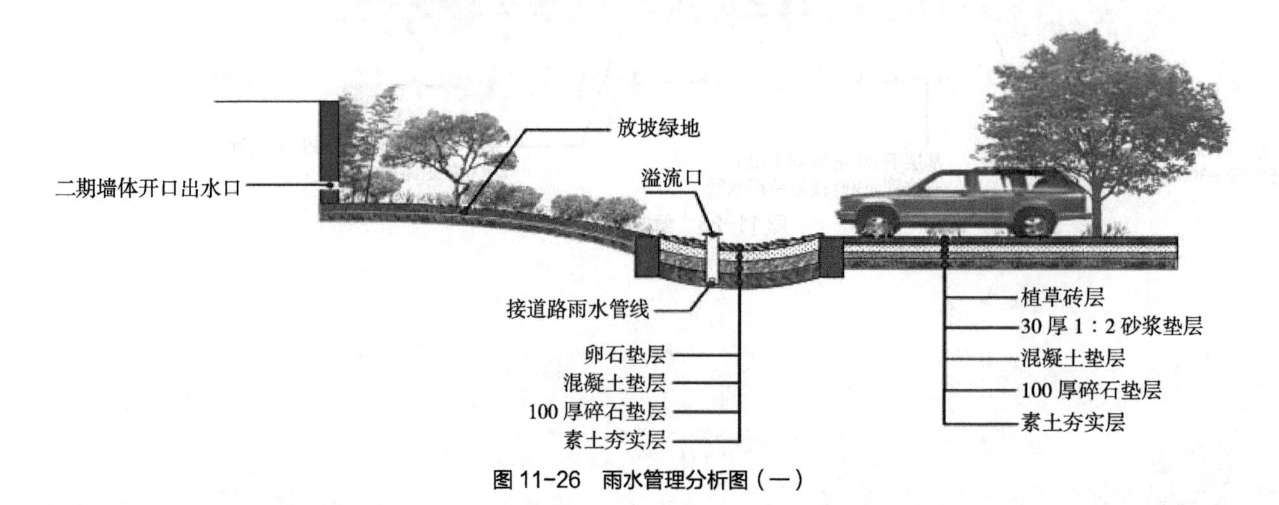

图 11-26 雨水管理分析图（一）

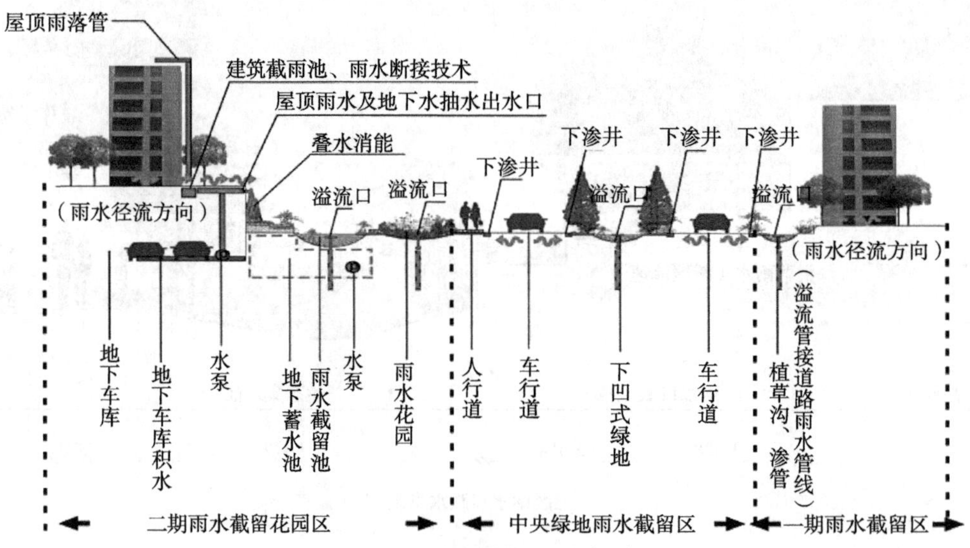

图 11-27 雨水管理分析图（二）

11.2.6　法国小镇绿地规划设计（图 11–28~ 图 11–30，资料来源：苏州园科生态建设集团有限公司）

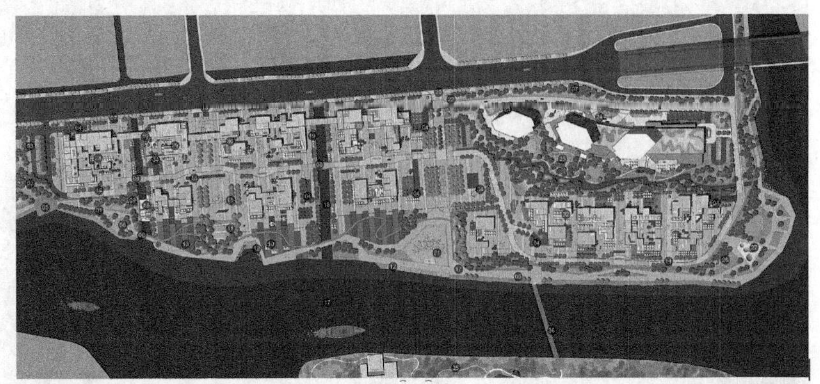

图 11–28　总平面图

图 11–29　局部效果图

图 11–30　局部效果图

11.2.7 南方某城市广场设计（图 11-31，资料来源：马建武教授）

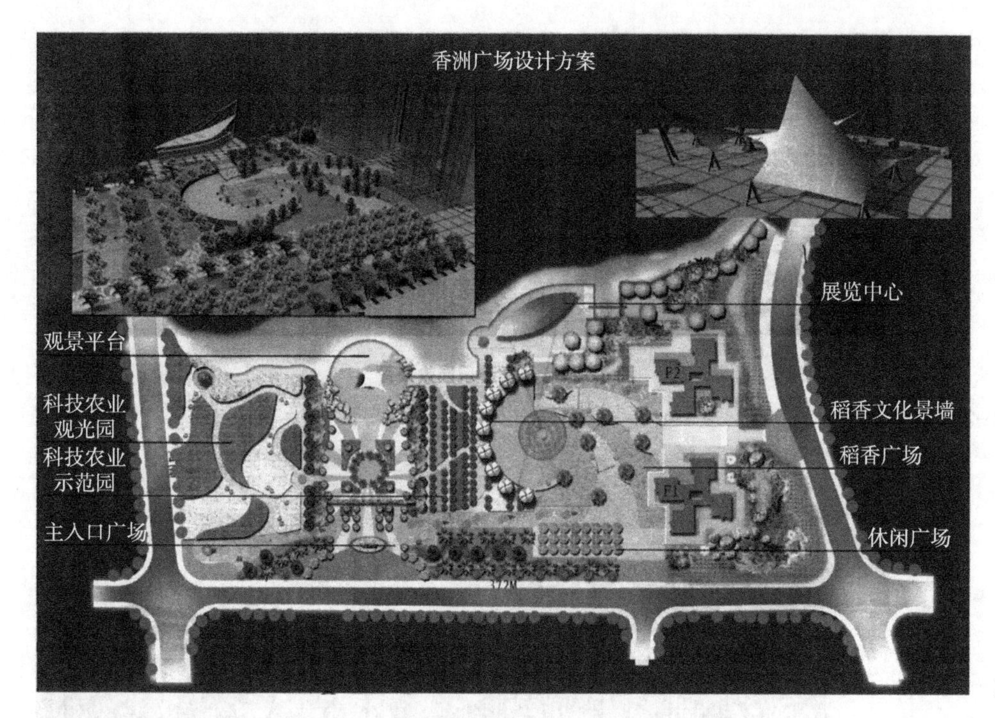

图 11-31 南方某城市广场设计方案（风景园林硕士班学生作品）

11.2.8 四川某高校绿地规划（图 11-32~图 11-35，资料来源：魏开云）

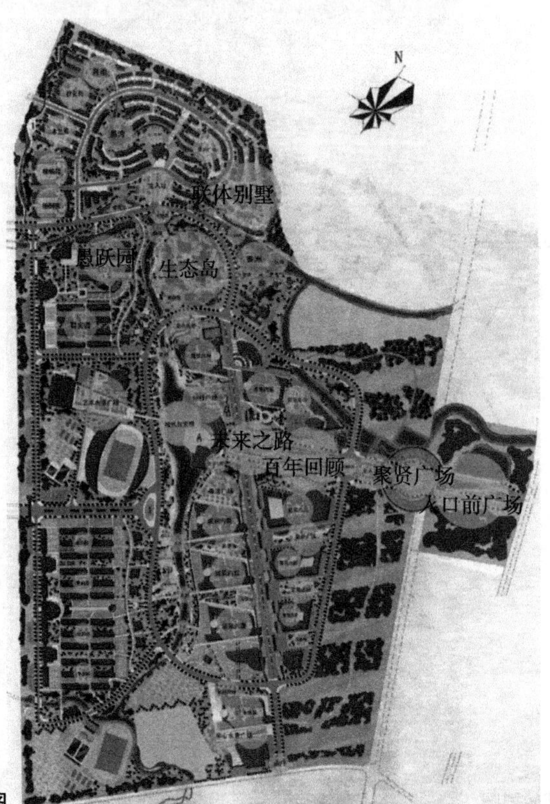

图 11-32 某高校绿地规划总平面图

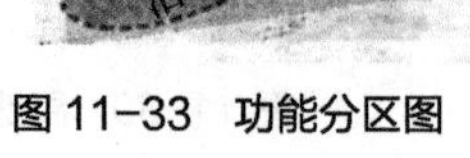

图 11-33 功能分区图

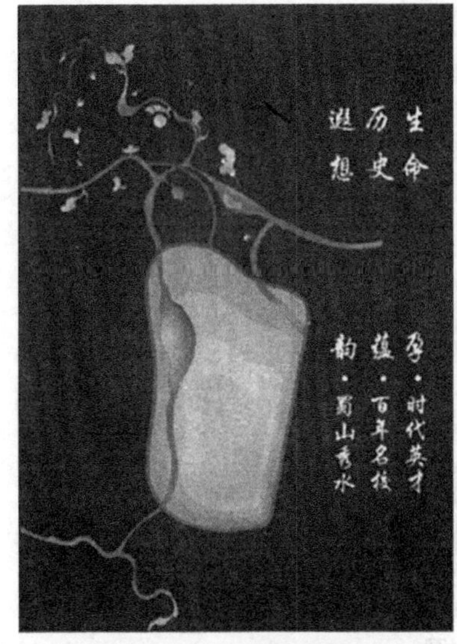

图 11-34 创意构想图

图 11-35 生态带景观效果图

11.2.9 江苏商贸学院图文信息中心绿地规划设计（图 11-36~ 图 11-38，资料来源：苏州园科生态建设集团有限公司）

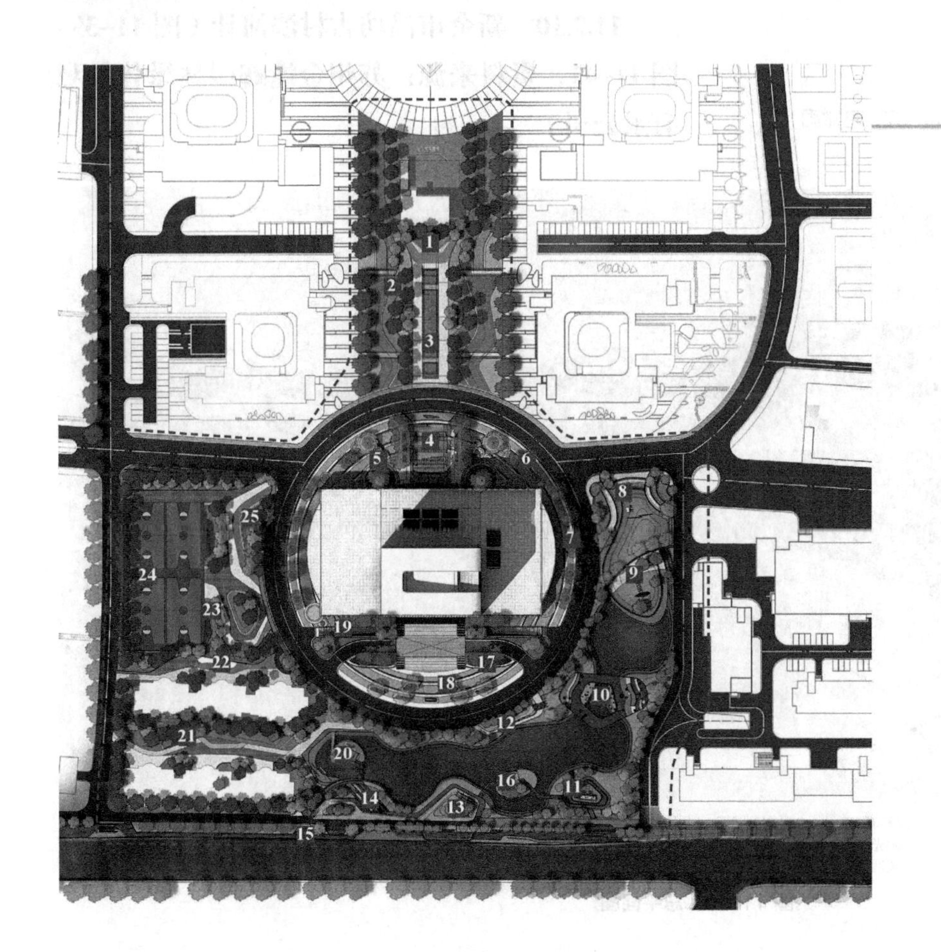

近期方案总平面图

1 雕刻景墙
2 艺术草坡
3 特色花池
4 条石坐凳
5 “年轮印象”广场
6 特色铺装
7 树池
8 下沉广场
9 驿园（物流系）
10 谨园（会计系）
11 书商园（商贸系）
12 创园（计科系）
13 组团绿化
14 艺术铺装
15 亲水景观带
16 清风亭
17 组团绿化
18 楼前生态花池
19 地下车库入口
20 生态浮岛
21 防腐木坐凳
22 特色坐凳
23 观赛台阶
24 运动场地
25 艺术矮墙

图 11-36 总平面图

图 11-38 局部效果图

图 11-37 鸟瞰图

11.2.10 新余市昌坊古村滨河计（图 11-39~图 11-41，资料来源：苏州金螳螂园林绿化景观有限公司）

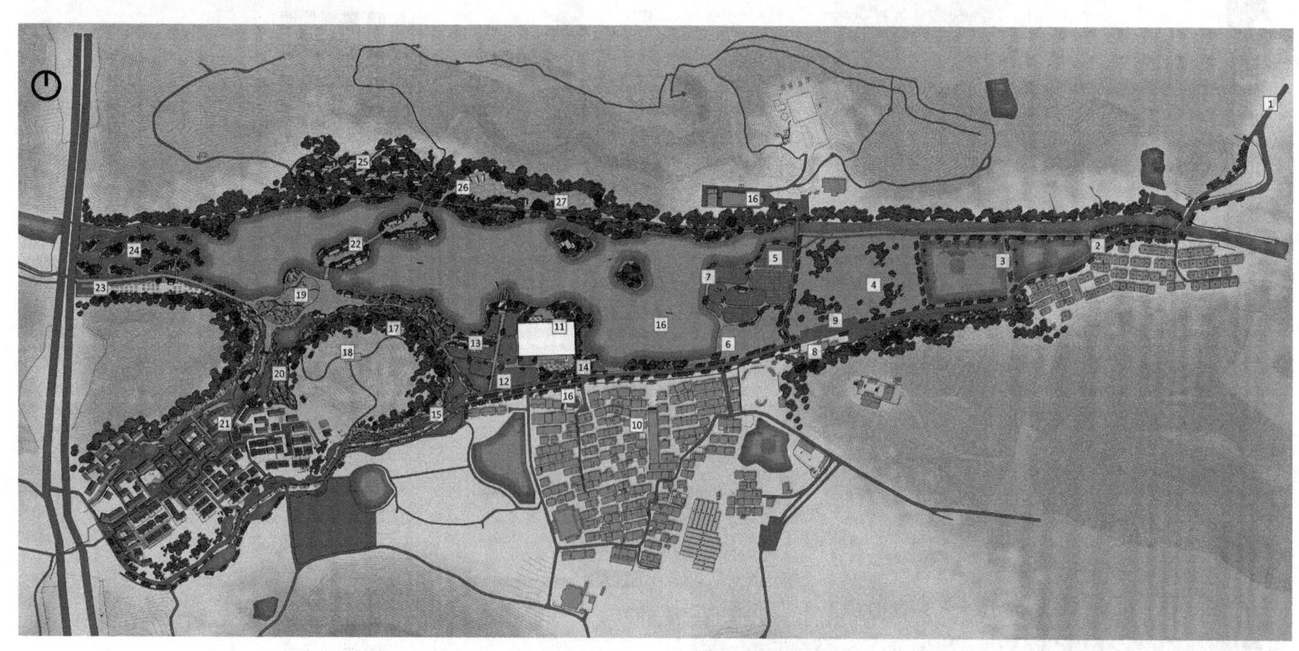

1 村庄入口　4 果园采摘林　7 鲜蔬种植　10 原有村落　13 乡村文化展示　16 龙泉古井　19 阳光草坪　22 酒吧街　25 原野山墅
2 入口牌坊　5 稻田　8 游客服务中心　11 阳光花房　14 农家小院　17 湖光秋色　20 四季梯田　23 土灶、烧烤　26 房车基地
3 鱼塘　6 休闲马场　9 停车场　12 菜地认养　15 樱花大道　18 山海云亭　21 古村商业街　24 生态湿地　27 帐篷露营基地

图 11-39 总平面图

图 11-40 局部效果图

图 11-41 局部效果图

11.2.11 云南玉溪某人工湿地规划设计（图 11-42 ~ 图 11-47，资料来源：马建武教授）

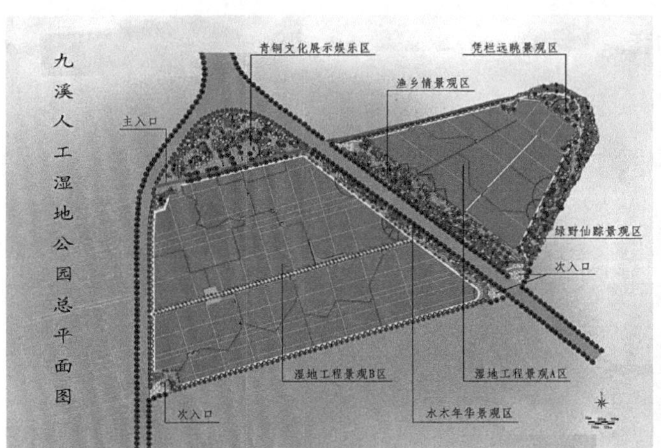

图 11-42 总平面图

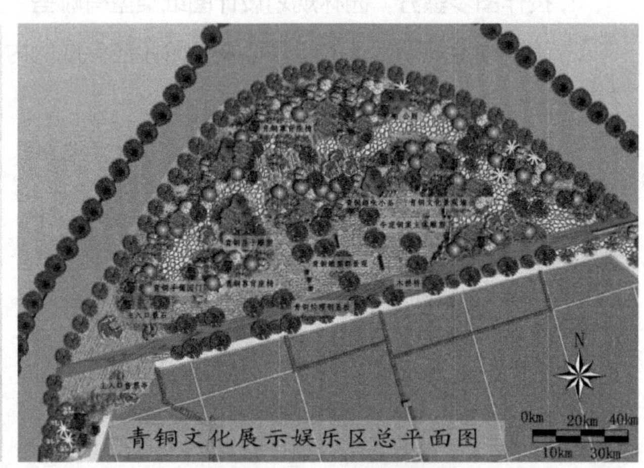

图 11-43 局部平面图

图 11-44 局部效果图

图 11-45 局部效果图

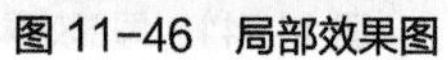
图 11-46　局部效果图

图 11-47　局部效果图

思考与练习

1. 按作图步骤分，园林规划设计图纸类型有哪些？
2. 简述绿地规划设计的步骤以及各阶段应完成的内容。

参考文献

[1] 李敏 . 现代城市绿地系统规划 [M]. 北京：中国建筑工业出版社，2002.

[2] 杨名静，陶康华，高峻 . 上海城市绿地景观格局的分析研究 [J]. 中国园林，2000（1）：53-56.

[3] 俞孔坚，李迪华 . 城市生态基础设施建设的十大景观战略 [J]. 规划师，2001（6）：9-13.

[4] 张庆费 . 城市绿色网络及其构建框架 [J]. 城市规划汇刊，2002（1）：75-76.

[5] 王保忠，等 . 城市绿地研究综述 [J]. 城市规划汇刊，2004（2）：62-68.

[6] 王小德，马进，张万荣 . 衢州市城市绿地系统植物多样性保护与建设规划研究 [J]. 浙江大学学报，2005（4）：439-443.

[7] 赵金明，毛屹楠，李慧 . 邯郸市园林绿化树种选 [N]. 中国花卉报，2001-12-06.

[8] 彭振华 . 城市林业 [M]. 北京：中国林业出版社，2003.

[9] 宋晓虹 . 城市园林绿化的生态与文化原则 [J]. 贵州农业科学，2002，30（5）：64-65.

[10] 严玲璋 . 努力创造有利于城市生态质量的绿色空间环境 [J]. 中国园林，1999（1）：1-7.

[11] 俞孔坚 . 文化生态与感知 [M]. 北京：科学出版社，1998.

[12] 魏小琴 . 世纪之约——深圳市生态风景林建设文集 [M]. 北京：中国林业出版社，1999.

[13] 陈金河 . 城市园林绿化应注重森林生态建设 [J]. 福建热作科技，2002，27（4）：1.

[14] 俞孔坚，李迪华，刘海龙 .“反规划”途径 [M]. 北京：中国建筑工业出版社，2005.

[15] 俞孔坚，庞伟 . 足下文化与野草之美——岐江公园案例 [M]. 北京：中国建筑工业出版社，2003.

[16] 杨永胜，金涛 . 现代城市景观设计与营造技术 [M]. 北京：中国城市出版社，2002.

[17] R. 福尔曼，M. 戈德罗恩 . 景观生态学 [M]. 肖笃宁，等，译 . 北京：科学技术出版社，1999.

[18] 杨小波，吴庆书，等 . 城市生态学（第三版）[M]. 北京：科学技术出版社，2020.

[19] 唐东芹，傅德亮 . 景观生态学与城市园林绿地关系的探讨 [J]. 中国园林，1999（3）：40-43.

[20] 吴人韦 . 支持城市生态建设城市绿地系统规划专项研究 [J]. 城市规划，2000，24（4）：31-33.

[21] 胡长龙 . 园林规划设计（第三版）[M]. 北京：中国农业出版社，2010.

[22] 贾建中 . 城市绿地规划设计 [M]. 北京：中国林业出版社，2003.

[23]（苏）弗·戈罗霍夫，勒·布·伦茨 . 世界公园 [M]. 郦芷若，杨乃琴，唐学山，等，译 . 北京：中国科学技术出版社，1992.

[24] 陈友华，赵民 . 城市规划概论 [M]. 上海：上海

科学技术文献出版社，2000.
[25] 徐雁南 . 城市绿地系统布局多元化与城市特色 [J]. 南京林业大学学报，2004（4）.
[26] 计成 . 园冶注释 [M]. 陈植，注释 . 北京：中国建筑工业出版社，1999.
[27] 彭一刚 . 中国古典园林分析 [M]. 北京：中国建筑工业出版社，2008.
[28] 金学智 . 中国园林美学 [M]. 北京：中国建筑工业出版社，2000.
[29] 安怀起 . 中国园林史 [M]. 上海：同济大学出版社，1999.
[30] 邵忠 . 苏州古典园林艺术 [M]. 北京：中国林业出版社，1999.
[31] 张家骥 . 中国造园论 [M]. 山西：山西人民出版社，1991.
[32] 刘敦桢 . 苏州古典园林 [M]. 北京：中国建筑工业出版社，1979.
[33] 石玉顺，吴琳 . 昆明园林名胜 [M]. 昆明：云南科技出版社，1998.
[34] 陈丛周 . 园林谈丛 [M]. 上海：上海文化出版社，1985.
[35] 冯采芹，蒋筱荻，詹国英 . 中外园林绿地图集 [M]. 北京：中国林业出版社，1992.
[36] 郑曙旸 . 景观设计 [M]. 北京：中国美术学院出版社，2002.
[37]（美）约翰 · O. 西蒙兹 . 景观设计学——场地规划与设计手册 [M]. 俞孔坚，等，译 . 北京：中国建筑工业出版社，2000.
[38] 郭方明 . 锦绣园林尽芳华——世博园中国园区设计方案集 [M]. 北京：中国建筑工业出版社，1999.
[39] 童寯 . 江南园林志 [M]. 北京：中国建筑工业出版社，1984.
[40] 温扬真 . 园林设计原理概论 [M]. 北京：中国林业出版社，1989.
[41] 张敕 . 建筑庭院空间 [M]. 天津：天津科学技术出版社，1986.
[42]（日）小形研三，高原荣重 . 园林设计——造园意匠论 [M]. 索靖之，任震方，王恩庆，译 . 北京：中国建筑工业出版社，1984.
[43] 余畯南 . 从建筑的整体性谈广州白天鹅宾馆的设计构思 [J]. 建筑学报，1983（9）：39-44.
[44] 莫伯治 . 环境、空间与格调 [J]. 建筑学报，1983（9）.
[45] 白佐民，艾鸿镇 . 城市雕塑设计 [M]. 天津：天津科学技术出版社，1985.
[46] 杜汝俭，李恩山，刘管平 . 园林建筑设计 [M]. 北京：中国建筑工业出版社，1986.
[47] 赵光辉 . 青城山亭分析 [J]. 建筑学报，1983（1）.
[48] SIMONE HOOG. Your visit to Versailles. Editions Art Lys.
[49] 张志权，范业展，崔文山，等 . 园林构成要素实例解析土地 [M]. 沈阳：辽宁科学技术出版社，2002.
[50] 王晓俊 . 西方现代园林设计 [M]. 南京：东南大学出版社，2000.
[51]（美）南希，A. 莱斯辛斯基 . 植物景观设计 [M]. 卓丽环，译 . 北京：中国林业出版社，2004.
[52] 马建武 . 云南少数民族园林景观 [M]. 北京：中国林业出版社，2006.
[53] 胡长龙 . 城市园林绿化 [M]. 北京：中国林业出版社，1992.
[54] 陈玮，黄璐，田秀玲 . 园林构成要素实例解析——植物 [M]. 沈阳：辽宁科学技术出版社，2002.
[55] 储椒生，陈樟德 . 园林造景图说 [M]. 上海：上海科学技术出版社，1988.

[56] 吴为廉．景观与景园建筑工程规划设计 [M]. 北京：中国建筑工业出版社，2005.

[57] 建筑设计资料集编委会．建筑设计资料集（第三版）[M]. 北京：中国建筑工业出版社，2018.

[58] 上海书店出版社．芥子园画谱 [M]. 上海：上海书店出版社，1982.

[59] 孙筱祥．园林艺术及园林设计（内部教材）[Z]. 北京：北京林业大学，1986.

[60] 同济大学，重庆建筑工程学院，武汉建筑材料工业学院合编．城市园林绿地规划 [M]. 北京：中国建筑工业出版社，1982.

[61] 张黎明．园林小品工程图集 [M]. 北京：中国林业出版社，1989.

[62] 云南民居编写组．云南民居 [M]. 昆明：云南人民出版社，1986.

[63] 郭东风．彝族建筑文化探源 [M]. 昆明：云南人民出版社，1996.

[64] 中国城市规划学会，中国建筑工业出版社．当代城市景观与环境设计丛书 2：城市广场 Ⅱ [M]. 北京：中国建筑工业出版社，2000.

[65] 中国城市规划设计研究院，建设部城乡规划司总主编．北京市城市规划设计研究院主编．城市规划资料集第 6 分册：城市公共活动中心 [M]. 北京：中国建筑工业出版社，2003.

[66] 孙成仁．城市景观设计 [M]. 哈尔滨：黑龙江科学技术出版社，1999.

[67] 中国城市规划学会，中国建筑工业出版社．当代城市景观与环境设计丛书 1：城市广场 Ⅰ [M]. 北京：中国建筑工业出版社，2000.

[68] 中国城市规划设计研究院，建设部城乡规划司．上海市城市规划设计研究院主编．城市规划资料集第 5 分册：城市设计（下册）[M]. 北京：中国建筑工业出版社，2005.

[69] （日）画报社编辑部编．城市景观——日本景观设计系列 7[M]. 付瑶，毛兵，高子阳，刘文军，等，译．沈阳：辽宁科学技术出版社，2003.

[70] （西班牙）弗朗西斯科·阿森西奥·切沃．世界景观设计—城市街道与广场 [M]. 甘沛，译．南京：百通集团，江苏科学技术出版社，2002.

[71] 荣先林，等．风景园林景观规划设计实用图集 [M]. 北京：机械工业出版社，2003.

[72] 上海同济城市规划设计研究院．新理想空间　跨世纪规划作品集 [M]. 上海：同济大学出版社，2000.

[73] 刘磊．场地设计（修订版）[M]. 北京：中国建材工业出版社，2007.

[74] 白德懋．居住区规划与环境设计 [M]. 北京：中国建筑工业出版社，1993.

[75] 白德懋．城市空间环境设计 [M]. 北京：中国建筑工业出版社，2002.

[76] 吴志强．城市规划原理（第四版）[M]. 北京：中国建筑工业出版社，2011.

[77] 杨赉丽．城市园林绿地规划 [M]. 北京：中国林业出版社，1995.

[78] 中华人民共和国住房和城乡建设部．城市居住区规划设计标准：GB 50180—2018[S]. 北京：中国建筑工业出版社．

[79] （韩）建筑世界，（株）Han 集团．小区规划景观设计 [M]. 福州：福建科学技术出版社，2004.

[80] 香港科讯国际出版有限公司．中国热销楼盘景观规划 [M]. 广州：广东经济出版社，2004.

[81] （日）丰田幸夫．风景建筑小品设计图集 [M]. 北京：中国建筑工业出版社，1999.

[82] 金涛，杨永盛．居住区环境景观设计与营建 [M]. 北京：中国城市出版社，2003.

[83] 束晨阳．现代庭园设计实录 [M]. 北京：中国林

业出版社，1997.

[84] 同济大学 . 城市规划原理 [M]. 北京：中国建筑工业出版社，1991.

[85] 唐学山，等 . 园林设计 [M]. 北京：中国林业出版社，1997.

[86] 刘滨谊 . 现代景观规划设计 [M]. 南京：东南大学出版社，2000.

[87] 胡长龙 . 城市园林绿化设计（第二版）[M]. 上海：上海科学技术出版社，2003.

[88] 邬建国 . 景观生态学——格局、过程、尺度与等级 [M]. 北京：高等教育出版社，2002.

[89] 海热提・涂尔逊 . 城市生态环境规划——理论、方法与实践 [M]. 北京：化学工业出版社，2005.

[90] 赵世伟，等 . 园林植物景观设计与营造 [M]. 北京：中国城市出版社，2002.

[91] 祁承经 . 树木学（南方本）（第二版）[M]. 北京：中国林业出版社，2005.

[92] 任宪威 . 树木学（北方本）[M]. 北京：中国林业出版社，1997.

[93] 韩阳，等 . 环境污染与植物功能 [M]. 北京：化学工业出版社，2005.

[94] 姚永正 . 中国园林景观 [M]. 北京：中国林业出版社，1993.

[95] 金学智 . 中国园林美学（第二版）[M]. 北京：中国建筑工业出版社，2007.

[96] 徐峰 . 城市园林绿地设计与施工 [M]. 北京：化学工业出版社，2002.

[97] 樊国盛，等 . 园林理论与实践 [M]. 北京：中国电力出版社，2007.

[98] 黄晓鸾 . 园林绿地与建筑小品 [M]. 北京：中国建筑工业出版社，1996.

[99] 马锦义，等 . 公共庭园绿化美化 [M]. 北京：中国林业出版社，2003.

[100] 黄东兵 . 园林绿地规划设计 [M]. 北京：高等教育出版社，2006.

[101] 梁永基，等 . 机关单位园林绿地设计 [M]. 北京：中国林业出版社，2002.

[102] 梁永基，等 . 医院疗养院园林绿地设计 [M]. 北京：中国林业出版社，2002.

[103] 梁永基，等 . 校园园林绿地设计 [M]. 北京：中国林业出版社，2001.

[104] 李祖清 . 单位绿色环境艺术 [M]. 成都：四川科学技术出版社，2002.

[105] 张鹏 . 校园视觉文化环境设计 [M]. 广州：岭南美术出版社，2005.

[106] 封云，林磊 . 公园绿地规划设计 [M]. 北京：中国林业出版社，2004.

[107] 唐学山，李雄，曹礼昆 . 园林设计 [M]. 北京：中国林业出版社，1996.

[108] 任晋锋 . 美国城市公园与开放空间的发展 [J]. 国外城市规划 .2003，18（3）：43-46.

[109] 周向频 . 当代欧洲景观设计的特征与发展趋势 [J]. 国外城市规划，2003，18（2）：55-63.

[110] 王向荣，林菁 . 西方现代景观设计的理论与实践 [M]. 北京：中国建筑工业出版社，2002.

[111] 游泳 . 园林史 [M]. 北京：中国农业科学技术出版社，2002.

[112] 吴人韦 . 国外城市绿地的发展历史 [J]. 城市规划，1998，22（6）：39-43.

[113] 许浩 . 对日本近代城市公园绿地历史发展的探讨 [J]. 中国园林，2002（3）：62-65.

[114] 李永雄，陈明仪，陈俊 . 试论中国公园的分类与发展趋势 [J]. 中国园林，1996，12（3）：30-32.

[115] 陆伟芳 . 城市公共空间与大众健康——19 世纪英国城市公园发展的启示 [J]. 扬州大学学报（人

文社会科学版），2003，14（7）：81-86.

[116] 周向频 . 当代欧洲景观设计的特征与发展趋势 [J]. 国外城市规划，2003，18（2）：55-63.

[117] 王晓俊 . 风景园林设计（增订版）[M]. 南京：江苏科学技术出版社，2004.

[118] 左辅强 . 纽约中央公园适时更新与复兴的启示 [J]. 中国园林，2005（7）：68-71.

[119] 中华人民共和国住房和城乡建设部 . 城市湿地公园规划设计技术导则（试行）：建城办〔2017〕63 号 [Z].2017，10.

[120] 马俊,孟祥彬 . 关于中国体育公园的现代认识 [J]. 中国园林，2005，4：35-38.

[121] 许浩 . 国外城市绿地系统规划 [M]. 北京：中国建筑工业出版社，2003.

[122] 李如生 . 美国国家公司管理体制 [M]. 北京：中国建筑工业出版社，2005.

[123] 中国公园协会，北京市园林局 . 国际公园康乐协会亚太地区会议论文集 [C]. 杭州，1999.

[124] 俞孔坚，李迪华，韩西丽，等 . 新农村建设规划与城市扩张的景观安全格局途径——以马岗村为例 [J]. 城市规划学刊，2006，5.

[125] 江苏省建设厅 . 江苏省村庄建设规划导则（2006 年试行版）.

[126] 江苏省建设厅，江苏省城市建设规划学会 . 江苏省村庄建设规划编制培训班培训教材 [Z]. 南京：2006，7.

[127] 徐坚,周鸿 . 城市边缘区（带）生态规划建设 [M]. 北京：中国建筑工业出版社，2005.

[128] 街顺宝 . 绿色象征——文化植物志 [M]. 昆明：云南教育出版社，2000.

[129] 中国城市建设研究院有限公司，同济大学建筑城市规划学院 . 风景园林制图标准：CJJ 67—2015 [S]. 北京：中国建筑工业出版社，2015.

[130] 中华人民共和国住房和城乡建设部 . 公园设计规范：GB 51192—2016[S] . 北京：中国建筑工业出版社，2016.

[131] 中华人民共和国住房和城乡建设部 . 城市环境规划标准：GB/T 51329—2018[S] . 北京：中国建筑工业出版社，2018.

[132] 中华人民共和国住房和城乡建设部 . 城市绿地规划标准：GB/T 51346—2019[S] . 北京：中国建筑工业出版社，2019.

[133] 北京北林地景园林规划设计院有限责任公司 . 中华人民共和国住房和城乡建设部，批准 . 城市绿地分类标准：CJJ/T 85—2017[S] . 北京：中国建筑工业出版社，2017.

[134] 中华人民共和国住房和城乡建设部 . 国家园林城市系列标准：建城〔2016〕235 号 [Z] . 2016，10.

[135] 上海市园林设计研究总院有限公司 . 中华人民共和国住房和城乡建设部，批准 . 居住绿地设计标准：CJJ/T 294—2019[S]. 北京：中国建筑工业出版社，2019.

[136] 中华人民共和国住房和城乡建设部 . 中国人居环境奖评价指标体系：建城〔2016〕92 号 [Z]. 2016，5.

[137] 中国城市建设研究院有限公司 . 中华人民共和国住房和城乡建设部，批准 . 风景园林基本术语标准：CJJ/T 91—2017[S]. 北京：中国建筑工业出版社，2017.

[138] 中交第一公路勘察设计研究院有限公司 . 中华人民共和国交通运输部，批准 . 公路路线设计规范：JTG D20—2017[S] . 北京：人民交通出版社，2017.

[139] 交通运输部公路局，中交第一公路勘察设计研究院有限公司 . 中华人民共和国交通运输部，批

准．公路工程技术标准：JTG B01—2014[S]．北京：人民交通出版社，2014.
[140] 中铁第一勘察设计院集团有限公司．国家铁路局，批准．铁路路基设计规范：TB 10001—2016[S]. 北京：中国铁道出版社，2017.
[141] 中铁第一勘察设计院集团有限公司．国家铁路局，批准．铁路线路设计规范：TB 10098—2017[S]. 北京：中国铁道出版社，2017.